国家科学技术学术著作出版基金资助出版

电力系统自动电压控制

Automatic Voltage Control for Power Systems

孙宏斌　郭庆来　张伯明　著

科　学　出　版　社

北　京

内 容 简 介

本书系统阐述了现代大规模电力系统自动电压控制的基础理论、关键技术和工程应用。全书分为四篇共 13 章。第一篇基础知识；第二篇基础技术，包括控制模式、在线自适应分区、三级电压控制、二级电压控制、静态电压稳定预警等；第三篇介绍自动电压控制中的高级协调问题，包括多级控制中心协调、安全与经济协调、支撑大规模风电汇集接入的自律协同电压控制；第四篇工程实践，包括与 EMS 的集成、标准化技术、大规模电力系统的应用实例等。

本书理论紧密联系实践，既涵盖了电压控制的基础知识，也介绍了相关领域的最新研究成果，同时结合大量实际应用案例介绍了工程实施经验。本书面向研究人员和电力工程师，也可作为高校高年级本科生和研究生学习的教材和参考资料。

图书在版编目(CIP)数据

电力系统自动电压控制 = Automatic Voltage Control for Power Systems/ 孙宏斌，郭庆来，张伯明著.—北京：科学出版社，2018.5

ISBN 978-7-03-055836-7

Ⅰ. ①电⋯ Ⅱ. ①孙⋯ ②郭⋯ ③张⋯ Ⅲ. ①电力系统自动化-电压控制 Ⅳ. ①TM76

中国版本图书馆CIP数据核字(2017)第300417号

责任编辑：范运年/责任校对：彭　涛
责任印制：吴兆东/封面设计：铭轩堂

科 学 出 版 社 出版

北京东黄城根北街 16 号
邮政编码：100717
http://www.sciencep.com

北京虎彩文化传播有限公司 印刷
科学出版社发行　各地新华书店经销

*

2018 年 5 月第　一　版　开本：720 × 1000 1/16
2023 年 1 月第四次印刷　印张：25
字数：500 000

定价：168.00 元

(如有印装质量问题，我社负责调换)

序

电压是电力系统运行的核心指标,近 20 年来国内外历次大停电事故几乎都与电压安全的破坏直接相关。近年来,我国已建成含特高压的交直流混联复杂电力系统,同时接入了大规模间歇式可再生能源,电力系统的规模与复杂性在世界上均首屈一指,无功支撑和电压安全已经成为这一复杂电力系统运行的核心挑战,单单依靠人工经验已无法驾驭,迫切需要实施自动电压控制来保障电力系统的安全经济运行。自动电压控制已成为当前电力系统学科的热点技术领域之一。

该书是作者及其课题组师生二十余年科学研究和工程实践的结晶,它系统阐述了现代电力系统自动电压控制的理论、关键技术和工程应用。1995 年我曾参加了该书作者承担的"八五"国家科技攻关计划"电力系统全局准稳态无功优化闭环控制研究及示范工程"立项评审会,也参加了作者承担的江苏、华北等多个 AVC 应用项目的验收会。2016 年我参加了作者完成的"复杂电网自律-协同无功电压自动控制系统关键技术及应用"科技成果鉴定会,该成果成功入选了 2016 年度中国高等学校十大科技进展。二十余年来,作者团队在自动电压控制技术领域,做出了举世瞩目的科技成就,其中包括:2003 年在我国江苏电网研制了世界上第一个基于软分区的自动电压控制系统,使得自动电压控制系统能够自适应于电网的发展变化;2007 年在华北电网研制了我国第一个大区电网自动电压控制系统,首次实现了网省地三级协调控制;2009 年在美国最大的互联电网——PJM[①]完成了北美洲首个自动电压控制系统,用于控制含美国首都和东部 13 个州电网的无功电压;2012 年在国网冀北电力有限公司研制了首个支撑大规模风电接入的自动电压控制系统,用于抑制大规模风电接入弱网时的大范围电压波动,显著降低了风电机组连锁脱网的风险。

复杂电力系统的自动电压控制一直是世界性难题。美国最大区域电网——PJM 曾经与美国一流大学合作,但由于提出的模型过于复杂而无法在线应用,研究搁浅。PJM 转而寻求与作者团队合作,作者团队在突破了重重技术挑战之后,又经受了美国联邦能源监管委员会提出的三轮严苛的信息安全检查,历时 40 个月解答了 3000 余个信息安全问题,最终实现了美国首例 AVC,成为我国先进电网控制系统出口美国的首例,也是我国智能电网技术引领世界的一个有力例证,具

---

① PJM 互联电力公司是北美洲最大的区域独立调度机构,负责协调美国东部电网运行,包括:特拉华、伊利诺伊、印第安纳等十三个州和首都华盛顿哥伦比亚特区。

有里程碑意义。我深深地被作者团队所表现出的不畏艰难、坚忍不拔的意志品质所感动。

迄今为止，该系统已经在我国绝大部分电网和大型可再生能源基地推广应用，控制了全国 56%的常规水/火电机组与 37%的风/光机组，承担了已投运的全部 8 条交直流特高压线路近区电网电压控制，在我国电网的安全运行、节能减排和大规模可再生能源接纳等方面已经取得巨大的社会和经济效益。

正是该团队二十余年的不懈努力，使得自动电压控制与自动发电控制一样，成为电力系统调控中心必备的两大基础性自动控制系统之一，为电力系统电压控制从"人工"走向"自动"做出了开拓性贡献，为电力系统学科的发展做出了重要贡献。

该书基于作者多年的科学研究和工程实践，理论紧密联系实践，有翔实的实际大电网的现场测试和对比数据，还有华北电网、南方电网、PJM 等实际大电网 AVC 工程项目的介绍。因此，该书不但面向研究人员、高校高年级本科生和研究生，而且面向电力工程师，具有十分广泛的阅研和应用价值。

周孝信

2017 年 11 月 10 日

前　　言

自动电压控制与自动发电控制一起，共同构成了现代电力系统两大基础自动控制系统。

电压是电力系统运行的核心指标之一，自动电压控制系统承担了保障电网电压安全、提高电压质量、降低网损和减轻调度值班人员劳动强度的功能。近年来，我国陆续建成含特高压多电压等级的交直流混联复杂电网，无功支撑与电压安全问题成为保证这一特大电网安全性的核心挑战之一。与此同时，随着可再生能源的快速发展，电压安全问题也已成为实现大规模可再生能源"并得上"和"送得出"的关键问题之一。此外，合理的电压分布还可显著降低网损，提高电网运行经济水平。单纯依靠人工经验已无法驾驭现代复杂电力系统，迫切需要实施自动电压控制来保证电力系统的安全、优质、经济与环保运行水平。在我国，国家电网公司将自动电压控制作为智能电网调度技术支持系统的必备功能，南方电网公司实施了网省地三级协调电压控制，而美国PJM电网公司实施了北美洲首个自动电压控制系统。

本书是作者及其课题组师生二十余年理论研究和工程实践成果的系统总结。20世纪90年代，针对国外硬分区技术无法适用于电网发展变化这一瓶颈问题，课题组在"八五"国家科技攻关计划和国家自然科学基金等项目的资助下，提出了基于"软分区"的自动电压控制技术，2003年在我国江苏省电网研制出世界上第一个基于软分区的自动电压控制系统，并投入实际运行。21世纪初，在863计划专题课题和国家自然科学基金资助下，针对分层分区调度机制下带来的多控制中心分布式协调控制问题，2007年在华北电网研制出我国第一个大区电网自动电压控制系统，首次实现了网省地三级协调的电压控制。2009年针对北美洲电力市场对N–1安全的高要求，美国最大的互联电网——PJM电网，实现了复杂预想故障条件下安全与经济协同的AVC，用于控制美国首都华盛顿哥伦比亚特区在内的东部13个州的电网电压，这是北美洲第一套自动电压控制系统，也是我国先进电网控制系统对美国的首例输出，系统还推广到加拿大BC Hydro和马来西亚国家电网。近年来，在973计划和国家自然科学基金的资助下，针对大规模可再生能源接入引发的电压波动及其诱导的风机连锁脱网问题，研制支撑大规模可再生能源接入的自动电压控制系统。

截至2015年年底，成果已经在我国6个大区电网(占全国6/7)、22个省级电网(占全国2/3)和6个千万千瓦级风/光基地应用，接入全国常规水/火电装机7.55

亿千瓦(占全国 56%)与风/光装机 0.49 亿千瓦(占全国 37%),并应用于已投运的全部特高压交/直流线路的近区电网。通过课题组 20 余年持续不懈的努力,实现了自动电压控制在国内外电力系统的大范围应用,使得电网电压控制从传统的"人工调压模式"发展为"自动控制模式",也使得自动电压控制与自动发电控制一样,成为电网调控中心必备的两大基础自动控制系统之一,使得电力系统调度员从繁重的人工调压工作中解放出来,创造了重大的社会和经济效益,引领了国内外电网自动电压控制技术的发展。本书作者作为主要执笔人,起草了国家电网公司企业标准《电网自动电压控制技术规范》。科研成果入选 2016 年度中国高等学校十大科技进展。

本书系统阐述了现代电力系统自动电压控制的理论、关键技术和工程应用,其特色是理论紧密联系工程实践。全书共四篇:第一篇基础知识;第二篇基础技术,包括控制模式、在线自适应分区、三级电压控制、二级电压控制、静态电压稳定预警和预防控制;第三篇高级协调问题,包括多级控制中心的协调、安全与经济的协调、支撑大规模风电接入的自律协同电压控制等问题;第四篇工程实践,包括与 EMS 的集成、标准化和大规模电力系统的应用实例等,在应用实例中,详细介绍了在华北电网、南方电网、美国 PJM 等工程实施中的实际问题和实施情况。本书面向研究人员和电力工程师,也可作为高校高年级本科生和研究生学习的教材和参考资料。

孙宏斌编写第三篇和第四篇,并负责全书统稿;郭庆来编写第二篇,并负责书稿修改工作;张伯明编写第一篇,并负责全书审定。衷心感谢周孝信院士在百忙之中对本书进行细心审阅,提出了很多宝贵意见和建议,并亲自为本书作序。

衷心感谢美国国家工程院院士 Bose 教授、IEEE PES 主席 Rahman 教授等海外知名专家学者为本书作出评论。

衷心感谢相年德教授,是相年德和张伯明两位教授带领着我和课题组团队进入电力系统自动电压控制领域。我还清晰地记得,1995 年,由两位先生负责的"八五"国家科技攻关计划"电力系统全局准稳态无功优化闭环控制研究及示范工程"立项评审会在清华大学召开的情景。当时我是两位先生的在读博士研究生,该项目也是我博士论文的主攻方向。在那次评审会上,两位先生安排我演示了基于 RISC 工作站的开放分布式能量管理系统。该项目最终顺利获得了"八五"国家科技攻关计划的资助,那次立项评审会也成为本项研究的标志性开端,迄今已二十二年。令我更欣喜与骄傲的是,在这二十多年的时光里,自己在电压控制方向也培养了多位优秀的研究生,他们薪火相传,为本领域的理论发展和技术进步做出了自己的贡献,这其中就包括本书的合作者郭庆来博士,我也见证了他从一名青涩的本科生成长为优秀青年学者的全过程。

感谢吴文传教授、王彬博士、汤磊博士、张明晔博士和多位研究生等课题组团队成员陆续二十余年来的辛勤和汗水。还要感谢二十余年来，在项目现场实施过程中，曾经帮助过我们的各级电网公司领导和工程师的大力支持，担心挂一漏万，在此就不一一列举了，你们的帮助将永远铭记在课题组团队成员的心中。

　　感谢"八五"国家科技攻关计划（85-720-10-38）、国家杰出青年科学基金（51025725）、国家自然科学基金优秀青年科学基金（51522702）、国家自然科学基金项目（59677008、50807025、51277105）、国家自然科学基金创新研究群体项目（51321005、51621065）、863 计划（2006AA05Z217）、973 计划（2013CB228200）的资助。

孙宏斌

2017 年 10 月 31 日

目　　录

第二篇　基　础　技　术

第三篇　高级协调问题

附　　录

第一篇　基 础 知 识

第1章 绪　　论

1.1　自动电压控制的发展背景

电压是电网运行的核心指标，是保证电力系统安全、优质、经济与环保运行的关键。

提供合理的电压支撑是维系电力系统稳定的基础。近二十余年来世界范围内的历次大停电事故，背后几乎都有电压失稳的推波助澜。2003 年美加 8.14 大停电调查报告中指出"无功电压问题是造成事故的关键因素之一"，在 2004 年希腊大停电、2006 年波兰大停电、2012 年印度大停电等其他事故调查报告中，也都阐述了电压问题对事故蔓延的影响。因此，无论是在正常运行时，还是在故障扰动后，将电压控制在合理范围之内，都是电力系统运行的基本准则。

电网公司提供给终端用户的商品是电力，而电压就是衡量这一商品"质量"的最为重要的指标之一。为保证终端用电设备的安全与效率，电压必须工作在一定范围之内，并尽可能减小波动。这一目标的实现，需要多电压等级电网协调配合，因此各级调度机构都必须保证其直管电网的电压合格率满足国家标准要求。

系统中的电压水平也直接影响网络传输损耗。据不完全统计，我国年网损电量超过 3000 亿度，相当于每年多烧 1 亿吨煤。在传输相同有功功率的情况下，如果能够保证电网各节点电压处于更合理的分布状态，实现无功功率就地平衡，则可显著降低网损，这对电网经济运行意义重大。

电压也是保证可再生能源可靠消纳的基础。我国可再生能源发展速度在全球首屈一指，目前主要以集中接入的大规模风电场与光伏电站为代表。2010 年以来，我国曾发生过多次电压诱导的大规模风电连锁脱网，这严重威胁了可再生能源的可靠并网，是目前制约我国可再生能源消纳的瓶颈问题之一。

综上所述，电压对于现代电力系统运行起着至关重要的作用，而电压控制的目标就是通过对系统中可控设备的调节，保证电网每个节点的电压在每个时刻都工作在正常上下限范围内，不发生电压越限，同时，追求全网范围内更为合理的电压分布，从而最小化网络传输损耗。电压调节是运行人员最重要的日常工作之一，以前主要通过人工完成，控制中心的调度员监视全网各节点电压实际情况，根据运行经验，制定对不同设备的调节策略，通过下发计划或电话调度等方式通知相应厂站，厂站侧值班人员接收到控制指令后完成对设备的就地调节。这样，调压工作相当繁复，可能占到调度员日常工作量的近一半左右。随着电力系统的不断发展，电网规模日益扩大，这种依赖于人工经验的电压调节方式越来越难以适应电网自身的复杂性，正是在这样的背景下，自动电压控制(automatic voltage control，AVC)系统应运而生。

AVC 是指利用计算机系统、通信网络和可调控设备，根据电网实时运行工况在线计算控制策略，自动闭环控制无功和电压调节设备，以实现合理的无功电压分布。AVC 系统取代了传统的人工电压控制，一般由运行在控制中心的主站系统与运行在厂站侧的子站系统构成，二者通过调度数据网进行远程通信。AVC 系统利用 SCADA(supervisory control and data acquisition，监控与数据采集)系统的遥测与遥信功能，将电网各节点运行状态实时采集并上传至控制中心，在控制中心主站系统内进行优化决策，得到对全网不同控制设备的优化调节指令，并通过 SCADA 系统的遥控与遥调功能下发至厂站侧，由厂站侧子站系统或监控系统最终执行，实现自动、闭环、优化控制。AVC 系统与自动发电控制(automatic generation control，AGC)系统共同构成了电力系统稳态自动控制的基石，对于运行人员更轻松地驾驭复杂大电网具有重要意义。

1.2　AVC 的发展历史

电力系统无功电压控制的手段很早就已经存在，比如发电机的自动励磁调节器、可投切电容电抗器、变压器的有载调压分接头(on-load tap changes，OLTC)等，这些控制手段为保证电力系统安全、稳定运行发挥了重要作用。但是这些控制器的主要特点是根据本地的信息自动迅速的提供相应的调节作用，控制是分散的、局部的，无论是控制目标还是控制手段都集中在很小的范围内，对整个电网来说缺乏从全局的角度来进行协调和优化的手段。

随着对电压稳定性和经济性问题研究的不断深入，现代电网的发展对系统中的电压/无功控制的协调性提出更高的要求，而电力系统研究的进展和计算机、通信等学科的飞速进步，也为这种更大范围内的无功电压控制提供了技术上的基础，AVC 技术领域正是在这种情况下蓬勃发展起来的。

1968 年，日本 Kyushu 电力公司首先在 AGC 增加了系统电压自动控制功能，这可以看作是从全局的观点出发进行电压/无功控制的第一步。而后，世界各国的工程人员和科研人员针对这一技术领域，进行了广泛的研究。从研究的总体思路上看，基本上可以分为两大类：基于"最优潮流"(optimal power flow，OPF)的两层控制模式和基于分区的三层控制模式。

1.2.1　基于 OPF 的两层控制模式

OPF 一直是电力系统领域的研究热点，直接将基于 OPF 得到的控制策略通过开环或者闭环的方式下发到电力系统的控制执行机构，从而完成对系统无功和电压的最优控制，也成为一种非常自然的研究思路。实际上，在这种控制模式下，系统级的控制策略仍然是通过发电机的自动励磁调节（automatic voltage regulator，AVR）等本地控制设备完成的，因此，严格地说，这也属于一种分级电压控制，本书称其为两层电压控制模式。

德国 RWE 电网公司最早开展了两层电压控制模式的实践（Denzel et al., 1988; Graf, 1993）。从 1984 年开始，RWE 在控制中心利用 OPF 对于电网的无功分布情况进行调整，共有 65 台发电机、15 个无功补偿装置以及 30 台变压器作为控制变量参与优化，在状态估计的基础上，优化每小时启动一次（或者由调度员手工启动），给出对控制变量的调节策略。

将 OPF 与实时闭环无功电压控制结合的一个常见思路如下：整个控制模块分为两个部分，首先判断系统是否存在电压越限，如果存在，则进入电压校正环节，通过一个线性规划问题的求解得到控制策略，将越限电压拉回限值之内。如果系统电压全部正常，则进入以网损最小为目标的 OPF 模块，通过牛顿法求解最优控制策略并下发。

1.2.2　基于分区的三层控制模式

三层电压控制模式由欧洲提出，其基本思想是将电压控制分为三个层次：一级电压控制（primary voltage control，PVC）、二级电压控制（secondary voltage control，SVC）和三级电压控制（tertiary voltage control，TVC）：

（1）PVC 为本地控制（local control），只用到本地的信息。控制器由本区域内控制发电机的 AVR、OLTC 及可投切的电容器组成，控制时间常数一般为几秒钟。在这级控制中，控制设备通过保持输出变量尽可能地接近设定值，来补偿电压快速的和随机的变化。

（2）SVC 的时间常数为分钟级，控制的主要目的是保证各分区的中枢母线（pilot node）电压等于设定值，如果中枢母线的电压幅值产生偏差，SVC 则按照预定的控制规律改变 PVC 的设定参考值，SVC 是一种分区控制，只用到本区域内的信息。

（3）TVC 是其中的最高层，它以全系统的经济运行为优化目标，并考虑稳定性指标，最后给出各分区的中枢母线电压幅值的设定参考值，供 SVC 使用。在 TVC 中要充分考虑到协调的因素，利用了整个系统（system-wide）的信息来进行优化计算，一般来说它的时间常数在几十分钟到小时级。

对比于直接基于 OPF 结果的两层控制模式，这里称之为基于分区的三层控制模式。由于该模式的可靠性高，得到了学者们的广泛关注，并在工业界得到了较好的应用。

1.2.3　三层电压控制模式的发展

目前在实际电网中取得应用的 AVC 有两种主要模式，一种是基于分层分区和中枢母线控制的 SVC/TVC 模式，该模式在法国（Paul et al., 1987；Ilic, 1988；Lagonotte et al., 1989）、意大利（Arcidiacono et al., 1990；Corsi et al., 2004a, 2004b）、西班牙（Sancha et al., 1996）等欧洲国家应用并推广到一些其他地区（Taranto et al., 2000；Corsi et al., 2010）。一种是基于在线自适应分区的分级电压控制模式（孙宏斌等，2003；郭庆来等，2005；Sun et al., 2009），该模式被国内多个省区级电网所使用（郭庆来等，2004；李端超等，2004；王智涛等，2005；王铁强等，2008）。一个典型的分级 AVC 结构示意图如图 1-1 所示。

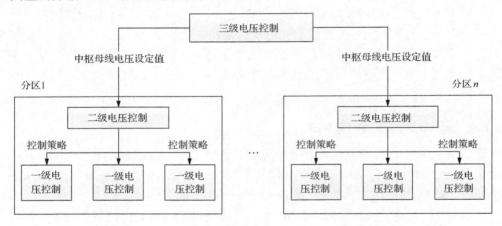

图 1-1　分级 AVC 模式

TVC 针对各控制区域的中枢母线，通过无功优化给出其电压的优化设定值；SVC 根据此设定值，通过各控制区域内的二级电压控制器对一级电压控制器的电压设定值进行修改，从而实现对本区域内的中枢母线电压的控制；PVC 则通过改变控制发电机的无功出力来调整发电机母线电压，使其保持在设定值附近。在此基础上，国内学者提出并实现了基于自适应分区的电压控制模式，该模式的控制分区可随电网耦合特性变化改变划分方式以更好地适应电网的快速发展，同时其 SVC 不再需要分布在各控制区域的二级电压控制器，而是和 TVC 在同一个控制中心由计算软件完成。

下面按照不同的国家作为分类，介绍其研究的不同思路。

1. 欧洲

在 1972 年国际大电网会议上，来自法国电力公司（Électricité de France，EDF）

的工程师提出了在系统范围内实现协调性电压控制的必要性,详细介绍了 EDF 以"中枢母线"、"控制区域"为基础的电压控制方案的结构(Blanchon, 1972)。1987年,Paul 在文献(Paul et al., 1987)中总结了 EDF 在法国电网实施的 SVC 系统的结构和实施情况。EDF 于 1974 年首次对 SVC 方式进行试验,1977 年决定在全国范围内推广,1979 年二级电压控制器在第一个控制区域内运行,到 1985 年几乎所有的法国电网都装设了二级电压控制器。而意大利(Arcidiacono et al., 1990)和比利时(Piret et al., 1992)也采用了类似的思想开展了电压控制的研究。EDF 所提出的 SVC 模型如图 1-2 所示(Paul et al., 1987):

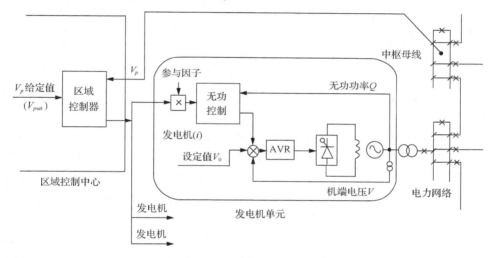

图 1-2 EDF 提出的 SVC 示意图

EDF 应用 SVC 的一项基础工作是如何对电网进行结构分析,基本思路是在灵敏度矩阵的基础上,定义了"电气距离"的概念来描述不同节点在电气上的相对远近,并从信息理论的角度,分析了电气距离定义与条件熵之间的等价性。进一步利用凝聚的层次聚类方法对电网进行控制分区,并从中选取处于中心位置的节点作为中枢母线。

在传统的 SVC 系统中,不同的 SVC 分区之间不进行协调,这依赖于控制分区的良好选择,对此有如下的三个假设(Ilic et al., 1995):

(1)在负荷发生波动的情况下,如果中枢母线电压能维持在设定值附近,则本区域的其他母线电压的波动也很小。

(2)某个区域的控制动作不会引起其他区域内的较大电压波动。

(3)无论在正常还是紧急条件下,每个控制分区都有足够的无功控制能力。

随着电力系统的发展,系统之间的耦合日益紧密,原有的控制分区之间的弱耦合假设难以保证,传统 SVC 的效果受到了挑战。在这种情况下,如何改善 SVC

的性能再次成为研究的热点。

EDF 在实际的应用过程中，同样遇到了 SVC 原有设计方案和实现方式所带来的缺陷，因此，在 20 世纪 80 年代中期，EDF 开始了协调二级电压控制（coordinated secondary voltage control，CSVC）的研究（Paul et al., 1990; Vu et al., 1996; Lefebvre et al., 2000; Paul et al., 2014）。和传统的 SVC 相比，CSVC 主要有以下不同（Paul et al., 1990; Vu et al., 1996; Lefebvre et al., 2000; Paul et al., 2014）：

（1）CSVC 控制的范围更大。一个 CSVC 控制区域包含了原有的多个 SVC 控制区域。对于 SVC，每个控制区域只有一个单独的中枢母线；而对于 CSVC，每个控制区域包含多个中枢母线。控制区域的扩大有效地缓解了原有 SVC 区域之间弱耦合性假设不再成立所带来的矛盾。而不同的 CSVC 区域之间的耦合性可以借鉴 Ilic 等（1995）的方法来加以消除（Vu et al., 1996）。

（2）CSVC 使用带约束的二次规划模型来求解控制策略，通过软件的方式在控制中心实现，更加灵活。而 SVC 使用比例—积分调节器进行控制，控制参数一旦整定完毕就难以修改。

（3）CSVC 考虑了控制发电机和中枢母线之间的灵敏度矩阵，可以描述发电机与中枢母线之间不同的紧密程度，能够得到对控制目标最为有效的策略。而 SVC 中使用比例—积分调节器根据中枢母线的电压偏差得到区域内的无功需求，再把这种需求按照容量大小分配给各台发电机，目标一般是将各台发电机的无功出力对齐，无法考虑不同发电机对于控制目标的灵敏程度。

（4）CSVC 在二次规划模型中可以通过增加不等式约束的方法来考虑各种安全约束，保证得到的控制策略在预想的安全范围内。而 SVC 通过硬件方式实现闭环控制，只能考虑少数安全约束。

CSVC 方案经过大量的仿真研究后，于 1993 年开始在法国的西部电网投入应用（Lefebvre et al., 2000），其所控制的区域包括 80 个母线、15 台发电机和 2 台调相机。实际的应用结果显示，CSVC 收到了比原有的 SVC 系统更好的控制效果（Lefebvre et al., 2000）。

Corsi 等（1995）系统介绍了在意大利所实施的三级电压调整策略。在意大利，TVC 并不是直接通过实时在线计算的 OPF 实现，而是首先通过离线的基于负荷预测的（提前一天或几小时）OPF，给出全天中枢母线和区域无功水平的最优预测值，在 TVC 中求解一个加权最小偏差的二次规划问题，保证下发给 SVC 的设定值与最优预测值之间的偏差最小。

Corsi 等（2004a，2004b）系统地介绍了在意大利实施的分级电压控制方案。意大利的分级电压控制系统包括一个建设中的全国电压调节系统（national voltage regulator，NVR）、三个区域电压调节系统（regional voltage regulator，RVR）（其中两个已经投入使用）和 35 个在电厂级实现的子站调节系统。文献中重点分析了分层控制系统各个环节的功能和实现方法，其中全国电压调节系统由两部分组成：网损最小控制计算环节（losses minimization control，LMC），基于短期或超短期负荷预测的结果进行无功潮流优化计算（optimal reactive power flow，ORPF），离线计算得到的最优解输入给三级电压调节系统（tertiary voltage regulator，TVR）；根据 LMC 给出的预测解进行实时优化并计算 RVR 的设定值，求解策略参见文献（Corsi et al.，1995）。RVR 接收 TVR 给出的设定值，利用比例—积分控制器进行闭环控制来消除采集量与设定值之间的偏差，得到的控制策略是控制发电机的无功出力设定值，并将这个设定值下发给电厂侧的调节系统。电厂侧的调节系统根据此设定值，通过本身的闭环控制来调节发电机的 AVR 的设定电压，从而改变发电机的无功出力使之趋近 RVR 给出的设定值。RVR 和电厂侧的调节系统共同在整个分级电压控制体系中完成了二级电压调节系统（secondary voltage regulator，SVR）的工作。文献（Corsi et al.，2004）则重点介绍了每个功能模块的具体实现和应用效果。

2. 美国

由于无功电压管理体制的不同，美国没有像欧洲一样很早在国内电网进行实际的分级电压控制。但是美国的一些学者一直关注这一问题，提出了很多有深远影响的理论和算法。

Ilic（1988）和 Stankovic 等（1991）重点讨论了中枢母线的选取。该方法从线性化的潮流方程入手，给出了发电机母线与负荷母线之间的关系，因为前者的个数小于后者，无法保证所有负荷母线的无差控制，所以定义了 0-1 矩阵 P 来描述中枢点的选取策略，并在此基础上，构造了以全网所有负荷节点的电压偏差最小为目标函数的 0-1 规划模型，利用模拟退火算法来进行求解。

针对电网区域间耦合日益严重的问题，Ilic 在其一系列的文献（Ilic et al.，1995；Ilic et al.，2012）和专著（Ilic et al.，1997）中提出了增强二级电压控制（improved secondary voltage control，ISVC）的概念，其基本思想是，在现有的 SVC 器中增加对于区域间的联络线上无功潮流的反馈控制，通过控制参数的选择来将其他区域对本区域的影响抵消，从而做到控制区域本身的控制性能与控制区域之间的耦合程度无关。

2010 年，美国最大区域电网 PJM 与清华大学合作进行了电压控制合作（Guo et al.，2010；Tong et al.，2012；Guo et al.，2013），应用范围覆盖了包括美国首都华盛顿特区在内的东部十三个州，这是北美的首个 AVC 系统。由于美国电力市场体制的要求，PJM 有一系列预想故障态下的电压运行指标，比如故障后的电压最大越限量、电压跌落值等。PJM 要求对 5500 多个故障集进行扫描，评估控制前后这些指标的变化情况。常规 AVC 系统通常只考虑电网在故障前的安全性，并没有将故障后复杂的安全性约束纳入到控制需求之内，因此应用于北美电网的 AVC 系统需要采用与欧洲和中国不同的模式,而且考虑大量预想故障后的安全约束也使得计算难度急剧增加。

3. 中国

从 20 世纪 90 年代开始,国内的很多学者也把目光投向了分级电压控制领域的研究,并开展了大量的理论研究。2000 年后,随着电网自动化水平和相关技术的不断成熟和发展,在中国省级以上大电网实施全局无功电压控制已经具有了基础条件,这主要表现为以下 3 个方面。

(1) 国内电网的自动化硬件水平发展已经具备了进行实时数据采集和闭环控制的能力。基础自动化水平较好的省级电网已经建立了完备的电力数据通信网络,利用 SCADA 系统的遥测遥信功能,可以在控制中心采集包括母线电压、发电机出力、线路潮流、开关刀闸位置等在内的实时信息,而通过 SCADA 系统的遥控遥调功能也可以从控制中心完成发电机出力调整、电容电抗器投切、分接头档位升降等控制操作。

(2) 国内电网整体的调度自动化软件水平有了突飞猛进的进步,绝大部分省级电网调度中心已经配备能量管理系统(energy management system,EMS),大多数已经达到了实用化的水平。而包括状态估计、在线潮流、OPF 在内的高级分析软件也大多已经在电网控制中心成熟运行。

(3) 国外已经实施的电压控制项目(法国、意大利等)为我国的无功电压控制项目的实施提供了宝贵的经验和范例。

随着各方面条件的逐步具备,从开环分析到闭环控制已经成为现代能量控制中心发展的必然趋势(张伯明,2003)。从技术路线上看,我国 AVC 技术主要吸纳了三层电压控制模式的思想,但结合自身电网的特点有了全新发展。我国 AVC 技术快速应用时期恰逢中国电力工业在新世纪的跨越式发展阶段,电网结构变化频繁,这和已经接近饱和的欧美电网结构有巨大差别,基于固化分区的 SVC 无法直接适用于中国电网。为此,中国学者提出了基于自适应架构的三层电压控制模式,并在我国取得了成功。截至 2015 年底,中国绝大部分网省级电网已经建设了 AVC 系统,典型代表为江苏电网(郭庆来等,2004)、华北电网(郭庆来等,2008)等。

1.2.4　发展历史小结

AVC 的发展,主要可以从欧洲、美国和中国三条线索追溯。欧洲在电压控制技术方面起步最早,也是实际工程实施的先行者,其提出的递阶电压控制架构具有重要的历史地位,但在进入 21 世纪后,一方面其电力工业发展放缓,另一方面也受限于投资等因素,欧洲 AVC 技术并未发生相应的变革,基本停留在 20 世纪的发展水平。美国研究团队对于 AVC 技术发展做出了重要理论贡献,但由于电力市场与调度体制的原因,其工业界并未发展出类似的系统级 AVC 应用,可以说直至今天在美国相当多的电网,电压控制的水平仍然严重滞后于其电力工业的发展。

中国从 20 世纪末开始 AVC 的理论研究与工程实践,恰逢中国电力工业迎来前所未有的快速发展,因此无法照搬欧美的成熟技术,只能紧扣自身需求与重大技术挑战,依靠自主创新不断进步,目前基本实现了全国所有省级以上控制中心无功电压的全自动闭环控制。AVC 已经和 AGC 一样,成为中国控制中心不可缺少的自动闭环控制应用,无论是控制范围、电压等级、自动化程度、技术先进性还是整体控制效果,都走在了世界前列,技术进一步输出到美国等先进发达国家。可见在 AVC 技术方面,中国科研工作者为世界电力自动化领域发展作出了重要贡献。而在这一过程中,笔者所在团队一直站在理论研究与工程实践的第一线,引领了 AVC 技术的发展方向,完成了绝大部分控制中心的 AVC 系统研发与应用,发挥了重要作用,也切身体会到了过程艰辛。

1.3 AVC 的主要挑战

复杂电网的 AVC 是世界性难题。与 AGC 在 20 世纪 60 年代就已经相对成熟不同,AVC 的工程实践至少推后了 20 年,在我国,更是直到 2000 年以后才真正开始在工业界应用。究其原因,与有功控制相比,电压控制在技术上所面临的挑战(尤其在中国)更大,主要表现在以下 3 方面。

1. 数学问题复杂

如前所述,电压控制的核心任务是将电网各节点电压保持在合理范围之内,在此基础上寻求网损最小等目标。从数学上,这是一个有约束优化问题,与有功经济调度中常采用的直流潮流模型不同,考虑到无功电压的强非线性,无功电压优化控制问题一般建模为基于交流潮流模型的非线性优化问题。更为复杂的是,系统中可用于无功电压调节的设备特性各异,有的调节速度快,如 SVG,可以在毫秒级进行响应,而有的调节速度要慢得多,比如分接头档位等,有的设备可以连续调节,比如发电机/调相机,而电容器/电抗器等设备则只能离散控制,其动作次数与动作时间间隔都受到严格限制,考虑到这些复杂的现实需求,无功电压控制问题本质上是一个非线性混合整数动态规划问题,从数学上这是一个典型的 NP Hard(非确定性多项式)问题,其求解难度非常大。

这一数学问题的复杂性也随着电网规模的扩大与运行要求的提高而不断增加。以 PJM 电网为例,其网架覆盖了北美东部 13 个州,占全美用电 1/6,计算规模达到了 13000 节点,其电力市场机制要求在 5500 个预想故障场景下实现控制性能优化,这是一个典型的非线性安全约束 OPF 问题,如果完整建模,其雅克比矩阵达到了亿×亿的规模，难以在数学上直接求解。这要求必须充分结合实际工程问题的特点，提出具有坚实理论基础同时工程上又行之有效的新方法。这些探索也是二十余年来学术界与工业界的共同努力目标。

2. 控制对象复杂

与面向某一固定设备或者固定厂站的就地闭环控制不同，系统级电压控制的对象是覆盖发、输、配、用各环节的整个电力系统。一方面，不同于有功频率控制，电力系统的电压具有空间分布的特点，电网中不同节点的电压各异，电压控制既要兼顾全局统筹优化，又要充分利用无功电压的区域解耦特性，从而简化问题便于求解。另一方面，电力系统自身处于不断发展变化中，电网结构多变，运行方式多样。尤其在中国，进入新世纪后电力工业实现了跨越式发展，全国装机总容量从 2000 年的 3.2 亿 kW 跃升到 2015 年的 14.6 亿 kW，每年新增的装机容量就几乎与英国全国装机总容量相当。与之对应的，电网网架结构日新月异，建设速度举世瞩目。既然电压控制的物理对象——电力系统并非一成不变，那么控制系统本身如何才能够适应这种多变性？这毫无疑问是一个非常具有挑战性的问题。

随着环境保护压力日益突出，以风电与光伏为代表的可再生能源近年来取得了突飞猛进的发展，截至 2015 年，我国的风电与光伏装机容量都已经跃居全球首位。风电与光伏属于典型的间歇式能源，其出力受天气等因素影响，具有较强的不确定性。大规模风光电源的并网进一步加剧了电力系统电压控制的难度，一方面，出力的间歇性导致了远超过传统电网的电压波动问题，另一方面，在大规模可再生能源汇集区域容易由于电压问题导致连锁性脱网事故，2010 年以来，我国共计发生脱网容量在 50 万 kW 以上的连锁事故 14 次，严重影响了电力系统安全运行和新能源可靠消纳。原本复杂的电力系统基础上再叠加了具有强随机性的间歇式可再生能源，进一步给电压控制提出了更大的挑战。

3. 控制模式复杂

我国采用的是国、网、省、地、县五级调度体系，各级调度机构对本区域管辖电网进行调度控制。因此，作为一个互联的大电网，本质上是由多级控制中心在空间上分布控制的。各级控制中心建模的只是互联大电网的局部，比如省调控制中心 EMS 系统中通常只建模直控的 500kV 及 220kV 电网，而对于 110kV 及更低电压等级电网一般建模为等值负荷，而地调一般只关注 110kV 电压等级以下电网模型，忽略 220kV 以上电网的内部细节，统一在边界上建模为等值发电机。电压控制作为日常调度的一项工作，自然也是基于这种多级分布控制架构与局部模型开展的。不容忽视的是，尽管控制是分级独立完成的，但电网自身仍然是互联在一起的，上级电网的控制行为必然会影响下级电网的无功电压分布，反之亦然。

如果不考虑多级控制中心之间的协调，容易在控制边界上产生过调或者振荡，严重制约全局电网安全性与经济性。如何通过合理的协调机制，在信息不完备的条件下也能保证分布式控制效果接近全局最优？毫无疑问这也是电压控制所必须应对的重大挑战。

针对上述挑战，国内外的学术界与工业界开展了一系列富有成效的研究工作，本书将在后续章节中从基础知识、理论研究与工程实践等不同层面展开，系统性的介绍在 AVC 领域的最新进展。

第 2 章 基础知识

2.1 基本概念

2.1.1 电压偏移

电压是电能质量一个重要指标。保证供给用户的电压与额定值的偏移不超过规定的数值是电力系统运行控制的基本任务之一。

1. 电压偏移对用电设备的影响

各用电设备是按照额定电压来设计制造的，它们也只有在额定电压下运行才能取得好的技术经济性能。当电压偏离额定值较大时，将对用电设备的运行带来不良的影响。

电力系统中作为负荷的用电设备，常用的有：异步电动机、电热设备、照明、家用电器、电子设备等等。异步电动机的电磁转矩与其端电压的平方成正比，当电压降低时，如其机械负载的阻力矩不变，则电动机滑差加大，定子电流增大，发热增加，绕组温升增高，加速绝缘老化，影响电动机寿命，当电压太低时甚至会烧毁电机；当电压偏高时，将会破坏绝缘，并引起磁路饱和等，影响电动机的工作。电炉等电热设备的发热量与电压的平方成正比，当电压降低时将大大降低发热量，使生产率降低。当电压降低时，照明设备将发光不足，像日光灯等还会产生无法启动的现象，影响人们的视力和工作；当电压偏高时，将严重影响照明设备的寿命。电压变动对家用电器(如电视机等)也有很大影响，电压偏低电视图像不稳定；电压偏高，将使显像管寿命缩短。而现代电子设备和精密仪器对电压变化更是十分敏感，其要求也更高，电压质量已成为现代企业投资环境的重要因素。用电设备作为用户，要求电力系统提供电压合格的优质电能商品。

2. 电压偏移对电力系统自身的影响

电压偏移对电力系统本身也有影响。电压降低后，使网络中的功率损耗和能量损耗增加，电压过低还将危及电力系统运行的稳定性；而电压过高，各种电气设备的绝缘可能受到损害，在超高压网络中还将增加电晕损耗。

3. 允许的电压偏移

电力系统正常运行中，负荷经常发生变化，电力系统的运行方式也常有变化，它们都将使网络中电压损耗也随之而变，而且大规模电网的节点很多。因此，严格保证所有用户在任何时刻电压都为额定值是不可能的。在电力系统运行中，各节点电压产生偏移是难免的。大多数用电设备及电力系统设备也允许电压相对额定值有一定偏离。因而，从技术上、经济上综合考虑，可以确定一个各类用户允许的、合理的电压偏移。目前，我国规定的各类用户的允许电压偏移，在正常状况下为：

35kV 及以上电压供电的负荷为±5%；

10kV 及以下电压供电的负荷为±7%；

低压照明负荷为+5%，−10%；

农村电网为+7.5%，−10%。

在事故状况下，允许在上述基础上再增加 5%，但正偏移最大不能超过+10%。

电压质量标准随着国民经济和科学技术的发展也会有所变化。在发达国家，对电压质量的要求更严格。为了使网络中各处的电压达到所规定的标准，必须进行电压控制。

2.1.2　无功功率

1. 单相交流电路的瞬时功率

功率是电力系统中一个特别重要的基本概念。如图 2-1(a)，一任意的无源网络，其在任一瞬间吸收的功率即瞬时功率，为输入端瞬时电压 $v(t)$ 与瞬时电流 $i(t)$ 之积。

$$p(t) = v(t) \cdot i(t) \tag{2-1}$$

若设

$$v(t) = \sqrt{2}V \cos \omega t \tag{2-2}$$
$$i(t) = \sqrt{2}I \cos(\omega t - \varphi)$$

则 $i(t)$ 可写成

$$i(t) = \sqrt{2}I \cos\varphi \cos\omega t + \sqrt{2}I \sin\varphi \cos(\omega t - 90°) = i_R(t) + i_X(t) \tag{2-3}$$

式中，$i_R(t) = \sqrt{2}I \cos\varphi \cos\omega t$，与 $v(t)$ 相位相同，称为 $i(t)$ 的有功分量，其模为 $\sqrt{2}I \cos\varphi$；$i_X(t) = \sqrt{2}I \sin\varphi \cos(\omega t - 90°)$，相位滞后 $v(t)90°$，称为 $i(t)$ 的无功分量，其模为 $\sqrt{2}I \sin\varphi$。

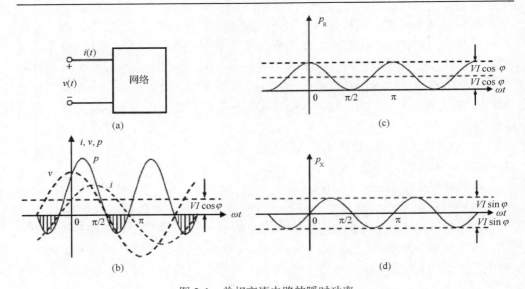

图 2-1　单相交流电路的瞬时功率

(a) 任意无源网络；(b) 瞬时功率的波形；(c) 瞬时功率有功分量的波形；(d) 瞬时功率无功分量的波形

将它代入式(2-1)，得

$$
\begin{aligned}
p(t) &= v(t) \cdot [i_{\mathrm{R}}(t) + i_{\mathrm{X}}(t)] \\
&= \sqrt{2}V \cos\omega t[\sqrt{2}I\cos\varphi\cos\omega t + \sqrt{2}I\sin\varphi\cos(\omega t - 90°)] \\
&= 2VI\cos\varphi\cos^2\omega t + 2VI\sin\varphi\cos\omega t\cos(\omega t - 90°) \\
&= VI\cos\varphi(1 + \cos 2\omega t) + VI\sin\varphi\sin 2\omega t \\
&= p_{\mathrm{R}}(t) + p_{\mathrm{X}}(t)
\end{aligned}
\tag{2-4}
$$

式中，$p_{\mathrm{R}}(t) = VI\cos\varphi(1 + \cos 2\omega t)$，是由 $v(t)$ 与 $i_{\mathrm{R}}(t)$ 产生的瞬时功率，以周期 $2\omega t$ 交变，但始终大于或等于零，其平均值为 $VI\cos\varphi$，反映了无源网络中等效电阻的耗能速率，$p_{\mathrm{R}}(t)$ 称为 $p(t)$ 的有功分量；$p_{\mathrm{X}}(t) = VI\sin\varphi\sin 2\omega t$，是由 $v(t)$ 与 $i_{\mathrm{X}}(t)$ 产生的瞬时功率，以周期 $2\omega t$ 交变，其平均值为零，峰值为 $VI\sin\varphi$，反映了无源网络中等效电抗与外电源的电能量交换速率，$p_{\mathrm{X}}(t)$ 称为 $p(t)$ 的无功分量。图 2-1(b)、(c)、(d) 分别表示了 $v(t)$、$i(t)$、$p(t)$ 及 $p_{\mathrm{R}}(t)$、$p_{\mathrm{X}}(t)$ 的波形。

2. 单相交流电路的有功和无功功率

定义 $p_{\mathrm{R}}(t)$ 的平均值为有功功率 P，即 $P = VI\cos\varphi$；$p_{\mathrm{X}}(t)$ 的峰值为无功功率 Q，即 $Q = VI\sin\varphi$。有功功率是一个平均值，为无源网络所吸收而消耗的功率，无功功率是一平均值为零的交换功率的峰值，它并未为网络所"消耗"，它反映网络内部与外部交换能量的能力的大小。

在图 2-1(a)所示的方向下，网络若是电感性的，则 $\varphi>0$，无功功率 $Q>0$，习惯上类似于有功功率的理解，认为网络"吸收"感性无功功率；网络若是电容性的，则 $\varphi<0$，$Q<0$，习惯上认为网络"吸收"容性无功功率。"吸收"感性(或容性)无功功率相当于"发出"容性(或感性)无功功率。但此处的"吸收"或"发出"的意义不同于有功功率的吸收或发出，它只是一种习惯的说法。由于电力系统中大量的负荷设备是电感性的，因此，习惯上将吸收感性无功功率的设备作为"无功负荷"，而将吸收容性无功功率的设备作为"无功电源"。

3. 复功率

将 $v(t)$ 与 $i(t)$ 的有效值之积定义为视在功率，即 $S=VI$。显然 $S^2=P^2+Q^2$，视在功率、有功功率和无功功率组成一功率三角形，其中 φ 为 $v(t)$ 与 $i(t)$ 的相角差，也称为功率因数角。功率三角形可用一复数来表示，称为复数功率，简称复功率，用 $\dot{S}$ 表示。

如图 2-2 所示，设相量 $\dot{V}=V\angle\delta_u$，$\dot{I}=I\angle\delta_i$，δ_u、δ_i 分别表示电压、电流的相位角，复功率 $\dot{S}$ 定义为电压量 $\dot{V}$ 和 $\dot{I}$ 的共轭复数 $\boldsymbol{I}^*$ 的乘积，即

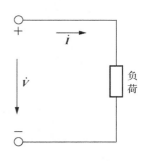

图 2-2 单相负荷

$$\dot{S}=\dot{V}\boldsymbol{I}^*$$

由设定条件可得

$$\dot{S}=V\angle\delta_u I\angle-\delta_i=VI\angle\delta_u-\delta_i$$

因为，$\delta_u-\delta_i=\varphi$，为功率因数角，所以，$\dot{S}=VI\angle\varphi=VI\cos\varphi+jVI\sin\varphi$

即

$$\dot{S}=P+jQ \tag{2-5}$$

式中，

$$\begin{cases} P=\mathrm{Re}(\dot{S})=\mathrm{Re}(\dot{V}\boldsymbol{I}^*) \\ Q=\mathrm{Im}(\dot{S})=\mathrm{Im}(\dot{V}\boldsymbol{I}^*) \end{cases} \tag{2-6}$$

当 $\varphi=\delta_u-\delta_i>0$ 时，$Q>0$，复功率的虚部为正，表示是感性负荷。

当 $\varphi=\delta_u-\delta_i<0$ 时，$Q<0$，复功率的虚部为负，表示是容性负荷。

可以看出，复功率 $\dot{S}$ 作为功率三角形关系的复数表达形式，和表示时间相量

的 $\dot{V}$、$\dot{I}$ 是不同意义的量。复功率的定义中之所以采用 $\dot{I}$ 或 $\dot{V}$，是为了使复数表达式中的幅角与功率因数角相联系，而其模即为视在功率 S。在电路计算中，视在功率 S 不能相加，而复功率可以相加(实部、虚部分别相加)，便于计算。

4. 平衡三相交流电路的功率

三相交流电路的总功率 $p(t)$ 为

$$p(t) = v_a(t)i_a(t) + v_b(t)i_b(t) + v_c(t)i_c(t)$$

在三相平衡的情况下，各相电压、电流的有效值分别相等，设为 V_P、I_P，它们之间的相角差也相同，设为 φ。则此时三相电路的总功率仅包含了三相有功功率 P。

$$P = 3P_P = 3V_P I_P \cos\varphi \tag{2-7}$$

式中，P_P 代表一相的有功功率。

为了表示方便，定义三相无功功率 Q 为

$$Q = 3Q_P = 3V_P I_P \sin\varphi \tag{2-8}$$

则三相的视在功率 S 为

$$S = 3S_P = 3U_P I_P$$

式中，S_P 代表一相的视在功率。

对于星形接法电路，$V_P = V_L / \sqrt{3}, I_P = I_L$；对于三角形接法电路，$V_P = V_L$，$I_P = I_L / \sqrt{3}$ 。其中 V_L、I_L 分别表示线电压、线电流的有效值。则

$$P = \sqrt{3}V_L I_L \cos\varphi \tag{2-9}$$

$$Q = \sqrt{3}V_L I_L \sin\varphi \tag{2-10}$$

$$S = \sqrt{3}V_L I_L \tag{2-11}$$

式中，均采用线电压、线电流计算，但功率因数仍必须是相电压、相电流之间的相角差。S、P、Q 之间仍然组成功率三角形。

5. 平衡三相复功率

类似于单相，同样引入平衡三相电路的复功率 $\dot{S}$ 为

$$\dot{S} = 3\dot{V}_P \overset{*}{I}_P \tag{2-12}$$

式中，$\dot{V}_P$ 表示相电压相量；I_P^* 表示相电流相量 $\dot{I}_P$ 的共轭复数。下面讨论用线电压、线电流相量时 $\dot{S}$ 的表示方式。

设 $\dot{V}_P = V_P \angle \delta_{uP}$，$\dot{I}_P = I_P \angle \delta_{iP}$，又设线电压相量 $\dot{V}_L = V_L \angle \delta_{uL}$，线电流相量 $\dot{I}_L = I_L \angle \delta_{iL}$，则 $\varphi = \angle \delta_{uP} - \delta_{iP}$。

对于三相 Y 形接法，如图 2-3 所示，有 $\dot{V}_L = \sqrt{3}\dot{V}_P e^{j30^0}$，$\dot{I}_L = \dot{I}_P$，得

$$\dot{S} = 3\left(\frac{\dot{V}_L}{\sqrt{3}}e^{-j30^0} I_L^*\right) = \sqrt{3}\dot{V}_L I_L^* e^{-j30^0} \tag{2-13}$$

进一步可得

$$\begin{aligned} \dot{S} &= \sqrt{3}V_L I_L \angle \delta_{uL} - \delta_{iL} - 30^0 = \sqrt{3}I_L V_L \angle \varphi \\ &= \sqrt{3}V_L I_L \cos\varphi + j\sqrt{3}V_L I_L \sin\varphi \\ &= P + jQ \end{aligned} \tag{2-14}$$

式中，$P = \mathrm{Re}(\dot{S}) = \sqrt{3}V_L I_L \cos\varphi$，为三相有功功率，与式 (2-9) 一致；$Q = \mathrm{Im}(\dot{S}) = \sqrt{3}V_L I_L \sin\varphi$，为三相无功功率，与式 (2-10) 一致。

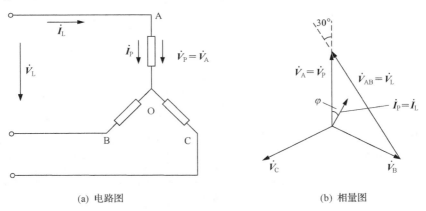

(a) 电路图   (b) 相量图

图 2-3　三相星形接法

同理，对于三相三角形接法，在用线电压和线电流相量表示其复功率时，表达式形式不变。但此时的 φ 角仍是每相的功率因数角，其间有关系如下：

$$\varphi = \delta_{uP} - \delta_{iP} = \delta_{uL} - \delta_{iL} - 30^0 \tag{2-15}$$

由上可知，在平衡三相电路中，对于任何一个三角形接法的负荷，可看成是一个等值的星形接法的负荷。

2.2 电压水平与无功平衡

2.2.1 电压水平

如何使电压偏移处于合理的范围内呢？首先要研究的问题是：电力系统的电压水平取决于什么？电力系统的电压水平与无功功率平衡有密切的关系，下面以一个简单案例说明。

如图 2-4(a) 所示，设电源电压为 $\dot{V}_G$，负荷端的电压为 $\dot{V}$，负荷以等值导纳 $Y_D = G_D + jB_D$（$B_D < 0$ 为感性负荷）表示，若 X_Σ 表示线路、变压器及发电机等值电抗总和，$\dot{E}$ 表示发电机电势，则相应的等值电路如图 2-4(b) 所示。

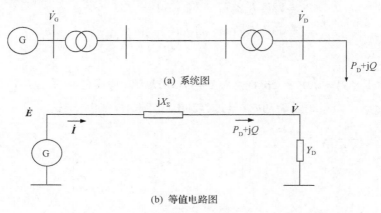

(a) 系统图

(b) 等值电路图

图 2-4 简单电力系统

由图 2-4 可知，负荷处的电压大小 V 取决于发电机电势大小 E 及电网总的电压损耗 ΔV。E 的大小可通过改变发电机的励磁电流，也即改变发电机送出的无功功率来调整，但是受设备限制，它有一定的界限；根据高压电网潮流的 PQ 解耦特性，ΔV 的大小取决于网络参数及无功潮流（$\Delta V \approx QX_\Sigma / V_N$）。

设在起始的正常运行状况下，系统已达到无功功率平衡，即 $Q_G = Q + \Delta Q$，V 保持在额定电压水平 V_N 上。Q_G 表示发电机发出的无功功率，ΔQ 表示系统总的无功功率损耗。

由于某种原因使负荷增加，使 Q 增加变为 Q'，则 ΔV 随之增加，此时若增加发电机励磁，使 E 增加，其增量 ΔE 正好补足 ΔV 的增量，则将使 V 维持在原有的电压水平 V_N 上。这样，系统的无功负荷增加，发电机的无功输出增加，系统的无功损耗也增加，它们在新的状态下平衡：$Q'_G = Q' + \Delta Q'$，而维持电压 V 在原有额定电压水平 V_N 上。

如负荷允许，若使发电机电压增量 ΔE 大于 ΔV 的增量，将使 V 升高并超过 V_N，负荷将在高水平电压 V_H 下运行，所需无功功率也增加，因此整个系统在新的电压水平下达到新的无功功率平衡：$Q_{GH} = Q_H + \Delta Q_H$。

反之，若因发电机励磁的限制，E 不能增加足够的量以补偿 ΔV，则 V 将下降，低于 V_N，此时负荷在低水平电压 V_L 下运行，所需的无功功率减小，整个系统又在新的电压水平下达到新的无功功率平衡：$Q_{GL} = Q_L + \Delta Q_L$。

因此，无功功率总是要保持平衡。当系统无功电源充足，可调容量大，则可在较高电压水平上保持平衡；当系统无功电源不足，可调容量小甚至没有，则只能在较低电压水平上保持平衡。显然，无功平衡水平决定了电压水平。

进一步以系统和负荷的无功电压静特性加以说明。

首先，分析负荷的无功电压静特性。电力系统无功负荷的主要成分是异步电动机，由如图 2-5 所示的异步电机等值电路可知，其所需的无功功率由励磁无功功率及漏抗所需的无功功率两部分组成。前者与电压平方正成比；后者当电动机负载不变时由于电压降低，使滑差 S 增大，电流增大，漏抗所需无功功率增大。再考虑到电压对 X_m 的影响，负荷无功电压静特性可近似用二次曲线表示，如图 2-6 中的曲线 1。当负荷增加时，曲线向左上方移动，即图 2-6 之曲线 1′。

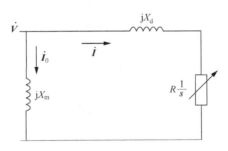

图 2-5　异步电机的等值电路

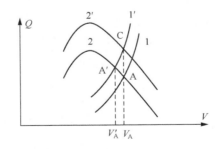

图 2-6　系统和负荷的无功电压静特性

其次，分析由系统送至负荷的无功功率的电压静特性。由图 2-4(b) 的等值电路，可画出相应的相量图(标幺值)，如图 2-7 所示。

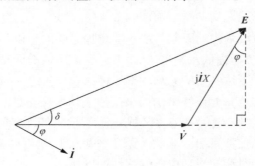

图 2-7　图 2-4(b) 的相量图

由图可知，

$$\Delta P = VI\cos\varphi = V\frac{IX\cos\varphi}{X} = V\frac{E\sin\delta}{X} \tag{2-16}$$

即

$$P = \frac{EV}{X}\sin\delta \tag{2-17}$$

$$Q = VI\sin\varphi = V\frac{IX\sin\varphi}{X} = V\frac{E\cos\delta - V}{X} \tag{2-18}$$

$$Q = \frac{V}{X}(E\cos\delta - V) \tag{2-19}$$

一般而言，δ 角较小，可近似认为 $\cos\delta \approx 1$。由式 (2-19) 可得，系统送至负荷的无功功率的电压特性也近似为一条二次曲线，如图 2-6 中的曲线 2。若增加 E，则将使曲线向上移动，即图 2-6 之曲线 2′。曲线 1 与 2 的交点 A 确定了负荷节点的电压值 $V = V_A$，系统在此电压水平上达到无功功率平衡。

将无功负荷增加，曲线由 1 移至 1′。如果此时系统的无功电源能相应增加，即增加 E，使曲线 2 移至曲线 2′位置，则意味着系统在新的无功平衡状态下保持负荷处电压水平为 V_A。若某种原因，使系统无功电源不能随之增加，曲线 2 保持不变，其与曲线 1′线的交点为 A′，则意味着系统在降低了的负荷处电压 V_A 上达到无功功率平衡。

显然，实现无功功率在额定电压下的平衡是保证电压质量的基本条件，但是这要求电力系统的无功电源充足。

2.2.2 无功平衡

在电力系统中，大量的负荷需要一定的无功功率，同时网络元件中也会引起无功功率损耗。因此电源所发出的无功功率必须满足它们的需要，这就是系统中无功功率的平衡。无功功率平衡包含以下 3 个含义。

(1)对于运行中的电力系统，要求无功电源所发出的无功功率与系统无功负荷及无功损耗所需要的无功功率相平衡，即

$$\sum Q_{\mathrm{G}} = \sum Q_{\mathrm{D}} + \sum Q_{\mathrm{L}} \tag{2-20}$$

式中，$\sum Q_{\mathrm{G}}$、$\sum Q_{\mathrm{D}}$、$\sum Q_{\mathrm{L}}$ 分别为系统无功电源所发出的无功功率、无功负荷所需要的无功功率和系统网络元件所引起的无功功率损耗。

(2)对于一个实际系统或是在系统的规划设计中，无功电源设备的容量应与系统运行所需要的无功电源功率及系统的备用无功电源功率相平衡，以满足运行的可靠性及适应系统负荷发展的需要，即

$$\sum Q_{\mathrm{N}} = \sum Q_{\mathrm{G}} + \sum Q_{\mathrm{R}} \tag{2-21}$$

式中，$\sum Q_{\mathrm{N}}$、$\sum Q_{\mathrm{R}}$ 分别为系统无功电源容量和无功电源备用容量。

在进行系统无功功率平衡时，要按照最大无功负荷的运行方式进行，必要时还要检验某些设备停运或故障后的无功功率的平衡，必须保证 $Q_{\mathrm{R}}>0$。如出现 $Q_{\mathrm{R}}<0$，则说明系统中无功电源不足，需要增加无功电源容量。

(3)考虑到无功功率的远距离输送将引起网络中功率损耗及电压损耗的增加，为了维持系统应有的电压水平，除了整个系统要达到相应的无功功率平衡外，在各局部地区，也要基本上达到无功功率平衡，避免无功功率的大量流动。

负荷的功率因数一般为 0.6～0.9，通常低于发电机的功率因数(为 0.8～0.9)；同时，电力网络中无功损耗要大于有功损耗，线路和变压器上的总无功损耗一般接近于无功功率负荷，也就是说，需要近两倍于无功负荷的无功电源才能满足需要。

因此，电力系统单靠发电机无法满足电力系统无功平衡的需要，要进行无功补偿。所谓无功补偿，就是为了满足系统的电压要求而设置的除发电机以外的无功电源。为了避免无功远距离输送，无功补偿一般在负荷中心地区就地进行。

2.3 无 功 电 源

电力系统的无功电源向系统发出滞后功率因数的无功功率，无功电源主要有如下几类。

2.3.1　同步发电机

　　发电机是目前电力系统中唯一的有功电源，它又是基本的无功电源，它供出的无功功率与同时供出的有功功率有一定的关系，由发电机的 P-Q 曲线决定。

　　图 2-8 中为绘制 P-Q 曲线用的电路图及相应的相量图。其中，$\dot{E}_{\varphi N}$、$\dot{V}_{\varphi N}$、$\dot{I}_{N}$ 分别为在额定情况下发电机相电势、机端相电压及相电流(定子电流)。相量 $\dot{E}_{\varphi N}$ 的大小又以一定的比例尺代表了发电机的励磁电流 I_{f}。线段 ac 以一定的比例尺代表了发电机定子电流 I_{N}。由相量图可知，△abc 又是以一定比例尺代表了发电机输出的功率三角形，其中，线段 ac 代表发电机额定容量 S_{N}，线段 bc 代表发电机的额定有功 P_{N}，线段 ab 代表发电机的额定无功 Q_{N}。

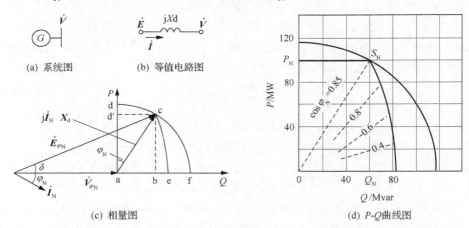

图 2-8　发电机的 P-Q 曲线图

　　由于发电机励磁电流及定子电流的限制，c 点至多只能在圆弧 ec(以 O 为圆心，$E_{\varphi N}$ 为半径)及圆弧 dc(以 a 为圆心，$I_{N}X_{d}$ 为半径)上移动，又由于原动机的限制，有功不能超过 P_{N}，可得 c 极限轨迹，即 P-Q 曲线由图 2-8(c)中的线段 d′c 及圆弧 ec 组成。图 2-8(d)绘出了一台 TQN-100 型发电机(氢内冷汽轮发电机，P_{N} =100MW，V_{N} =10.5kV，$\cos\varphi_{N}$ = 0.85)的 P-Q 曲线。由图可知，当系统中有一定备用有功电源时，可以将离负荷中心近的发电机适当降低有功输出而多发无功，这有利于局部网络的无功平衡，提高系统电压水平。

2.3.2　同步调相机及同步电动机

　　参考图 2-8(a)、(b)所示的电路，以其代表同步电机，根据电机学的相关知识，可以得出各种运行状态的相量关系(以相电压 $\dot{V}_{\varphi}$ 为参考相量)，归纳成如图 2-9 所示。

由图 2-9 可知，同步调相机是特殊运行状态下的同步电机，可视为不带有功负荷的同步发电机或是不带机械负荷的同步电动机。当它过激运行时，将向系统供给感性无功功率；欠激运行时，将从系统吸收感性无功功率。因此改变同步调相机的励磁，可以平滑地改变它的无功功率的大小及方向，从而平滑地调节所在地区的电压。但在欠激状态下运行时，其容量为过激运行时额定容量的 50%～60%。

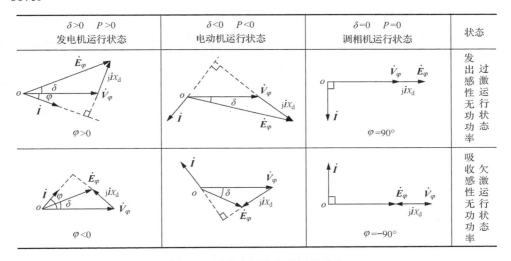

$\delta>0$　$P>0$ 发电机运行状态	$\delta<0$　$P<0$ 电动机运行状态	$\delta=0$　$P=0$ 调相机运行状态	状态
$\varphi>0$		$\varphi=90°$	发出感性无功功率　过激运行状态
$\varphi<0$		$\varphi=-90°$	吸收感性无功功率　欠激运行状态

图 2-9　同步电机的各种运行状态

同步调相机可以装设自动调节励磁装置，能自动地在系统电压降低时增加输出功率以维持系统电压。在有强行励磁装置时，在系统故障情况下也能调整系统电压，有利于系统稳定运行。

同步调相机在运行时要产生有功功率损耗，一般在满负荷运行时，有功功率损耗为额定容量的 1.5%～5%，容量越小，所占的比重越大，在轻负荷时，这比例数也要增大。从建设投资费用看，小容量的同步调相机每千伏安的费用大。故同步调相机适用于集中大容量使用。此外，同步调相机运行维护的工作量相对其他设备要大。但它的平滑调节及提高系统稳定的效果，目前仍受到很大重视。

由图 2-9 可知，过激运行状态下的同步电动机也能向系统供给感性无功功率。因此充分发挥用户所拥有的同步电动机的作用，使其过激运行，对提高系统的电压水平是有利的。

2.3.3　静电电容器

静电电容器向系统供给感性的无功功率，因此可作为无功电源使用。它根据需要由许多电容器联结成组，因此容量可大可小，既可集中使用，又可分散使用且可分相补偿，可以随时切、投部分或全部电容器，运行灵活。电容器的有功损耗小(约占额定容量的 0.3%～0.5%)，投资也省。

电容器所供出的无功功率 Q_C 与其端电压 V 的平方成正比：

$$Q_C = \frac{V^2}{X_C} \tag{2-22}$$

式中，X_C 为电容器的容抗。

由式(2-22)可知，当节点电压下降时，其供给系统的无功也减少，导致系统电压水平进一步下降，为其不足之处。

2.3.4　静止无功补偿器

静止无功补偿器是近年来发展很快的一种无功补偿装置。它有很多种类，其基本原理如图 2-10 所示。

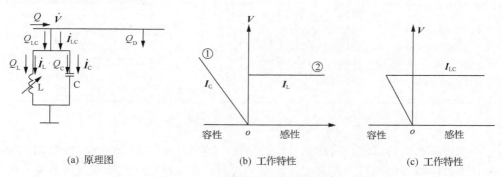

| (a) 原理图 | (b) 工作特性 | (c) 工作特性 |

图 2-10　静止无功补偿器的简单原理

图 2-10(a)为静止无功补偿器的简单原理图，它由感抗值可变的饱和电抗与电容组成。图 2-10(b)中，直线①为电容的电压—电流特性，折线②是饱和电抗的电压—电流特性，其合成即如图 2-10(c)所示。随着负荷的变化，自动调整电流，使端电压维持不变。从无功补偿的角度来看，若母线上无功负荷为 Q_D，静止无功补偿器吸取的无功 Q_{LC} 由感性无功 Q_L 与容性无功 Q_C 两部分组成，则由系统送来的无功功率 Q 为

$$Q = Q_D + Q_L - Q_C \tag{2-23}$$

当负荷变动 ΔQ_D 时，将引起各无功量变动：

$$\Delta Q = \Delta Q_D + \Delta Q_L - \Delta Q_C \tag{2-24}$$

若静止无功补偿器工作在水平区段，$\Delta Q_C = 0$，若要维持 Q 不变，只需使

$$\Delta Q_{\mathrm{L}} = -\Delta Q_{\mathrm{D}} \tag{2-25}$$

即只要调整电感的电抗值，改变其从母线上吸取的无功功率，使之随负荷无功的变化作相反方向的变化，就能维持 Q 恒定，从而保持电压 V 为一定值。

静止无功补偿器的优点是调节能力强，反应速度快，特性平滑，可分相补偿，且由于是静止元件组成，维护简单，功率损耗小，其缺点是最大补偿量正比于电压平方，在电压很低时补偿量大大降低。

2.3.5 高压输电线的充电功率

高压输电线的充电功率可由式(2-26)求出，

$$Q_{\mathrm{P}} = V^2 B_{\mathrm{L}} \tag{2-26}$$

式中，B_{L} 为输电线 L 的对地总电纳；V 为输电线的电压。

高压输电线，特别是分裂导线，其充电功率相当可观，它是电力系统所固有的无功功率源。表 2-1 列出了一些典型值。

表 2-1　高压输电线的充电功率

电压/kV	110	220		330	500	750
	单导线	单导线	双分裂	双分裂	三分裂	四分裂
充电功率/(Mvar/100km)	3.4	14	19	41	105	240

上述无功电源中，发电机容量一般按有功功率的要求而设置，且设置地点主要考虑能源条件及有功负荷的要求，因此其相应的无功电源容量有一定局限。在实际运行中，一般发电机常接近额定功率因数运行，如系统无功功率能满足平衡要求时，则其保持有一定的无功备用。高压线路的充电功率是系统固有的。因此作为系统无功补偿设备使用的一般是指同步调相机、静电电容器及静止无功补偿器等。

2.4　电压控制措施

为了保证系统有较好的电压水平，必须有充足的无功电源，这是系统正常运行的必要条件。但它还不能充分保证系统各处的电压都符合要求，还必须采用各种电压控制的措施。

以图 2-11 所示的简单系统为例，说明采用各种电压控制措施所依据的基本原理。发电机通过升压变压器、线路和降压变压器向负荷供电，略去线路对地电容参数、变压器的励磁功率和网络的功率损耗，线路及变压器的阻抗参数归算到高压侧，以 $R+jX$ 代表，则负荷处电压 V_D 估算为：

$$V_D = (V_G K_1 - \Delta V) \frac{1}{K_2} = \left(V_G K_1 - \frac{P_D R + Q_D X}{V_N} \right) \frac{1}{K_2} \qquad (2\text{-}27)$$

式中，ΔV 为网络的电压损耗(归算到高压侧)；V_N 为网络高压侧的额定电压。

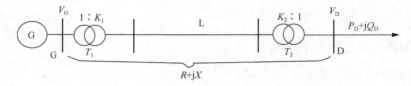

图 2-11　简单电力系统

从式 (2-27) 可知，要调整负荷点的电压 V_D，可有以下措施：

(1) 调节发电机励磁电流，改变发电机机端电压 V_G。

(2) 改变变压器的变化 K_1、K_2。

(3) 改变功率分布 $P_D + jQ_D$ (主要是 Q_D)。

(4) 改变网络参数 $R+jX$ (主要是 X)。

下面就这些措施进一步加以讨论。

2.4.1　调节发电机励磁

改变同步发电机的励磁电流，可以改变发电机的端电压，它可以利用自动调整励磁设备完成。通常，发电机允许在端电压偏离额定值不超过±5%的范围内以额定功率运行，不需增加额外设备，因此是最经济合理的电压控制措施，应优先考虑。

但对线路较长且是多电压级网络，并有地方负荷的情况下，单靠发电机调压就不能满足负荷点的电压要求。如图 2-12 所示系统为一多电压级网络，各级网络的额定电压及最大、最小负荷时的电压损耗均标示图中。最大负荷时，从发电机至线路末端的总电压损耗为 35%，最小负荷时为 15%，两者相差 20%。对发电机来说，考虑机端负荷的要求及供电至地方负荷线路上的电压损耗，其电压调整范围为+5%～0%，因此无法满足远方负荷的电压要求，只能依靠其他措施来解决。

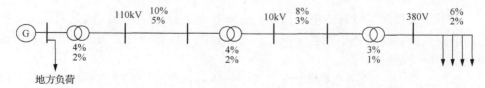

图 2-12　多电压级网络及其电压损耗(例)

另外，在多机系统情况下，改变发电机的端电压，将会改变发电机之间无功功率的分配，这有可能与发电机的无功备用容量或无功功率的经济分配发生矛盾。

2.4.2 改变变压器变比

电力变压器一般都有可调整的分接头，调整分接头的位置可以改变变压器的变比，从而改变电压。通常分接头设在高压绕组（双绕组变压器）或中、高压绕组（三绕组变压器），对应高压（或中压）绕组额定电压 V_N 的接头称为主接头。

变压器并非无功电源。因此，从全系统来看，改变变压器变比调压是以全系统无功电源充足为条件的，当系统无功电源不足时，仅依靠改变变电压变比是不能达到调压要求的。这一点与前述的发电机调压不同，发电机调整励磁电流，实质上就是调整无功电源的输出。

双绕组变压器一般在高压侧有多个分接头，如图 2-13 所示，例如，35±5%/10.5kV 变压器，表示高压侧有 3 个分接头，主接头电压为 35kV，另两个分接头电压分别为 35×(1+5%)=36.75kV 及 35×(1−5%)=33.25kV；低压侧只有 1 个电压为 10.5kV 的固定接头，110±2×2.5%/10.5kV 表示高压侧共有五个分接头。

三绕组变压器一般在高、中压绕组有分接头可供选择，而低压侧没有分接头，如图 2-14。

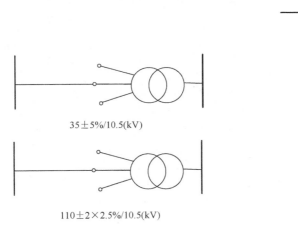

35±5%/10.5(kV)

110±2×2.5%/10.5(kV)

图 2-13 变压器的分接头

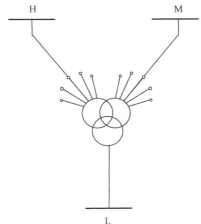

图 2-14 三绕组变压器

变压器分为普通变压器和有载调压变压器两类。对于普通变压器，只有在变压器停运时才能改变分接头，确定分接头时要兼顾各种运行方式和负荷水平，不利于电压控制。而有载调压变压器可以在带负荷的条件下切换分接头，而且调节范围比较大，一般在 15% 以上，已经得到普遍应用。

对于开式辐射形网络，变压器可以作调压设备。对于环形网络，除调压作用外，还起到改变网络中无功功率分布的作用。

2.4.3 利用并联无功补偿控制电压

当系统中无功电源不足时，已不能单靠改变变压器变比来控制电压，必须在系统中设置无功补偿。虽然无功电源和无功负荷本身不消耗能量，但无功功率在电力网中的流动却要引起有功功率损耗和电压损耗。因此要合理地配置无功功率补偿容量，恰当地安排现有无功电源的出力，改变电力网中的无功功率分布，减少网络中有功功率损耗和电压损耗，既满足经济要求，也满足调压的要求。这样的补偿也常称并联补偿。并联无功补偿装置主要有：并联静电电容器、同步调相机和静止无功补偿器。

其中，静电电容器的特点是只能发出感性无功功率，可以切除部分或全部电容器，不能连续调节；同步调相机的特点是既能发出感性无功作无功源，又能吸收感性无功作无功负荷，可以连续调节；静止无功补偿器的特点是静电电容器与可控的电抗器并联使用，电容器发出固定的无功功率，可控电抗器依负荷变化而改变吸收的无功功率，从而使母线电压保持一定。

2.4.4 利用串联无功补偿控制电压

线路中串联电容主要用来补偿线路电抗，改变线路等值参数而起调压作用，也常称为串联无功补偿。

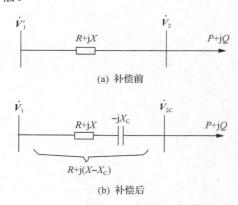

(a) 补偿前

(b) 补偿后

图 2-15 串联电容补偿

如图 2-15(a)，在补偿前有

$$V_1 = V_2 + \frac{PR + QX}{V_2} \tag{2-28}$$

图 2-15(b) 为补偿后，有

$$V_2 + \frac{PR+QX}{V_2} = V_{2C} + \frac{PR+Q(X-X_C)}{V_{2C}} \tag{2-29}$$

于是有

$$X_C = \frac{V_{2C}}{Q}\left[(V_{2C}-V_2) + \left(\frac{PR+QX}{V_{2C}} - \frac{PR+QX}{V_2} \right) \right] \tag{2-30}$$

考虑到

$$\frac{PR+QX}{V_{2C}} - \frac{PR+QX}{V_2} \approx 0 \tag{2-31}$$

则

$$X_C = \frac{V_{2C}}{Q}(V_{2C}-V_2) \tag{2-32}$$

进一步近似认为 V_{2C} 接近额定电压 V_N，则

$$X_C \approx \frac{V_N}{Q}\Delta V \tag{2-33}$$

式中，ΔV 为补偿后线路末端电压升高的数值。

由式(2-33)可知，串联电容提升末端电压的数值为 $\Delta V = QX_C/V_N$，即调压效果随无功负荷 Q 而改变，无功负荷大时增大，无功负荷小时减小，这与调压要求一致，这是串联电容补偿调压的显著优点。但对于负荷功率因数高($\cos\phi > 0.95$)或导线截面大的线路，线路电抗对电压损耗影响小，故串联电容补偿的调压效果小，因此利用串联电容补偿调压一般用于供电电压为 35kV 或 10kV、负荷波动大而频繁、功率因数又很低的配电线路。

对于超高压输电线，串联电容补偿主要用于提高输电容量和改善系统运行的稳定性。

比较而言，并联电容补偿无功功率和串联电容补偿线路电抗都可以调压，但它们的补偿作用有所不同。串联电容补偿能直接减少线路的电压损耗，从而提高线路末端的电压水平，与此相比，并联电容补偿是通过减少线路上流通的无功功率，能直接减少线路的有功功率损耗，与串联电容依靠提高线路的电压水平减少有功功率损耗相比，前者更有效。

2.5　潮流方程与灵敏度分析

电力系统 AVC 属于稳态控制范畴，其基础的数学模型是电力系统的潮流方程。对于给定的电力网络，非线性的潮流方程可表达为

$$f(x,u) = 0 \tag{2-34}$$

$$h = h(x,u) \tag{2-35}$$

式中，x 为状态变量；u 为控制变量；h 为依从变量。线性化后有

$$\Delta x = S_{xu} \cdot \Delta u \tag{2-36}$$

$$\Delta h = S_{hu} \cdot \Delta u \tag{2-37}$$

式中，

$$S_{xu} = -\left(\frac{\partial f}{\partial x}\right)^{-1} \cdot \frac{\partial f}{\partial u} \tag{2-38}$$

$$S_{hu} = \frac{\partial h}{\partial x} \cdot S_{xu} + \frac{\partial h}{\partial u} \tag{2-39}$$

式(2-38)和式(2-39)即是状态量和依从变量对控制量的潮流控制灵敏度的基本算式。

由于电力系统的物理响应，电力系统在 Δu 的控制作用下，经过一段过渡过程，将达到一个新的稳态，应用于控制的潮流灵敏度必须考虑准稳态的物理相应。在无功电压类的准稳态物理响应中，考虑最常见的情形，即各发电机安装有自动电压调节器(或自动无功调节器或自动功率因数调节器)，并且负荷有电压静特性。

在准稳态的范畴内，当发电机安装有自动电压调节器时，可认为该发电机节点为 PV 节点；而当装有自动无功调节器或自动功率因数调节器时，可认为该发电机节点与普通负荷节点相同均为 PQ 节点。此外，将负荷电压静特性考虑成节点电压的一次或二次曲线。这样，在潮流建模时就可将这些准稳态的物理响应加以考虑，从而，使基于该潮流模型计算出的灵敏度即为准稳态的灵敏度。在该潮流模型下，设 PQ 节点和 PV 节点个数分别为 N_{PQ} 和 N_{PV}，状态量 x 是 PQ 节点的电压幅值 $V_{PQ} \in R^{N_{PQ}}$，控制变量 $u = [Q_{PQ} \quad V_{PV} \quad T_k]^T$，其中，$Q_{PQ} \in R^{N_{PQ}}$ 是 PQ 节点的无功注入，$V_{PV} \in R^{N_{PV}}$ 是 PV 节点的电压幅值，$T_k \in R^{N_T}$ 是变压器变比，重要的依从变量 $h = [Q_b \quad Q_{PV}]^T$，其中，$Q_b \in R^b$ 是支路无功潮流，$Q_{PV} \in R^{N_{PV}}$ 是 PV 节

点的无功注入。这时，有无功潮流模型

$$Q_{PQ}(V_{PQ}, V_{PV}, T_k) = 0 \tag{2-40}$$

$$Q_b = Q_b(V_{PQ}, V_{PV}, T_k) \tag{2-41}$$

$$Q_{PV} = Q_{PV}(V_{PQ}, V_{PV}, T_k) \tag{2-42}$$

由式(2-41)和式(2-42)，可导出准稳态无功电压类灵敏度的算式见表 2-2。

表 2-2　准稳态的无功类灵敏度的算式

(x,h) ＼ u	Q_{PQ}	V_{PV}	T_k
V_{PQ}	$-\left[\dfrac{\partial Q_{PQ}}{\partial V_{PQ}}\right]^{-1}$	$S_{V_{PQ}Q_{PQ}} \cdot \dfrac{\partial Q_{PQ}}{\partial V_{PV}}$	$S_{V_{PQ}Q_{PQ}} \cdot \dfrac{\partial Q_{PQ}}{\partial T_k}$
Q_b	$\dfrac{\partial Q_b}{\partial V_{PQ}} \cdot S_{V_{PQ}Q_{PQ}}$	$\dfrac{\partial Q_b}{\partial V_{PQ}} \cdot S_{V_{PQ}V_{PV}} + \dfrac{\partial Q_b}{\partial V_{PV}}$	$\dfrac{\partial Q_b}{\partial V_{PQ}} \cdot S_{V_{PQ}T_k} + \dfrac{\partial Q_b}{\partial T_k}$
Q_{PV}	$\dfrac{\partial Q_{PV}}{\partial V_{PQ}} \cdot S_{V_{PQ}Q_{PQ}}$	$\dfrac{\partial Q_{PV}}{\partial V_{PQ}} \cdot S_{V_{PQ}V_{PV}} + \dfrac{\partial Q_{PV}}{\partial V_{PV}}$	$\dfrac{\partial Q_{PV}}{\partial V_{PQ}} \cdot S_{V_{PQ}T_k} + \dfrac{\partial Q_{PV}}{\partial T_k}$

灵敏度的节点类型(PV/PQ)是根据电力系统实际的准稳态物理响应来确定的，特别需要注意的是依赖于具体应用场景。同时潮流模型中计及了负荷电压静特性，这一电压静特性将在各种关于负荷节点电压的雅可比矩阵中得到体现。对 PQ 节点，是无功注入直接参与控制，而对 PV 节点，是由电压来充当控制量。

第二篇　基础技术

第3章 自动电压控制模式

3.1 引　　言

针对电网的电压控制问题，存在着不同的电压控制模式。这些控制模式在最底层的执行机构上没有区别，一般都是通过发电机的 AVR 调节、电容电抗器的投切、有载调压变压器的分接头调整、静止无功补偿器的调节等控制元件来实现，这些控制元件可以统称为一级电压控制器，其闭环控制过程可以归类于 PVC。

PVC 的原理就是通过本身的闭环控制将其自身控制目标保持在设定值附近，它属于典型的本地控制，只能保证本地控制目标的实现，本身无法预计也不去考虑当前的控制会对整个电网产生什么样的影响。系统级电压控制的目的，就是在更高层次上，通过合理地设定每个一级电压控制器的目标值，来协调众多一级电压控制器，从而实现全网范围内无功和电压的优化分布(孙宏斌等，2003；郭庆来等，2004；胡金双等，2005；孙宏斌等，2006；郭庆来等，2006；孙宏斌等，2007；郭庆来等，2008；Wang et al.，2012)。

由于系统级的电压控制策略最终都是通过一级电压控制器来实现的，从这个意义上看，所有的系统级电压控制都是分层实施的，不同之处在于，如何来协调分散在电网各处的一级电压控制器。将每一个具有独立的输入、输出和目标的控制策略求解问题定义为一个电压控制器，而如何将这些控制器组合在一起来最终完成无功电压控制，本书将其归为电压控制模式的研究范畴。

什么是电压控制模式？简而言之，就是如何组织各级的电压控制器，使之作为一个整体完成电网的无功电压控制，其所关注的问题主要包括以下 4 方面。

(1)整个电压控制系统由几级控制器组成？

(2)每一级电压控制器的目标是什么？上下级控制器之间的目标如何协调？

(3)每一级电压控制器的控制范围如何？输入信息和输出信息是什么？

(4)每一级电压控制器的控制周期如何设定？

3.2 分级递阶电压控制模式

考虑到电力系统无功电压特性以及调度管理特点，在几十年的发展过程中，逐步形成了"分级递阶"的电压控制模式。

实现全局电压控制的最直观思路是基于全局 OPF。OPF 一直是电力系统领域的研究热点，直接将 OPF 得到的控制策略通过开环或者闭环的方式下发到电力系统的控制执行机构，从而完成对系统无功和电压的最优控制，也成为一种非常自然的研究思路。实际上，在这种控制模式下，系统一级的控制策略仍然是通过发电机的 AVR 等本地控制设备完成的，因此，严格地说，这也属于一种分级电压控制，称其为两级电压控制模式，它可以看做是 OPF 的在线闭环应用，在上一级采集全网的数据，在状态估计的结果之上进行 OPF 计算，得到对下一级控制器的优化设定值，并直接执行，其基本的组织结构框图如图 3-1 所示。

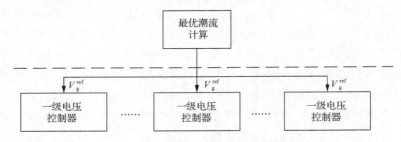

图 3-1　两级电压控制模式框图

这种模式简单，但完全依赖 OPF，因此存在以下几个方面的不足。

(1) OPF 运行在 EMS 的最高层次上，对 EMS 各软硬件环节的运行质量和可靠性有很高的要求，每个环节的局部异常都可能导致 OPF 发散或者优化结果不可用，OPF 对状态估计的精度和可靠性依赖性都很高，局部的量测通道问题都可能影响 OPF 的计算结果。如果完全依赖 OPF，AVC 的运行可靠性难以保证。

(2) OPF 作为静态优化计算功能，主要考虑电压上下限约束和网损最小化。如果完全依赖 OPF，则 AVC 难以对电压稳定性进行协调。当负荷重载时，优化后的发电机无功出力可能搭界，无功裕度均衡度不好，使系统承担事故扰动的能力下降。如果完全依赖 OPF，无法确保电压稳定性。

(3) OPF 模型计算量大，计算时间较长。当系统中发生大的扰动、负荷陡升或陡降时，如果完全依赖 OPF，则 AVC 的响应速度不够，控制的动态品质难以保证。

客观地讲，两级电压模式比较简单，投资也小，但存在上述缺点，要进一步提高控制性能，尚有许多技术问题需要解决。因此，在欧洲，除了少量公司采用了这种两级控制模式之外，大多数的电力公司都效仿了后来 EDF 提出的三层电压控制模式。

EDF 的三层电压控制模式的研究和实施始于 20 世纪 70 年代，经历了多年的研究、开发和应用。在 1972 年国际大电网会议上，来自 EDF 的工程师提出了在系统范围内实现协调性电压控制的必要性，详细介绍了 EDF 以"中枢母线"、"控制区域"为基础的电压控制方案的结构，其基本思想如图 3-2 所示。

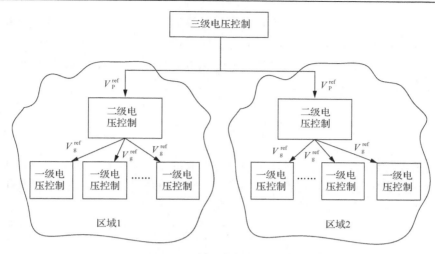

图 3-2　三层电压控制模式

　　显然，在电压分级控制系统中，每一层都有其各自的目的，低层控制接受上层的控制信号作为自己的控制目标，并向下一层发出控制信号。这是一种典型的"分级递阶"控制模式。一个更好地理解分级递阶电压控制的方法，是把它和已经比较成熟的频率控制做一个类比，频率控制和电压控制在分级上比较类似，所不同的是，频率控制的控制对象是整个系统唯一的频率值，而电压控制则不止一个对象，需要对所有中枢点的电压进行监测和控制。PVC 利用 AVR 等调节手段，类似于一次调频中发电机的调速器等装置的自动动作；二次调频中使用的 AGC利用控制手段来使区域控制误差不断减小为零，可以类比于 SVC 对中枢母线电压偏差的校正；而三次调频中通过经济调度 EDC 来设定 AGC 机组的运行点，可以类比于通过 TVC 去设定区域中枢点电压设定值。

　　在上述三层结构中，由于合理地确定了各级控制的响应时间，通过时间解耦，一方面，保证了各级控制作用之间不会相互干扰，另一方面，系统地实现了多目标控制，即电压安全和质量是第一位的，需要快速响应（由一、二级控制来完成）；而经济性控制是第二位的，响应速度可以慢得多（由三级控制来实现）。另外，本模式利用无功/电压的局域性，在二级区域解耦控制中，只利用了区域内少量关键信息，有效降低了控制系统对状态估计等基础网络分析软件的依赖性，提高了优化控制的可靠性和可行性。

　　SVC 是基于电力系统无功电压的局域性而开发的，但只要有电气连接，区域间的无功电压耦合就或多或少存在，因此 SVC 的效果在根本上取决于各区域间无功电压控制的耦合程度。EDF 模式里控制区域的划分是离线整定的，而针对每个控制区域的 SVC，是通过比例积分控制器实现，其参数固化在硬件设备中。本书将这种固定分区结构和控制参数的模式称为"硬分区"模式。随着电力系统的发展和运行工况的实时变化，设计时认为相对解耦的区域并非一成不变，而且以固定的控制参数形式存在的控制灵敏度更是随运行工况而实时变化，因此，这种以硬件形式固定下来的区域控制器难以适应电力系统的不断发展和实时运行工况的大幅度变化，难以持久地保证有良好的控制效果。

3.3　基于软分区的三层电压控制模式

随着中国经济的快速发展，中国电力工业的发展速度惊人。与欧洲相比，中国电网结构和运行方式的变化大、频度高，针对这种特点，本书提出了基于"软分区"的三层电压控制模式，如图 3-3 所示。

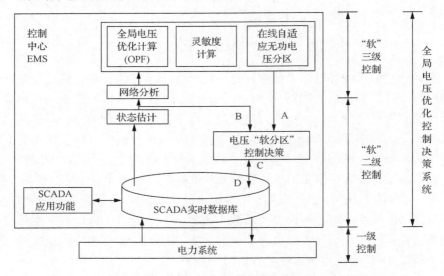

图 3-3　基于软分区的 AVC 模式示意图

在此控制模式下，一级控制与 EDF 的一级控制完全相同，但二级控制和三级控制只是逻辑上的分层，无需建设专门的区域控制中心和硬件控制器，而是基于EMS 系统，在控制中心内通过软件实现。为区别于硬件上的三级组织机构，分别称为"软"二级控制和"软"三级控制，分别承担 EDF 三级控制模式中的二级、三级控制系统的任务。

基于软分区的控制模式在我国多个网省级电网应用，由运行在控制中心的主站系统和运行在电厂侧的子站系统组成，二者通过高速电力数据网通信，系统的总体结构如图 3-4 所示。

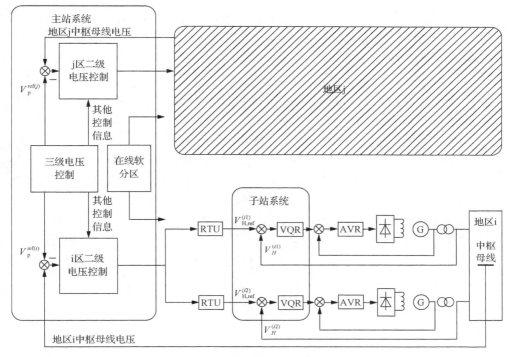

图 3-4　基于软分区的 AVC 系统控制框图

其中，在线软分区模块，根据当前电网的结构特点，将电网在线划分成彼此耦合松散的控制区域，在每个控制区域都有相应的中枢母线和控制发电机；TVC 处于整个控制的中心环节，它周期进行优化计算，给出每个区域中枢母线电压的设定值 V_p^{ref}，供 SVC 使用；SVC 模块针对每个控制区域，利用 SCADA 的实时遥测采集当前中枢母线电压 V_p，以二者的差值作为输入，通过求解一个二次规划模型，给出控制策略，使得中枢母线电压控制到设定值附近。SVC 给出的控制策略是调整控制发电机所挂接的高压侧母线电压设定值 $V_{H,ref}$，并通过电力通信数据网下传给子站系统，子站系统再根据 $V_{H,ref}$ 求解发电机无功的调整量，利用 AVR 实现一级的闭环控制。对于控制变电站的主站系统，SVC 同时给出变电站侧无功调节设备的控制策略，并直接通过遥控遥调通道下发。

欧洲传统的硬分区模式下，控制分区、中枢节点选择和控制发电机选择是在 SVC 实施之前离线完成的。在中国，作为一种前期研究，一般来说，会在电压控制系统实施之前首先选择具有最好控制效果的电厂，并且在这些电厂建设子站。而电压控制分区和中枢节点选择是在主站系统中在线完成的。一旦一个电厂子站完成建设，它将成为 SVC 中某个特定分区的组成部分，但是具体的某个电厂属于哪个分区并非一成不变，而是根据当前拓扑和运行方式由在线软分区模块在线完成。这种电厂和控制分区之间的从属关系是软分区电压控制模式的核心，这一过程只在控制中心内完成。对于电厂本身，它不知道、也不需要知道在电压控制中自己从属于哪个控制分区，它只需要将信息上传至主站系统，并接受主站系统下发的控制指令。

图 3-5 展示了使用统一建模语言(unified modeling language，UML)描述的软分区电压控制模式下的相关数据结构，其中带阴影矩形覆盖的部分是可变的，将由在线软分区模块在线自动重新刷新。从图 3-5 中可以看出各类对象之间的关系：1 个电网(PowerGrid)由 1 到 n 个电压控制分区(VoltageControlZone)组成，每个电压控制分区与 1 到 m 个电厂(PowerPlant)、变电站(Substation)和中枢节点(PilotBus)相关联，而具体的控制设备控制发电机(ControlGenerator)、无功补偿装置(VarCompensator)和变压器分接头(TapChanger)则分别与电厂和变电站相关联。软分区过程基本可分为三步：①确定最优分区个数；②将电厂和变电站聚类到相应分区；③选择最具代表性的节点作为中枢节点。这三部分所涉及的信息在图 3-5中用①②③标出。

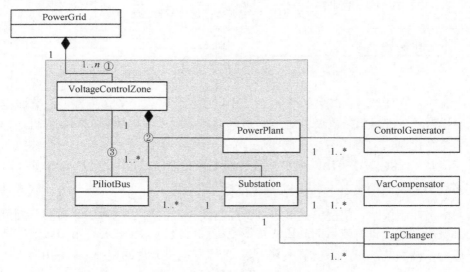

图 3-5　软分区中使用的数据结构

3.4　电压控制模式的演化关系

从一个理想化的最优控制模式出发，通过在目标、时间和空间上的简化和解耦分析，逐步将理想化的控制模式演化成各种实用的电压控制模式，并给出不同的电压控制模式之间的脉络关系。一方面，这有益于对各种电压控制模式的理解，另一方面，可以明确每一种电压控制模式的适用条件和研究重点，更有针对性的展开后续的工作。

3.4.1　理想化最优控制模式

1. 数学模型

以 AVR 为代表的 PVC 设备已经是相对成熟的内容，并非本书的研究重点，为此，本书定义时间尺度T_s，作为系统级电压采样和控制的最小时间间隔，并假设在T_s时间段内，一级电压控制器已经完成了本地闭环控制，进入稳态。

研制和开发电网电压控制系统的基本目标是提高电压合格率，降低电网网损，提高系统电压稳定水平。为了研究各种电压控制模式之间的关系，首先，不考虑任何工程实现和算法研究上的限制和约束，构造一个完全理想化的最优电压控制系统，该系统应该具有如下的特点：

(1)控制的全局性。全网所有节点的信息都可以准确采集，控制计算的目标是包括系统经济性、安全性在内的全网性能最优。

(2)控制的有效性。每一步控制计算得到的方案对于电网当前的运行状态都是最优的，控制后可以保证提高系统电压水平和电压稳定水平，降低系统网损。

(3)控制的及时性。在每一个控制采样点T_s都进行一次闭环控制。

理想化最优控制模式，是由分散在各地的一级电压控制器和运行在上一级的理想化最优控制器组成。对于理想化最优控制器，其数学模型如下：用x表示系统的状态变量，u表示系统的控制变量，二者满足如式(3-1)的等式约束。

$$h(x,u) = 0 \tag{3-1}$$

对于该系统，保证其安全稳定的所有约束条件如式(3-2)：

$$g(x) \geqslant 0 \tag{3-2}$$

在第k个控制采样点(kT_s时刻)，系统状态变量为$x(kT_s)$(简记为$x(k)$)，控制变量为$u(kT_s)$(简记为$u(k)$)。用如式(3-3)的数学形式描述理想化的最优控制器：

$$\begin{cases} \min\limits_{\Delta u(k)} F\left(\overline{x}(k),\overline{u}(k)\right) \\ \text{s.t. } h\left(\overline{x}(k),\overline{u}(k)\right) = 0 \\ \quad g\left(\overline{x}(k)\right) \geqslant 0 \\ \quad \overline{u}(k) = u(k) + \Delta u(k) \\ \quad \left\|\Delta u(k)\right\| \leqslant \Delta u_{\max} \end{cases} \tag{3-3}$$

式中，$\Delta u(k)$ 是计算得到的对控制变量 $u(k)$ 的增量（比如对发电机机端电压设定值的修正量）；$\overline{u}(k)$ 表示调节后的控制变量；$\overline{x}(k)$ 是表示控制后状态变量 $x(k)$ 的预测值。

式（3-3）的物理含义是：求解这样一种最优的控制 $\Delta u(k)$，其控制步长不超过 Δu_{max}，将这种控制施加到系统的控制变量上之后（即 $u(k)$ 变成 $\overline{u}(k)$），系统得到一个新的状态 $\overline{x}(k)$（由等式约束 $h(x,u)=0$ 得到），在此状态下满足系统安全稳定要求的所有约束条件 $g(x) \geqslant 0$，并且能够保证系统在经济性和安全性目标上达到性能最优（$\min F(x,u)$）。

2. 讨论

如果要实现式（3-3）所描述的最优控制系统，并使之能够稳定可靠的运行，从工程应用的角度需要具备以下条件：

（1）必须能够保证可靠求解最优控制策略。这种控制模式的基本思想就是通过不间断的最优控制，将电网始终保持在一个优化的运行状态，因此必须保证在每个点的最优控制计算能够成功。理想化最优控制问题可以看做一个加强化的 OPF，不仅要满足经济性上的目标，而且要同时满足系统在电压稳定性上的要求。OPF本身在计算速度和收敛性方面已经存在问题，再增加和电压稳定相关的目标函数或者约束条件，势必使得该问题的求解更具挑战性。

（2）必须能够准确获取全网各节点的状态。因为全网节点的状态变量（尤其是相角）在现阶段不可能完全实时采集，所以最优控制策略的求解必须基于状态估计的结果。对于最优控制问题来说，如果输入信息已经和电网的真实数据产生了很大的偏差，那么最优控制求解得到的控制策略也势必和真正的最优状态存在较大偏差。在这种情况下，这种控制模式对 EMS 各软硬件环节的运行质量和可靠性有十分苛刻的要求，任何一个环节的局部异常，都可能导致优化问题无法求解或者优化结果不可信。因此这种控制计算对量测和状态估计的精度和可靠性的要求都很高，局部的量测通道问题都可能严重影响最优控制的结果，其运行鲁棒性难以保证。

从上面的分析可知，理想化最优控制模式面临着两个问题，一个是能否求出最优策略的问题，另一个是求出的最优策略是否可信的问题。在实际应用时，可以考虑从以下 3 个方面进行合理的简化，从一个理想化的控制方案出发设计更加实用、可行的控制方案：

（1）在控制目标上体现"安全第一，经济第二"的原则。在理想化的最优控制策略求解模型中，将电网稳定性和经济性混合在一起进行求解，是一个多目标的优化问题，然而，一方面，增加了求解的难度，另一方面，也无法保证每一步都一定能得到对电网安全和经济都行之有效的控制。由于电力生产和传输的特殊性质，其对安全性的要求是第一位的。可以考虑把式(3-3)中的复杂的优化模型分解成单独的经济性目标和稳定性目标。在控制中，每一步首先衡量电网的电压稳定水平，如果其裕度满足安全限制，则再考虑系统的经济性问题，否则直接转入针对电网电压稳定的预防控制。这相当于把理想化情况下的安全经济的混合最优控制分解成稳态控制和预防控制两个问题。理想化最优控制希望在每一步都能协调电网的安全和经济性能，而目标解耦后的控制模式则有明确的先安全后经济的侧重关系。这一方面降低了问题的求解难度，另一方面也更符合电力系统对于电压控制的目标要求。

(2) 从时间尺度上寻求最优控制计算的最佳启动时刻。系统的负荷变化具有一定的规律性，一段时间内，其负荷水平不会有太剧烈的变化，因此没有必要在每一个采样点都进行复杂的最优控制计算。是否可以利用负荷水平随时间变化的特点，将最优控制计算只放在一些关键的时刻点进行，从而降低整个控制系统对于最优控制计算的依赖程度？

(3) 从空间范围上寻求合适的简化。最优控制计算非常依赖于量测的精度和状态估计的结果，因此，系统内部某个局部的量测异常都可能导致整个最优控制计算无法正常运行。事实上，无功电压问题具有非常明显的区域特性，是否能够利用这一特点将一部分计算只在区域内部进行？这样一个区域的局部问题将不会影响其他区域的计算，从而提高控制的鲁棒性。

作为一种要在实际中得到应用的控制系统，不仅要具有算法上的先进性，能保证实现设计上的目标，还必须要充分考虑现场应用的具体情况，根据对象的特点进行必要的简化，甚至牺牲一部分性能来换取更高的运行鲁棒性。在后面的讨论中，将理想化的最优控制模式在控制目标、控制周期和控制范围三方面进行简化，在这个过程中，得到各种控制模式之间的区别和联系，为后续的工作打下基础。

3.4.2　目标解耦性分析

在式(3-3)的目标函数 $F(x,u)$ 中，综合考虑了电网的稳定性和经济性指标，如同在 3.4.1 节的讨论，如果考虑"安全第一、经济第二"的原则，那么可以将原有的理想化的最优控制模式分解为稳定预防控制和稳态最优控制，并通过一个对系统电压稳定水平的判定环节决定采用何种控制模式，示意图如图 3-6 所示。

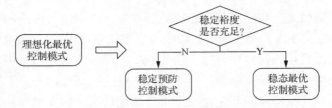

图 3-6　理想化最优控制模式在控制目标上的解耦示意

在实际的应用中，对于当前电力系统，通过对于一个可信的假想故障集进行故障扫描，发现会导致系统失稳或使得系统稳定裕度小于要求值的严重故障，而预先施加必要的控制措施来提高稳定裕度。对于系统静态电压稳定性的指标，前人已经作了大量的研究，常用的指标(周双喜等，2003)包括：①灵敏度指标；②特征值、奇异值指标；③裕度指标；④能量函数指标。

如果系统稳定裕度不足，此时采用的预防控制模式可以不考虑控制对系统经济性的影响，完全以迅速提升系统的电压稳定水平为目标。引起系统电压崩溃的根本原因是系统中的有功和无功生产不能满足负荷的需求，因此控制负荷的功率消耗是维持系统电压稳定的最终也是最有效的控制方法，在紧急情况下可以采用切负荷控制。除此之外，SVC 也可以作为一种有效的手段参与其中，但是此时采用的控制目标和正常情况下有所区别，更偏重于对于电压稳定性方面的考虑(Popovic et al., 1997; Popovic, 2002)。

而对于系统电压稳定裕度比较充足的情况下，则进入稳态最优控制模式，其由稳态最优控制器和一级电压控制器组成。其中稳态最优控制器与理想化最优控制器的最大区别在于重点针对系统的经济性指标，其数学模型如式(3-4)所示：

$$
\begin{cases}
\min\limits_{\Delta u(k)} f\big(\overline{x}(k),\overline{u}(k)\big) \\
\text{s.t. } h\big(\overline{x}(k),\overline{u}(k)\big) = \mathbf{0} \\
\quad g\big(\overline{x}(k)\big) \geqslant \mathbf{0} \\
\quad \overline{u}(k) = u(k) + \Delta u(k) \\
\quad \big\|\Delta u(k)\big\| \leqslant \Delta u_{\max}
\end{cases}
\tag{3-4}
$$

式(3-4)称为稳态最优控制模型。目标函数 $f(x,u)$ 重点针对系统的稳态性能，以网损最小为目标，本质上是一种 OPF 模型。

对于一个电网来说，绝大部分时间处于稳态运行情况下，因此对稳态电压控制模式的可靠性和有效性有着更高的要求。尽管在控制目标上已经实现解耦，但是稳态最优控制模式同样面临着 3.4.1 节所提出的问题。在后面的讨论中，将重点针对以电网经济性为目标的稳态电压控制模式进行讨论，在时间尺度和空间尺度上继续对其进行合理的简化分析。

3.4.3　时间解耦性分析

1. 负荷在时间尺度上的解耦

首先从时间的维度来考虑这一问题，考虑三个时间尺度 T_p、T_s 和 T_t，分别对应一级控制时间尺度（秒级）、二级控制时间尺度（分钟级）和三级控制时间尺度（小时级）。对于连续变化的系统负荷，可以将其分解为这三个时间尺度上的分量，由于更关心系统二级的电压控制过程，因此忽略快速变化分量 T_p（由 PVC 跟踪），认为在图 3-7 横坐标的两个采样点 kT_s 和 $(k+1)T_s$ 之间，系统负荷是不变的，则系统负荷可以分解为时间尺度 T_s 上的分量 $L(kT_s)$ 和时间尺度 T_t 上的分量 $L(KT_t)$ 之和。

$$L = L(kT_s) + L(KT_t) = L(k) + L(K) \tag{3-5}$$

分量 $L(K)$ 在 KT_t 和 $(K+1)T_t$ 之间保持不变，它表征的是系统在较长时间段内的变化趋势，可以认为是系统负荷的主导分量，而分量 $L(k)$ 跟随负荷的变化，每隔 T_s 时刻变化一次，叠加到主导分量 $L(K)$ 上后，得到最终的负荷变化曲线。三者的关系可以通过图 3-7 来直观理解系统负荷在时间尺度上的解耦。

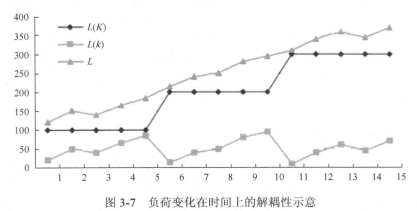

图 3-7　负荷变化在时间上的解耦性示意

2. 两层电压控制模式

稳态电压控制的目标是，在保证电压水平的前提下，使电网运行在一个更经济的状态，而电网最优运行点将随着系统负荷的变化而不断改变。在上一节提出的负荷变化的时间解耦模型基础上，如果认为稳态最优控制的主要目的是针对负荷变化的主导分量 $L(K)$，将 $L(k)$ 看作对系统负荷主导分量的一种扰动而加以忽略，可以将 3.4.2 节提出的稳态最优控制器模型简化如下：

$$
\begin{cases}
\min_{\Delta \boldsymbol{u}(K)} f\left(\overline{\boldsymbol{x}}(K), \overline{\boldsymbol{u}}(K)\right) \\
\text{s.t. } \boldsymbol{h}\left(\overline{\boldsymbol{x}}(K), \overline{\boldsymbol{u}}(K)\right) = \boldsymbol{0} \\
\qquad \boldsymbol{g}\left(\overline{\boldsymbol{x}}(K)\right) \geqslant \boldsymbol{0} \\
\qquad \overline{\boldsymbol{u}}(K) = \boldsymbol{u}(K) + \Delta \boldsymbol{u}(K) \\
\qquad \left\| \Delta \boldsymbol{u}(K) \right\| \leqslant \Delta \boldsymbol{u}_{\max}
\end{cases}
\tag{3-6}
$$

和式 (3-4) 相比，式 (3-6) 从目标函数到约束条件都没有改变，唯一的变化是计算的周期由 kT_s 变为 KT_t。经过优化计算后，得到的控制策略为一级电压控制器的目标设定值的修正量 $\Delta \boldsymbol{u}(K)$，而一级电压控制器将在未来的 T_t 时段内保持新的设定值。这种控制方案相当于在 PVC 基础上增加了一层协调，本书称之为两层电压控制方案，这也正是德国 RWE 提出的电压控制方案 (Graf, 1993)。在 RWE 的工程实现中，每隔一个小时，在状态估计的结果上进行一次 OPF 计算，并将控制结果下发到控制发电机。

从稳态最优控制模式到两层电压控制模式，重要的变化在于降低了最优控制的频度，实现起来比较容易。对于电网来说，其经济性并不是体现在某一个运行点的网损下降了多少，而是体现在较长时间内的累积效应。在这种情况下，两层电压控制不追求在每一点都使电网达到最优的状态，而是抓住影响系统网损变化的主要矛盾 $L(K)$，它代表负荷的较大变化，这样虽然会损失一定的经济效益，但是由于大大减少了最优控制计算的次数，从而降低了控制系统对于状态估计和 OPF 的依赖性。

3. 保优电压控制模式

最优电压控制在每个小的时间间隔都进行一次优化控制，控制次数太多；两层电压控制模式完全忽略了系统负荷的 $L(k)$ 分量对于整个系统状态的影响，在若干连续的小的控制间隔里保持控制策略不变，较长时间间隔后才进行新的控制，损失了小的控制间隔里的控制效益。如何将两者折中，本书提出了保优电压控制的实用方法。一个直观的改善这一问题的解决方法，就是在两层电压控制的基础上引入对于负荷 $L(k)$ 分量的反馈控制，该控制基于如下两个原则。

（1）忽略负荷分量 $L(k)$ 对最优目标求解的影响，即认为系统在负荷水平 $L(K)$ 下求解得到的最优状态，对于负荷水平 $L(k)+L(K)$ 同样是最优的，因此无须再进行最优控制的计算。

（2）不忽略负荷分量 $L(k)$ 对系统状态变化的影响，即认为在负荷由 $L(K)$ 变成 $L(k)+L(K)$ 后，系统的状态将偏离最优状态，需要引入闭环控制将系统状态重新拉回到最优点。

从两层电压控制模式出发，若时刻 KT_t 求得的系统最优状态为 $\tilde{x}^K$ ，在时刻 $(K+1)T_t$ 进行下一次最优控制计算之前，在时刻 $kT_s(k=1,2,\cdots)$ 引入如式（3-7）的控制：

$$
\begin{cases}
\min\limits_{\Delta u(k)} \left\| \overline{x}(k) - \tilde{x}^K \right\|^2 \\
\text{s.t. } h\left(\overline{x}(k), \overline{u}(k) \right) = 0 \\
\quad g\left(\overline{x}(k) \right) \geqslant 0 \\
\quad \overline{u}(k) = u(k) + \Delta u(k) \\
\quad \left\| \Delta u(k) \right\| \leqslant \Delta u_{\max}
\end{cases}
\tag{3-7}
$$

与稳态最优控制模型式（3-4）相比，式（3-7）唯一的区别在于目标函数上的不同，其控制的目标是，控制后的状态尽可能的接近上一次稳态最优控制所给出的最优状态，因此，模型式（3-7）可以看做一种退化后的最优控制模型，称之为"保优控制"。

在此基础上，可以引入新的控制模式——"保优电压控制模式"。在这种模式下，系统级稳态电压控制的过程被分解成两个子问题：以 T_t 为周期进行的最优控制计算和以 T_s 为周期进行的保优控制计算，控制模式的描述如下。

（1）在 $KT_t(K=1,2,\cdots)$ 时刻，针对系统负荷变化的主导分量 $L(K)$ ，进行一次最优控制计算。最优控制器的数学模型如式（3-6）所示。

（2）在最优控制情况下，系统状态变量为 $\tilde{x}^K$ 。

（3）在 $(K+1)T_t$ 到达之前，对于 $kT_s(k=1,2,\cdots)$ 时刻，进行一次"保优控制"，保优控制器的数学模型如式（3-7）所示。

从稳态最优控制模式到两层电压控制模式，再到保优电压控制模式，所做的简化和假设都基于电压控制问题在时间维上的解耦，这三种控制模式在时间序列上的区别如图 3-8 所示。

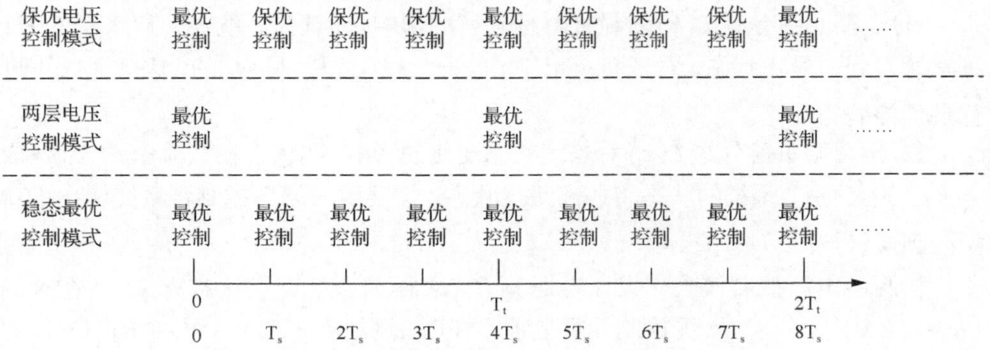

保优电压 控制模式	最优 控制	保优 控制	保优 控制	保优 控制	最优 控制	保优 控制	保优 控制	保优 控制	最优 控制	……
两层电压 控制模式	最优 控制				最优 控制				最优 控制	……
稳态最优 控制模式	最优 控制	最优 控制	最优 控制	最优 控制	最优 控制	最优 控制	最优 控制	最优 控制	最优 控制	……

0　　　　　　　　　　　　　T_t　　　　　　　　　　　　$2T_t$

0　　T_s　　$2T_s$　　$3T_s$　　$4T_s$　　$5T_s$　　$6T_s$　　$7T_s$　　$8T_s$

图 3-8　三种电压控制模式的时间序列对比

稳态最优控制模式完全不考虑时间上的解耦关系，对于每一点都进行最优控制策略的求解，然后按照最新的控制策略进行闭环控制；在策略求解和闭环控制两方面，两层电压控制模式都忽略了负荷的快速变化分量 $L(k)$ 的影响，只考虑负荷变化的主导分量 $L(K)$；而保优电压控制模式在策略求解上只考虑了负荷变化的主导分量 $L(K)$，但是在闭环控制时考虑了负荷的快速变化分量 $L(k)$ 的作用，增加了一层闭环反馈控制将系统运行状态点拉回到最优状态。模型式(3-7)对应的是一个二次规划的优化模型，从求解的难度上要小于式(3-4)对应的 OPF 模型，因此从稳态最优控制模式过渡到保优电压控制模式，在本质上是利用负荷变化的时间解耦特性，将逐点进行的最优控制问题转化为求解可靠性更高的保优控制问题。

3.4.4　空间解耦性分析

1. 控制区域划分

保优电压控制模式使用的目标函数是二次型指标，从求解的难度上比最优控制问题大大降低。但是，保优电压控制模式仍然有以下问题需要改进：

(1)保优控制子问题仍然从全网的角度统一求解控制变量，计算规模庞大，而且局部地区的通信故障依然可能导致求解的失败。

(2)在电压控制问题中，一般来说，状态变量的个数远多于控制变量个数，因此，控制系统无法保证所有状态变量都精确控制到设定值。

如何解决这些问题？一个有效的方法是将对象电网进行分区，每个区内的无功电压耦合较强，不同区之间的无功电压耦合较弱。这样，就可以按区域进行无功电压控制，减小了求解问题的维数。可以从下面的过程来加以理解。

将式(3-7)中的等式约束在 $(x(k), u(k))$ 处线性化，有

$$h\left(\overline{x}(k),\overline{u}(k)\right) = 0$$

$$\Rightarrow h\left(x(k) + \Delta x, u(k) + \Delta u\right) = 0 \tag{3-8}$$

$$\Rightarrow h\left(x(k), u(k)\right) + \frac{\partial h}{\partial x}\Delta x + \frac{\partial h}{\partial u}\Delta u = 0$$

假设 $\dfrac{\partial h}{\partial x}$ 可逆(否则无法根据等式约束由 Δu 唯一确定 Δx)，且已知 $h\left(x(k), u(k)\right)$ $= 0$ ，则由式(3-8)有

$$\Delta x = S\Delta u \tag{3-9}$$

其中，

$$S = \left(\frac{\partial h}{\partial x}\right)^{-1}\frac{\partial h}{\partial u} \tag{3-10}$$

式(3-9)给出了状态变量增量和控制变量增量之间需要满足的等式关系，其在物理意义上体现的是灵敏度的概念，S 即状态变量与控制变量之间的灵敏度矩阵，如式(3-10)所示。使用式(3-9)可以近似地替代等式约束 $h(x, u) = 0$ 。

若存在 M 个集合，将系统状态变量和控制变量划分成 M 个子向量的形式：

$$x = \begin{bmatrix} x_{\mathrm{I}} \\ x_{\mathrm{II}} \\ \vdots \\ x_M \end{bmatrix} \tag{3-11}$$

$$u = \begin{bmatrix} u_{\mathrm{I}} \\ u_{\mathrm{II}} \\ \vdots \\ u_M \end{bmatrix} \tag{3-12}$$

则式(3-9)可以展开为

$$\begin{bmatrix} x_{\mathrm{I}} \\ x_{\mathrm{II}} \\ \vdots \\ x_M \end{bmatrix} = \begin{bmatrix} S_{11} & S_{12} & \cdots & S_{1m} \\ S_{21} & S_{22} & \cdots & S_{2m} \\ \vdots & \vdots & \ddots & \vdots \\ S_{m1} & S_{m2} & \cdots & S_{mm} \end{bmatrix} \begin{bmatrix} u_{\mathrm{I}} \\ u_{\mathrm{II}} \\ \vdots \\ u_M \end{bmatrix} \tag{3-13}$$

若 S 是块对角矩阵，即满足

$$S_{ij} = 0 \ (i \neq j) \tag{3-14}$$

那么，

$$\Delta \boldsymbol{x} = \boldsymbol{S} \Delta \boldsymbol{u} \Leftrightarrow \begin{cases} \Delta x_{\mathrm{I}} = S_{11} \Delta u_{\mathrm{I}} \\ \Delta x_{\mathrm{II}} = S_{22} \Delta u_{\mathrm{II}} \\ \quad \vdots \\ \Delta x_{\mathrm{M}} = S_{\mathrm{mm}} \Delta u_{\mathrm{M}} \end{cases} \tag{3-15}$$

所以，式(3-7)中的等式约束可以解耦为 M 个子约束问题，

$$\boldsymbol{h}\big(\overline{\boldsymbol{x}}(k), \overline{\boldsymbol{u}}(k)\big) = \boldsymbol{0} \Leftrightarrow \begin{cases} h_{\mathrm{I}}\big(\overline{x}_{\mathrm{I}}(k), \overline{u}_{\mathrm{I}}(k)\big) = 0 \\ h_{\mathrm{II}}\big(\overline{x}_{\mathrm{II}}(k), \overline{u}_{\mathrm{II}}(k)\big) = 0 \\ \quad \vdots \\ h_{\mathrm{M}}\big(\overline{x}_{\mathrm{M}}(k), \overline{u}_{\mathrm{M}}(k)\big) = 0 \end{cases} \tag{3-16}$$

考虑向量 2 范数的定义，

$$\|\boldsymbol{x}\|_2 = \left(\sum_{i=1}^{\mathrm{n}} x_i^2\right)^{1/2} \tag{3-17}$$

那么，式(3-7)中的目标函数可以写成 M 个子目标之和，

$$\left\|\overline{\boldsymbol{x}}(k) - \tilde{\boldsymbol{x}}^K\right\|^2 = \left\|\overline{x}_{\mathrm{I}}(k) - \tilde{x}_{\mathrm{I}}^K\right\|^2 + \left\|\overline{x}_{\mathrm{II}}(k) - \tilde{x}_{\mathrm{II}}^K\right\|^2 + \cdots + \left\|\overline{x}_{\mathrm{M}}(k) - \tilde{x}_{\mathrm{M}}^K\right\|^2 \tag{3-18}$$

若不等式约束也可以解耦为 M 个子约束，

$$\boldsymbol{g}\big(\overline{\boldsymbol{x}}(k)\big) \geqslant \boldsymbol{0} \Leftrightarrow \begin{cases} g_{\mathrm{I}}\big(\overline{x}_{\mathrm{I}}(k)\big) \geqslant 0 \\ g_{\mathrm{II}}\big(\overline{x}_{\mathrm{II}}(k)\big) \geqslant 0 \\ \quad \vdots \\ g_{\mathrm{M}}\big(\overline{x}_{\mathrm{M}}(k)\big) \geqslant 0 \end{cases} \tag{3-19}$$

那么，保优控制模型(3-7)可以解耦为 M 个维数更低的子优化问题，其中，第 $J(J = \mathrm{I}, \mathrm{II}, \cdots \mathrm{M})$ 个子优化问题模型如下：

$$\begin{cases} \min_{\Delta \boldsymbol{u}_J(k)} \left\|\overline{\boldsymbol{x}}_J(k) - \tilde{\boldsymbol{x}}_J^K\right\|^2 \\ \mathrm{s.t.}\, \boldsymbol{h}_J\big(\overline{\boldsymbol{x}}_J(k), \overline{\boldsymbol{u}}_J(k)\big) = \boldsymbol{0} \\ \quad \boldsymbol{g}_J\big(\overline{\boldsymbol{x}}_J(k)\big) \geqslant \boldsymbol{0} \\ \quad \overline{\boldsymbol{u}}_J(k) = \boldsymbol{u}_J(k) + \Delta \boldsymbol{u}_J(k) \\ \quad \left\|\Delta \boldsymbol{u}_J(k)\right\| \leqslant \Delta \boldsymbol{u}_{\max}^J \end{cases} \tag{3-20}$$

从式(3-7)到式(3-20)，最重要的假设条件是满足式(3-14)。从数学上看，这要求将状态变量和控制变量划分成 M 个集合，使得不同集合之间的状态变量和控制变量之间是完全解耦的。从物理意义上分析，这就是将电网划分成不同的控制区域的过程，希望一个区域内的控制变量的控制作用完全被限制在本区域中，对其他区域的状态变量的控制灵敏度为 0。在实际电力系统中，不可能找到这样完全解耦的划分，但是考虑到无功电压问题具有的区域特性，可以通过合适的算法，使得不同集合之间的耦合程度远小于同一集合之间的耦合程度(即 S_{ij} 中的元素远小于 S_{ii} 中的元素)，而这样的集合一旦确定，就意味着将电网分解成了耦合松散的子区域，从而，可以在每个区域中单独求解规模大大缩小的优化控制子问题。

正是基于这种原理，在后续的章节中，将从控制变量对状态变量的灵敏度出发，构造无功源控制空间，对电网的空间解耦特性进行分析和研究，为电压控制问题进行合理的分区。

2. 中枢状态变量选取

现在假设 M 个分区已经给定，那么对于某个控制区域的优化控制子问题(3-20)，控制变量 $\boldsymbol{u}_J$ 的个数一般远小于状态变量 $\boldsymbol{x}_J$ 的个数，因此，无法保证将所有的状态变量都能精确控制到优化设定值 $\tilde{\boldsymbol{x}}_J^K$，而且在这种模型下，如果要进行一次优化控制的计算，仍然必须对本区域的所有状态变量 $\boldsymbol{x}_J$ 进行精确的采集。现在从状态变量 $\boldsymbol{x}_J$ 中选出 p 个"中枢"状态变量，记为 $\boldsymbol{x}_{J,p}$，选取的原则是：

(1)可观性原则。即 p 维中枢状态变量 $\boldsymbol{x}_{J,p}$ 的变化，可以有效地表征本区域所有状态变量 $\boldsymbol{x}_J$ 的变化趋势。

(2)可控性原则。即对 $\boldsymbol{x}_{J,p}$ 的控制作用，可以有效地影响本区域所有状态变量 $\boldsymbol{x}_J$。

那么，第 J 个区域的优化控制子问题(3-20)简化为

$$\begin{cases} \min_{\Delta \boldsymbol{u}_J(k)} \left\| \overline{\boldsymbol{x}}_{J,p}(k) - \tilde{\boldsymbol{x}}_{J,p}^K \right\|^2 \\ \text{s.t.} \, \boldsymbol{h}_{J,p}\left(\overline{\boldsymbol{x}}_{J,p}(k), \overline{\boldsymbol{u}}_J(k) \right) = \boldsymbol{0} \\ \quad \boldsymbol{g}_{J,p}\left(\overline{\boldsymbol{x}}_{J,p}(k) \right) \geqslant \boldsymbol{0} \\ \quad \overline{\boldsymbol{u}}_J(k) = \boldsymbol{u}_J(k) + \Delta \boldsymbol{u}_J(k) \\ \quad \left\| \Delta \boldsymbol{u}_J(k) \right\| \leqslant \Delta \boldsymbol{u}_{\max}^J \end{cases} \tag{3-21}$$

称(3-21)为第 J 个区域的二级电压控制器模型。这样，对于单个区域的 SVC

问题，无须采集所有状态变量的精确信息，只需要采集中枢状态变量 $x_{J,p}$、控制变量 u_J 等少数重要变量的信息，这些信息可以直接从 SCADA 的量测采集中获得，不需要进行全网的或者区域的状态估计计算，从而避免了状态估计环节可能引入的误差；而从工程实现上，可以只对这些重要信息量的量测采集装置进行必要的升级，保证采集的精度，从而大大降低了控制系统的投资。

3. 多余控制自由度的利用

对于第 J 个控制区域，经过中枢变量的选取后，一般中枢状态变量 $x_{J,p}$ 的个数要小于控制变量 u_J 的个数，那么如何利用这些多余的控制自由度来进一步提高 SVC 的性能。在 3.4.2 节的目标解耦性分析中，将稳态电压控制的主要目标定位在提高电网的经济性指标上，从式(3-4)模型开始，控制策略计算的目标一直都是针对电网的经济性指标，尽管在式(3-21)中没有显式的表示，但是中枢状态变量 $x_{J,p}$ 的最优设定值 $\bar{x}_{J,p}$ 本身就体现了以经济性为目标的最优控制方向。必须注意，稳态电压控制的运行条件是在系统电压稳定裕度足够的情况下进行，但是如果控制只考虑经济性指标，很有可能使得控制后的电网向着稳定水平恶化的方向发展，这当然不是人们所希望看到的结果。因此，可以利用 SVC 现有的控制自由度，增加和电网安全相关的控制目标，利用二级电压控制器实现"经济"与"安全"的协调。

在(3-21)中增加和电网安全性相关的目标 $f_s(\boldsymbol{x}, \boldsymbol{u})$，则式(3-21)模型可以进一步修正为如下的协调二级电压控制器模型：

$$\begin{cases} \min\limits_{\Delta \boldsymbol{u}_J(k)} \left\| \bar{\boldsymbol{x}}_{J,p}(k) - \tilde{\boldsymbol{x}}_{J,p}^K \right\|^2 + f_s\left(\bar{\boldsymbol{x}}_{J,p}(k), \bar{\boldsymbol{u}}_J(k) \right) \\ \text{s.t.} \, \boldsymbol{h}_{J,p}\left(\bar{\boldsymbol{x}}_{J,p}(k), \bar{\boldsymbol{u}}_J(k) \right) = \boldsymbol{0} \\ \quad \boldsymbol{g}_{J,p}\left(\bar{\boldsymbol{x}}_{J,p}(k) \right) \geqslant \boldsymbol{0} \\ \quad \bar{\boldsymbol{u}}_J(k) = \boldsymbol{u}_J(k) + \Delta \boldsymbol{u}_J(k) \\ \quad \left\| \Delta \boldsymbol{u}_J(k) \right\| \leqslant \Delta \boldsymbol{u}_{\max}^J \end{cases} \quad (3\text{-}22)$$

式(3-22)已经具备了 CSVC 的雏形，在后续章节中，将对 CSVC 的具体模型及仿真效果进行阐述。CSVC 的引入，使稳态电压控制由单纯的经济性目标控制转变为经济性目标和安全性目标的协调控制，从稳态最优控制模型式(3-6)到保优控制器模型式(3-7)，再到协调二级电压控制器模型式(3-22)的演化过程，也从另一个方面说明了 CSVC 模型的合理性。

4. 三层电压控制模式

至此，利用电压控制问题在空间上的解耦特性，将上节提出的在全网计算的保优控制子问题分解成了 M 个在控制区域内部计算的 SVC 子问题，在这种情况下，保优电压控制模式可以演化成一种新的控制模式：

(1)将电网划分成 M 个控制区域，对于控制区域 $J(J = \mathrm{I}, \mathrm{II}, \cdots, M)$ 选取中枢状态变量 $x_{J,p}$。

(2)在 KT_t $(K = 1, 2, \cdots)$ 时刻，针对系统负荷变化的主导分量 $L(K)$，进行一次以电网经济性为优化目标的最优控制计算，即 TVC。三级电压控制器数学模型如式(3-6)所示。

(3)根据全网最优控制计算的结果，得到各个区域中枢状态变量的最优设定值 $x_{J,p}^{K}$。

(4)在 $(K+1)T_t$ 到达之前，在 kT_s $(k = 1, 2, \cdots)$ 时刻，对于控制区域 $J(J = \mathrm{I}, \mathrm{II}, \cdots, M)$ 进行一次协调考虑电网经济性目标和安全性目标的 SVC，二级电压控制器数学模型如式(3-22)所示。

这种电压控制模式即 EDF 提出的三层电压控制模式。可见，通过在目标、时间和空间三个维度的分解和协调，理想化的最优控制模式最终可以演化为实用的三层电压控制模式。

3.4.5 对比总结

本章从一个理想化的无功电压最优控制模式出发，利用电压控制问题在目标、时间和空间上的解耦特点，将理想化最优控制模式逐步演化为三层电压控制模式，整体的演化过程可以用图 3-9 表示。如果对各种模式之间的联系和区别进行总结，不难发现它们的区别主要集中在控制的时间周期、控制计算的范围以及控制目标的不同，因此，我们从时间、空间和目标三个方面来对各种电压控制模式加以讨论，图 3-10 用直观的三维坐标形式表示了在这三个范畴上的电压控制问题的不同分类，本书称之为时间—空间—目标三维分类图。

不同的控制模式包括了不同层次上的控制器，而每个控制器根据自身在时间、空间和目标上的不同，都可以在这个三维坐标空间中找到相应的坐标。对于一级电压控制器而言，本身属于简单的无差闭环控制，其控制的根本目的是追随上一级所给出的设定值，因此其在目标维上的分类也和上一级的控制目标相同。在这种意义下，各种电压控制模式所包含的控制子问题在时间—空间—目标三维分类空间中的坐标如表 3-1 所示。

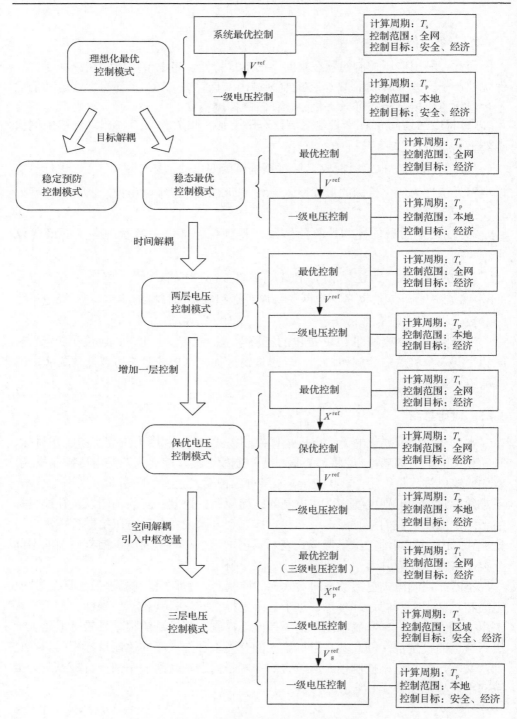

图 3-9　不同电压控制模式的演化示意图

表 3-1　不同控制模式的时间—空间—目标描述坐标

电压控制模式	电压控制器	坐标描述(时间，空间，目标)
理想化最优控制模式	最优控制器	(分钟级，全网，经济/安全)
	一级电压控制器	(秒级，本地，经济/安全)
稳态最优控制模式	最优控制器	(分钟级，全网，经济)
	一级电压控制器	(秒级，本地，经济)
两层电压控制模式	最优控制器	(小时级，全网，经济)
	一级电压控制器	(秒级，本地，经济)
保优电压控制模式	最优控制器	(小时级，全网，经济)
	保优电压控制器	(分钟级，全网，经济)
	一级电压控制器	(秒级，本地，经济)
三层电压控制模式	三级电压控制器	(小时级，全网，经济)
	二级电压控制器	(分钟级，区域，经济/安全)
	一级电压控制器	(秒级，本地，经济/安全)

如果只考虑各种稳态电压控制模式在时间和空间上的区别，可以将图 3-10 所示的三维分类图投影到时间—空间平面，用图 3-11 来直观表示各种稳态电压控制模式的控制流程以及每步控制的特点。

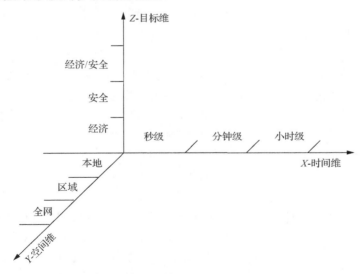

图 3-10　电压控制问题的时间—空间—目标三维分析

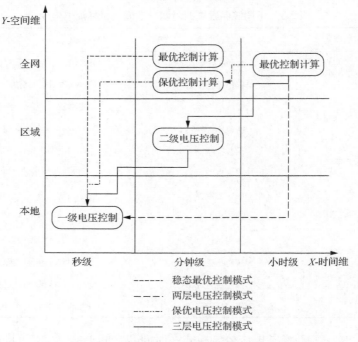

图 3-11　不同电压控制模式的时空分布示意

从图 3-11 可以看出，不同的电压控制模式中，只有三层电压控制模式在控制的每一层都实现了时间和空间上的解耦，最充分地利用了电压控制问题本身的固有特点。相对于其他稳态电压控制方案，三层电压控制模式最适合当前中国电网的实际情况，原因如下。

(1)现阶段国内电网调度自动化水平仍处于逐步完善阶段，量测系统经常会出现局部故障或者精度不高，特别是无功量测的精度通常被忽视。

(2)现阶段国内电网处于高速发展阶段，网架结构变化频繁，很多时候，不能保证 EMS 的电力系统模型参数能够得到及时和正确的维护。

上述问题都可能导致状态估计结果(尤其是无功电压的估计结果)与实际相差较大，从而无法保证后续的 OPF 计算的可信度和鲁棒性，这限制了直接基于 OPF 计算结果的控制模式。而在三层电压控制模式中，在最优控制和底层控制之间，增加了以区域为控制范围、以中枢变量为控制目标的 SVC，其求解过程不受状态估计和其他区域量测误差和故障的影响，可以更可靠地协调本区域的一级电压控制器；即使更高一层的 TVC(OPF)无法给出控制策略，SVC 自身也可以根据预先设定好的目标曲线进行控制，从而使得整个控制系统具有更高的鲁棒性。

第4章 在线自适应分区方法

4.1 引　言

　　将较大规模的电网分解成若干耦合相对松散的分区，从而将一个全网进行的电压控制问题分解成各个分区中独立进行电压控制子问题，这是 SVC 的重要特征。本章的主要工作就是针对电压控制问题在空间维上的特点，研究实用的电压控制分区算法和中枢节点选择方法(王耀瑜等, 1998)。为了研究这一问题，必须首先回答另一个问题：进行电压控制分区的意义何在？可以从以下几个方面进行分析。

　　(1)对于一个较大规模的电网，由于节点之间支路参数的不同，以及无功源节点配置位置的差异，导致无功电压问题的区域特性是固有存在的。

　　(2)分区的目的是为了压缩电压控制的目标空间。以 AGC 为代表的有功控制已经相当成熟并应用多年，而和有功控制相比，无功电压的控制则要复杂得多。这是因为全网的频率是唯一的，而全网的电压则在各个节点都不相同，从概念上看，因为负荷节点的数目大于发电机节点(控制节点)的数目，所以这不是一个完全可控的问题，不可能实现对每个节点电压的精确控制。对电网进行合理的控制区域划分，从中选取最具代表性的节点作为控制对象，从而将控制目标映射到一个较小的空间，保证了电压控制的可行性。

　　(3)分区控制可以提高电压控制的鲁棒性。任何控制是否有效，都取决于数据采集是否正确。对于一个广域电网，数据的采集依赖于大量的通信通道，中国电网的自动化水平仍然处于一个快速发展的阶段，经常会出现量测采集上的错误或者通信通道上的故障。采用分区域控制后，一方面只需要采集中枢母线、控制发电机等少数关键信息，大大降低了对于量测准确性的依赖程度；另一方面，不同区域的控制相互独立，某个区域的通信信道故障不会对其他区域造成影响，大大提高了控制的鲁棒性。

　　正是出于这些原因，从分级电压控制模式提出那一刻起，电网的电压控制分区问题就成为最重要的子问题之一倍受关注。从研究思路上，其后学者的研究也大多秉承 EDF 所采用的基于电气距离的方法(郭庆来等, 2005)，其根本思想是定义了不同节点之间的电气距离，在此基础上将距离近的节点合并，最后得到若干节点集合，即最后的控制分区。后续工作基本上都与此一脉相承，只是在具体的求解算法上有所区别。从整体上看，控制分区求解的主要工作分成为两步。

　　(1)如何描述不同节点之间的关系。这种关系一般最终转化为节点之间在电气连接上的远近程度。

(2)在给定关系的情况下，如何完成节点的归并。一般来说可以采用聚类分析(Lagonotte et al. 1989；郭庆来等，2005)或者图论的方法(王耀瑜等，1998)。

对于电力系统的电压控制分区算法来说，第二步的工作属于数学上比较成熟的领域，所以第一步的工作至关重要，关系着是否能为第二步提供正确的输入数据，从而直接决定了最后分区结果的正确性。

电网的无功电压控制实际上是一个过程，可分为两个阶段。在第一个阶段，负荷的变化引起了全网内母线的电压波动，此时没有二级的控制作用参与其中，但是作为 PVC 的 AVR 是起作用的，它保证了发电机节点(PV 节点)在这个过程中的电压保持不变；在第二个阶段，处于二级层次的 AVC 系统监视到电压变化，通过控制作用消除中枢母线电压的波动，在这个过程中真正起作用的是控制发电机的无功出力，无论是普通负荷母线还是中枢母线的电压变化，都是由于 AVC 系统调整了控制发电机的无功出力而引起的。

传统的电气距离定义在以下两方面存在不足。

(1)现有的电气距离定义只考虑电压控制过程的第一个阶段，而忽视了第二个阶段。EDF 所定义的节点 A 和节点 B 之间的电气距离，本质上表征的是在假设没有控制存在的情况下，节点 A 上的负荷波动所引起的电压变化对节点 B 的电压的影响程度。换句话说，这个控制区域的划分，是从 SVC 的可观测性入手，寻找当负荷发生变化时，电压变化趋势接近的节点集合作为一个控制区域。如果分区的目的仅仅是实现系统电压状况的监视，那么这一电气距离无疑是满足要求的，但是进行分区的根本目的是为了更好地进行控制，更为关心的是第二个阶段的过程，即在控制策略的作用下，不同的负荷节点的响应特性如何，EDF 的电气距离定义无法体现这一过程。

(2)近年来，通过聚类分析来研究电压控制分区问题是一种趋势，但是，在大部分聚类算法中，都需要得到几个数据对象或者某个簇的中心(Han, 2001)，这往往需要利用这些数据对象的坐标来进行计算。而电气距离只给出了两个节点之间相异性的度量，并没有对每一个节点的坐标给出清晰的描述，这不利于聚类算法的应用。

针对现有研究方法的不足，本书提出了一种基于无功源控制空间的聚类分区算法，有别于前人算法从研究被控节点之间的关系入手，本算法的基本思想从控制源出发研究待分区节点的控制响应特性，从而将响应特性相近的节点合并为同一区域。该算法的分区过程和无功电压控制的过程相一致，因此得到的分区结果更加适合进行分级分区控制。

4.2　无功源控制空间

4.2.1　基本思想

在研究无功电压分区问题时，可以将电网中的节点基本看作两类：负荷节点与控制节点。负荷节点一般在潮流方程中表现为 PQ 节点，控制节点则是可以提供无功支持的无功源节点，为了说明上的方便，在下文中以发电机节点代替一般的无功源节点，安装有自动励磁调节器(AVR)的发电机节点一般在潮流方程中表现为 PV 节点。PV 节点的分布从很大程度上决定了一个电网的无功电压特性，从无功和电压的增量关系模型上看，一个 PV 节点相当于一个"接地点"，它不仅保证了在扰动情况下本身的电压不变，而且这种维持电压的控制作用还将扩散到其周围的其他节点，从而使得其他的负荷节点电压呈现出不同的变化趋势。这种作用的大小一方面和节点间等效阻抗的大小息息相关，另一方面也受到其他 PV 节点的位置和控制作用的影响，从而呈现出一种区域特性。

传统研究控制分区的方法从负荷节点之间的关系入手，研究负荷节点 A 所发生的扰动对负荷节点 B 的影响大小，并基于此定义了电气距离的概念。而本书的研究思路则是从控制节点出发，研究在每一个控制节点的控制作用下不同负荷节点的电压响应特性如何。可以想象，响应特性接近的负荷节点在电压控制中将呈现较强的耦合性。正如同上面所分析的，这种区域特性是电网内所有控制节点共同作用的结果，单独某一个控制节点的作用只能从一个角度来描述这个问题，对应了负荷节点在这一维上的响应特性，而如果将所有控制节点的作用都考虑在内，等同于从一个高维的空间来观察负荷节点。正是从这种思想出发，定义了"无功源控制空间"，利用负荷节点与控制节点之间的关系，将待分区的负荷节点映射到这一空间中，负荷节点在这一空间中的高维坐标矢量可以等价地描述其在电网中的无功电压响应特性；从这个空间出发，再去研究如何将负荷节点划分成合理的区域。

4.2.2　控制灵敏度求解

1. 灵敏度求解方法选取

无功电压问题空间解耦性的关键，是寻求控制变量 u 和状态变量 x 的相应划分，使得同一集合中的 u 对 x 的控制灵敏度较大，而不同集合中的 u 对 x 的控制灵敏度较小。对于电压控制来说，控制变量 u 即发电机等无功源的注入无功。本书有别于以往从可观测性的角度来进行电压控制分区的研究思路，从电网的可控性入手，分析待分区的负荷节点对于每一个无功源控制节点的控制响应特性上的差异，并在此基础上构造无功源控制空间。在这个过程中，首先必须解决的是如何求解控制节点对于负荷节点的控制能力，即二者的灵敏度关系。

　　常用的无功电压灵敏度求解方法有两种，一种是基于雅可比矩阵的求解方法，以下标 L 表示负荷节点（PQ 节点），下标 G 表示发电机节点（PV 节点），由牛顿法的潮流方程迭代格式（Han J et al., 2001），有

$$
-\begin{bmatrix}
\boldsymbol{J}_{P_L\theta_L} & \boldsymbol{J}_{P_L\theta_G} & \boldsymbol{J}_{P_LV_L} & \boldsymbol{J}_{P_LV_G} \\
\boldsymbol{J}_{P_G\theta_L} & \boldsymbol{J}_{P_G\theta_G} & \boldsymbol{J}_{P_GV_L} & \boldsymbol{J}_{P_GV_G} \\
\boldsymbol{J}_{Q_L\theta_L} & \boldsymbol{J}_{Q_L\theta_G} & \boldsymbol{J}_{Q_LV_L} & \boldsymbol{J}_{Q_LV_G} \\
\boldsymbol{J}_{Q_G\theta_L} & \boldsymbol{J}_{Q_G\theta_G} & \boldsymbol{J}_{Q_GV_L} & \boldsymbol{J}_{Q_GV_G}
\end{bmatrix}
\begin{bmatrix}
\Delta\boldsymbol{\theta}_L \\
\Delta\boldsymbol{\theta}_G \\
\Delta\boldsymbol{V}_L \\
\Delta\boldsymbol{V}_G
\end{bmatrix}
=
\begin{bmatrix}
\Delta\boldsymbol{P}_L \\
\Delta\boldsymbol{P}_G \\
\Delta\boldsymbol{Q}_L \\
\Delta\boldsymbol{Q}_G
\end{bmatrix}
\tag{4-1}
$$

　　在式（4-1）基础上对雅可比矩阵求逆，得到电压与无功之间的关系如式（4-2）（雅可比逆矩阵相应的子矩阵）：

$$
\begin{bmatrix}
\Delta\boldsymbol{V}_L \\
\Delta\boldsymbol{V}_G
\end{bmatrix}
=
\begin{bmatrix}
\boldsymbol{S}_{LL} & \boldsymbol{S}_{LG} \\
\boldsymbol{S}_{GL} & \boldsymbol{S}_{GG}
\end{bmatrix}
\begin{bmatrix}
\Delta\boldsymbol{Q}_L \\
\Delta\boldsymbol{Q}_G
\end{bmatrix}
\tag{4-2}
$$

　　另一种求解灵敏度矩阵的方法，是从快速分解法的 Q-V 迭代方程出发（Han et al., 2001）：

$$
-\boldsymbol{B}''\Delta\boldsymbol{V} = \Delta\boldsymbol{Q}
\tag{4-3}
$$

　　将发电机节点（PV 节点）增广到 $\boldsymbol{B}''$ 中，用下标 D、G 区分负荷母线和发电机母线，有

$$
-\begin{bmatrix}
\boldsymbol{B}_{DD} & \boldsymbol{B}_{DG} \\
\boldsymbol{B}_{GD} & \boldsymbol{B}_{GG}
\end{bmatrix}
\begin{bmatrix}
\Delta\boldsymbol{V}_D \\
\Delta\boldsymbol{V}_G
\end{bmatrix}
=
\begin{bmatrix}
\Delta\boldsymbol{Q}_D \\
\Delta\boldsymbol{Q}_G
\end{bmatrix}
\tag{4-4}
$$

　　在此基础上求逆，同样可以得到式（4-2）的形式。这两种方法求出的灵敏度会有一定的差异，主要集中在两部分。

　　（1）利用 $\boldsymbol{B}''$ 矩阵求解灵敏度，只考虑了网络结构的影响，一旦网络拓扑和支路参数确定，$\boldsymbol{B}''$ 矩阵即不再变化，所求得的灵敏度矩阵也将固定；而雅可比矩阵中本身包含了系统当前运行状态的信息，因此求得的灵敏度矩阵将随着系统运行点的变化而变化。

　　（2）使用 $\boldsymbol{B}''$ 矩阵求解灵敏度时，从 Q-V 迭代格式入手，只考虑了无功变化对电压的影响，忽略了无功变化同时引起了相角的变化，并进一步对电压产生的影响。而使用雅可比矩阵求解灵敏度时，在式（4-2）中是对全矩阵进行求逆，因此在得到的灵敏度中已经包含了无功变化通过相角变化在电压上产生的影响。

从概念上看，基于雅可比矩阵求得的灵敏度更加准确，但是在研究无功电压的分区问题时，我们倾向于使用 B'' 而不是雅克比矩阵来进行研究。分区的最终目的是为了寻找电网结构上的耦合关系，将强耦合的部分合并，将弱耦合的部分打开，分块进行 SVC。而这种耦合由两部分原因所造成：一方面是电网本身的结构使然，网络上不同支路的阻抗差异以及 PV 节点的分布，使得各个节点之间呈现出电气上不同的紧密程度；另一方面是由电网的运行状况造成，比如某个区域的发电机的无功裕度耗尽，不得不从其他的区域来获取大量的无功，这造成了这两个区域的耦合程度增加。在进行分区研究时更应该关注第一种耦合性，而第二种耦合性不应该通过分区的划分来加以考虑，而是应该在每一级的控制策略中予以重视。因此，本书选择了从 B'' 出发计算无功与电压之间的灵敏度，用于电压控制分区。

2. "逐次递归"的准稳态灵敏度求解

PV 节点之所以有别于 PQ 节点，就在于它本身蕴含了对电压的控制作用。对于发电机节点来说，这种控制作用即 AVR 的一级电压调节作用，保证节点电压在各种扰动情况下的恒定。无论是基于雅可比矩阵的方法还是基于 B'' 的方法，都需要将 PV 节点增维到相应矩阵中，在这个过程中，通过在 PV 节点相应的对角元上加大数来表征 PV 节点本身所具有的保持机端电压恒定的特性，而基于此求解得到的灵敏度体现了准稳态的物理概念(张伯明等, 1996)。

在无功源控制空间中，每一维表示了在某个特定无功源控制节点的作用下，负荷节点的电压响应特性。所以，在本书的灵敏度计算过程中，不是一次性地将所有发电机节点的控制灵敏度求出，而是采用的是一种"逐次递归"的方式对每个发电机节点逐个求解，其对应的物理含义是在只调节本发电机节点无功的情况下其他节点的电压响应。在求解某一台发电机 A 的灵敏度时，A 所在节点设定为 PQ 节点(因为要研究的是其无功变化对其他点电压的影响)，其他发电机节点要根据其是否参与 PVC(是否安装 AVR 装置)来决定其为 PV 节点还是 PQ 节点。而在求解下个发电机 B 的灵敏度之前，需要重新设定一次发电机节点的属性，将 A 设回为 PV 节点(如果其参与 PVC)，而将 B 设为 PQ 节点。

"逐次递归"的准稳态灵敏度求解方法基于这样的假设：利用机组 A 进行 SVC 的时候，其他 AVR 机组的调节速度足够快，可以保证其机端电压不变。对于这样的节点 C，通过在 B'' 相应的对角元上加大数，可以模拟其保持机端电压不变的物理响应。而节点 C 的这种物理响应(或者说是它的 AVR 所进行的 PVC)也必将对和它关系密切的负荷节点产生影响(在求解灵敏度时，节点 C 路集上的节点都将受到 C 的对角元大数的影响，即与 C 相邻的节点电压变化较小)。因此虽然求解的是发电机节点 A 对其他节点的灵敏度，但是这个灵敏度中已然包含了其他发电机节点本身的物理响应所带来的影响。相对于直接从一个静态断面来求解灵敏度并进行分区的方法，"逐次递归"的灵敏度计算方式，在每步计算中都考虑了各发电机节点的无功电压响应，符合电压控制的准稳态过程。

4.2.3　无功源空间构造过程

设电网内有 g 个发电机节点，构成集合 $\boldsymbol{G}$，有 1 个待分区的负荷母线，构成集合 $\boldsymbol{L}$。构造无功源控制空间的过程如下：

（1）对于属于集合 $\boldsymbol{G}$ 中的第 j 个发电机节点，将其设置为 PQ 节点；而对于集合 $\boldsymbol{G}$ 中的其他发电机节点，如果参与 PVC 则设置成 PV 节点，否则设置成 PQ 节点。在求解灵敏度时，考虑基态下发电机的调节范围，对于调节能力接近极限的发电机节点，则按照 PQ 节点处理。在计算灵敏度时，应在包含 PV 节点的全维 $\boldsymbol{B''}$ 矩阵中与 PV 节点对应的对角元上加大数，保证该节点电压不变，从而保留其 PVC 设备的准稳态控制响应特性。

（2）在步骤（1）构造的 $\boldsymbol{B''}$ 矩阵基础上，从式（4-4）出发，求解节点 j 的注入无功对集合 $\boldsymbol{L}$ 内各节点电压的控制灵敏度，对于负荷节点 $i(i \in \boldsymbol{L})$，该灵敏度即为准稳态灵敏度，记为 S_{ij}。

（3）对于属于集合 $\boldsymbol{G}$ 的每个发电机节点，重复步骤（1）和（2），计算对应的控制灵敏度。

（4）将每个发电机节点的控制能力看作坐标空间中的一维，这样从集合 $\boldsymbol{G}$ 可以构造一个 g 维的坐标空间，称之为无功源控制空间。在这个空间中，使用一个 g 维矢量 $(x_{i1}, x_{i2}, \cdots, x_{ig})$ 作为坐标来描述负荷节点 i，其中第 j 个坐标分量定义为

$$x_{ij} = -\lg\left(\left|S_{ij}\right|\right) \tag{4-5}$$

它是在灵敏度的基础上进行了数学变换。由于希望利用坐标来描述无功和电压之间耦合的紧密程度，换句话说，我们关心的是灵敏度数值上的大小，至于灵敏度的方向在控制环节中再加以考虑，所以这里对灵敏度进行了绝对值运算，同时，进行对数变换的目的是拉大坐标之间的差异，使物理意义更加明显。两个待分区节点 m 和 n 分别对应了坐标矢量 $(x_{m1}, x_{m2}, \cdots, x_{mg})$ 和 $(x_{n1}, x_{n2}, \cdots, x_{ng})$，在此基础上两个负荷节点 m 和 n 的"电气距离"直接采用欧几里得距离定义。

$$D_{mn} = \sqrt{\left|x_{m1} - x_{n1}\right|^2 + \cdots + \left|x_{mg} - x_{ng}\right|^2} \tag{4-6}$$

在这个 g 维空间中，节点 i 的坐标矢量 $(x_{i1}, x_{i2}, \cdots, x_{ig})$ 即所有发电机节点对它的控制灵敏度矢量，坐标的第 j 个分量体现了第 j 个发电机节点的无功注入对该节

点电压进行控制时的灵敏程度。显然，那些对于系统内各无功源控制作用的响应趋势相同或者接近的节点之间的"距离"将比较接近，在这个 g 维空间中，它们将比较集中地表现为一簇，从概念上满足聚类分析的要求。

式(4-6)中只考虑发电机作为无功源，实际上，利用相同的思路，可以很方便地扩展到可投切电容、SVC 等其他无功源，只需要在无功源空间中增加相应的维数即可。

4.2.4　简单示例

为了更好地理解构造无功源控制空间的过程，以图 4-1 所示的 2 机 6 节点示意系统加以说明，其支路参数如表 4-1 所示。从表中参数不难看出，节点 2 和节点 3 之间的支路阻抗远大于其他支路，系统明显从该支路分为两部分，一部分由节点{1,2,4}组成，另一部分由节点{3,5,6}组成。

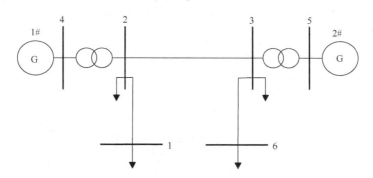

图 4-1　2 机 6 节点示意图

表 4-1　2 机 6 节点示意系统支路参数

首节点	末节点	支路类型	电阻(标幺值)	电抗(标幺值)	半电纳或非标准变比
1	2	线路	0.04	0.15	0.5
2	3	线路	0.08	0.5	0.5
3	6	线路	0.04	0.15	0.5
2	4	变压器	0	0.015	1.05
3	5	变压器	0	0.03	1.05

利用本节提出的方法构造无功源控制空间，其中节点 4、5 作为无功源控制节点，节点 1、2、3 和 6 作为待分区的负荷节点。在求解节点 4 的注入无功对节点 1、2、3、6 电压的灵敏度时，节点 5 按照 PV 节点处理，在 $\boldsymbol{B}''$ 对角元相应位置加大数；求解节点 5 的灵敏度时类似处理。灵敏度及利用式(4-2)计算得到的坐标值如表 4-2 所示：

表 4-2　2 机 6 节点示意系统灵敏度结果

待分区节点	对节点 4		对节点 5	
	灵敏度	坐标值	灵敏度	坐标值
1	0.9285	0.0322	0.0278	1.5556
2	0.8912	0.0500	0.0267	1.5734
3	0.0553	1.2572	0.8444	0.0735
6	0.0576	1.2394	0.8797	0.0557

以节点 4 和节点 5 分别对应二维坐标空间中的 x 轴和 y 轴, 将节点 1、2、3、6 分别按照表 4-2 所示的坐标值在坐标系中描出, 如图 4-2 所示。对于该 2 机 6 节点示意系统, 存在两个无功源控制节点, 因此构成的无功源控制空间为 2 维的, 表现为图 4-2 所示的二维平面。而负荷节点 1、2 和 3、6 在该平面上明显形成了两簇(在图 4-2 中分别圈出), 这和人们直观的物理印象相吻合。

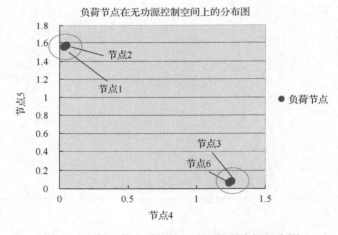

图 4-2　2 机 6 节点系统的无功源控制空间示意图

二维空间可以直接从平面图上加以分析, 因此可以利用该 2 机 6 节点示意系统对无功源控制空间的构造过程进行了直观的说明。对于复杂的电力系统, 存在更多的无功源控制节点, 因此形成的将是一个高维空间, 在这个空间中, 每一个负荷节点可以用一个坐标向量加以描述, 而完成无功电压分区的问题就可以转化为, 如何将这些散布在高维空间中的点划分成如图 4-2 所示的几簇, 这在数学上可以使用聚类分析的方法来加以实现。

4.3　基于无功源空间的分区方法

4.3.1　聚类分析

无功电压控制的分区问题可以描述成一种典型的聚类问题。"将物理或抽象对象的集合分组成为由类似的对象组成的多个类的过程被称为聚类"(Han, 2001)，其目的就是生成一组数据对象的集合，这些对象与同一个簇中的对象彼此"相似"，与其他簇中的对象彼此"相异"。作为统计学的一个分支，聚类分析已经被广泛研究了许多年，并在很多领域得到了成熟的应用。大体上，主要的聚类算法可以分为以下几类(Han, 2001)。

(1)划分方法(partitioning method)。对于给定的划分数目，划分方法首先创建一个初始划分，然后采用"迭代的重定位"技术，尝试通过对象在划分间移动来改进划分。比较流行的划分方法有：k-平均算法和 k-中心点算法。

(2)层次方法(hierarchical method)。根据层次分解的不同方向，可分为凝聚的层次方法(自底向上)和分裂的层次方法(自顶向下)两种。以凝聚的层次聚类方法为例，首先所有节点都独自作为一个簇存在，然后每步合并距离最小的两个簇，直至最终聚类个数满足要求。近年来，针对层次聚类算法有了更深入的研究，代表算法包括：BIRCH、CURE、Chameleon、ROCK。

(3)基于密度方法(density-based method)。主要目的是发现任意形状的簇，其基本思想是只要临近区域的密度超过某个阈值，就继续进行聚类。代表算法包括：DBSCAN、OPTICS。

(4)基于网格方法(grid-based method)。把对象空间量化为有限数目的单元，形成了一个网格结构，在此基础上进行聚类操作。代表算法：STING。

(5)基于模型方法(model-based method)。为每个簇假定一个模型，寻找数据对给定模型的最佳拟和。主要分为两类：统计学方法和神经网络方法。

本书主要使用了层次方法来完成聚类分析，而上一节提出的电气距离定义就可以作为节点之间相异性的度量，在这种方法的聚类过程中，最关键的是如何定义两个"簇"之间的距离，常用的类间距离定义有如下几种。

(1)最小距离。类间距离定义为两个类所包含节点相互距离中的最小值。

(2)最大距离。类间距离定义为两个类所包含节点相互距离中的最大值。

(3)平均距离。类间距离定义为两个类所包含节点距离的平均值。

(4)中心距离。类间距离定义为两个类中心之间的距离。

(5)Ward 距离。每次的合并保证同一类内的离差平方和最小。

王耀瑜等(1989)提出使用"最大最小电气距离"准则，即"将节点归并到与它的最大电气距离在所有节点集合中为最小的那个节点集合"，而范磊等(2000)

将两个节点集合的距离定义为这两个集合中的节点之间的最大距离，从本质上看，这两种算法都使用了最大距离作为类间距离定义。在算例研究部分，我们将在电气距离定义的基础上，给出聚类分析的结果，并对这几种类间距离进行比较和分析。

4.3.2 算例研究

在上文提出的电气距离定义的基础上，利用凝聚的层次聚类算法，对 IEEE39 节点系统和江苏省实际电网进行了分区研究，本节将对结果进行分析。

1. IEEE39 节点系统

首先以 IEEE39 节点标准系统为例进行分析计算。按照 4.2.3 节的过程构造由 10 个发电机节点(节点 30～39)张成的无功源控制空间，并计算负荷节点 1～29 在这个空间中的坐标，在这个基础上，利用聚类算法完成分区。

然后，本书对五种常用的类间距离进行了比较，采用不同的类间距离进行分区得到的分区过程如图 4-3 所示。其中纵轴为聚类(分区)个数，横轴为相对合并距离，合并距离指在层次聚类过程中每次合并的两个簇对应的类间距离。在采用不同的定义时，类间距离数值之间不具有可比性，因此此处所用的横轴是相对合并距离，即每次合并的距离除以最后一次合并的距离(本次聚类过程中的最大合并距离)。这样对采用各种类间距离定义得到的横轴数据范围都集中在区间[0,1.0]。从图 4-3 可以发现，采用 Ward 距离作为类间距离时，每次合并的相对距离都小于其他各种类间距离定义(图 4-3 最下面一条曲线)，合并的距离越小，说明本次合并的两个簇之间的关系越紧密，即合并的正确性越高。通过这个对比，选用 Ward 距离作为类间距离完成聚类分析。

从图 4-3 中 Ward 距离对应的聚类过程曲线来看，当聚类(分区)个数从 6 到 5 的过程中，出现了比较长时间的平台期，这意味着从 6 个分区凝聚到 5 个分区的过程需要较大的合并距离。在此次合并之前，曲线的斜率较大，每次合并的两个分区相互之间的距离相对接近，而在这之后曲线趋于平缓，每次合并都需要付出较大的代价才能完成。可见，如果将 IEEE39 节点系统分解成 6 个区域，可以保证区域内节点之间的距离较小，而区域间节点之间的距离较大，这符合对电网分区的要求，因此 6 个分区是一个合理划分。图 4-4 给出了使用 Ward 类间距离时 IEEE39 节点系统的聚类过程，对于每次合并，可以从横轴获得合并的节点序号，而纵轴则给出了本次合并的距离。图中虚线标出了当分区个数为 6 时的分区细节，每条和虚线相交的竖线向下延伸的子树的叶子节点表示了该分区所包含的节点。

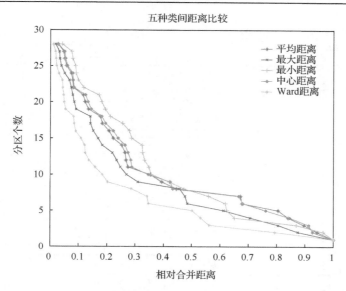

图 4-3　IEEE39 节点聚类过程比较（不同类间距离）

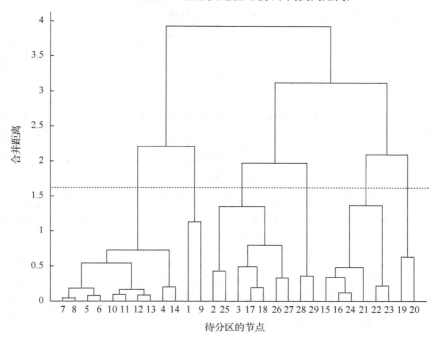

图 4-4　IEEE39 节点系统聚类过程图

图 4-5 从电网结构图上给出了分区的直观信息。从图 4-5 的分区结果可以得出以下结论。

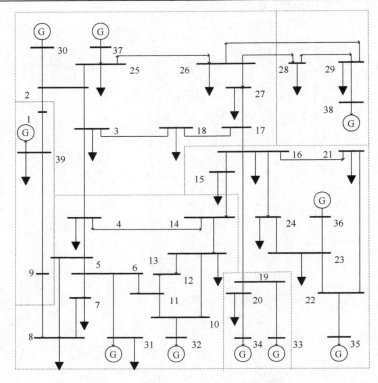

图 4-5　IEEE39 节点 6 分区示意图

（1）从地理位置上，每个分区所包含的节点互相临近。尽管本书提出的电气距离中没有加入拓扑的信息，但灵敏度本身已经隐含了拓扑信息，因此，结果中没有出现将不相邻节点划分在一起的不合理情况，这说明，本书提出的电气距离确实能够描述节点之间在电气上的临近关系。

（2）Yusof 等（1993）利用慢相关技术对 IEEE39 节点进行了分区研究，从分区结果来看，此处得到的分区结果和文献中给出的 6 分区结果基本一致，这从另一侧面验证了本书分区算法的正确性。

2. 江苏电网实际应用

根据本书研究成果实现的在线"软分区"模块，已经在江苏电网无功电压优化控制系统中得到了实际应用。这里，首先针对江苏电网 2003 年 12 月 4 日实时数据断面，给出了江苏电网在线分区计算结果。图 4-6 显示了在使用 Ward 类间距离时的聚类过程曲线，从曲线中可以发现在从 4 分区到 3 分区的变化过程中出现了较长的平台期，因此将电网分解成 4 个区域时可以达到最好的解耦性，这避免了传统分区算法中人工指定分区数的困难，使在线自适应分区成为可能。

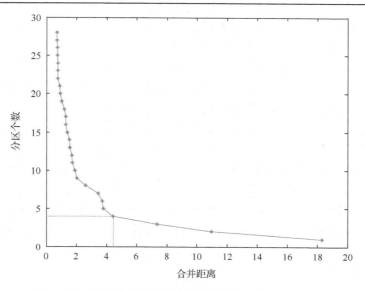

图 4-6　江苏电网分区合并距离曲线(2003 年 12 月 4 日)

具体对每个分区所包含节点的研究表明，从地理位置上，四个分区从地理上分别对应。

(1)分区一：徐州、宿迁等区域。

(2)分区二：扬州、泰州、南通等区域。

(3)分区三：南京、常州、镇江等区域。

(4)分区四：苏州、无锡等区域。

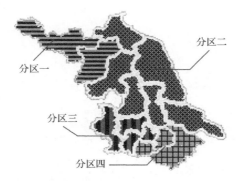

图 4-7　江苏电网分区结果地理位置示意图(2003 年 12 月 4 日)

图 4-7 用不同格线背景大致标出了四个分区的地理位置。由图可见，分区结果主要受实际地理位置影响，与现场调度员多年的调度经验相吻合，这验证了本书算法的正确性。尽管本例的分区结果可以用调度经验来加以解释，但本书方法是基于科学的分析，更能适应电网运行方式的变化。而直接根据地理位置和调度

经验来划分控制区域不能解决如下问题。

(1)控制分区并不等同于行政或地理区域。从结果上看,江苏电网共有 13 个行政分区,但是经过聚类分析得到的无功电压控制分区只有 4 个,电气上联系紧密的行政分区被划分在了一起;属于同一行政分区的节点也可能分属于不同的控制分区,比如淮安地区的大部分被划分到了扬州泰州区域,但是同属本地区的淮阴变则被划分到了电气联系更为密切的徐州宿迁区域。这说明,从分区的个数和范围上控制分区和行政分区都有所区别,直观经验难以准确界定每个具体分区。

(2)随着运行方式的变化,原有电网在无功电压方面的耦合性可能改变,而直观经验的积累需要时间,不能保证及时适应这种结构上的变化。

用江苏电网半年以后(即 2004 年 6 月 3 日)实时断面的分区计算结果来证实这个结论。图 4-8 显示了此断面下的聚类过程曲线,从曲线中可以发现,平台期出现在从 5 分区到 4 分区的过程中,因此将电网分解成 5 个区域时可以达到最好的解耦性。和上面 4 个分区的结果相比,分区发生了变化。

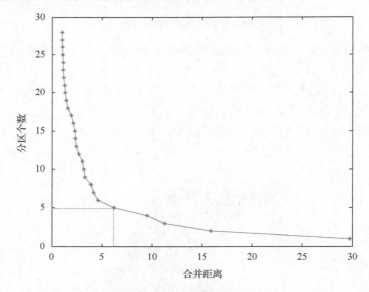

图 4-8　江苏电网分区合并距离曲线(2004 年 6 月 3 日)

而具体研究每个分区结果表明,和 2003 年年底的分区结果的最大不同之处在于苏州和无锡由原来的一个控制区域分解成两个控制区域,如图 4-9 所示。在 2004 年 3 月,江苏电网在运行方式上进行了一次较大的调整,苏州和无锡两个区域所有的 220kV 联络线全部断开,只通过 500kV 联络线耦合。可见分区结果确实体现了这种由于运行方式较大变化带来的区域耦合性上的变化。

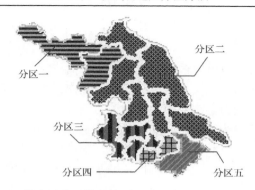

图 4-9　江苏电网分区结果地理位置示意图(2004 年 6 月 3 日)

这一结果表明，本书分区算法可以很好地跟踪实际电网结构上的变化，并符合现场运行人员的运行经验，这从另一个方面证实了分区算法的正确性，满足了在线自适应"软分区"的实用要求。这一研究结果也说明，与欧洲普遍采用的硬分区相比，在线自适应"软分区"更适用于迅猛发展中的我国电力系统。

4.4　中枢母线选择方法

中枢母线的选择本质上需要体现两个方面：一是中枢母线的电压能够一定程度代表整个控制区域内的电压水平；二是中枢母线的电压可控性强，可使用本区域内的控制手段予以有效调整。在电压控制的研究领域内，中枢母线选取问题的最大难点在于合理确定每个控制区域内中枢母线的数量，数量过少将无法充分代表分区内的整体电压水平，而数量过多则需要付出不必要的控制代价。

目前已有的研究成果主要思路为基于线性化的电力系统模型和潮流雅可比矩阵，从备选负荷节点集中选择使得全网负荷节点电压偏差最小的节点作为中枢母线组合。现有研究成果的不足在于，这些研究成果尚未在原理上对所选择的中枢母线数量的原因进行解释，要么要穷举所有可能的组合，要么需要事先给定中枢母线的数量作为算法参数。

本节提出一种基于多元统计分析方法的算法(记为多元统计分析法)对中枢母线进行选择。该方法不仅能够选取中枢母线，而且基于主成分分析法的理论，给出了一种确定中枢母线数量的准则，从统计学角度解释，为何这一数量的中枢母线足以描述控制区域内的负荷节点电压控制特性，将其作为中枢母线选择的依据。为验证该算法的有效性，在 IEEE39 节点系统上实现该算法，与已有的研究成果采用相同的分区方案，在此基础上确定中枢母线的数量并选出中枢母线，最后，与已有中枢母线选择算法在 IEEE39 节点上的选出的中枢母线方案进行控制效果与控制代价的比较，从而验证基于该方法的有效性。

4.4.1　原理与算法框架

电压控制是通过调节电网内所有无功源设备而实现的，其效果是电网内所有控制节点共同作用的结果，负荷节点之间在无功电压方面的耦合程度，很大程度上取决于与自身关系最为紧密的那些控制节点的分布情况，而这种关系可以用灵敏度进行衡量。中枢母线的选择，其本质上就是寻找少数的、一定程度上能代表控制区域内所有负荷节点的电压水平的节点，因此，本方法所关心的就是负荷节点之间在无功电压控制方面的耦合特性，即负荷节点对控制节点的灵敏度所具有的空间分布特性。

在这个空间分布特性的描述下，负荷节点一般具有"成簇"的特点，同一簇内的负荷节点对相同的控制节点灵敏度相近，只需在每簇中选出一个处于"中心"位置的节点作为中枢母线，使得簇内负荷节点的电压水平可用该节点的电压代表。因此，选择中枢母线的问题就分解为两个部分：控制区域内负荷节点的合理分簇，以及在此基础上于每个簇内选择一个节点作为中枢母线。由于每个负荷节点可归属于对其灵敏度最大的控制节点，负荷节点的合理分簇问题又分解为两部分：控制节点的合理分簇；负荷节点按对其灵敏度最大的控制节点所在簇进行分簇。问题的逐步分解过程如图 4-10 所示。这种方式下，负荷节点的分簇依赖于控制节点的分簇，可保证每簇内有足够的无功源用于实现控制，从而体现中枢母线选择的本质。

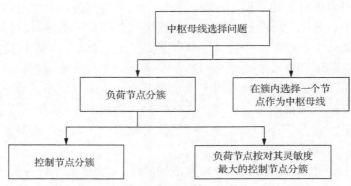

图 4-10　中枢母线问题的逐步分解

本书提出的多元统计分析的中枢母线选择算法主要分为六个步骤，算法框架如图 4-11 所示。

第一步，基于灵敏度矩阵 S 构造无功源控制空间，计算样本阵 X；

第二步，计算样本相关矩阵 R，对其进行主成分分析，对样本相关矩阵 R 的特征值和特征向量进行分析，从中确定所必需的中枢母线数量 m；

第三步，对样本阵 X 进行因子分析，计算样本阵的因子载荷矩阵 A，并对因子载荷矩阵进行方差最大正交旋转，根据其结果将控制节点分为 m 簇；

第四步，对负荷节点进行初步分簇，将每个负荷节点归属于对其灵敏度最大的控制节点；

第五步，对负荷节点进行最终分簇，即根据第三步、第四步的分析结果，将负荷节点按照其所归属的控制节点所在簇进行分簇；

第六步，以负荷节点的重要程度为权重，计算每一簇中负荷节点的加权几何中心，将"无功源控制空间"内离这个"几何中心"最近的负荷节点选为该簇的中枢母线。

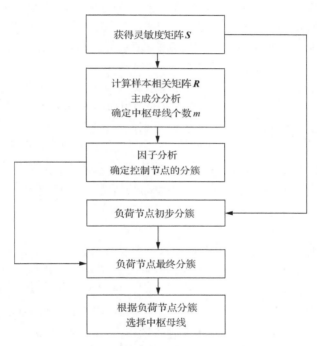

图 4-11 中枢母线选择算法框架

4.4.2 中枢母线的选择过程

1. 样本阵

为了分析负荷节点对控制节点的灵敏度所具有的空间分布特性，首先需要构造一个欧氏空间，在空间内描述节点之间的灵敏度关系。在 SVC 对电网电压波动作出响应过程中，无论是中枢母线还是负荷节点的电压变化，都是 AVC 系统调整了所有控制节点的无功设备的结果，因此本章基于"无功源控制空间"，将每一个控制节点定义为一个维度，将所有负荷节点对控制节点的灵敏度映射到这一空间里。每一个维度的坐标来自于该负荷节点对这一维度所对应的控制节点的灵敏度的对数，满足距离的可加性。这样就构造了一个欧氏空间并得到 n 行 g 列的坐标矩阵 $\boldsymbol{X}$，负荷节点在该空间中的高维坐标矢量，等价描述了其在电网中对各个控制节点的无功电压响应特性。

$$\boldsymbol{X}_{n \times g} = \left\{ X_{ij} = -\lg\left(\left|S_{ij}\right|\right) \right\} \tag{4-7}$$

式中，$1 \leqslant i \leqslant n$，$n$ 为负荷节点个数；$1 \leqslant j \leqslant g$，$g$ 为控制节点个数，指的是当前电网中所有参与 AVC、能够及时对 SVC 指令作出响应的控制节点的个数；S_{ij} 为灵敏度矩阵 $\boldsymbol{S}$ 的元素，为第 i 个负荷节点电压对第 j 个控制节点无功的灵敏度，其计算方法采用基于准稳态的灵敏度算法(范磊等，2000)，X_{ij} 为 S_{ij} 的绝对值取负对数。

由式(4-7)得到的坐标矩阵 $\boldsymbol{X}$ 的物理意义如下。

(1)从行的角度来理解，每一行就是每个负荷节点在 g 维空间的坐标，如果两个负荷节点的欧氏距离很近，说明他们距离同一簇控制节点很近。

(2)从列的角度理解，每一列就是一个评测指标，样本阵 $\boldsymbol{X}$ 的 n 行就是对这 g 个指标进行 n 次抽样的结果，每一列的数值描述了这 n 个负荷节点电压变化受控制节点无功变化的影响的评测结果，本章将矩阵 $\boldsymbol{X}$ 称为样本阵。

2. 主成分分析

在无功电压响应的耦合程度方面，负荷节点仅与同一簇内的控制节点强相关，而与不同簇内的控制节点相关性较弱。因此，以"簇"为单位进行分析时，对应于 g 个控制节点的 g 个评测指标就是冗余的，可以进一步降维。而中枢母线选择算法所关心的正是控制节点"簇"的数量，对样本阵 $\boldsymbol{X}$ 进行主成分分析的目的，就是确定控制节点"簇"的数量和控制区域内中枢母线的数量。

实际电网的节点数量十分庞大，其灵敏度矩阵的规模往往很大，令人眼花缭乱，直观上很难抓住其中的规律。主成分分析可以用某种最优方法来综合一张数据表中的信息，以简化数据矩阵，对其进行降维来解释它的主要结构，同时给出关于数据矩阵所提供信息的合理化解释。

因此，选用主成分分析法来对样本阵进行研究是合适的，其目的在于研究这 g 个指标的冗余特性。根据主成分分析法的理论，将样本阵 $\boldsymbol{X}$ 看作对这 g 个指标进行 n 次抽样的结果，如果对于 g 个原始指标，存在一个线性变换，使得用变换后的 m 个新指标($m \leqslant g$)就能将这 n 个抽样的主要特性描述出来，那么 g 个原始指标就可以用这 m 个新指标近似等效替代。这一过程损失的信息是冗余信息。

　　对应到中枢母线选择的问题上，即意味着控制区域内初始的 g 个控制节点的作用，可以等效为 m 组相互独立的控制源的作用。如果能将本区域内控制节点分为 m 簇，可进一步将控制区域内的负荷节点构成 m 簇。由于簇内部的相关性强而簇之间的相关性弱，在每一簇内选择一个中枢母线，就能将控制区域内的控制节点对负荷节点的电压控制特性，等效地描述为这 m 个控制节点组对同一簇内中枢节点的电压控制特性，因此，将 m 作为本控制区域的中枢母线个数是合理的。

　　对样本阵 $\boldsymbol{X}$ 进行主成分分析的步骤如下：

　　(1)构造样本阵 $\boldsymbol{X}$ 的样本相关矩阵 $\boldsymbol{R}$ 。

　　样本相关矩阵为

$$\boldsymbol{R}_{g\times g}=\left\{R_{ij}=\frac{\mathrm{cov}(\boldsymbol{X}_i,\boldsymbol{X}_j)}{\sqrt{\mathrm{cov}(\boldsymbol{X}_i,\boldsymbol{X}_i),\mathrm{cov}(\boldsymbol{X}_j,\boldsymbol{X}_j)}}\right\}_{g\times g} \tag{4-8}$$

式中，$\boldsymbol{X}_i$ 和 $\boldsymbol{X}_j$ 为样本阵 $\boldsymbol{X}$ 的第 i 列和第 j 列的列向量，$\mathrm{cov}(\boldsymbol{X}_i,\boldsymbol{X}_j)$ 为 $\boldsymbol{X}_i$ 和 $\boldsymbol{X}_j$ 的协方差。

　　由式 (4-8) 可知，显然 $\boldsymbol{R}$ 是实对称矩阵，$\mathrm{cov}(\boldsymbol{X}_i,\boldsymbol{X}_j)=\mathrm{cov}(\boldsymbol{X}_j,\boldsymbol{X}_i)$，并且对角元全为 1。

　　下面证明 $\boldsymbol{R}$ 是半正定矩阵：

　　设 $\mathrm{var}(\boldsymbol{X}_i)=\mathrm{cov}(\boldsymbol{X}_i,\boldsymbol{X}_i)$，$1\leqslant i\leqslant g$ ；

　　对于任意 g 维非零实向量 $\boldsymbol{c}=(c_1,c_2,...,c_g)$，$c_1,c_2,...,c_g$ 不全为零，有

$$f(\boldsymbol{c})=\boldsymbol{c}^{\mathrm{T}}\boldsymbol{R}\boldsymbol{c}$$

$$=(c_1,c_2,...,c_g)\begin{bmatrix}\dfrac{\mathrm{cov}(\boldsymbol{X}_1,\boldsymbol{X}_1)}{\mathrm{var}(\boldsymbol{X}_1)} & \dfrac{\mathrm{cov}(\boldsymbol{X}_1,\boldsymbol{X}_2)}{\sqrt{\mathrm{var}(\boldsymbol{X}_1)\mathrm{var}(\boldsymbol{X}_2)}} & \cdots & \dfrac{\mathrm{cov}(\boldsymbol{X}_1,\boldsymbol{X}_g)}{\sqrt{\mathrm{var}(\boldsymbol{X}_1)\mathrm{var}(\boldsymbol{X}_g)}} \\[3mm] \dfrac{\mathrm{cov}(\boldsymbol{X}_2,\boldsymbol{X}_1)}{\sqrt{\mathrm{var}(\boldsymbol{X}_2)\mathrm{var}(\boldsymbol{X}_1)}} & \dfrac{\mathrm{cov}(\boldsymbol{X}_2,\boldsymbol{X}_2)}{\mathrm{var}(\boldsymbol{X}_2)} & \cdots & \dfrac{\mathrm{cov}(\boldsymbol{X}_2,\boldsymbol{X}_g)}{\sqrt{\mathrm{var}(\boldsymbol{X}_2)\mathrm{var}(\boldsymbol{X}_g)}} \\[3mm] \vdots & \vdots & & \vdots \\[3mm] \dfrac{\mathrm{cov}(\boldsymbol{X}_g,\boldsymbol{X}_1)}{\sqrt{\mathrm{var}(\boldsymbol{X}_g)\mathrm{var}(\boldsymbol{X}_1)}} & \dfrac{\mathrm{cov}(\boldsymbol{X}_g,\boldsymbol{X}_2)}{\sqrt{\mathrm{var}(\boldsymbol{X}_g)\mathrm{var}(\boldsymbol{X}_2)}} & \cdots & \dfrac{\mathrm{cov}(\boldsymbol{X}_g,\boldsymbol{X}_g)}{\mathrm{var}(\boldsymbol{X}_g)}\end{bmatrix}\begin{pmatrix}c_1\\c_2\\\vdots\\c_g\end{pmatrix}$$

$$=\sum_{i=1}^{g}\sum_{j=1}^{g}\frac{c_ic_j}{\sqrt{\mathrm{var}(\boldsymbol{X}_i)\mathrm{var}(\boldsymbol{X}_j)}}\mathrm{cov}(\boldsymbol{X}_i,\boldsymbol{X}_j)$$

$$= \sum_{i=1}^{g} \sum_{j=1}^{g} \boldsymbol{E} \left(\left(\frac{c_i}{\sqrt{\mathrm{var}(\boldsymbol{X}_i)}} (\boldsymbol{X}_i - E(\boldsymbol{X}_i)) \right) \left(\frac{c_j}{\sqrt{\mathrm{var}(\boldsymbol{X}_j)}} (\boldsymbol{X}_j - E(\boldsymbol{X}_j)) \right) \right)$$

$$= \boldsymbol{E} \left(\sum_{i=1}^{g} \sum_{j=1}^{g} \left(\frac{c_i}{\sqrt{\mathrm{var}(\boldsymbol{X}_i)}} (\boldsymbol{X}_i - E(\boldsymbol{X}_i)) \right) \left(\frac{c_j}{\sqrt{\mathrm{var}(\boldsymbol{X}_j)}} (\boldsymbol{X}_j - E(\boldsymbol{X}_j)) \right) \right)$$

$$= \boldsymbol{E} \left(\left(\sum_{i=1}^{g} \frac{c_i}{\sqrt{\mathrm{var}(\boldsymbol{X}_i)}} (\boldsymbol{X}_i - E(\boldsymbol{X}_i)) \right) \left(\sum_{j=1}^{g} \frac{c_j}{\sqrt{\mathrm{var}(\boldsymbol{X}_j)}} (\boldsymbol{X}_j - E(\boldsymbol{X}_j)) \right) \right)$$

$$= \boldsymbol{E}(\mu \cdot \mu)$$

式中，$\mu = \sum_{i=1}^{g} \frac{c_i}{\sqrt{\mathrm{var}(\boldsymbol{X}_i)}} \left[\boldsymbol{X}_i - E(\boldsymbol{X}_i) \right]$。

所以，根据半正定矩阵的定义，样本相关矩阵 $\boldsymbol{R}$ 是半正定的，其特征值全为非负实数；同时，实际电网的灵敏度矩阵所生成的样本相关矩阵 $\boldsymbol{R}$ 的特征值不可能全为 0，即样本相关矩阵 $\boldsymbol{R}$ 至少有一个特征值是正数。

（2）$\boldsymbol{R}$ 的特征值分析。计算出 $\boldsymbol{R}$ 的特征值并按从大到小排列，a_i 为排列后的第 i 个特征值，λ_i 为特征值 a_i 所对应的特征向量，$1 \leqslant i \leqslant g$。

（3）确定控制节点簇的数量 m。求最小的 i 值，使得前 i 个特征值累计和占总特征值之和的比例（称为累计贡献率）大于 85% 并且，第 $i+1$ 个特征值的贡献率小于前 i 个特征值累计贡献率的 5%，令 $m = i$，即按式（4-9）进行计算：

$$m = \min \left\{ i \left| \frac{\sum_{j=1}^{i} a_j}{\sum_{j=1}^{g} a_j} > 0.85, \frac{a_{i+1}}{\sum_{j=1}^{i} a_j} < 0.05 \right. \right\} \tag{4-9}$$

样本相关矩阵 $\boldsymbol{R}$ 的特征值全为非负数，并且至少有一个特征值是正数，a_i 又是按照从大到小排列的，因此有 $\sum_{j=1}^{i} a_j > 0$，$1 \leqslant i \leqslant g$。

在统计学上，一般被广泛接受的准则是，累计贡献率大于 85%，就大致认为前 m 个主成分已经描述了原始的 g 个指标的绝大部分信息，因此可忽略后 $g-m$ 个特征值与特征向量的贡献。但这个条件较为宽泛，本章所采用的中枢母线选择算法在此新增一个补充条件：第 $m+1$ 个特征值必须小于前 m 个特征值的累计贡献率的 5%。新增这一个判断依据的目的在于：只有在继续增加一个主成分也不会对原

始 g 个指标的描述的贡献产生明显变化时，才停止增加主成分个数。

通过上述三个步骤，最终确定了控制节点簇的数量，同时也是中枢母线的数量为 m。

3. 因子分析

在确定了控制节点簇的数量之后，还需要知道控制节点具体的分簇方案。实际电网在电气上是联合在一起的一个整体，节点之间或多或少都有些联系，只是在电气距离上的有所差异。随着负荷节点与控制节点数量增加，无功源控制空间的维数以及所分析的样本阵规模急剧增加，难以直接根据灵敏度矩阵和样本阵数据的大小来进行分析，需要找到具有坚实理论基础的方法。

这一问题的关键是在描述这 n 个抽样的主要特性时，每一个原始指标的贡献及其组合可以被哪一个新指标所替代？统计学上，还有另一种简化数据矩阵的方法——因子分析。因子分析不同于主成分分析，其目的在于研究原始指标内部的关系，通过寻找众多变量中的公共因子来简化和分析变量之间复杂关系。

从上一小节的主成分分析得到的结论是：g 个原始指标对负荷节点无功电压控制方面的响应特性的描述，可以用 m 个新指标替代，但尚未求出这 m 个新指标，即尚未将 m 个新指标用 g 个原始指标线性表出。因此，因子分析的目的就在于：求解这一线性变换的系数矩阵，也就是因子载荷阵 A。通过分析因子载荷阵，确定 m 个新指标与 g 个原始指标之间的关系，也就是 m 个控制节点簇与 g 个控制节点之间的关系。作为对原始指标进行简化以及对控制节点进行分簇的依据。

将每一个新指标定义为一个公共因子，因子载荷矩阵 A 的每一行对应于一个原始指标，每一列对应一个公共因子，每个矩阵元素即为载荷系数，其数值大小代表了该行所对应的原始指标对该列对应的公共因子的贡献。若 A_{ij} 的绝对值远大于矩阵 A 第 i 行的其他元素，就意味着第 i 个原始指标对第 j 个公共因子的贡献，远远大于它对其他公共因子的贡献，此时可认为应当忽略第 i 个原始指标对其他公共因子的贡献。因此，原始指标可按照其主要贡献对象(公共因子)分为 m 类，也就等价地将控制节点分为 m 簇。

用因子分析方法求解控制节点的分簇，分以下三个步骤进行：

1) 求解因子载荷阵 A 的求解

常用基于样本相关矩阵 R 的方法对 X 的因子载荷阵 A 进行估计，如式(4-10)所示：

$$A = \left\{ A_{ij} \right\}_{g \times m} = \left(\sqrt{a_1} \boldsymbol{\lambda}_1, \sqrt{a_2} \boldsymbol{\lambda}_2, \cdots, \sqrt{a_m} \boldsymbol{\lambda}_m \right) \tag{4-10}$$

式中，a_i 为样本相关矩阵 R 排列后的第 i 个特征值(从大到小排列后)；$\boldsymbol{\lambda}_i$ 为特征

值 a_i 所对应的特征向量，$1 \leqslant i \leqslant g$。

2）因子载荷阵 A 的正交旋转

对因子载荷阵 A 进行方差最大正交旋转，得到旋转后的因子载荷阵 $B = \Gamma A$。这是由于在分析时，最理想的结果是，因子载荷阵的每一行总有一个元素的数值要显著的大于该行其他的元素，但实际上并不是所有的因子载荷矩阵都具有这个性质。若不具有这个性质，会使得公共因子的含义不清，不便于对控制节点的分簇进行解释。这里就必须利用因子载荷阵的另一个重要特性：对于同一个模型的因子分析，其因子载荷阵并非唯一，若 F 为公共因子，Γ 是任一个 $m \times m$ 阶正交阵，则 $\Gamma^{\mathrm{T}} F$ 也是公共因子，$A\Gamma$ 也是因子载荷阵。

为了便于分析，需要对因子载荷阵 A 右乘一个正交阵 Γ 进行正交旋转（进行一次正交变换，对应坐标系的一次旋转），使得旋转后的因子载荷阵结构简化，使得每一个原始指标在只一个公共因子上有较大的载荷。旋转的方法很多，例如斜交旋转、正交旋转等。出于计算量的考虑，常用的旋转方法为方法最大正交旋转法。通过对因子载荷矩阵进行方差最大正交旋转，可使得因子载荷阵的每一列元素的平方值向 1 或 0 两极分化（对应的含义为公共因子的贡献越分散越好），尽可能放大每个原始指标对每个公共因子的贡献的差异，以提供较高的分辨率对 g 个原始指标进行分类。

3）控制节点的分簇

根据矩阵 B，将控制节点按照矩阵 B 其对应行的矩阵元素绝对值的最大值所在列分为 m 簇。

4. 负荷节点分簇与中枢母线确定

在获得了控制节点的分簇结果之后，为了进一步完成中枢母线选择，还需要进行三个步骤：负荷节点的初步分簇、负荷节点的最终分簇，以及在每一簇负荷节点中选择中枢母线。

首先进行负荷节点的初步分簇。分析负荷节点电压对所有控制节点无功的灵敏度，按照灵敏度最大值分簇，即将负荷节点归属于灵敏度矩阵 $S_{n \times g}$ 对应于该负荷节点的行元素绝对值的最大值所在列对应的控制节点。

然后，结合上一小节的控制节点分簇结果，将负荷节点按照其所归属的控制节点的所属簇进行分类，最终可将所有负荷节点分为 m 簇。

最后，在无功源控制空间内（坐标即为样本阵 X），对于每一簇负荷节点，根据每一个负荷节点的归一化权重（例如负荷大小，重要程度等）和该簇负荷节点的坐标，计算出这一簇负荷节点的加权几何中心，将无功源控制空间内距该虚拟的几何中心最近的负荷节点选为该簇的中枢母线，一共 m 簇负荷节点，也完成了 m

条中枢母线的选择。

4.4.3　算例分析

仿真算例所采用的系统为 IEEE39 节点系统，电压等级设为 220kV。为了和已有的中枢母线选择算法进行比较，在控制区域的划分上，采用已有研究成果的划分方案。分区方案如表 4-3 所示，在此基础上研究第 4 区域(图 4-12 虚线范围)的中枢母线选取问题。

表 4-3　控制区域以及中枢母线选择方案

区域	母线
1	1、9、39
2	28、29、38
3	4、5、6、7、8、10、11、12、13、14、31、32
4	2、3、15、16、17、18、19、20、21、22、23、24、25、26、27、30、33、34、35、36、37

1. 中枢母线选择

按照 4.4.2 节的算法步骤，首先计算灵敏度矩阵 S，再根据 S 计算样本阵 X 以及样本相关矩阵 R；对 R 进行主成分分析，按照从大到小的顺序排列样本相关矩阵 R 的特征值，并求解对应的特征向量。R 的特征值如表 4-4 所示。

表 4-4　样本相关矩阵的特征值分析

序号 i	特征值 a_i	累计贡献率	$\dfrac{a_{i+1}}{\sum_{j=1}^{i} a_j}$
1	0.599478	0.599	0.518
2	0.310547	0.91	0.077
3	0.070227	0.98	0.011
4	0.01034	0.991	0.005
5	0.004882	0.995	0.005
6	0.004525	1	0

从 1 开始逐渐增大 m 的数值：

当 $m=1$ 时，累计贡献率为 59.9%，不满足中枢母线数量的准则；

当 $m=2$ 时，累计贡献率为 91.0%，新增第 3 个主成分对累计贡献率的影响，达到前 2 个主成分累计贡献率的 7.0%，不满足 4.4.2 中提出的补充条件，也就是新增的下一个主成分对新指标的描述贡献还不可忽略，因此不满足中枢母线数量的准则；

当 $m=3$ 时，累计贡献率为 98.0%，新增第 4 个主成分对累计贡献率的影响仅前 3 个主成分累计贡献率的 1.1%，首次满足了 4.4.2 中的中枢母线数量的准则，即(式(4-9))，因此确定中枢母线个数 m =3。

根据式(4-8)计算因子载荷阵 A，然后对 A 进行方差最大正交旋转后得到矩阵 $B = \Gamma A$，如表 4-5 所示。按矩阵 B 行元素绝对值的最大值分类，控制节点可分 3 簇：30 和 37 对应公共因子 1，为第一簇；35 和 36 对应于公共因子 2，为第 2 簇；33 和 34 对应于公共因子 3，为第 3 簇。

表 4-5　方差最大正交旋转过后的因子载荷阵 B

控制节点	公共因子 1	公共因子 2	公共因子 3
30	−0.36	−0.10	−0.15
33	0.11	0.04	0.39
34	0.19	−0.05	0.35
35	0.08	0.40	0.00
36	0.08	0.40	0.00
37	−0.34	−0.12	−0.17

进一步，根据灵敏度矩阵 S 每行元素最大值所在的列，将每个负荷节点所归属的控制节点划分为同一类，结果如表 4-6 所示。

表 4-6　负荷节点分簇

负荷节点	灵敏度最大的控制节点	所属簇
18	30	1
2	30	1
25	37	1
26	37	1
27	37	1
3	30	1
19	33	2
20	34	2
15	35	3
16	35	3
17	35	3
21	35	3
22	35	3
23	36	3
24	35	3

然后为每个负荷节点赋权重，权重取为节点基态有功的平方值并归一化，可计算得到这 3 簇中的中枢母线依次为节点 3、节点 20、节点 24。

如图 4-12 所示，在直观上，IEEE39 节点系统第 4 控制区域可较为明显地划分为 3 簇(不同阴影部分)，每一簇内都有两台发电机作为控制源。多元统计分析法得出分簇结果和中枢母线选择结果与之相符。

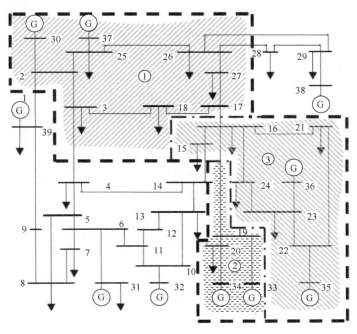

图 4-12　IEEE39 节点第 4 控制分区分簇示意图

2. 仿真分析

为了比较控制效果，对两种中枢母线选择方案，在同样的控制分区划分方案上进行电压控制的仿真：①优化模型法(Guha et al., 1999)；②本书提出的多元统计分析法给出的结果；控制区域划分方案以及两种算法的中枢母线选择方案如表 4-7 所示。

表 4-7　中枢母线选择方案

区域	母线	中枢母线	
		优化模型法	多元统计分析法
1	1、9、39	1	9
2	28、29、38	29	29
3	4、5、6、7、8、10、11、12、13、14、31、32	6	4、8
4	2、3、15、16、17、18、19、20、21、22、23、24、25、26、27、30、33、34、35、36、37	3、16	3、20、24

　　仿真采用实际工程现场中使用的 AVC 程序，二级控制周期设定为 5min，数据采集周期为 30s，仿真时间设定为 6000s。控制过程中，当中枢母线或控制母线实测电压与设定目标值相差在 0.5kV(有名值)以内时，认为调节到位。

　　仿真中的负荷变化方式为：模拟第 4 区域所有基态有功负荷大于 0 的节点负荷等功率因数增长，速率为每分钟增长该节点基态负荷的 5%，持续 5min。

　　为了评估两种中枢母线选择方案，本书选择了如下的评价标准：一方面，电压控制的控制效果取决于在负荷增长时的节点电压跌落幅值，因此选取负荷增长前后全网节点电压跌落的最大值和平均值来衡量控制效果；另一方面，此处主要以发电机作为电压控制手段，全网发电机无功出力变化量越大，意味着需要消耗更多的无功来维持当前的电压水平，本次控制的代价也就越大，因此选取负荷增长前后全网发电机的无功出力总和的增量作为控制代价的评价指标。

　　如表 4-8～表 4-10 所示的仿真结果分别依次给出了负荷增长前后，在不同中枢母线选择方案下的施加电压控制时，全网节点电压跌落最大值、全网节点电压跌落平均值和全网发电机无功出力增量的对比结果。分析这些数据可以发现，当节点 3、16、18、20、21、23、25、26 节点分别发生负荷增长时，用多元统计分析法选出的中枢母线进行电压控制，电压跌落的最大值和平均值都明显小于优化模型法；当节点 15、24、27 发生负荷增长时两种算法选择的中枢母线控制效果相近；但在控制代价上，多元统计分析法选出的中枢母线比优化模型法要低 5%～19%。

表 4-8　全网电压跌落最大值

发生负荷增长的节点	优化模型法/kV	多元统计分析法/kV
3	0.70752	0.19448
15	0.75526	0.79024
16	0.39776	0.09174
18	0.63008	0.17666
20	0.7865	0.44396
21	0.836	0.53504
23	0.91586	0.26796
24	0.85536	0.8778
25	0.5907	0.16302
26	0.69278	0.1584
27	0.71038	0.71852
平均值	0.7161	0.4015

表 4-9　全网电压跌落平均值

发生负荷增长的节点	优化模型法/kV	多元统计分析法/kV
3	0.1397	0.04796
15	0.12012	0.1474
16	0.10032	0.03542
18	0.13662	0.07084
20	0.09372	0.1166
21	0.2376	0.08932
23	0.1595	0.07392
24	0.143	0.12782
25	0.07238	0.02992
26	0.17248	0.04268
27	0.16214	0.13618
平均值	0.1397	0.08338

表 4-10　全网发电机总无功出力增量

发生负荷增长的节点	优化模型法/Mvar	多元统计分析法/Mvar
3	53.6402	45.0003
15	27.0224	24.9573
16	20.2107	17.5451
18	57.1281	56.3464
20	39.8502	37.5676
21	22.9744	21.5886
23	−2.9079	−3.4187
24	19.6769	18.7052
25	9.1627	7.4135
26	33.3130	30.3566
27	28.0766	25.5512
平均值	53.6402	45.0003

　　实际电力系统中，发生负荷增长的节点是不确定的，中枢母线的选取原则也应该保证统计意义上的性能最优，因此假定区内所有负荷节点依次发生负荷增长，可以得到上述三个指标的统计平均值，可以用于表征所有负荷节点等概率地发生负荷增长时的电压控制效果和代价。

　　根据表 4-8～表 4-10 最后一行的平均值统计结果显示，在在全网负荷节点等概率的发生负荷增长时，采用多元统计分析法选出的中枢母线进行电压控制，可使得由于负荷增长导致的节点电压平均跌落更少，同时花费的控制代价更小，因此采用多元统计分析法选择的中枢母线进行电压控制更为有效。

　　为了更加细致的观察整个控制过程,对整个仿真过程中的电压曲线进行分析,以节点 21 发生负荷增长为例,对比两种中枢母线选择算法下的全网节点电压跌落最大值与平均值,如图 4-13、图 4-14 所示,多元统计分析法得到的中枢母线选择方案在节点电压跌落的最大值与平均值上都要优于优化模型法,在电压跌落后能更迅速更有效地将电压恢复到一定水平,其控制响应特性更好。

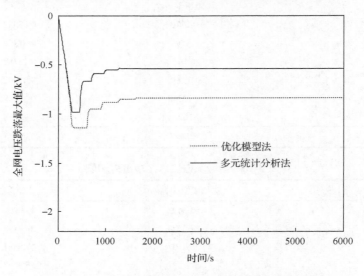

图 4-13　节点 21 负荷增长时全网电压跌落的最大值曲线

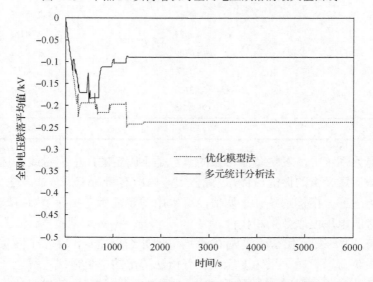

图 4-14　节点 21 负荷增长时全网电压跌落的平均值曲线

第5章 三级电压控制

5.1 引　　言

TVC 作为 AVC 系统的最高层，担负着为系统提供全网优化方案的决策任务。它以全系统的经济运行为优化目标，综合考虑安全性指标，给出中枢母线电压幅值的设定参考值，供 SVC 使用。基于 OPF 的无功电压优化集安全性和经济性于一体，实现了安全约束下的经济性调度，被公认为是电力系统调度自动化发展的高级阶段，是实现 TVC 的首选方案。

电力系统 OPF 本质上是一个非线性优化问题。20 世纪 60 年代，法国学者 Carpentier 首先提出了电力系统 OPF 的数学模型，由于其对电力系统运行与规划的重要意义，此后几十年间一直是业界的研究热点，涌现了大量的重要研究成果，简化梯度法、线性规划法、二次规划法、牛顿法、内点法以及各种智能算法都在 OPF 领域取得了不同程度的成功应用。由于电力系统运行的复杂性，这一问题至今仍极具挑战。

在电压控制领域应用的 OPF 模型一般又被称为无功优化模型，其目标函数通常为有功网络传输损耗最小化，优化变量主要为无功调节手段，在优化过程中电网中的有功潮流分布通常保持不变。由于无功电压问题具有强非线性，优化手段又同时包括了离散变量与连续变量，数学求解难度大。对于 OPF 或者无功优化问题相关的研究浩如烟海，本书无意于进行更为深入的讨论，重点是从电压控制的视角入手，分析这一优化问题如何在 TVC 中得到应用。

5.2　OPF 无功优化模型

OPF 无功优化模型可以写成如下形式：

$$\min f = P_{\text{Loss}} = \sum_{(i,j) \in N_L} \left(P_{ij} + P_{ji} \right) \tag{5-1}$$

满足如下约束：

$$Q'(x) = \begin{cases} P_{Gi} - P_{Di} - V_i \sum_{j \neq i} V_j \left(G_{ij} \cos \theta_{ij} + B_{ij} \sin \theta_{ij} \right) = 0 \\ Q_{Gi} - Q_{Di} - V_i \sum_{j \neq i} V_j \left(G_{ij} \sin \theta_{ij} - B_{ij} \cos \theta_{ij} \right) = 0 \\ i = 1, \cdots, N_B \\ \theta_{slack} = 0 \end{cases} \quad (5\text{-}2)$$

$$Q''(x) = \begin{cases} Q_{Gi\,min} \leqslant Q_{Gi} \leqslant Q_{Gi\,max} & i = 1, \cdots, N_G \\ V_{i\,min} \leqslant V_i \leqslant V_{i\,max} & i = 1, \cdots, N_B \end{cases} \quad (5\text{-}3)$$

式中，Q_{Gmin}、Q_{Gmax} 是无功电源出力上下限。该模型体现的控制策略是寻求满足无功电压约束下的全网网损最小的最优运行方式。

在此基础上，可以增加其他相关约束条件，比如联络线功率的限制、支路电流限制、协调变量的限值等。

5.3　软件体系

图 5-1 显示了 TVC 的执行流程。

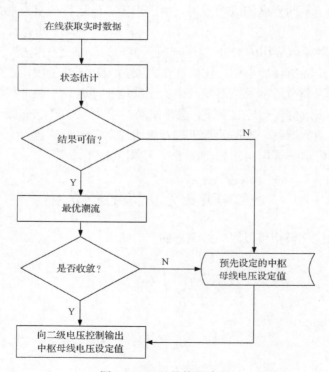

图 5-1　TVC 的执行流程

尽管 OPF 经过了多年的发展，但是工程应用上一直有较大的局限性，这主要有以下两个原因：

(1) 算法收敛性不能得到保证，如果直接按照优化结果进行控制，鲁棒性得不到满足。

(2) OPF 需要基于状态估计的结果，如果量测数据维护的不好，状态估计可能工作异常，OPF 计算结果也不可信。

为了在 TVC 中更好的应用 OPF，一方面要从 OPF 算法上加以改进，另一方面也要从工程应用上增加一些措施，保证结果的鲁棒性和可信性。本书采用了如下手段。

(1) 在控制系统建模的时候，针对每个 SVC 区域的中枢母线，手工指定多条默认的电压设定值曲线。如果 OPF 无法收敛，或者计算失败，主站系统可以根据当日的负荷情况从默认设定值曲线中取出一条使用。换句话说，主站系统的二级电压模块也可以根据默认曲线独立运行，从而降低了整个系统对 OPF 收敛性的依赖。这也体现了采用分级分区电压控制思想的优越性。

(2) 在进行 OPF 计算之前，首先对状态估计情况进行评估，如果状态估计的残差值大于某一门槛(可由用户指定)，那么认为当前结果并不可信，此时将不进行 OPF 计算，SVC 按照默认曲线进行控制。

(3) 如果当前中枢母线电压的量测值为 V_{meas}，经过状态估计和 OPF 后的电压值分别为 V_{se} 和 V_{opf}，那么经过 TVC 计算后下发的电压设定值为 $V_{meas} + V_{opf} - V_{se}$，而不是直接将 OPF 后得到的母线电压值 V_{opf} 下发，这样做的目的是屏蔽掉可能由于状态估计造成的电压生数据和熟数据之间的过大偏差。

(4) 允许用户设定一个门槛值，每次 TVC 给出的中枢母线电压设定值与当前电压值之间的偏差不能超过这个门槛值，从而防止引起电网过大的扰动。

(5) 在 TVC 中，只有安装了 AVC 子站装置的发电机才参与优化计算，其余发电机根据实际情况，考虑成 PV 节点或者 PQ 节点，从而保证优化结果和实际控制结果尽可能相符。

(6) 改进网络拓扑和参数错误识别的算法，加强状态估计中拓扑和参数错误辨识的能力，进一步提高状态估计的可靠性和精度。

5.4 功　　能

TVC 应至少具有以下功能：

(1) 实时情况下，可利用全网实时信息，通过在线无功优化程序，给出各分区中枢节点电压的设定参考值以及网间、省间联络线的无功潮流目标值，供 SVC 使用。

(2)优化目标为全网有功网络传输损耗最小。

(3)可以自由选择参与优化的设备，包括发电机无功、调相机无功、OLTC、电容/电抗器投切、SVC/SVG 无功等。

(4)可考虑以下约束条件，即全网母线电压约束，各发电机无功出力约束，各调相机和 SVC/SVG 无功出力约束，各分区无功储备和关口功率因素约束，OLTC、电容器组和电抗器组的调节范围等。

(5)优化计算时可以人工选择控制变量的类型和数量，调整范围可以人工改变。

(6)无可行解时，可适当松弛约束，并给出提示信息。

(7)用户可以修改给出的中枢母线的设定参考值以及联络线的无功潮流设定值。

(8)可以通过表格、曲线等方式显示各个中枢母线的设定参考值以及联络线的无功潮流设定值。

(9)当无功优化程序由于不收敛等其他原因无法给出有效解时，可由用户手工设定中枢母线的设定参考值，或者保持上个时段的设定参考值。

(10)如果状态估计的运行质量不好，即状态估计合格率不足或状态估计平均电压残差过大，则自动挂起无功优化计算功能，改为参照人工默认曲线进行控制决策。

(11)用户可以设置 TVC 中 OPF 计算的启动模式为周期模式或定点模式，灵活地控制 OPF 计算时刻。

(12)在优化中可以考虑上级电网 AVC 系统对本级调度中心 AVC 系统的约束条件。

(13)在优化中可以考虑下级电网 AVC 系统的调节能力。

(14)在优化中可以考虑发电厂无功调节的能力。

5.5 现场应用案例

以 OPF 为核心的 TVC 已经在国内外多个现场得到应用，现场测试表明，对于近 400 节点的电网，计算速度小于 0.2s，收敛率接近 100%。下面以江苏电网为例，说明 TVC 的应用效果(郭庆来等, 2004)。

5.5.1 联络线控制效果

由于苏州区域负荷较重，无功补偿容量不足，通常情况下将从上海区域经由牌渡线(5903/5913)吸取大量无功，远距离的无功输送，无论是对于降低网损还是对于提高电压稳定水平均有不利的影响。投入 TVC 后，给出的优化控制策略更加偏重于利用苏州区域自身的无功源(华苏电厂、常熟电厂)来平衡本地的无功需求，减少从外网获取的无功总量。

为了给出具有比较意义的结论，首先选取了两个相似负荷日，其中 2004 年 8 月 25 日未投入 AVC，而 2004 年 9 月 2 日投入 AVC 系统的 TVC 和 SVC，两天的系统总负荷对比曲线如图 5-2 所示。

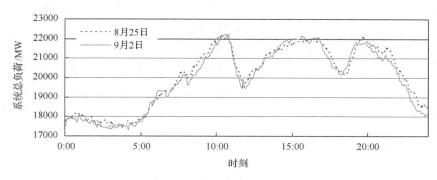

图 5-2　相似日负荷曲线对比

其中虚线为 8 月 25 日系统总负荷曲线，实线为 9 月 2 日系统总负荷曲线，从图 5-2 中可看出，两天的负荷水平和变化趋势非常接近。在这两天牌渡线从黄渡吸取的无功总加曲线如图 5-3 所示。

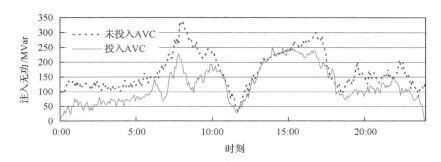

图 5-3　相似日联络线无功对比

从图 5-3 中可看出，在系统负荷接近的情况下，投入 AVC 后，从外网获取的无功数量明显少于未投入 AVC 的情况，在未投入 AVC 的情况下，全天平均从外网获取无功 170.28MVar，而投入 AVC 后，全天平均从外网获取无功 122.04MVar，平均减少了 48.24MVar，占原有获取无功量的 28.33%，最多时少获取无功 170.45MVar。可见，投入 AVC 后，经过三级电压优化控制，通过更多的利用本地无功源来平衡系统的无功需求，实现了无功电压的分区控制，减少了长距离的无功输送，实现了降低线路损耗、提高电压稳定水平的目的。

5.5.2　网损控制效果

　　为考察 TVC 结果是否真的能够起到降低系统网损的作用，首先跟踪了 TVC
投入后几个周期的控制执行情况，记录了此时整个系统网损和网损率(网损/系统
负荷)的变化情况。为便于对比，选择系统负荷变化较为平稳的 14:00～16:00 时段
来加以研究，图 5-4 给出了 2004 年 9 月 8 日下午 15:00 左右投入优化控制后几个
控制周期内系统网损的变化情况。从图中可看出，投入优化控制后，系统网损在
最初的时段有明显的下降，这说明，TVC 给出的结果确实代表了系统网损下降的
方向；经过 25min 左右的时间控制目标基本实现，此时网损比较平稳，稍后略有
上升，最终趋于平稳，这主要是因为系统负荷和运行状态处于不断变化之中，但
是整体看比控制前网损有所降低。如果考虑负荷的影响，可得到网损率曲线如
图 5-5 所示，从中可得出相同结论。

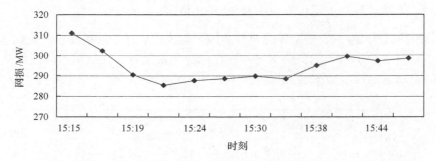

图 5-4　实验过程中网损曲线

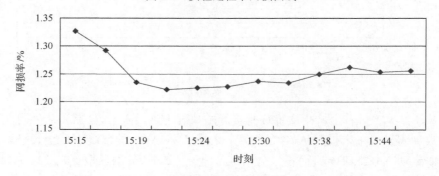

图 5-5　实验过程中网损率曲线

　　为更好地说明 TVC 对降低网损的作用，这里选择了 2004 年 9 月 2 日和 8 月
25 日两个相似负荷日来比较其全天控制后的效果，其中 8 月 25 日未投入优化控
制，9 月 2 日投入优化控制，参与优化控制的厂站包括：徐塘电厂、华通Ⅰ厂、
华苏电厂和常熟电厂。这两天的网损曲线对比如图 5-6 所示。

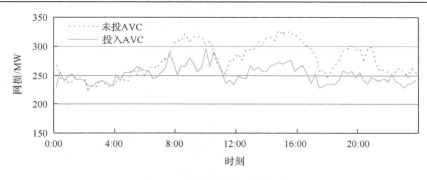

图 5-6　相似日网损对比曲线

从网损对比曲线中可看到，在 0:00～6:00 的时段，系统本身的负荷较轻，网损较小，此时优化控制的效果不是很明显，而在上午、下午和晚上三个负荷比较重的时段，投入优化控制后网损曲线明显要低于不投入优化控制的情况，全天网损平均降低了 23.1MW，占全部网损的 9%。进一步结合优化控制策略，可以更好地解释这一结果：由于 TVC 给出的主要策略(尤其在苏南地区)是通过提高发电机无功出力来尽可能多的平衡本地无功需求，减少无功的远方传输；同时得到较高的电压水平，一方面可通过降低电流减少网损，另一方面高压母线电压的提高，可更充分地利用高压线路充电无功的作用。在负荷较轻时刻，系统电压本身就偏高，此时大多数的控制发电机所安装的 AVC 子站调节装置已经达到其电压允许上限，机组本身不具备进一步调节的能力，此时控制策略无法发挥作用，所以控制效果不是很明显；而在负荷较重时刻，苏南地区普遍电压偏低，对于无功的需求也较大，此时的优化控制策略带来了比较显著的效果。

为了使结果更有信服力，选择另外两天的网损曲线进行了对比，其中 2004 年 9 月 7 日 12:00～2004 年 9 月 8 日 12:00 没有投入 AVC 控制，而 2004 年 9 月 9 日 12:00～2004 年 9 月 10 日 12:00 投入 AVC 控制，参与优化控制的厂站与 9 月 2 日相同，这两天的网损曲线对比如图 5-7 所示。

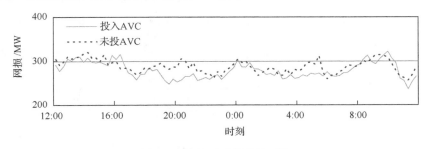

图 5-7　相似日网损曲线对比

这两天的负荷比较接近，但是 9 月 7 日～9 月 8 日的负荷略高一些，考虑其系统负荷的影响，图 5-8 给出了这两天的网损率对比曲线。

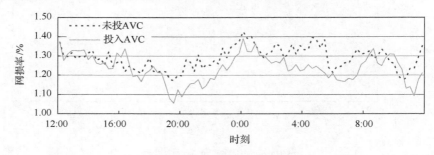

图 5-8　相似日网损率曲线对比

　　从网损率对比曲线中可看出，投入 AVC 控制后，网损率曲线在大部分时段有明显下降，全天网损率平均下降 0.05 个百分点。从中也可很清楚地体现 AVC 优化控制投入后对降低网损所起到的作用。若江苏省电网全天负荷平均以 20000MW 计算，那么全天可节省电量 24 万 kW·h，每度电按照江苏电网的销售电价 0.52 元计算，全年增收节支约 4555.2 万元，经济效益十分明显。

第6章 二级电压控制

6.1 引　言

20 世纪 70 年代开始，随着对电压崩溃本质认识的逐步深刻，人们越来越意识到对系统无功流动进行合理协调和分配的重要性，在此基础上，产生了对电力系统进行分级电压控制的思想。可以说，从分级电压控制诞生的那一刻起，协调就成了其研究和应用的主题。从电压控制的角度看，所谓的协调主要包括以下几个目标。

(1)控制目标之间的协调。控制问题采用什么作为控制目标？是单目标还是多目标？如果是多目标，如何在目标间进行协调？

(2)控制变量之间的协调。为了实现同一个控制目标，可能存在控制变量之间的不同组合，如何定义和选取最为合适的组合，从而使得控制变量按照该策略进行调整后实现一种更合理的分布？

(3)控制变量与被控变量之间的协调。如何描述控制变量与被控变量之间的关系？过于简单的描述不利于求解的精度，而过于复杂的描述则增加求解的难度，降低控制系统的鲁棒性。

(4)控制目标与控制约束之间的协调。控制目标的实现会不会以损害安全约束条件为代价？如何保证在约束范围内得到尽可能好的控制目标？

无论是最早的传统 SVC，还是后来发展起来的 CSVC，或者是直接基于 OPF 的控制模式，都从不同程度上考虑了协调的目标。本章首先从协调控制的角度对这几种控制方式进行了分析，然后，本书重点针对 SVC，提出了一种可以综合考虑控制发电机无功裕度与出力均衡的 CSVC 模型，并给出数值仿真结果，验证了 CSVC 的调整有助于电压稳定裕度的提高。

6.2　不同控制方式下的协调

1. SVC

20 世纪 80 年代，EDF 提出并实现了 SVC，有很多相关文献介绍了其设计思想和应用效果。此处以协调控制为着眼点对该控制系统进行分析。EDF 提出的 SVC 系统的控制过程如图 6-1 所示，在这种控制方案里，整个 SVC 系统由两个控制环节组成：控制系统首先实时采集区域内中枢母线的电压 V_p，并与设定电压 V_p^{ref} 进行比较，二者的差值 ΔV_p 输入一个比例－积分调节器，从而得到一个代表本区域内总无功需求等级的控制信号 ΔQ_Σ，该环节称为"电压控制闭环"；而 ΔQ_Σ 又输入给"无功控制闭环"，SVC 根据该信号来决定区域内每台控制发电机的 AVR 的设定电压调整量 ΔV_g，采用的分配原则是，每台发电机对于区域内无功总需求的贡献与该发电机的容量成正比。

从协调控制的角度看，SVC 具有如下特点。

(1)控制目标之间的协调。在 SVC 中，闭环控制的目标只考虑了中枢母线的电压与设定值偏差最小，通过比例－积分调节器将二者的差值转化为后续的控制信号，完成闭环无差控制。

(2)控制变量之间的协调。在"无功控制闭环"中，SVC 在计算分配因子时体现了对控制变量的协调，其目的是希望各台发电机的无功出力尽可能对齐，因此分配给每台发电机的无功出力和其自身的容量成正比。

(3)控制变量与被控变量之间的协调。SVC 实际上把中枢母线和控制发电机之间的作用割裂开来考虑，通过区域内的总体无功需求 Q_Σ 将二者联系在一起。它并不考虑单独的某个控制发电机对于中枢母线电压的灵敏度，而是首先在"电压控制闭环"中，利用比例－积分调节器，根据中枢母线的电压偏差求得该区域的整体无功需求。从物理意义上看，这相当于把整个区域的电气连接关系简化为一个单节点系统，如图 6-1 所示，用该节点的无功注入对于本节点的电压灵敏度来加以描述，而从 Q_Σ 到每台控制发电机采用了简单的按比例分配原则。因此 SVC 在求解控制策略时并没有考虑控制发电机与中枢母线之间在物理紧密程度上的不同，求解精度受到影响。另一方面，闭环控制的参数一经整定即固定下来，不能

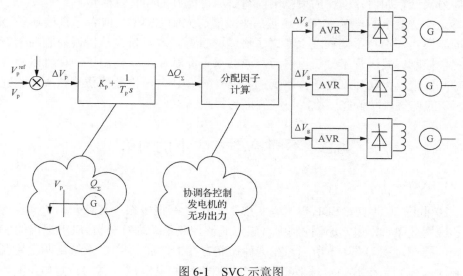

图 6-1　SVC 示意图

保证随着运行点的变化而修改(Lefebvre et al., 2000)。

(4)控制目标与控制约束之间的协调。由于控制环节采用的是简单的比例—积分调节器,只能考虑非常有限的运行约束(Lefebvre et al., 2000)。

2. CSVC

在 SVC 中,由于发电机数目大于中枢母线数目,除了保证中枢母线电压偏差最小之外,还可以有一定的控制自由度。利用这个自由度实现其他的协调目标,这就是 CSVC 的出发点。EDF 从 20 世纪 90 年代起开始 CSVC 的研究(Vu et al., 1996; Lefebvre et al., 2000)。从协调控制的角度总结,CSVC 具有如下特点。

(1)控制目标之间的协调。CSVC 采用软件方式来求解二次规划模型,取代了 SVC 利用硬件实现的比例—积分调节器,可以通过不同的权重系数,在目标函数中考虑更多的控制目标,因此 CSVC 除了中枢母线的电压偏差最小之外,都引入了相应的与控制发电机无功出力相关的控制目标。

(2)控制变量之间的协调。现有的 CSVC 算法(Vu et al., 1996; Sancha et al., 1996; Lefebvre et al., 2000; Conejo et al., 2002)在目标函数中都增加了针对发电机无功出力的控制目标。文献(Vu et al., 1996; Sancha et al., 1996; Lefebvre et al., 2000)采用了基本相同的目标函数,它给出了对于发电机无功出力的设定值 Q_g^{ref},要求发电机无功出力与设定值之间偏差最小;Conejo 等(2002)采用了不同的协调目标,将发电机无功出力矢量位移一位后与原矢量作差,要求偏差尽可能小,从而实现发电机无功出力尽可能均衡。

(3)控制变量与被控变量之间的协调。CSVC 的控制范围更大,一般一个 CSVC 的控制区域可能包含若干 SVC 控制区域,每个 CSVC 控制区域中的中枢母线也可以不止一个。CSVC 在二次规划模型中使用了控制发电机与中枢母线之间的灵敏度矩阵,可以直接描述控制变量与被控变量之间的物理紧密程度,该灵敏度矩阵在控制进行的过程中在线实时刷新。

(4)控制目标与控制约束之间的协调。CSVC 采用带约束的二次规划模型来求解控制策略,可以在满足所有安全约束条件的情况下,求得最优控制策略。

(5)各种 CSVC(Vu et al., 1996; Sancha et al., 1996; Lefebvre et al., 2000; Conejo et al., 2002)的共同点是都采用了带约束的二次规划模型,其根本目的是利用多余的控制自由度,在目标函数中优先满足中枢母线电压控制目标之外,增加额外的协调目标,在满足安全约束的条件下求解最优的控制策略。在 CSVC 的求解过程中,区域电网被压缩为若干的中枢节点和控制节点,通过它们之间的灵敏度矩阵来近似代替原有电网的详细模型,相对于 SVC 所采用的比例—积分调节器,这样可以更准确地描述电网的控制响应和特性,而与 OPF 采用的详细潮流模型相比,CSVC 只需要采集关键节点的数据,不需要进行状态估计来获得所有状态变量的信息,从而大大提高了控制的鲁棒性。

　　不同的 CSVC 方案的技术路线都是类似的，不同之处在于如何协调多余的控制自由度。对于一个区域的无功电压控制来说，需要协调的最关键变量就是控制发电机的无功出力。对于协调发电机的无功出力，最重要的是要实现裕度和均衡两个目标。为控制发电机保留尽量多的无功裕度，可以有效地应对电网中可能出现的故障，而发电机无功出力的尽量均衡，则可以防止某台发电机出力过多导致最先搭界，严重情况下导致切机，并引起电网内其他发电机的链式反应。文献(Conejo et al., 2002)的着眼点在于尽可能保证控制发电机之间的无功出力均衡，但是并没有考虑如何保留更多的无功裕度。而 Vu 等(1996)、Sancha 等(1996)和 Lefebvre 等(2000)所提出的模型的协调效果，依赖于如何给出无功出力设定值 Q_g^{ref}，这需要额外增加计算或者手工指定环节，而且控制发电机的无功出力设定值 Q_g^{ref} 与中枢母线电压设定值 V_p^{ref} 可能产生的矛盾也是不容忽视的问题。

　　在后面的章节中，本书以增大控制发电机的无功裕度并保证尽可能的出力均衡为协调目标，提出了新的 CSVC 模型，并给出了应用效果。

6.3　CSVC 的基本思想

　　对电网内无功流动进行合理调整的关键，在于对发电机的无功出力进行协调，出于这种目的，本书所采用的 CSVC 模型在考虑中枢母线电压偏差最小的基础上，增加了有关发电机无功出力的协调目标。在 SVC 环节，如果能保证每个控制区域内的各台发电机无功处于一个裕度更大、出力更均衡的状态，有利于提高电网的稳定水平，可以从以下几个方面理解这一问题(郭庆来, 2004; 2005)。

　　(1)SVC 是分区域进行的，在软分区研究中可以看出，同一区域内的节点耦合紧密，而不同区域间的节点耦合松散。从系统的角度去看，一个控制区域可以看做一个"广义节点"，而 SVC 正是在这个广义节点内部进行的。对于同一个控制区域内的控制发电机来说，它们与本区域内的负荷节点之间的电气关系相对比较接近，不会存在某些发电机距离负荷中心很近，而某些发电机距离负荷中心很远的情况，因此促使这些发电机的无功出力向均衡方向发展是合理的。

　　(2)区域内发电机无功出力不均衡，意味着可能存在部分发电机的无功出力较多，比较接近上界。如果该区域出现故障，或者负荷的无功需求持续增长，可能导致这些出力较多的发电机无功首先达到上界，从而引发机端相应的控制器动作，将其无功值保持在限值以内。此时该发电机已经失去了维持机端电压不变的能力，从潮流方程的角度来看，相当于该节点从 PV 节点转换为 PQ 节点，而从控制的角度看，该节点由一个可控的节点变成了一个不可控的节点。对于电网来说，可控节点数目的减少，意味着电网应对扰动的能力降低，因此对系统稳定性不利。

　　(3)本书所指的均衡有别于传统 SVC 所采用的根据无功容量来简单地按比例

进行分配。对于本书所提出的 CSVC 模型，首要考虑的是中枢母线的电压偏差最小，对发电机无功出力进行调整优先级相对来说较低。而在求解中枢母线的电压偏差最小时使用了灵敏度矩阵，从中已经体现了控制发电机与负荷节点之间的不同紧密关系。在此目标实现的情况下，再考虑促使发电机无功出力向着更均衡的方向发展。

（4）OPF 计算是典型的非线性规划问题，其最优解很有可能在可行域的边界达到，这意味着此时有可能包含了将某些发电机的无功出力调节到限值的控制策略。尽管对于 OPF 本身来说，这没有违背其安全约束，但是这一方面造成了电网内无功裕度的降低，一方面导致发电机之间的无功出力差异较大，不够均衡，对于电网的电压稳定水平有负面的影响。因此，在分级电压控制模式中，利用 CSVC 对三级给出的中枢母线设定值进行控制，同时对电网内的发电机无功出力进行合理的分配，实现经济性目标与安全性目标的协调，将有效地弥补直接使用 OPF 控制策略在电网安全性上的不足。

6.4   CSVC 的数学模型

6.4.1   变量说明

CSVC 模型中所涉及的各个变量的具体物理含义可以从图 6-2 中直观看出。

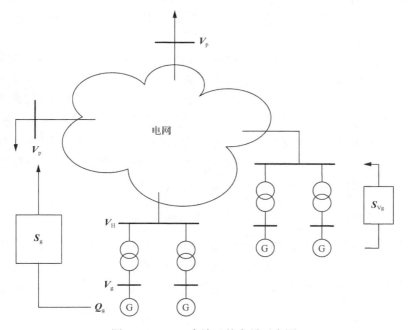

图 6-2   CSVC 中涉及的变量示意图

图中，Q_g 为控制发电机当前无功出力，V_g 为控制发电机机端母线当前电压，V_p 为中枢母线当前电压，V_H 为发电机高压侧母线的当前电压。S_g 和 S_{vg} 为灵敏度矩阵，满足

$$\Delta V_p = S_g \Delta Q_g \tag{6-1}$$

$$\Delta V_H = S_{vg} \Delta Q_g \tag{6-2}$$

在一些文献 (Vu et al., 1996; Sancha et al., 1996; Lefebvre et al., 2000; Conejo et al., 2002) 的二次规划模型中，都使用控制发电机机端电压的调整量 ΔV_g 作为优化变量，而本书则选取控制发电机的无功出力调整量 ΔQ_g 作为优化变量，这主要出于以下原因。

(1) 从无功电压控制的过程来看，起到本质作用的是发电机的无功出力，因此直接选用它作为控制变量能更准确描述实际问题，和通常的习惯保持一致。

(2) 在实际工程应用中，经常出现多台参数接近的发电机挂接在同一母线，它们的无功出力对其他节点电压的灵敏度基本相同，这导致了灵敏度矩阵接近奇异，在求解二次规划问题时遇到困难。选择 ΔQ_g 作为控制变量，可以清晰地利用叠加原理，将多台并列发电机的控制作用等效为其中某一台发电机的控制作用，从而保证得到可逆的灵敏度矩阵。

(3) 选用发电机的无功出力作为优化变量，可以更方便地在目标函数中对其进行必要的协调。

发电机高压侧母线电压 V_H 在控制系统中作为主站与子站的交互变量存在，具有重要意义。主站系统计算得到控制策略后，下发给子站系统的命令不是如何调整发电机机端电压或者无功出力，而是给出电厂高压侧母线电压 V_H 的设定值，而子站系统再根据该设定值去求解发电机无功的调整量，利用 AVR 实现一级的闭环控制。这样做主要是为了使主站和子站之间界面分割清晰，保证即使二者之间的通道出现问题，子站仍能够根据预置曲线独立完成本地控制，从而提高控制的可靠性，在工程实践一章中将对这一问题进行更详细的讨论。

6.4.2　目标函数

类似于文献 (Vu et al., 1996; Sancha et al., 1996; Lefebvre et al., 2000; Conejo et al., 2002)，本书也采用了二次规划模型来完成 CSVC。为了实现增大发电机无功裕度，并使之出力更加均衡的目的，这里采用了不同的协调目标。定义无功裕度向量 $\boldsymbol{\Theta}_g$，其第 i 个分量为

$$\boldsymbol{\varTheta}_{\mathrm{g}_i} = \frac{\boldsymbol{Q}_{\mathrm{g}_i} + \Delta\boldsymbol{Q}_{\mathrm{g}_i} - \boldsymbol{Q}_{\mathrm{g}_i}^{\mathrm{min}}}{\boldsymbol{Q}_{\mathrm{g}_i}^{\mathrm{max}} - \boldsymbol{Q}_{\mathrm{g}_i}^{\mathrm{min}}} \tag{6-3}$$

构造了二次规划形式的目标函数如下：

$$\min_{\Delta\boldsymbol{Q}_{\mathrm{g}}}\left\{ \boldsymbol{W}_{\mathrm{p}}\left\| \alpha\cdot(\boldsymbol{V}_{\mathrm{p}} - \boldsymbol{V}_{\mathrm{p}}^{\mathrm{ref}}) + \boldsymbol{S}_{\mathrm{g}}\Delta\boldsymbol{Q}_{\mathrm{g}} \right\|^2 + \boldsymbol{W}_{\mathrm{q}}\left\| \boldsymbol{\varTheta}_{\mathrm{g}} \right\|^2 \right\} \tag{6-4}$$

式中，$\Delta\boldsymbol{Q}_{\mathrm{g}}$ 作为优化变量，表示控制发电机无功出力的调节量；$\boldsymbol{Q}_{\mathrm{g}}$、$\boldsymbol{Q}_{\mathrm{g}}^{\mathrm{min}}$ 和 $\boldsymbol{Q}_{\mathrm{g}}^{\mathrm{max}}$ 分别表示控制发电机当前无功、无功下限和无功上限；$\boldsymbol{V}_{\mathrm{p}}$ 和 $\boldsymbol{V}_{\mathrm{p}}^{\mathrm{ref}}$ 表示中枢母线当前电压和设定电压；$\boldsymbol{W}_{\mathrm{p}}$ 和 $\boldsymbol{W}_{\mathrm{q}}$ 为权重系数；α 为增益系数。

目标函数的第一项表示控制后中枢母线电压与设定值之间的偏差尽可能小，第二项表示的是控制后发电机的无功出力比例，对于某台发电机，该比例越小，说明该发电机的无功裕度越大。显然，优化的目标是尽可能地增加发电机的无功裕度。那么该目标函数是如何体现发电机无功出力的均衡呢？在二范数定义下，目标函数中的第二项等价于

$$\left\| \boldsymbol{\varTheta}_{\mathrm{g}} \right\|^2 = \sum \boldsymbol{\varTheta}_{\mathrm{g}_i}^2 \tag{6-5}$$

从数学上看，若 $\boldsymbol{\varTheta}_{\mathrm{g}_i}$ 之和为定值，则当所有 $\boldsymbol{\varTheta}_{\mathrm{g}_i}$ 相同时，目标函数取极值。在最终的算法中，该模型还要受到其他约束的限制，实际情况要更复杂一些，可以从物理概念上说明，该目标函数将促使各台发电机无功出力比例向均衡的方向发展：将 $\boldsymbol{\varTheta}_{\mathrm{g}_i}^2$ 分解成两部分相乘的形式，第二部分的 $\boldsymbol{\varTheta}_{\mathrm{g}_i}$ 即控制后该发电机的无功出力比例，它表征了控制后该发电机的无功裕度；而将第一部分的 $\boldsymbol{\varTheta}_{\mathrm{g}_i}$ 定义为 C_i，可以将其看作是一个"协调因子"，若初始时刻 $\Delta\boldsymbol{Q}_{\mathrm{g}_i} = 0$，则协调因子 C_i 体现的是该发电机在当前时刻的无功出力比例，该值越大，说明第 i 台发电机当前的裕度越小。

在控制策略的求解过程中，发电机的无功出力比例作为极小化目标函数的一部分出现，这等同于无功裕度的极大化。如果该区域的总体无功需求是增加的(需要控制发电机增加无功出力，相应的无功裕度将减小)，与目标函数期望的方向刚好相反，此时协调因子的作用相当于一个罚因子，它将自然地阻碍无功裕度较小的发电机增加无功出力，而将更多的无功出力分摊到那些无功裕度较大的发电机上；如果该区域的总体无功需求是减小的(需要控制发电机减小无功出力，相应的无功裕度将增加)，此时与目标函数期望的方向相同，协调因子起了一个加速作用，将促使无功裕度较小的发电机更多的减少无功出力，从而增加其裕度。在控制策

略的计算过程中，随着 ΔQ_{g_i} 的调整，协调因子 C_i 也随时变化，在某个时刻发电机无功裕度越小，其对应的协调因子越大，而随着调整策略使得其裕度增加，则协调因子也相应地逐渐减小，呈现出一种自适应的特性。可见，将 $\left\| \boldsymbol{\Theta}_g \right\|^2$ 引入到二次规划目标函数中，可以保证一方面增加控制发电机的无功裕度，另一方面促使各台控制发电机向无功出力更加均衡的方向发展。

6.4.3　约束条件

完整的 CSVC 模型要求在满足安全约束条件的情况下来求解式(6-4)的极小化问题，这些约束包括：

$$\left| \boldsymbol{S}_{vg} \Delta \boldsymbol{Q}_g \right| \leqslant \Delta V_H^{max} \tag{6-6}$$

$$V_H^{min} \leqslant V_H + \boldsymbol{S}_{vg} \Delta \boldsymbol{Q}_g \leqslant V_H^{max} \tag{6-7}$$

$$V_p^{min} \leqslant V_p + \boldsymbol{S}_g \Delta \boldsymbol{Q}_g \leqslant V_p^{max} \tag{6-8}$$

$$\boldsymbol{Q}_g^{min} \leqslant \boldsymbol{Q}_g + \Delta \boldsymbol{Q}_g \leqslant \boldsymbol{Q}_g^{max} \tag{6-9}$$

式中，V_p、V_p^{min} 和 V_p^{max} 分别为中枢母线当前电压、中枢母线电压下限和中枢母线电压上限；$\boldsymbol{Q}_g$、$\boldsymbol{Q}_g^{min}$ 和 $\boldsymbol{Q}_g^{max}$ 分别为控制发电机当前无功、无功下限和无功上限；V_H、V_H^{min}、V_H^{max} 和 ΔV_H^{max} 分别为发电机高压侧母线的当前电压、电压下限、电压上限和允许的单步最大调整量。

在投入运行的实际无功电压优化控制系统中，最终控制的执行是由子站系统完成的，而主站系统的控制策略是通过给出 V_H 的设定值来实现的。为了防止控制操作对电网造成过大的波动，在每一步控制中都对控制步长有严格的限制，这正是通过约束(6-6)加以实现的，其物理含义是控制后 V_H 的调整量要小于允许的单步最大调整量 ΔV_H^{max}。

式(6-8)和式(6-7)保证了控制后不会导致 V_p 和 V_H 产生越限，对于其他一些比较重要的母线电压也可以类似的添加到约束条件中。式(6-9)保证了控制后发电机的无功出力不会越限。

可利用起作用集算法(active set method)来求解这个二次规划问题，得到 $\Delta \boldsymbol{Q}_g$ 后，再利用灵敏度矩阵换算成电厂高压侧母线电压设定值的调整量 ΔV_H，作为控制策略下发。

6.4.4 紧急控制模式

在负荷陡升、陡降，或者电网出现事故后，可能出现局部地区的电压越限情况，此时如何快速将电压拉回到限值之内，成为电压控制的首要任务，而网损优化的目标退居其次，为此，在 CSVC 模型中需要考虑紧急控制模式，可采用如下目标函数：

$$\min_{\Delta \boldsymbol{Q}_{\mathrm{g}}} \Delta \boldsymbol{Q}_{\mathrm{g}}^{\mathrm{T}} \boldsymbol{K} \Delta \boldsymbol{Q}_{\mathrm{g}} \tag{6-10}$$

并满足以下约束条件：

$$\boldsymbol{V}_{\mathrm{p}}^{\min} \leqslant \boldsymbol{V}_{\mathrm{p}} + \boldsymbol{S}_{\mathrm{g}} \Delta \boldsymbol{Q}_{\mathrm{g}} \leqslant \boldsymbol{V}_{\mathrm{p}}^{\max} \tag{6-11}$$

$$\boldsymbol{Q}_{\mathrm{g}}^{\min} \leqslant \boldsymbol{Q}_{\mathrm{g}} + \Delta \boldsymbol{Q}_{\mathrm{g}} \leqslant \boldsymbol{Q}_{\mathrm{g}}^{\max} \tag{6-12}$$

$$\boldsymbol{V}_{\mathrm{H}}^{\min} \leqslant \boldsymbol{V}_{\mathrm{H}} + \boldsymbol{S}_{\mathrm{vg}} \Delta \boldsymbol{Q}_{\mathrm{g}} \leqslant \boldsymbol{V}_{\mathrm{H}}^{\max} \tag{6-13}$$

$$\boldsymbol{V}_{\mathrm{c}}^{\min} \leqslant \boldsymbol{V}_{\mathrm{c}} + \boldsymbol{S}_{\mathrm{cg}} \Delta \boldsymbol{Q}_{\mathrm{g}} \leqslant \boldsymbol{V}_{\mathrm{c}}^{\max} \tag{6-14}$$

其物理含义是，在满足控制量约束条件和中枢母线约束条件的前提下（式(6-12)、式(6-13)、式(6-14)），通过最小的控制量（目标函数），将越限的母线电压拉回到限值之内（满足式(6-11)）。

与正常模式下的 CSVC 模型相比，二者具有不同的目标函数。正常模式下的 CSVC 本质上是以网损最小为目标的，因此在目标函数中是保证中枢母线电压与 TVC 给出的最优设定值最为接近；而在紧急模式下，快速将越限母线电压拉回限值之内是首要目标，此时不再考虑经济性，电网安全就是最大的经济性，因此目标函数是用最小的控制量来实现越限母线重新满足电压约束。

但是，仅仅修改数学模型仍不能完全满足紧急控制的需要，此时需要快速地将母线电压恢复正常，因此在紧急模式下，缩短 SVC 的时间常数，可由正常模式下的 5min 级别缩短至紧急模式下的 1min 或更快（具体依赖于电厂子站的调节速率），通过一系列快速的校正控制，实现紧急模式下的电压控制。当电压恢复正常后，负荷趋于平稳，系统自动切换回正常模式，可进行一次 TVC 的无功优化，重新给出在新的可行域内的中枢母线电压最优设定值。

系统切换为紧急模式的一个前提就是，能够辨别目前系统出现大扰动，具体的辨别判据如下：

(1)母线电压越限，而且纵向滤波结果说明该越限是突变，而非渐变。

(2)SCADA 系统发出事故总信号，并伴随本控制分区内大量的保护动作信号。

（3）在线电压稳定预防控制模块检测到系统最小奇异值发生突变，而且特定控制区域的电压稳定裕度大幅度降低。

（4）允许用户定制针对不同情况的具体应对措施，包括 SVC 模式的切换、挂起 AVC 系统等。

6.5　仿真算例

6.5.1　IEEE39 节点系统

首先，采用 IEEE39 节点系统来对上一节提出的 CSVC 模型的性能进行仿真研究。由于 CSVC 与其他控制最重要的区别在于对发电机无功出力的调整，为了在仿真中研究无功裕度的变化，定义各台发电机的无功上下限如表 6-1 所示。

表 6-1　IEEE39 节点系统无功上下限

发电机节点	基态无功/Mvar	无功下限/Mvar	无功上限/Mvar
BUS-30	144.9216	0	180
BUS-31	207.0401	0	250
BUS-32	205.7357	0	300
BUS-33	108.9311	0	300
BUS-34	166.9829	0	250
BUS-35	211.1126	0	300
BUS-36	100.4383	0	250
BUS-37	0.6469	0	300
BUS-38	22.6585	0	400
BUS-39	87.885	0	500

在每个分区中选定相应的中枢母线和控制发电机，每个分区的相应信息如表 6-2 所示。以区域 5 和区域 6 为例来说明 CSVC 的作用，重点研究 SVC（不考虑对

表 6-2　IEEE39 节点系统 SVC 分区示意表

控制区域	中枢母线	控制发电机
区域 1	BUS-1	BUS-39
区域 2	BUS-28	BUS-38
区域 3	BUS-6	BUS-31、BUS-32
区域 4	BUS-3	BUS-30、BUS-37
区域 5	BUS-19	BUS-33、BUS-34
区域 6	BUS-23	BUS-35、BUS-36

发电机无功出力的协调)和上一节提出的 CSVC(考虑发电机无功出力裕度和均衡)的性能对比。为了仿真结果更具代表性，对于区域 5，给出的控制目标是提高中枢母线电压(这对应控制发电机无功出力的增加)，而对于区域 6，给出的控制目标则是降低中枢母线电压(这对应控制发电机无功出力的减少)。

表 6-3 给出了这两个控制区域的中枢母线基态电压、设定的目标电压以及经过两种控制后的实际电压。

表6-3 区域 5 和区域 6 的中枢母线设定情况

控制区域	中枢母线	基态电压	设定电压	SVC 控制后	CSVC 控制后
区域 5	BUS-19	1.05	1.06	1.0583	1.058
区域 6	BUS-23	1.045	1.04	1.0401	1.0384

图 6-3 和图 6-4 给出了采用传统的 SVC 前后，区域 5 和区域 6 的控制发电机的无功出力情况。

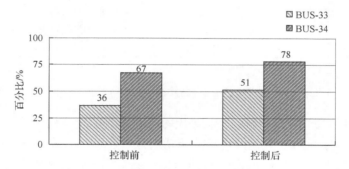

图 6-3 区域 5 控制前后发电机无功裕度对比(SVC)

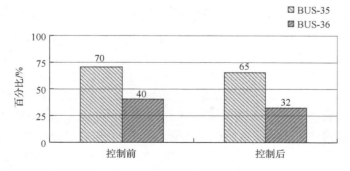

图 6-4 区域 6 控制前后发电机无功裕度对比(SVC)

而 CSVC 控制前后两个区域的控制发电机的无功出力对比，如图 6-5 和图 6-6 所示。

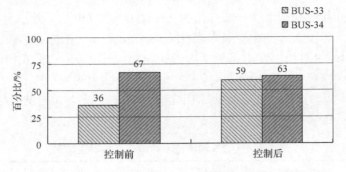

图 6-5　区域 5 控制前后发电机无功裕度对比（CSVC）

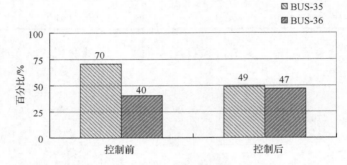

图 6-6　区域 6 控制前后发电机无功裕度对比（CSVC）

　　从图示的对比中可以清楚看出，采用 CSVC 得到的发电机无功出力更加均衡。在 SVC 控制下，区域内控制发电机的无功出力总是处于同增或同减的趋势中，因此原有的无功出力不平衡不仅难以得到改善，甚至反而可能更加恶化。而在 CSVC 中，由于目标函数中自适应协调因子的存在，在尽量保证中枢母线电压控制性能的前提下，利用多余的控制自由度驱使发电机的无功出力向裕度更大、出力更均衡的方向发展。

6.5.2　江苏实际电网

　　这里利用江苏电网实际数据断面进行仿真，重点研究采用 CSVC 对电网电压稳定性能的影响。研究的数据断面是江苏电网 2004 年 10 月 29 日 09:59:20 的实际历史断面，在同样的初始断面情况下，研究如下两种情况的对比。

　　（1）进行一次以网损最小为目标的 OPF 计算，并按照 OPF 结果直接进行控制。后文中简称为 OPF 控制。

　　（2）进行一次以网损最小为目标的 OPF 计算，按照该结果刷新中枢母线的最优设定值，然后按照 6.4 节提出的 CSVC 模型进行控制。后文简称为 OPF+CSVC 控制。

图 6-7 给出了控制前、OPF+CSVC 控制后以及 OPF 控制后无功出力在不同百分比范围内的发电机数目分布情况。为了分析不同控制方式对于发电机无功出力均衡程度的影响，将所有发电机的无功出力百分比作为一个样本，用方差来衡量其分散的程度。对于 OPF 控制，方差为 0.096，远大于采用 OPF+CSVC 控制情况下的方差值 0.023，这说明，投入了 CSVC 控制后使得整个系统的无功出力更加均衡。从图 6-7 可以知道，如果直接采用 OPF 的控制策略，有 25%的发电机无功出力接近下限运行(无功出力在 0～20%的范围内)，这其中包括 11.3%的发电机已经搭下界，同时有 15%的发电机无功出力接近上限运行(无功出力在 80%～100%的范围内)，这其中包括 10%的发电机已经搭上界，完全没有裕度。而如果采用了 OPF+CSVC 控制后，只有 2.5%的发电机靠近下限运行，且没有发电机完全搭界，同时没有任何发电机靠近上限运行。

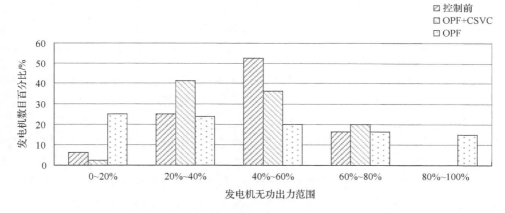

图 6-7　无功出力在不同范围内的发电机数目的分布图

从无功裕度的角度看，在实施控制前，发电机数目最集中的区域是 40%～60%的范围，有 52.5%的发电机无功出力处于这一范围，而经过了 CSVC 后，有 41.3%的发电机无功出力位于 20%～40%的范围内，成为数目最集中的区域，整体裕度有所增加。

发电机无功出力不均衡所带来的问题更多地体现在当系统出现扰动的情况下，将导致某些发电机过早达到限值，丧失裕度，从而出现不合理的无功流动，系统无功损耗上升，进一步影响电网的稳定水平。为了研究这一问题，这里采用连续潮流法作为分析手段，利用 PV 曲线所给出的稳定裕度作为指标，研究两种情况下电网的电压稳定水平。此处设定的仿真方案是在基态负荷基础上，假定苏州区域负荷持续增长，全网发电机参与提供功率，两种控制情况下的 PV 曲线对比如图 6-8 所示。

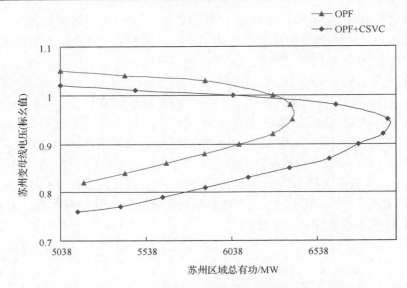

图 6-8　不同情况下系统 PV 曲线对比

　　单纯采用 OPF 控制，会导致某些发电机的无功裕度过小，和控制前相比，不同发电机之间无功出力不均衡，如图 6-7 所示，在该断面情况下，反而造成电压稳定裕度比不施加控制时下降了 400MW 左右。而采用 OPF+CSVC 控制后，可以增加发电机的无功裕度，并保证发电机出力处于一个更均衡的状态，此时系统的稳定裕度比 OPF 控制后增加了 500MW 左右。

　　上述的讨论都是针对一个单独的数据断面进行控制后的情况，但是电压控制本身是一个动态的过程，随着系统负荷的波动，电网也处在不断地变化过程中，某个时刻的控制操作将直接影响电网在下一个时刻的初始条件。衡量一个控制系统的效果不应该局限在某个系统运行点，应该从一个较长的时间段上，衡量电网性能的综合改善情况。因此本章在进行仿真研究时模拟了电网负荷在 24h 之内的变化曲线，重点研究在稳态条件下不同的电压控制模式的动态效果。从江苏电网的历史数据库中获取了从 2004 年 8 月 25 日上午 10:00 至次日上午 10:00 的系统负荷曲线，其 24h 的变化趋势如图 6-9 所示。

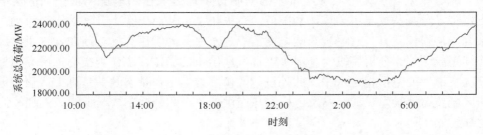

图 6-9　系统负荷全天变化曲线

全天共仿真 288 点(每 5min 一个采样点),在 OPF 控制模式下,在每一点都进行一次以网损最小为目标的 OPF 计算,并按照最优策略进行控制;在 OPF+CSVC 控制模式下,每 12 个点(1h)进行一次 OPF 计算,得到中枢母线的电压设定值,每一点(5min)按照 OPF(即 TVC)给出的设定值进行一次 CSVC 控制。两种控制情况下,全天的网损曲线对比如图 6-10 所示。

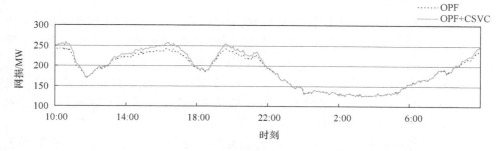

图 6-10 全天网损曲线对比

为了研究电压控制对于电网电压稳定水平的影响,在每个采样点进行一次仿真计算。假设苏州区域负荷持续增长,全网发电机参与提供功率,利用连续潮流法计算控制后电网的稳定裕度,得到电网全天的稳定裕度曲线如图 6-11 所示。

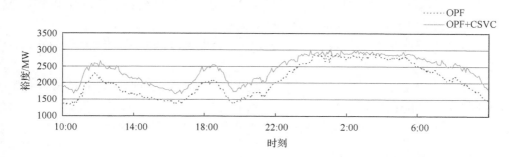

图 6-11 全天稳定裕度曲线对比

从对网损控制的情况看,OPF 控制优于 OPF+CSVC 控制,这是因为,CSVC 在 OPF 策略的基础上又进行了调整,得到的状态并不是网损最小的状态。而这种调整得到的效果从全天稳定裕度曲线的对比上可以清楚体现,在 OPF+CSVC 控制下,电网的稳定裕度曲线高于单纯采用 OPF 控制的情况。可见,经过 CSVC 的调整,电网沿着一个更为合理的轨迹运行,这个轨迹虽然偏离了网损最小意义下的最优轨迹,但是此时的电网更加安全。在分层电压控制模式中,由于 CSVC 的控制时间周期小于 TVC(OPF),这也体现了在电网运行中"安全第一,经济第二"的原则。

6.6　功　能　体　系

工程实际中应用的 SVC 模块主要具备以下功能。

6.6.1　控制策略计算

(1)在闭环控制状态下,监测中枢母线的电压和设定值电压之间的差值,如果超过死区范围,则说明需要驱动闭环控制。经过控制后能维持中枢母线电压与设定值之间偏差控制在一定带宽之内(控制死区一般为 0.5～1.0kV)。

(2)以中枢母线电压和设定值电压之间差值最小作为控制目标,综合考虑发电机的无功出力裕度,考虑中枢母线电压、控制母线电压、控制发电机无功、控制步长等多种约束,构造二次规划问题。

(3)求解带约束的二次规划问题,得到控制母线电压的调整量,并在控制设备间提供科学合理的分配策略。

(4)用户可以修改闭环控制的相关参数。参数包括:中枢母线的控制死区,控制母线的动作死区以及控制母线的调节上限。

(5)用户可以设置控制核心计算模块的参数设置。在控制核心计算中采用了二次规划进行求解,求解的目标函数可以综合考虑中枢母线的电压质量以及保持一定的无功裕度。允许用户设定二者的权重关系。

(6)可以考虑的控制设备包括:发电机、电容电抗器、静止无功补偿器、OLTC、同步调相机等。

(7)可基于超短期负荷预测功能,实现无功电压的预先调节,以满足负荷陡增或陡降阶段的调压需要。

(8)可计及由电压稳定分析模块获得的电压稳定电压下限约束。

6.6.2　控制策略执行

(1)用户可以设定系统处于开环控制还是闭环控制。在闭环控制模式下,计算得到的控制策略将发送给电厂的 AVC 装置,从而完成闭环的控制。如果系统处于开环控制的运行状态,控制策略将显示给用户作为参考,但并不执行。

(2)通过命令执行接口下发控制指令,并保存日志。

(3)用户可以根据当前的系统情况,实时地修改中枢母线的设定值曲线,通过改变控制目标来对闭环控制进行干预。

(4)如果 TVC 的 OPF 不能给出计算结果,SVC 可以根据默认的中枢母线设定值进行控制,保证正常工作。

(5)具备抗干扰能力,在通道中断、量测故障的情况下有备用措施,保持连续稳定控制。

(6)提供全厂控制、直控机组、全站控制、直控变电站控制等多种模式。

6.6.3 闭锁设置

(1)可以对异常情形进行人工闭锁,包括:

①系统闭锁。选择开环计算模式,只计算不控制。

②区域级闭锁。能够对选定的区域设置是否参与计算和控制。

③厂站级闭锁。能够对选定的厂站闭锁该厂站所有设备的控制指令。

④设备级闭锁。仅闭锁该设备的控制指令。

(2)闭锁模式包括:

①成功闭锁。设备操作成功后需要闭锁、防止连续操作。

②失败闭锁。设备操作失败后的闭锁、防止误操作。

③未处理闭锁。设备操作过程中的闭锁、防止误操作。

④故障闭锁。设备多次操作失败后的闭锁、防止误操作。

(3)在下列条件下,应闭锁相应设备控制:

①控制设备保护动作。

②控制命令发出超过一定的时间,控制设备不动作。

③控制设备的控制次数超过规定的每天最大次数。

④变压器档位一次控制变化大于一档。

⑤调相机增磁闭锁保护动作。

⑥调相机减磁闭锁保护动作。

⑦调相机所在子站 AVC 没有投入。

⑧调相机自动控制设置在变电站内。

(4)在下列条件下,应闭锁厂站内所有设备控制:厂站内母线电压高于或低于设定的闭锁限值。

第 7 章　静态电压稳定预警和预防控制

7.1　概　　述

在线电压稳定分析与评估软件可以实时"诊断"并给出电网所处的安全级别，为电网的实时控制系统——AVC 系统的运行提供保障，满足电网运行"安全第一，经济第二"的原则，如图 7-1 所示(刘文博, 2007；刘文博等, 2008)。

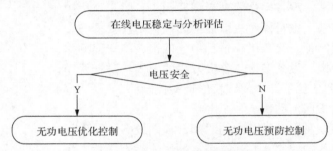

图 7-1　在线电压稳定评估功能示意

由在线电压稳定分析与评估软件对电网的实时运行状态进行评估，当电网安全时，由 AVC 系统进行稳态下的无功电压优化控制，维持电网经济运行和电压质量；而当电网不安全时，则根据在线电压稳定分析与评估软件的"诊断"结果，如果是电压安全问题，则转入以提高电压稳定裕度为目标的电压安全预防控制。

另一方面，对于 AVC 系统，无论采用何种控制模式，都应当保证其控制策略不会给电网运行带来安全问题，因此，可由 AVC 系统将其控制策略提交给电网在线电压稳定分析与评估软件进行分析，当校核通过后，再将控制策略下发执行，保证实时控制不会给电网运行带来安全问题，如图 7-2 所示。

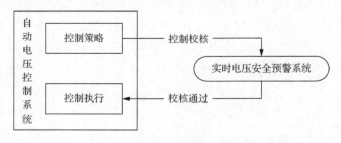

图 7-2　AVC 与电压安全预警之间的逻辑关系

可以看到，与在线电压稳定分析与评估有机结合一体的 AVC 系统，首先在电网运行的最高一层完成目标维中安全与经济目标的分解，其次，可以有效地对 AVC 系统给出的控制策略进行校核。

目前，常用的电压稳定评估指标可以分为两类：一类是所谓的状态指标，如最小模特征根、最小奇异值和灵敏度指标等；另一类是所谓的裕度指标，即度量系统从当前运行点到一个可能的稳定临界点之间的距离，如基于 PV 曲线的负荷裕度指标和指定传输断面上考虑静态电压稳定约束的可用传输容量（available transfer capability，ATC），两种指标各有其特点。为了对电网电压稳定进行全面的在线评估和预警，应提供包括最小奇异值、PV 曲线、ATC 计算等多种算法和指标，避免在最优控制过程中发生电压稳定问题。

7.2　奇异值分解法

潮流雅可比矩阵奇异性可以用于判定电网的静态电压稳定性。潮流雅克比矩阵行列式的符号决定了被研究的系统是稳定的或不稳定的，而潮流雅克比矩阵 J 的最小奇异值可作为静态电压稳定性的指标，最小奇异值大小用来表示所研究的运行点和静态电压稳定极限点之间的距离。

除了平衡节点外，电网节点总数为 n，m 是 PV 节点数。在正常的运行条件下，潮流方程的线性化形式为

$$\begin{bmatrix} \Delta P \\ \Delta Q \end{bmatrix} = J \begin{bmatrix} \Delta \theta \\ \Delta V \end{bmatrix} \tag{7-1}$$

若对 J 进行奇异值分析，可以得到

$$J = U \delta V^{\mathrm{T}} = \sum_{i=1}^{2n-m} U_i \delta_i V_i^{\mathrm{T}} \tag{7-2}$$

式中，奇异值向量 U_i 和 V_i 为规格化矩阵 U 和 V 的第 i 列，δ 为正的实奇异值 δ_i 的对角矩阵，如 $\delta_1 \geqslant \delta_2 \geqslant \cdots \geqslant \delta_{2n-m}$。

如果 J 非奇异，则有功和无功注入的微小变化对 $[\Delta \theta, \Delta V]^{\mathrm{T}}$ 的影响可以写成为

$$\begin{bmatrix} \Delta \theta \\ \Delta V \end{bmatrix} = J^{-1} \begin{bmatrix} \Delta P \\ \Delta Q \end{bmatrix} = \sum_{i=1}^{2n-m} \delta_i^{-1} U_i V_i^{\mathrm{T}} \begin{bmatrix} \Delta P \\ \Delta Q \end{bmatrix} \tag{7-3}$$

当一个奇异值接近为零时，系统接近于电压崩溃点，系统响应完全由最小奇

异值 δ_{2n-m} 和它相应的奇异向量 V_{2n-m} 和 U_{2n-m} 所决定。因此

$$\begin{bmatrix} \Delta\boldsymbol{\theta} \\ \Delta\boldsymbol{V} \end{bmatrix} = \delta_{2n-m}{}^{-1}\boldsymbol{U}_{2n-m}\boldsymbol{V}_{2n-m}{}^{\mathrm{T}} \begin{bmatrix} \Delta\boldsymbol{P} \\ \Delta\boldsymbol{Q} \end{bmatrix} \tag{7-4}$$

$$\begin{aligned} \boldsymbol{V}_{2n-m} &= [\theta_1\cdots\theta_n, V_1\cdots V_{n-m}]^{\mathrm{T}} \\ \boldsymbol{U}_{2n-m} &= [P_1\cdots P_n, Q_1\cdots Q_{n-m}]^{\mathrm{T}} \end{aligned} \tag{7-5}$$

这里，U_{2n-m} 和 V_{2n-m} 规格化为

$$\sum_{i=1}^{n}\theta_i^2 + \sum_{i=1}^{n-m}V_i^2 = 1 \tag{7-6}$$

$$\sum_{i=1}^{n}P_i^2 + \sum_{i=1}^{n-m}Q_i^2 = 1 \tag{7-7}$$

令

$$\begin{bmatrix} \Delta\boldsymbol{P} \\ \Delta\boldsymbol{Q} \end{bmatrix} = \boldsymbol{U}_{2n-m} \tag{7-8}$$

则

$$\begin{bmatrix} \Delta\boldsymbol{\theta} \\ \Delta\boldsymbol{V} \end{bmatrix} = \frac{\boldsymbol{V}_{2n-m}}{\delta_{2n-m}} \tag{7-9}$$

可以得出结论，因为最小奇异值充分小，所以功率注入小的变化可以引起电压大的变化。有关左、右奇异值向量 V_{2n-m} 和 U_{2n-m} 可以说明如下。

（1）在 V_{2n-m} 中，最大的表列值（元素）指示最灵敏的节点电压（临界电压）。因此，弱节点可以通过右奇异向量来识别。

（2）在 U_{2n-m} 中，最大的表列值相当于有功和无功功率注入变化最灵敏的方向，因此，从左奇异向量可以获得最危险的负荷和发电量的变化模式。

（3）U_{2n-m} 提供了节点处功率注入变化的典型模式。

（4）V_{2n-m} 提供了节点电压和角度改变的典型模式。

左奇异向量还可以描述不同运行区域的传输功率（界面功率）对电压稳定性的影响，换句话说，借助左奇异向量分析也可以选择出薄弱传输线。

7.3　标准连续型潮流计算方法

最小奇异值是一种数学形式上的指标，缺少直观的物理意义，因此现场人员更习惯于基于功率形式表达的裕度指标。连续潮流算法(continuation power flow, CPF)是确定系统静态电压稳定裕度的主要方法，其原理并不复杂，而且计算量适中，经过技术上的处理和算法上的进一步改进后，可以用于在线系统电压稳定性分析与评估(Zhao et al, 2005; 赵晋泉等, 2005; 赵晋泉等, 2005; 李钦等, 2006)。

7.3.1　原理简介

常规潮流算法的迭代过程在求解到系统静态电压稳定临界点时会遇到困难。首先，在沿着给定的节点注入功率变化方向计算静态电压稳定临界点时，随着负荷功率的增加，系统的电压水平下降。当系统电压水平下降到一定程度时，估计出一个在常规潮流算法的收敛区内的迭代初值并不是一件容易的事情。事实上，在接近静态稳定临界点处，系统中部分节点的电压水平可能已经跌落到只有额定值的 60%左右。其次，常规潮流算法固有的缺陷使其根本无法准确收敛到静态电压稳定临界点，充其量只能得到临界点附近的一些运行点的潮流分布，而且结果有很大的不确定性。

常规潮流方程可以用式(7-10)来表示：

$$
\begin{cases}
P_{Gi} - P_{Li} - V_i \sum_{j=1}^{n} V_j (G_{ij} \cos\theta_{ij} + B_{ij} \sin\theta_{ij}) = 0 \\
Q_{Gi} - Q_{Li} - V_i \sum_{j=1}^{n} V_j (G_{ij} \sin\theta_{ij} - B_{ij} \cos\theta_{ij}) = 0
\end{cases}
\tag{7-10}
$$

在计算功率传输时，功率源节点和功率汇节点上的节点注入功率可看作一个参数 λ 的函数：

$$
\begin{cases}
P_i = P_{i0}(1 + \lambda K_{Pi}) \\
Q_i = Q_{i0}(1 + \lambda K_{Qi})
\end{cases}
\tag{7-11}
$$

式中，P_{i0} 和 Q_{i0} 分别是基态时节点 i 的有功和无功注入；K_{Pi} 和 K_{Qi} 是分配因子，对于 PV 节点，K_{Qi} 为 0，而对于 PQ 节点，K_{Pi}/K_{Qi} 的比值不变维持负荷以恒功率因数变化。非线性方程(7-10)引入参数 λ 后的参数化潮流方程可表示成式(7-12)：

$$f(\boldsymbol{x}, \lambda) = F(\boldsymbol{x}) + \lambda \boldsymbol{b} = \boldsymbol{0} \tag{7-12}$$

式中，$\boldsymbol{x}$ 为 n 维状态向量（包括节点电压幅值和相角）；$F(\boldsymbol{x})$ 对应基态时的潮流方程 $P_{i0} - f_i(\boldsymbol{x}) = 0$；$\lambda$ 为节点注入功率变化参数；$\boldsymbol{b}$ 为相应于功率变化 λ 的灵敏度的方向向量，对应功率源节点有 $b_i > 0$，而对应功率汇节点 $b_i < 0$，功率恒定节点的 $b_i = 0$。

　　注意，式 (7-12) 是由 n 个潮流方程 $n+1$ 个未知量构成的非线性方程组，其解在 $n+1$ 维空间上定义了一个一维曲线 $\boldsymbol{x}(\lambda)$，连续型潮流计算方法将要解决的问题从一已知点 $(\boldsymbol{x}^0, \lambda^0)$ 开始，在所需要的参数变化方向获得 $\boldsymbol{x}(\lambda)$ 曲线上一系列的点 $(\boldsymbol{x}^i, \lambda^i)$。最常用的连续型方法又称预测—校正方法，简称为 PC 方法。其主要思想是：在已知 $\boldsymbol{x}(\lambda)$ 曲线上点 $(\boldsymbol{x}^{i-1}, \lambda^{i-1})$ 条件下，用简单的方法获得 $(\boldsymbol{x}^i, \lambda^i)$ 的近似点，然后以该近似点作为初始点，采用一些非线性方程的求解方法获得式 (7-12) 的准确解 $(\boldsymbol{x}^i, \lambda^i)$。具体来说，可将 PC 方法分为以下几个环节：方程参数化、预测环节、校正环节、步长控制。

7.3.2　算法细节

　　1. 预测环节

　　采用预测—校正的算法来计算解曲线。首先通过指定切向量中与控制参数相对应的分量为 1 或 –1 来计算切向量，如式 (7-13) 所示。

$$\begin{bmatrix} f_{\mathrm{x}}(\boldsymbol{x}, \lambda) & \boldsymbol{b} \\ \boldsymbol{e}_k \end{bmatrix} \cdot \begin{bmatrix} \mathrm{d}\boldsymbol{x} \\ \mathrm{d}\lambda \end{bmatrix} = \begin{bmatrix} \boldsymbol{0} \\ \pm 1 \end{bmatrix} \tag{7-13}$$

式中，$\boldsymbol{e}_k$ 只有与控制参数相对应的第 k 个分量为 1，其余为 0。下一个计算步的控制参数取切向量中变化最剧烈的分量 $\mathrm{d}x_k$（绝对值最大者），式 (7-13) 中对应扩展方程右端选 +1 或 –1 由其控制分量对应 $\mathrm{d}x_k$ 的符号决定。解向量的预测值可由式 (7-14) 计算：

$$\begin{bmatrix} \bar{\boldsymbol{x}}^i \\ \bar{\lambda}^i \end{bmatrix} = \begin{bmatrix} \bar{\boldsymbol{x}}^{i-1} \\ \bar{\lambda}^{i-1} \end{bmatrix} + \delta \begin{bmatrix} \mathrm{d}\boldsymbol{x} \\ \mathrm{d}\lambda \end{bmatrix} \tag{7-14}$$

　　2. 校正环节

　　校正环节就是以预测值为初值计算扩展潮流方程，显然，预测值越靠近解点，方程的收敛性就越好。校正解的计算可通过式 (7-15) 求解：

$$\begin{bmatrix} f(x,\lambda) \\ x_k - \eta \end{bmatrix} = \mathbf{0} \qquad (7\text{-}15)$$

式中，η 是预测解中对应控制参数的第 k 个分量，可采用牛顿法求解上述方程。

3. 步长控制

步长控制是预测—校正连续型方法关键的一步。固然选择小的定步长对任何连续过程都是适用的，却会降低解曲线的追踪效率，反之，过大的给定步长可能导致解的不收敛。理想的步长控制方法应能够随曲线形状的变化而调整，在曲线平坦部分用大的步长，而在曲线的弯曲部分改用小的步长。

实质上，连续型潮流计算方法可被看做是一种预测—校正的同伦算法，其计算病态条件下的系统方程性能优异，但是这种算法的一个主要缺点是编程复杂且较为费时。通过采用解扩展方程的增维因子分解和步长调整时的试探—回退方法，可以保留原常规潮流雅可比矩阵稀疏性好、结构对称等优点，提高 CPF 算法的计算速度和鲁棒性，使之能够满足在线应用的要求。

7.4　连续潮流计算方法的改进

7.4.1　潮流计算中的 PV-PQ 节点类型转换逻辑

在潮流计算中，常通过一部分节点 PV-PQ 类型的转换来模拟系统中无功注入设备对系统电压的控制，这些节点被称为电压控制节点(简称压控节点)，这样的设备有发电机、调相机和可调并联电抗器等等。压控节点通常是这些设备的注入节点，也可能是远端高压侧的节点，如发电机连接的高压母线，前者被称为局部控制(local control)，后者被称为远方控制(remote control)。潮流计算中当一个压控节点由 PV 型转变为 PQ 型，表明一个无功注入源已经不再有备用，无法提供电压支撑了。一般而言，这伴随着系统的无功电压平衡状况的恶化，即系统将运行在一个更靠近电压稳定边界的运行点上。

压控节点类型转换逻辑的正确性在潮流计算中起着关键的作用。它可以保证计算不至于收敛到一个静态电压不稳定解上，而使得解算的发散更加真实地对应于一个系统静态电压失稳情形。相反，采用错误的转换逻辑将可能导致潮流收敛于一个静态电压不稳定解。更为重要的是，在基于连续潮流的电压稳定研究和可用传输容量计算中，如果采用错误的转换逻辑，甚至可能得到一个完全错误的结果。对此问题进行研究可知：潮流计算中节点类型识别和转换逻辑不适当引起的计算发散，也是系统电压失稳的一个重要特征，目前这一点并没有引起更多的关注。由于所研究的问题与采用何种潮流算法(如牛顿法或快速解耦法)无关，为不失一般性，下述的潮流算法为牛顿—拉夫逊方法，并假设所有压控节点都是局部控制节点。

1. PV-PQ 转换逻辑描述

从数学上讲，潮流计算有两大任务：一是通过迭代，使得节点不匹配分量降低到一个很小的数量级上；二是识别压控节点的类型，并在潮流计算过程中能被正确地模拟。

在第 k 次潮流迭代之后，对一个压控节点 i，可以求得该节点无功注入计算量为

$$Q_i = f_Q(\boldsymbol{V}^k, \boldsymbol{\theta}^k) \tag{7-16}$$

式中，$\boldsymbol{V}^k$、$\boldsymbol{\theta}^k$ 分别为第 k 次迭代后节点电压幅值和相角向量。

对 PQ 节点，Q_i 与节点无功给定量的差值就是节点无功失配量，它会随迭代的进行而减小；对 PV 节点，Q_i 就自然等于待求的节点无功注入量。

压控节点的电压通常应控制在设定值 V_i^{set}。迭代过程中，每个压控节点有 3 种可能的情况。

（1）节点 i 上次迭代是 PV 节点，则比较新的无功注入计算量 Q_i 与该节点无功上、下限值的大小：如果计算量大于无功上限，则无功注入给定值定为上限值，节点转换为 PQ 类型；如果计算量小于无功下限，无功注入给定值定为下限值，节点转换为 PQ 类型；如果计算量不违限，则不转换类型，仍为 PV 节点，这属正常情况。

（2）节点 i 上次迭代是 PQ 节点且无功注入已经定在下限上，此时如果本次迭代后节点 i 的电压高于设定值，则不转换类型，仍为 PQ 节点；如果低于设定值，则做如下比较：如果节点无功计算量大于无功上限，则不转换类型，但下次迭代中无功注入设定值定为上限值；如果节点无功计算量小于下限，则不转换类型，继续下一轮迭代；如果节点无功计算量不违限，则转换为 PV 节点，令节点电压等于其设定值，即 $V_i^{k+1} = V_i^{\text{set}}$。

（3）节点 i 的上次迭代是 PQ 节点且无功注入已经定在上限上，此时如果本次迭代后节点 i 的电压低于设定值，则不转换类型，仍为 PQ 节点；如果高于设定值，则做如下比较：如果节点无功计算量小于下限，则不转换类型，但下次迭代中无功注入设定值变为下限值；如果节点无功计算量大于上限，则不转换类型，继续下一轮的迭代；如果节点无功计算量不违限，则转换为 PV 节点，令节点电压等于其设定值，即 $V_i^{k+1} = V_i^{\text{set}}$。很明显，这样做会使压控节点 i 的电压尽可能地接近设定值。此时应注意：当电压控制节点由 PQ 型转变为 PV 型时，节点电压幅值有一

个突变 $\Delta V_i^k = V_i^{set} - V_i^k$。当它较大时，可能会引起数值的振荡，造成节点类型的频繁变化，且收敛慢。因此，在此可引入一个阻尼因子 α 来减小数值振荡（$0 < \alpha \leqslant 1$）。

$$V_i^{k+1} = V_i^k + \alpha(V_i^{set} - V_i^k) \tag{7-17}$$

2. 几种潮流发散情形及其处理方法

潮流计算中有两种发散情形：一种称为数值性发散，表现为潮流方程失配量随着迭代次数的增加而快速增大；另一种称为识别性发散，表现为潮流方程失配量不随迭代次数增加而增大，维持在一个小数值上，但对压控节点的类型识别遇到困难，即有一个或多个压控节点的类型发生频繁转换，不能停止。以下仅研究这种情况并定义几个补逻辑。

首先将这些类型发生频繁转换不能停止的压控节点定义为难识别节点。当解算中出现该情况时，采用如下逻辑进行处理。

（1）在采用了原始转换逻辑后，如果一个节点的类型在求解过程中频繁发生转换，且反复转换的次数大于等于 N 次（例如 $N=3$），则这个节点在后来的迭代中将被强行设为 PQ 型，而不再对它进行转换。

采用这一逻辑后，通常可以得到一个收敛解。在这个收敛解中，一些节点的类型是被强行设定为 PQ 类型。由于不希望由第 1 种情况处理的节点过多，因此可有如下（2）。

（2）在原始转换逻辑的基础上，如果一个节点的类型在求解过程中频繁发生转换，且反复转换的次数大于等于 N 次（例如 $N=3$），在每次迭代中仅选择最为严重的一个节点强行固定为 PQ 型，其他难识别节点暂时不作处理，进入下一次迭代。

情况（2）的另一优点是潮流求解中可避免数值拉锯现象。其缺点是总的迭代次数可能会增多。由于在潮流计算中节点类型识别和数值收敛两者同时进行，需要搞清楚是否是由于数值收敛过程的振荡影响了节点类型的识别。将这两个过程分割开来可能会有助于节点类型的识别，因此采用如下方法。

（3）先保持所有节点的类型不变，进行数值迭代计算，待得到一个收敛解后再检查是否需要进行节点类型转换。如果需要转换，则按照上面介绍的节点类型转换逻辑进行转换，否则结束。

7.4.2　基于动态潮流方程的连续潮流方法

连续潮流计算中需要模拟负荷增长。由于负荷的持续增长，会在系统中产生较大的功率不平衡量，常规潮流算法中完全由平衡节点来承担功率不平衡量并不符合实际情况。这种网损增量完全由平衡节点承担的处理方法，会造成连续潮流的仿真计算中模拟的负荷增长和实际负荷增长情况不符；另一方面，因平衡节点的选择不同，功率传输方向也会发生变化，当平衡节点位于负荷增长中心或平衡节点远离负荷增长中心时，这种变化尤为明显。功率传输方向的变化，一方面，使得计算出的负荷裕度并不是初始设定功率传输方向上的负荷裕度，另一方面，使得选择不同平衡节点时，计算出的负荷裕度存在较大的差异，与物理实际不符。

动态潮流计算方法是一种所谓考虑多平衡节点的方法，更符合实际，可以满足有功率不平衡时潮流计算的需要，是一种系统化的处理方法。

设系统的有功潮流方程

$$P_{Gi} - P_{Di} - P_i(\boldsymbol{V}, \boldsymbol{\theta}) = 0, i = 1, 2, \cdots, N \tag{7-18}$$

式中包括平衡节点的方程。

系统中出现的功率不平衡量为

$$\Delta P_{\Sigma} = \sum_{i=1}^{N} P_{Gi} - \sum_{i=1}^{N} P_{Di} - P_{Loss}(\boldsymbol{V}, \boldsymbol{\theta}) \tag{7-19}$$

式中，P_{Gi}、P_{Di} 为节点 i 当前的有功发电输出功率和有功负荷，P_{Loss} 为系统总网损。这一差额应由所有发电机共同分担，式(7-18)变成

$$P_{Gi} - \beta_i \Delta P_{\Sigma} - P_{Di} - P_i(\boldsymbol{V}, \boldsymbol{\theta}) = 0, \quad i = 1, 2, \cdots, N \tag{7-20}$$

β_i 为节点 i 上发电机分担的不平衡功率份额，若节点 i 没有接发电机，或该节点发电机输出功率不可调，则 $\beta_i = 0$。β_i 满足

$$\sum_{i=1}^{N} \beta_i = 1 \tag{7-21}$$

式(7-20)和原来的无功潮流方程一起，就得到了动态潮流方程

$$\boldsymbol{F}'(\boldsymbol{V}, \boldsymbol{\theta}) = \boldsymbol{0} \tag{7-22}$$

可见，在动态潮流中，常规潮流中的 $V\theta$ 节点的发电机有功功率也需要事先给定。整个系统的功率差额，包括网损将由所有发电机来平衡。

正如同在普通潮流方程的基础上引入参数化方法得到连续潮流格式，我们也可以基于如上的动态潮流形式引入参数 λ，进一步得到参数化的动态连续潮流方程：

$$\boldsymbol{f}'(\boldsymbol{V}, \boldsymbol{\theta}, \lambda) = \boldsymbol{F}'(\boldsymbol{V}, \boldsymbol{\theta}) + \lambda \boldsymbol{b} = \boldsymbol{0} \tag{7-23}$$

按照传输功率计算的定义，网损的增量由功率输出区域的发电机承担，因此，

功率分配系数 β_i 可以由方向向量 $\boldsymbol{b}$ 完全描述。这样，功率不平衡量是

$$\Delta P_{\Sigma} = -\lambda - \Delta P_{\text{Loss}}(\boldsymbol{V}, \boldsymbol{\theta}) \tag{7-24}$$

式中，$\Delta P_{\text{Loss}}(\boldsymbol{V}, \boldsymbol{\theta})$ 为当前网损与基态网损的变化量，即

$$\Delta P_{\text{Loss}}(\boldsymbol{V}, \boldsymbol{\theta}) = P_{\text{Loss}}(\boldsymbol{V}, \boldsymbol{\theta}) - P_{\text{Loss}}(\boldsymbol{V}_0, \boldsymbol{\theta}_0) \tag{7-25}$$

因此，发电机节点有功方程，改写为

$$P_{\text{G}i} - \beta_i \Delta P_{\Sigma} - P_{\text{D}i} - P_i(\boldsymbol{V}, \boldsymbol{\theta}) = 0 \tag{7-26}$$

选取局部参数化方法，引入扩展方程

$$p(\boldsymbol{V}, \boldsymbol{\theta}, \lambda) = u_k - \Delta s = 0 \tag{7-27}$$

式中，Δs 为计算步长，在计算中是已知量。u_k 为 $(\boldsymbol{V}, \boldsymbol{\theta}, \lambda)$ 的分量，下标 k 的取法为

$$u_k : |\dot{u}_k| = \max\left\{|\dot{u}_1|, |\dot{u}_2|, \cdots, |\dot{u}_n|\right\} \tag{7-28}$$

式中，$\dot{u}_1, \cdots, \dot{u}_n$ 为变量 $u_1, \cdots, u_n$ 的梯度。

得到的扩展动态潮流方程：

$$\begin{cases} \boldsymbol{f}'(\boldsymbol{V}, \boldsymbol{\theta}, \lambda) = \boldsymbol{0} \\ p(\boldsymbol{V}, \boldsymbol{\theta}, \lambda) = \boldsymbol{0} \end{cases} \tag{7-29}$$

可见，与基于常规潮流的扩展潮流方程相比，未知数个数与方程个数一致，差别仅在于式 (7-23) 的发电机节点有功方程，需要加入对网损变化量 $\Delta P_{\text{Loss}}(\boldsymbol{V}, \boldsymbol{\theta})$ 的分配量。

网损 $P_{\text{Loss}}(\boldsymbol{V}, \boldsymbol{\theta})$ 的表达式可写为

$$P_{\text{Loss}}(\boldsymbol{V}, \boldsymbol{\theta}) = \sum_{i=1}^{N} P_i = \sum_{i=1}^{N} V_i \sum_{j \in i} V_j G_{ij} \cos \theta_{ij}, \quad i = 1, 2, \cdots, N \tag{7-30}$$

式中，$j \in i$ 表示所有和 i 相联的节点 j，包括 $j = i$。

考虑 $\Delta P_{\text{Loss}}(\boldsymbol{V}, \boldsymbol{\theta})$ 的引入，对雅可比矩阵的修正量

$$\Delta \boldsymbol{J} = \begin{bmatrix} \Delta \boldsymbol{H} & \Delta \boldsymbol{N} \\ \boldsymbol{0} & \boldsymbol{0} \end{bmatrix} \tag{7-31}$$

各子块的计算公式为

$$\begin{cases} \Delta H_{ii} = \dfrac{\partial P_{\text{Loss}}}{\partial \theta_i} = -2V_i \sum_{j \in i} V_j G_{ij} \sin \theta_{ij} \\[2mm] \Delta H_{ij} = \dfrac{\partial P_{\text{Loss}}}{\partial \theta_j} = 2V_j \sum_{i=1}^{N} V_i G_{ij} \sin \theta_{ij} \\[2mm] \Delta N_{ii} = \dfrac{\partial P_{\text{Loss}}}{\partial U_i} V_i = 2V_i \sum_{j \in i} V_j G_{ij} \cos \theta_{ij} \\[2mm] \Delta N_{ij} = \dfrac{\partial P_{\text{Loss}}}{\partial V_j} V_j = 2V_j \sum_{i=1}^{N} V_i G_{ij} \cos \theta_{ij} \end{cases} \tag{7-32}$$

可见，有功方程中 $\Delta P_{\text{Loss}}(\boldsymbol{V}, \boldsymbol{\theta})$ 的引入，将破坏原常规潮流雅可比矩阵的稀疏性。为了利用原常规潮流雅可比矩阵的稀疏性，基于动态潮流方程的连续潮流采用两种实现方法：直接修正有功失配量方法和扩展网损方程方法。

1）直接修正有功失配量方法

即在潮流迭代第 i 步的过程中，首先计算第 $i-1$ 步的网损变化量：

$$\Delta P_{\text{Loss}}(V_{i-1}, \theta_{i-1}) = P_{\text{Loss}}(V_{i-1}, \theta_{i-1}) - P_{\text{Loss}}(V_0, \theta_0) \tag{7-33}$$

以该网损变化量修正第 i 步发电机节点有功方程的右手失配量为

$$\Delta P'_{Gi} = \Delta P_{Gi} - \Delta P_{\text{Loss}}(V_{i-1}, \theta_{i-1}) \tag{7-34}$$

在迭代过程中，忽略 $\Delta P_{\text{Loss}}(\boldsymbol{V}, \boldsymbol{\theta})$ 的引入对雅可比矩阵的修正量，直接使用原雅可比矩阵进行迭代求解。

2）扩展网损方程方法

引入状态变量 P_{acc} 及网损平衡方程

$$P_{\text{acc}} - P_{\text{Loss}}(\boldsymbol{V}, \boldsymbol{\theta}) = 0 \tag{7-35}$$

这样，原来的扩展动态潮流方程变为

$$\begin{cases} \boldsymbol{f}'(\boldsymbol{V}, \boldsymbol{\theta}, P_{\text{acc}}, \lambda) = \boldsymbol{0} \\ p(\boldsymbol{V}, \boldsymbol{\theta}, P_{\text{acc}}, \lambda) = 0 \end{cases} \tag{7-36}$$

此时，新的雅可比矩阵如式 (7-37)：

$$\boldsymbol{J}' = \begin{bmatrix} \boldsymbol{J} & \boldsymbol{M} & \\ \boldsymbol{N}^{\text{T}} & a & \boldsymbol{b} \\ & \boldsymbol{e}^{\text{T}} & \end{bmatrix} \tag{7-37}$$

式中，J 为原常规潮流雅可比矩阵；b 为由扩展方程引入的一列，即功率分配向量；e^{T} 为扩展方程引入的单位行向量，列式如下：

$$\begin{cases} M = b_{\mathrm{G}} \\ N^{\mathrm{T}} = [N_{\theta}, N_{\mathrm{u}}] \\ a = 1 \end{cases} \tag{7-38}$$

式中，b_{G} 为分配向量 b 中发电机出力对应的部分，且有

$$\begin{cases} N_{\theta_i} = -\dfrac{\partial P_{\mathrm{Loss}}}{\partial \theta_i} = 2V_i \sum_{j \in i} V_j G_{ij} \sin \theta_{ij} \\ N_{\mathrm{u}_i} = -\dfrac{\partial P_{\mathrm{Loss}}}{\partial V_i} V_i = -2V_i \sum_{j \in i} V_j G_{ij} \cos \theta_{ij} \end{cases} \quad i = 1, 2, \cdots, N \tag{7-39}$$

此时，雅可比矩阵增加了两行两列，采用增维因子分解技术，和常规连续潮流一样，由预测—校正求得潮流解，且该解是将不平衡功率按指定比例分配到各发电机出力的解。

7.5　故障型连续潮流

故障分析是电力系统电压稳定分析的一个重要内容，它研究故障引起元件开断后的潮流情况。如果一个系统无法找到故障后的静态潮流解，就判断该故障是一个失稳故障。故障后潮流无解的原因有两类：一类是系统在该故障下确实不存在潮流解，即该故障的确是一个失稳故障；另一类是系统在该故障下存在一个潮流解，但是所采用的潮流计算工具无法找到这个解。例如，所对应的雅可比矩阵有一定的病态性，或者所用的计算初值不合适等。因此，需要一个工具帮助识别这两种不同的情况，如果证明是后者，则希望能给出一个更好的初值，使现有的潮流计算工具可以找到故障后系统的潮流解。

一般地讲，对于一个大型的互联电力系统而言，静态电压稳定分析所要检讨的故障都是所谓的多重复杂故障，即故障是由一个或多个注入型设备的退出运行和一个或多个支路型设备的退出运行构成的。所谓注入型设备，是指发电机、并联电容电抗器、负荷和动态无功补偿器（STATCOM）等。所谓支路型设备，是指线路、变压器和移相器等。这些常常是一个电厂或变电站、几条联络线或一个大用户退出运行的大故障也称为极端故障。

传统的连续潮流主要分析系统负荷和发电的变化对于非线性潮流方程的影响，也有研究用连续潮流模型分析系统中一条支路的参数变化对于计算结果的影响，并给出电压随参数变化的比值曲线。在此二者的基础上，本章提出一种用于

故障型电压稳定分析的连续潮流计算模型和工具。

7.5.1　问题的列式

单一故障是多重复杂故障的特殊情形，多重复杂故障可以看作是由多个单一故障叠加而成的。为简单起见，先给出几种典型单一故障的参数化潮流方程。

1. 单个发电机退出运行的参数化方程

为了模拟节点 i 处的发电机投退，采用参数化后的节点潮流方程：

$$P_{\mathrm{G}i}(1-\lambda) - P_{\mathrm{D}i} - V_i \sum_{j\in I} V_j (G_{ij}\cos\theta_{ij} + B_{ij}\sin\theta_{ij}) - V_i^2 G_{ii} = 0$$

$$(1-\lambda)Q_{\mathrm{G}i0}^{\max} \leqslant Q_{\mathrm{G}i} \leqslant (1-\lambda)Q_{\mathrm{G}i0}^{\min} \tag{7-40}$$

式中，$Q_{\mathrm{G}i0}^{\max}$、$Q_{\mathrm{G}i0}^{\min}$ 分别为发电机初始的无功输出限值；$Q_{\mathrm{G}i}$ 为发电机 i 的无功输出；I 为所有与节点 i 相连的节点集合。

发电机的实际无功输出限值将随参数 λ 变化而变化，节点 i 的类型会在计算中发生 PV-PQ 转化。当参数 $\lambda = 0$ 时，节点潮流方程就是发电机 i 未发生故障时的潮流方程；当参数 $\lambda = 1$ 时，节点潮流方程就是发电机 i 被移除后的潮流方程。

2. 单个并联电容器退出运行的参数化方程

假设节点 i 处的电容器发生故障，则相应的参数化后的节点潮流方程为

$$Q_{\mathrm{S}i}(1-\lambda) - Q_{\mathrm{D}i} - V_i \sum_{j\in I} V_j (G_{ij}\sin\theta_{ij} - B_{ij}\cos\theta_{ij}) + V_i^2 B_{ii} = 0 \tag{7-41}$$

式中，$Q_{\mathrm{S}i}$ 为故障前节点 i 的电容器的容量；B_{ii} 为节点 i 的自纳；$Q_{\mathrm{D}i}$ 为节点 i 的无功负荷。

当 $\lambda = 0$ 时，节点潮流方程就是电容器 i 未发生故障时的潮流方程；当参数 $\lambda = 1$ 时，节点潮流方程就是电容器 i 被移除后的潮流方程。

3. 单个负荷退出的参数化方程

假设节点 i 处的负荷发生故障退出运行，则相应的参数化后的节点潮流方程为

$$P_{\mathrm{G}i} - P_{\mathrm{D}i}(1-\lambda) - V_i \sum_{j\in I} V_j (G_{ij}\cos\theta_{ij} + B_{ij}\sin\theta_{ij}) - V_i^2 G_{ii} = 0$$

$$Q_{\mathrm{S}i} - Q_{\mathrm{D}i}(1-\lambda) - V_i \sum_{j\in I} V_j (G_{ij}\sin\theta_{ij} - B_{ij}\cos\theta_{ij}) + V_i^2 B_{ii} = 0 \tag{7-42}$$

当参数 $\lambda = 0$ 时，节点潮流方程就是负荷 i 未发生故障时的潮流方程；当参数 $\lambda = 1$ 时，节点潮流方程就是负荷 i 被移除后的潮流方程。

4. 单条支路退出的参数化方程

假设支路 $i - m$ 发生故障退出运行，则相应的节点 i 处的参数化潮流方程为

$$P_{Gi} - P_{Di} - V_i \sum_{j \in I, j \neq m} V_j (G_{ij} \cos \theta_{ij} + B_{ij} \sin \theta_{ij}) - V_i V_m (G_{im}(1-\lambda) \cos \theta_{im}$$

$$+ B_{im}(1-\lambda) \sin \theta_{im}) - V_i^2 G_{ii}^{\text{new}} = 0$$

$$Q_{Gi} - Q_{Di} - V_i \sum_{j \in I, j \neq m} V_j (G_{ij} \sin \theta_{ij} - B_{ij} \cos \theta_{ij}) - V_i V_m (G_{im}(1-\lambda) \sin \theta_{im}$$

$$- B_{im}(1-\lambda) \cos \theta_{im}) + V_i^2 B_{ii}^{\text{new}} = 0 \tag{7-43}$$

式中，$G_{ii}^{\text{new}} = G_{ii} + \lambda G_{im}$；$B_{ii}^{\text{new}} = B_{ii} + \lambda (B_{im} - b_{im0})$，$G_{ii}$ 和 B_{ii} 为支路 $i - m$ 未发生故障时的系统导纳阵的自导纳。

同样，节点 m 处的参数化潮流方程也容易推导出。当 $\lambda = 0$ 时，节点潮流方程就是支路 $i - m$ 未发生故障时的潮流方程；当参数 $\lambda = 1$ 时，节点潮流方程就是支路 $i - m$ 被移除后的潮流方程。

5. 多重复杂故障的参数化方程

多重复杂故障的系统参数化潮流方程就是上述几种情形的线性叠加。值得注意的是，这里仅仅采用了一个参数 λ，当参数 $\lambda = 0$ 时，节点潮流方程就是系统未发生故障时的静态潮流方程；当参数 $\lambda = 1$ 时，节点潮流方程就是系统所有故障设备被移除后的静态潮流方程。必须说明的是，这里故障造成系统解列成岛的情形已经被排除了。一般来讲，变压器支路故障可能造成少数发电机或负荷节点从系统中解列出来，处理的办法是考虑这些节点上的注入型设备的故障退出，而忽略考虑该条支路的故障。至于一些极端故障将系统解列为两个或两个以上独立运行系统的情况，可能需要另外的工具检讨故障后几个独立岛的电压稳定性，采用逐个电气岛评估的方法，这里不予介绍。

简化起见，用式 (7-44) 来表示参数化后的系统潮流方程：

$$\boldsymbol{f}(\boldsymbol{x}, \lambda) = \boldsymbol{0} \quad \boldsymbol{x} \in R^n, \lambda \in R, 0 \leqslant \lambda \leqslant 1 \tag{7-44}$$

式中，$\boldsymbol{x} \in R^n$ 为 n 维状态变量向量；$\lambda \in R$ 为故障参数；$\boldsymbol{f}: R^n \times R \rightarrow R^n$ 为 n 维潮流方程。要研究一个多重故障发生后对于系统的非线性影响，就是要观察当参数 λ 从 0 变到 1 的过程中系统状态变量 $\boldsymbol{x}$ 的变化。

从式(7-44)容易看出，f 在区间[0,1]上是关于 λ 的连续函数，同时也是分段可微函数。之所以是分段可微函数，是因为实际的潮流方程还必须满足一个函数不等式约束：发电机无功出力的上下限值约束。如式(7-45)：

$$Q_{gi\,min} \leqslant Q_{gi}(\boldsymbol{x},\lambda) \leqslant Q_{gi\,max} \quad i = 1,2,\cdots,n_g \tag{7-45}$$

式中，$Q_{gi\,max}$、$Q_{gi\,min}$ 分别为发电机的无功输出限值。

虽然潮流计算和连续潮流计算中都必须满足式(7-45)，但是通常它并不出现在对式潮流方程微分的推导中，它是通过潮流计算中的 PV-PQ 转换逻辑来实现的。

潮流问题是多解的，由一个稳定解和多个不稳定解组成。因此，关键问题是如何跟踪系统的解曲线，以使它由初始的稳定运行解很好地沿着稳定解曲线前进，达到下一个稳定解，而不会在各组解之间来回跳动。连续方法作为一种具有此性质的方法已经得到了广泛应用。这样，如果故障后系统存在一个静态电压稳定运行解(即 $\lambda = 1$ 的解)，则模型跟踪得到的就是这个解；如果不存在，则模型必然得到一个 λ 小于 1 的分岔点。

采用拟弧长参数化方法来扩展系统方程，扩展后的方程为

$$\begin{cases} \boldsymbol{f}(\boldsymbol{x}^j,\lambda^j) = \boldsymbol{0} \\ (\boldsymbol{x}^j - \boldsymbol{x}^{j-1})^{\mathrm{T}} \dot{\boldsymbol{x}}^{j-1} + (\lambda^j - \lambda^{j-1})\dot{\lambda}^{j-1} - \Delta s = 0 \end{cases} \tag{7-46}$$

式中，第 2 个方程是一维拟弧长参数化方程，它可以保证扩展雅可比矩阵在鞍结型分岔点是非奇异的；上标 j 表示待求点，$j-1$ 表示前一个解点，是已知量；$\dot{\lambda}^{j-1}$ 表示参数 λ 对弧长在前一点的偏导数，$\dot{\boldsymbol{x}}^{j-1}$ 表示状态变量 $\boldsymbol{x}$ 对弧长在前一点的偏导向量。Δs 是计算步长，具有拟弧长的意义。

忽略上标，其相应的扩展雅可比矩阵为

$$\begin{bmatrix} \boldsymbol{f}_{\mathrm{x}}(\boldsymbol{x},\lambda) & \boldsymbol{f}_{\lambda}(\boldsymbol{x},\lambda) \\ \dot{\boldsymbol{x}} & \dot{\lambda} \end{bmatrix} \tag{7-47}$$

当 $\boldsymbol{f}_{\mathrm{x}}$ 奇异时，上述矩阵为非奇异矩阵。

7.5.2　虚拟的静态稳定临界点

在故障参数化连续潮流工具中，如果可以找到 $\lambda \geqslant 1$ 的运行点，则计算终止，并可以得出结论，该故障是个安全故障，如图 7-3 中的故障 1；$\lambda = 1$ 对应的潮流解就是系统故障后的静态潮流解；如果在 $\lambda < 1$ 时，系统就到达鼻点，即 $\lambda_{\max} < 1$，则可以判断该故障是一个失稳故障，因为系统不可能存在一个故障后的稳态潮流解，如图中故障 2 所示。此时 $\lambda_{\max}$ 对应的系统运行点 x^*，称为虚拟的静态稳定临

界点。需要指出的是，这个静态稳定临界点可能是鞍结型分岔点，也可能是约束诱导型分岔点。

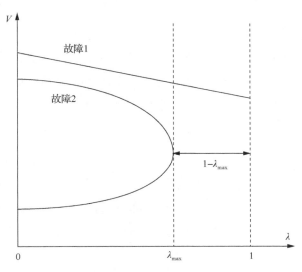

图 7-3 故障连续潮流的 $\lambda - V$ 曲线

必须指出的是，这个静态稳定临界点 B 与常规连续潮流得到的静态稳定临界点不同，并不具有明确的物理意义。

7.6 电压稳定控制的模型和方法

经故障筛选计算，如果系统存在失稳故障或危险故障，则需要切换 AVC 控制模式，由常规的保证电能质量和经济性的控制模式进入电压稳定控制模式。

在控制模型和算法中，针对失稳故障和危险故障之后分别设计了预防控制和增强控制两种模式。前者的任务是对当前系统施加控制，将没有故障态潮流解的故障变为有潮流解和正负荷裕度的故障；后者的任务是将负荷裕度不满足的故障经过控制增加它们的负荷裕度，使之满足稳定要求。当然，本质上它们都是预防性控制。而且在灵敏度计算模型、控制逻辑上都是雷同的，下面仅给出增强控制的模型和方法。

7.6.1 控制灵敏度的计算方法

控制灵敏度是电压稳定预防控制的基础。尽管电力系统稳定问题本质上是一个强非线性问题，但目前所有实用化的控制模型中采用的都是一阶线性灵敏度信息。采用如下公式计算控制对于稳定裕度的灵敏度：

$$S_{ij} \triangleq \left. \frac{\partial \lambda_i}{\partial u_j} \right|_{(x_*, u_*)} = \frac{-\boldsymbol{w}' \boldsymbol{F}_u |_{(x_*, u_*)}}{\boldsymbol{w}' \boldsymbol{F}_\lambda |_{(x_*, u_*)}} \tag{7-48}$$

式中，S_{ij} 表示在故障 i 时控制变量 j 对于稳定裕度参数 λ_i 的灵敏度；$|_{(x_*, u_*)}$ 表示在稳定临界点处的取值；$\boldsymbol{F}_\lambda$ 为扩展潮流方程对参数 $\boldsymbol{\lambda}$ 的导数；$\boldsymbol{F}_u$ 为 $\boldsymbol{F}$ 对于控制变量 $\boldsymbol{u}$ 的导数；$\boldsymbol{w}'$ 为 $n+1$ 维非零行向量。若分岔点为鞍结型稳定临界点，则令 n 维非零行向量 $\boldsymbol{w}$ 为 $\boldsymbol{f}_x |_{(x_*, u_*)}$ 对应于零特征根的左特征向量，则 $\boldsymbol{w}' = (\boldsymbol{w}, 0)$；若临界点为约束诱导型分岔点，则 $\boldsymbol{w}'$ 为扩展雅可比阵 $\boldsymbol{F}_x |_{(x_*, u_*)}$ 对应于零特征根的左特征向量。

7.6.2　基于连续线性规划的控制模型

线性规划技术是一个可用于在线控制的成熟和鲁棒的技术。采用一个基于灵敏度的线性规划优化控制问题来获得最优的控制解。该优化控制问题的数学模型如下：

$$\begin{cases} \min \quad \sum_{i=1}^{n_{type}} w_i \sum_{j=1}^{n_i} (c_j^+ \Delta u_j^+ + c_j^- \Delta u_j^-) \\[2mm] \text{s.t.} \quad \sum_{j=1}^{n_{cont}} S_{ij} (\Delta u_j^+ - \Delta u_j^-) \geqslant \alpha \cdot M_{req} - M_i \quad i = 1, 2, \cdots, n_{ct} \\[2mm] \quad 0 \leqslant \Delta u_j^+ \leqslant u_j^{max} - u_j^0 \\[2mm] \quad 0 \leqslant \Delta u_j^- \leqslant u_j^0 - u_j^{min} \\[2mm] \quad \sum_{j=1}^{n_g} (\Delta p_j^+ - \Delta p_j^-) = 0 \end{cases} \tag{7-49}$$

式中，n_{type} 为控制类型数目；n_i 为第 i 型控制的数目；n_{ct} 为稳定控制考虑的故障数目；Δu_j^+、$\Delta u_j^- \geqslant 0$ 分别为变量 u_j 的正向和负向调整量；w_i 为对应于控制类型 i 的权因子；c_j^+、c_j^- 为控制变量 j 的成本系数；n_{cont} 为参与控制的控制数目；u_j^{max} 和 u_j^{min} 分别为变量 u_j 的上下限值；u_j^0 为控制前变量 u_j 的大小；M_{req} 为系统要求的最小负荷裕度值；M_i 为未控制时故障 i 的负荷裕度值；$\Delta p_j^+, \Delta p_j^-$ 分别为发电机 j 的正负向调整量；n_g 为发电机数目；α 是补偿因子，一般取为（1.01～1.03）。

补偿因子主要是为补偿线性灵敏度的不足而设计的。约束为基于灵敏度的稳定控制不等约束，控制变量的简单不等约束，有功输出平衡约束（忽略网损变化）。

权因子的选取是为了反映不同控制类型的优先级别。通常，带负荷可调变压器的分接头、发电机机端电压调节和并联电容/电抗器具有最高的优先级；发电机有功调节具有次之的优先级；卸负荷具有最低的优先级。级别越低，权因子越大。同类型控制中不同控制变量可能具有不同的控制成本。权因子和成本系数可由系统运行人员根据具体情况来确定。

因为采用线性灵敏度模型，要考虑线性灵敏度的有效区间。在每次迭代中，对部分控制变量施加控制范围的限制，以保证求解维持在线性化模型的有效域内。根据数值经验，如并联电容电抗器、发电机和卸负荷等注入型控制比诸如变压器变比和移相器相角等支路型控制有更大一些的有效域。

第三篇　高级协调问题

第8章 多级控制中心的协调控制

8.1 概　　述

中国电网互联一体，传统的 AVC 系统针对各级电网进行独立控制，其控制对象只是整个电力系统的局部，而任何局部的控制都会对全局电网状态产生影响。尤其对一些关系相对紧密的电力系统，如果只进行独立控制，可能在双方边界上产生控制振荡或者从全局电网的角度导致控制效果下降。

为了解决电网互联和控制孤立之间的矛盾，必须对各级电网的 AVC 系统进行协调，即进行多级控制中心无功电压协调优化控制。传统的协调做法是一种自上而下的单方向协调：选择上下级关口的运行状态作为协调变量，上级 AVC 系统站在上级电网的角度给出协调变量设定值，该设定值通过调度数据网下发到下级 AVC 系统；下级 AVC 系统在控制决策过程中，除了要满足本级电网的控制目标和运行约束外，还要实时跟踪上级 AVC 系统给出的协调变量设定值。这种控制模式只考虑了下级对上级的支持，没有考虑上级对下级的影响，其单方向的协调策略不能实现上下级电网的双向互动，不能真正发挥协调控制的优势。以省地协调电压控制为例，当地调控制手段已经用尽但整体电压依然过高(或过低)时，若省调不予以支援，则地调的电压质量将难以保证。

在我国，目前控制中心之间的协调电压控制主要是网省地这三级电网之间的协调。在分层分区的调度管理体制下，多级控制中心无功电压协调优化控制问题具有如下特点：

(1)电网互联，相互影响。以省地电网为例，从上级电网来看，下级电网是用户，相当于一个等值负荷，其内部无功的就地补偿情况将直接影响从上级主网下送的无功大小；而从下级电网来看，上级电网是电源，相当于一个等值发电机，上级电网的电压高低将直接影响下级电网整体的电压水平。

(2)控制决策分布。对于上述互联电网的控制与决策实际上是分布进行的。这种分布性体现在：从空间上，上级 AVC 系统和下级 AVC 系统有不同的控制范围，各控制中心的控制模型、控制手段、控制算法都不尽相同，但同时电网互联一体，如何保证双方控制策略协调一致，避免出现控制边界上明显不合理的无功流动，这是一个难点问题。从目标上，上下级电网有各自的控制对象和控制目标，如何有机地协调各个控制目标，这也是一个难题。从时间上，上下级电网有各自的控制手段，各控制手段具有不同的时间常数，如何对分布在不同控制中心的离散设备和连续设备的行为进行协调,这同样是一个难题。

(3)信息具有局部性。这里的信息是一个广义的概念,涵盖了电网模型、计算模型、约束条件、实时数据等各项内容。以省地协调为例,由于地调辐射电网节点多、电压等级低,在省调侧一般不关心其内部细节,省调侧 EMS 不必要也不可能进行过于详细的建模;同理,地调侧也无法获知省调电网的详细结构。

"电网互联""控制分布""信息局部"这三个特点交织在一起,为本问题研究提出了严峻挑战。如果把分布在电网中的控制系统看成具有决策能力的智能体,那么这个智能体只能根据局部信息进行分析与决策,它所得出的控制策略也仅在有限信息条件下是"最优"的。如果综合考虑全局信息,这一策略就不是优化的,甚至不是"可行"的。一个直观的例子是上级 AVC 系统和下级 AVC 系统都追求在一定电压约束条件下的系统优化运行,但是无论上级还是下级的 AVC 系统,其约束条件都只面向自身,做不到涵盖全局。比如上级 AVC 系统通过闭环控制,可以保证将该控制中心内的电网母线电压控制在预先要求的运行范围之内,对于上级 AVC 来说,这是满足要求的"可行解",但是对于下级电网而言,可能导致其电网的大面积电压越限,如果上级 AVC 系统没有建立相应的下级电网模型,也就无从获知这一信息;而从下级侧出发,尽管此时调整上级电网根节点电压是最有效的调节手段,但是由于下级电网不能向上级电网发出调节需求,只能在其电网内部进行大面积的设备调整,付出较大的控制代价。

综上所述,目前控制中心内的 AVC 系统主要基于本控制中心内部的信息进行调节控制,其控制目标和控制手段都集中在本控制中心内,缺乏从全局电网的角度来进行协调。控制中心间的协调电压控制主要以单方向协调为主,这种控制模式利用下级电网的资源帮助上级电网进行调节,而上级电网并不能获知下级电网的运行需求并帮助其调节。因此,这个控制模式严格意义上不属于"互动化"的协调控制。

本书采用控制中心内的 AVC 自律控制和控制中心间的协同控制相结合的方法,解决了多级控制中心无功电压协调优化控制问题。在概念上,将地理上广域分布的各级 AVC 系统看成是分散独立的控制系统,通过各控制系统之间的信息交互来弥补局部信息的不足,使原来进行孤立决策的各级 AVC 系统"互动"起来,保证各级 AVC 系统在分布控制下的协同一致,实现全局电网的优化控制。

8.2　基本概念

8.2.1　协调关口

在分层分区的调度体制下,全局电网的电网结构具有两个特点:下级电网主要与上级电网互联,各下级电网之间弱耦合或者无直接互联;上下级电网边界构成了割集，即上下级电网只通过边界节点相联系。

不失一般性，假设一个全局电网分解为上下两级电网，各级电网分别受上下两级控制中心(一个上级系统 M 和一个下级系统 S)控制。其中，上级电网和下级电网之间的边界节点集合组成上下级边界集 B，并定义上下级电网边界的每个联络设备(上下级联络线或联络变)为一个关口，关口有两个运行状态属性：关口电压(上下级边界母线的电压)以及关口无功(上下级联络线或联络变的无功)。

在定义了上下级边界集 B 之后，原全局电网静态优化模型中的状态变量、控制变量、约束条件和优化目标等可随之解耦。

1)状态变量空间解耦

根据状态变量所在节点的归属，将状态变量分解为上级状态变量 x^M、下级状态变量 x^S 和关口状态变量 x^B，如式(8-1)所示。

$$x = [x^M, x^S, x^B] \tag{8-1}$$

2)控制变量空间解耦

根据控制设备的归属，将控制变量分解为上级控制变量 u^M 和下级控制变量 u^S，如式(8-2)所示。

$$u = [u^M, u^S] \tag{8-2}$$

3)运行约束空间解耦

上、下级电网通过关口节点间接发生联系，因此原问题的运行约束将分解为上级运行约束和下级运行约束两种。

上级运行约束变量包括 x^M、x^B 和 u^M。

$$\begin{cases} h^M(x^M, x^B, u^M) = 0 \\ g^M(x^M, x^B, u^M) \leqslant 0 \end{cases} \tag{8-3}$$

下级运行约束变量包括 x^S、x^B 和 u^S。

$$\begin{cases} h^S(x^S, x^B, u^S) = 0 \\ g^S(x^S, x^B, u^S) \leqslant 0 \end{cases} \tag{8-4}$$

4)关口约束和映射分裂

对于上下级关口，具有如下的关口等式约束：

$$h^B(x^M, x^B, x^S) = 0 \tag{8-5}$$

借助映射分裂思想(孙宏斌等, 1998; 1999)，假设映射 h^B 可被分裂为

$$\boldsymbol{h}^{B}(\boldsymbol{x}^{M}, \boldsymbol{x}^{B}, \boldsymbol{x}^{S}) = \boldsymbol{h}_{M}^{B}(\boldsymbol{x}^{M}, \boldsymbol{x}^{B}) - \boldsymbol{h}_{S}^{B}(\boldsymbol{x}^{B}, \boldsymbol{x}^{S}) = \boldsymbol{0} \tag{8-6}$$

再引入映射分裂迭代中间变量 $\boldsymbol{y}^{B}$，计算式为

$$\boldsymbol{y}^{B} = \boldsymbol{h}_{S}^{B}(\boldsymbol{x}^{B}, \boldsymbol{x}^{S}) \tag{8-7}$$

则关口等式约束可分解为

$$\begin{cases} \boldsymbol{h}_{M}^{B}(\boldsymbol{x}^{M}, \boldsymbol{x}^{B}) = \boldsymbol{y}^{B} \\ \boldsymbol{y}^{B} = \boldsymbol{h}_{S}^{B}(\boldsymbol{x}^{B}, \boldsymbol{x}^{S}) \end{cases} \tag{8-8}$$

本书称 $\boldsymbol{y}^{B}$ 为关口依从变量。对于无功电压优化问题，若选择关口电压为 $\boldsymbol{x}^{B}$，则 $\boldsymbol{y}^{B}$ 对应于关口无功。

8.2.2　协调变量

上下级电网之间的影响通过关口状态变量 $\boldsymbol{x}^{B}$ 和关口依从变量 $\boldsymbol{y}^{B}$ 体现，本书统称为协调变量 $\boldsymbol{z}$。

$$\boldsymbol{z} = [\boldsymbol{x}^{B}, \boldsymbol{y}^{B}] \tag{8-9}$$

根据上下级电网的物理特性，关口状态变量 $\boldsymbol{x}^{B}$ 很大程度上受上级电网运行方式的影响，称为上级协调变量；关口依从变量 $\boldsymbol{y}^{B}$ 很大程度上受下级电网运行方式的影响，称为下级协调变量。

协调变量 $\boldsymbol{z}$ 在多级控制中心无功电压协调优化控制中起着非常重要的作用。

(1) 从物理问题角度，由协调变量的定义可知，各级电网通过协调变量 $\boldsymbol{z}$ 相联系，协调变量 $\boldsymbol{z}$ 的实时状态由各级电网的运行状态共同决定；若各级电网间不存在协调变量，则各级电网将变成互不相关的独立电网，也就没有协调的必要。

(2) 从协调目标角度，消除控制中心间的不协调现象，是多级控制中心无功电压协调优化控制的根本目的。这种不协调现象首先反映为协调变量运行状态的不协调，因此多级控制中心无功电压协调优化控制也可以看作是对协调变量的协调。

8.2.3　协调约束

1. 运行需求双向协调约束

对于下级系统 S，上级系统 M 通过关口状态变量 $\boldsymbol{x}^{B}$ 影响其运行状态，各下级系统 S 的状态变量 $\boldsymbol{x}^{S}$，由下级系统的控制变量 $\boldsymbol{u}^{S}$ 和关口状态变量 $\boldsymbol{x}^{B}$ 共同决定。其表达式为

$$x^S \in \Psi^S_R(x^B) = \begin{cases} y^B = h^B_S(x^B, x^S) \\ h^S(x^S, x^B, u^S) = 0 \\ g^S(x^S, x^B, u^S) \leqslant 0 \end{cases} \tag{8-10}$$

可见，对于下级系统 S，约束条件 $x^S \in \Psi^S_R(x^B)$ 是协调问题的关键，其物理含义是：在进行协调优化时，下级系统 S 的可行域将压缩上级系统的寻优空间，上级系统在优化过程中，需要在满足自身可行域的前提下，兼顾下级系统的需求。

$x^S \in \Psi^S_R(x^B)$ 计算复杂度较大，如果能够将其转化为简单的不等式约束，那么整个问题将简化。基于这样的思路，本书提出了运行需求协调约束的概念，通过引入运行需求协调约束，将一个复杂的问题简化为一系列简单不等式约束。

由 $x^S \in \Psi^S_R(x^B)$ 得到的协调约束称为下级运行需求协调约束，如式 (8-11) 所示。

$$\begin{cases} y^B = h^B_S(x^B, x^S) \\ h^S(x^S, x^B, u^S) = 0 \quad \Rightarrow \quad \underline{x^B_R} \leqslant x^B \leqslant \overline{x^B_R} \\ g^S(x^S, x^B, u^S) \leqslant 0 \end{cases} \tag{8-11}$$

式中，$\underline{x^B_R} \leqslant x^B \leqslant \overline{x^B_R}$ 为下级运行需求协调约束；下标 R 为运行需求。

下级运行需求协调约束是下级系统 S 根据自身的当前状态和运行约束，对关口状态变量 x^B 提出的期望约束范围，其目的是如果 x^B 在此范围内，则可保证下级优化子问题有解，即 $x^S \in \Psi^S_R(x^B)$ 不为空。

类似地，可得到上级运行需求约束条件

$$x^M \in \Psi^M_R(y^B) = \begin{cases} h^B_M(x^M, x^B) = y^B \\ h^M(x^M, x^B, u^M) = 0 \\ g^M(x^M, x^B, u^M) \leqslant 0 \end{cases} \tag{8-12}$$

由 $x^M \in \Psi^M_R(y^B)$ 得到的协调约束称为上级运行需求约束，其表达式为

$$\begin{cases} h^B_M(x^M, x^B) = y^B \\ h^M(x^M, x^B, u^M) = 0 \quad \Rightarrow \quad \underline{y^B_R} \leqslant y^B \leqslant \overline{y^B_R} \\ g^M(x^M, x^B, u^M) \leqslant 0 \end{cases} \tag{8-13}$$

式中，$\underline{y^B_R} \leqslant y^B \leqslant \overline{y^B_R}$ 为上级运行需求协调约束。

上级运行需求协调约束是上级系统根据自身的当前状态和运行约束，对关口依从变量 y^B 提出的期望约束范围，其目的是如果 y^B 在此范围内，则可保证上级优化子问题有解，即 $x^M \in \Psi^M_R(y^B)$ 不为空。

2. 调节能力双向协调约束

对于下级系统 S，若固定关口状态变量 x^B，则各下级系统的状态变量 x^S 和关口依从变量 y^B 由下级控制变量 u^S 决定。其表达式如式(8-14)所示：

$$y^B \in \Psi^S_A(u^S) = \begin{cases} y^B = h^B_S(x^B, x^S) \\ h^S(x^S, x^B, u^S) = 0 \\ g^S(x^S, x^B, u^S) \leqslant 0 \end{cases} \tag{8-14}$$

可见，对于下级系统，约束条件族 $y^B \in \Psi^S_A(u^S)$ 的物理含义是：在进行协调优化时，下级电网运行状态的变化将影响关口依从变量 y^B 的变化，使用关口依从变量 y^B 来描述下级调节能力约束。

与上节的思路类似，将 $y^B \in \Psi^S_A(u^S)$ 转化为简单不等式约束，由 $y^B \in \Psi^S_A(u^S)$ 得到的协调约束称为下级调节能力协调约束，其表达式为

$$\begin{cases} y^B = h^B_S(x^B, x^S) \\ h^S(x^S, x^B, u^S) = 0 \\ g^S(x^S, x^B, u^S) \leqslant 0 \end{cases} \Rightarrow \underline{y^B_A} \leqslant y^B \leqslant \overline{y^B_A} \tag{8-15}$$

式中，$\underline{y^B_A} \leqslant y^B \leqslant \overline{y^B_A}$ 为下级调节能力约束；下标 A 为调节能力。

下级调节能力协调约束是下级系统 S 根据自身的当前状态和运行约束，对关口依从变量 y^B 提出的可调范围。

相应地，对于上级系统，得到上级调节能力约束条件

$$x^B \in \Psi^M_A(u^M) = \begin{cases} h^B_M(x^M, x^B, y^B) = 0 \\ h^M(x^M, x^B, u^M) = 0 \\ g^M(x^M, x^B, u^M) \leqslant 0 \end{cases} \tag{8-16}$$

由 $x^B \in \Psi^M_A(u^M)$ 得到的协调约束称为上级调节能力协调约束，其表达式为

$$\begin{cases} \boldsymbol{h}_{\mathrm{M}}^{\mathrm{B}}(\boldsymbol{x}^{\mathrm{M}}, \boldsymbol{x}^{\mathrm{B}}, \boldsymbol{y}^{\mathrm{B}}) = \boldsymbol{0} \\ \boldsymbol{h}^{\mathrm{M}}(\boldsymbol{x}^{\mathrm{M}}, \boldsymbol{x}^{\mathrm{B}}, \boldsymbol{u}^{\mathrm{M}}) = \boldsymbol{0} \quad \Rightarrow \quad \underline{\boldsymbol{x}_{\mathrm{A}}^{\mathrm{B}}} \leqslant \boldsymbol{x}^{\mathrm{B}} \leqslant \overline{\boldsymbol{x}_{\mathrm{A}}^{\mathrm{B}}} \\ \boldsymbol{g}^{\mathrm{M}}(\boldsymbol{x}^{\mathrm{M}}, \boldsymbol{x}^{\mathrm{B}}, \boldsymbol{u}^{\mathrm{M}}) \leqslant \boldsymbol{0} \end{cases} \tag{8-17}$$

式中，$\underline{\boldsymbol{x}_{\mathrm{A}}^{\mathrm{B}}} \leqslant \boldsymbol{x}^{\mathrm{B}} \leqslant \overline{\boldsymbol{x}_{\mathrm{A}}^{\mathrm{B}}}$ 为上级调节能力协调约束。

上级调节能力协调约束是上级系统根据自身的当前状态和运行约束，对关口状态变量 $\boldsymbol{x}^{\mathrm{B}}$ 提出的可调范围。

8.2.4　关口无功电压耦合度关系

在中国，目前多级控制中心无功电压协调优化控制主要包括网省协调和省地协调两种协调应用。这两种应用的本质区别在于上下级电网间耦合关系的强弱不同。本节对电网耦合关系进行分析，从关口电压和关口无功两方面分别考虑上下级电网间的耦合关系，给出耦合关系指标，作为多级控制中心无功电压协调优化控制系统的设计基础。

对于节点注入无功，规定其正方向为流入母线为正，分别给出上级和下级的快速分解法 Q-V 迭代方程（张伯明等，1996）。

$$\begin{cases} \boldsymbol{B}''^{\mathrm{M}} \Delta \boldsymbol{V}^{\mathrm{M}} = \Delta \boldsymbol{Q}^{\mathrm{M}} \\ \boldsymbol{B}''^{\mathrm{S}} \Delta \boldsymbol{V}^{\mathrm{S}} = \Delta \boldsymbol{Q}^{\mathrm{S}} \end{cases} \tag{8-18}$$

记上级系统 M 中潮流计算矩阵 $\boldsymbol{B}''^{\mathrm{M}}$ 的逆矩阵为 $\boldsymbol{Z}^{\mathrm{M}}$，下级系统 S 中潮流计算矩阵 $\boldsymbol{B}''^{\mathrm{S}}$ 的逆矩阵为 $\boldsymbol{Z}^{\mathrm{S}}$，则式 (8-19) 成立。

$$\begin{cases} \Delta \boldsymbol{V}^{\mathrm{M}} = \boldsymbol{Z}^{\mathrm{M}} \Delta \boldsymbol{Q}^{\mathrm{M}} \\ \Delta \boldsymbol{V}^{\mathrm{S}} = \boldsymbol{Z}^{\mathrm{S}} \Delta \boldsymbol{Q}^{\mathrm{S}} \end{cases} \tag{8-19}$$

图 8-1 给出了无功解耦的线性增量等值模型。站在协调关口，分别对上、下级系统进行等值。

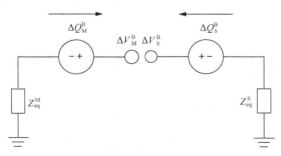

图 8-1　耦合关系分析等值模型

图 8-1 中，Z_{eq}^M、Z_{eq}^S 分别为上下级系统在关口的等值电抗，假设该关口节点在上级系统 M 中的节点编号为 i^M，则 Z_{eq}^M 是 $\boldsymbol{Z}^M$ 中第 i^M 个对角元素；类似地，假设该关口节点在下级系统 S 中的节点编号为 i^S，Z_{eq}^S 是 $\boldsymbol{Z}^S$ 中第 i^S 个对角元素；ΔV_M^B、ΔV_S^B 分别为由于上、下级系统的动作使得关口电压的变化量。

将两个子系统联在一起后，记 ΔV^B 为电网互联后的关口电压幅值变化量，则 ΔV^B 由式(8-20)确定。

$$\Delta V^B = \frac{\dfrac{\Delta V_M^B}{Z_{eq}^M} + \dfrac{\Delta V_S^B}{Z_{eq}^S}}{\dfrac{1}{Z_{eq}^M} + \dfrac{1}{Z_{eq}^S}} \tag{8-20}$$

由式(8-20)，可得

$$\begin{cases} \Delta V^B = \varepsilon_V^M \Delta V_M^B + \varepsilon_V^S \Delta V_S^B \\ \varepsilon_V^M = Z_{eq}^S / (Z_{eq}^M + Z_{eq}^S) \\ \varepsilon_V^S = Z_{eq}^M / (Z_{eq}^M + Z_{eq}^S) \end{cases} \tag{8-21}$$

式中，ε_V^M、ε_V^S 分别为上、下级电网的电压耦合系数。

在图 8-1 中，ΔQ_M^B、ΔQ_S^B 分别为在系统互联后，由于上下级系统的动作，使得关口无功的改变量。则式(8-22)成立。

$$\begin{cases} \Delta Q_M^B = \dfrac{\Delta V_M^B}{Z_{eq}^S} \\ \\ \Delta Q_S^B = \dfrac{\Delta V_S^B}{Z_{eq}^M} \end{cases} \tag{8-22}$$

若定义关口无功的正方向是从上级流向下级，则互联后的关口无功由式(8-23)确定。

$$\begin{cases} \Delta Q^B = \Delta Q_M^B - \Delta Q_S^B = \varepsilon_Q^M \Delta V_M^B - \varepsilon_Q^S \Delta V_S^B \\ \varepsilon_Q^M = 1 / Z_{eq}^S \\ \varepsilon_Q^S = 1 / Z_{eq}^M \end{cases} \tag{8-23}$$

式中，ε_Q^M、ε_Q^S 分别为上、下级电网的无功耦合系数。

显然，公式(8-24)成立。

$$\frac{\varepsilon_V^M}{\varepsilon_V^S} = \frac{\varepsilon_Q^S}{\varepsilon_Q^M} \tag{8-24}$$

一般，$Z_{eq}^M < Z_{eq}^S$，因此，有式 (8-25) 成立。

$$\left\| \varepsilon_V^M \right\| > \left\| \varepsilon_V^S \right\| \tag{8-25}$$

由上述分析，给出上下级系统的强弱耦合关系判定原则。

(1) 若 $\left\| \varepsilon_V^M \right\| >> \left\| \varepsilon_V^S \right\|$，则 $\Delta V^B \approx \Delta V_B^M$，说明关口状态变量(关口电压)主要由上级电网的运行方式决定；同时 $\left\| \varepsilon_Q^M \right\| \ll \left\| \varepsilon_Q^S \right\|$ 成立，$\Delta Q^B \approx -\Delta Q_S^B$，说明关口依从变量(关口无功)主要由下级电网的运行方式决定，即判定上下级为主从弱耦合。

(2) 若 $\left\| \varepsilon_V^M \right\|$ 与 $\left\| \varepsilon_V^S \right\|$ 差别不大，在同一数量级，则说明关口状态变量和关口依从变量由上、下级电网的运行方式共同决定，即判定上下级为强耦合。

为进一步说明本节提出的协调变量耦合关系指标，本节进行了如下两个仿真算例研究。

1. 弱耦合仿真算例

选择两个算例系统，通过模型拼接组成全局电力系统，其中上级系统为 IEEE39 节点标准系统；下级系统为多条相互独立的辐射网络支路，各支路结构参数为文献(Civanlar et al, 1988)提供的三馈线系统中的第一条馈线模拟某关口下的辐射网络。

表 8-1 给出了以各负荷母线作为协调关口时的上、下级系统电压耦合关系系数。可见，与上级系统相比，下级系统的等值电抗要大得多，$\left\| \varepsilon_V^M \right\| \gg \left\| \varepsilon_V^S \right\|$ 关系成立，此时即判定该上下级电网为主从弱耦合。

表 8-1　主从弱耦合条件下的上、下级系统影响力列表

序号	母线编号	上级系统等值电抗	下级系统等值电抗	上级系统电压耦合系数	下级系统电压耦合系数
1	BUS-3	0.012	12.3	0.999	0.001
2	BUS-4	0.012	12.3	0.999	0.001
3	BUS-7	0.014	12.3	0.998	0.002
4	BUS-8	0.012	12.3	0.999	0.001
5	BUS-20	0.010	12.3	0.999	0.001
6	BUS-28	0.022	12.3	0.998	0.002
7	BUS-29	0.013	12.3	0.999	0.001

2. 强耦合仿真算例

选择 IEEE39 节点标准系统作为全局电力系统，选择支路 8-9、25-26、3-18、3-4 作为关口支路，将原系统分解为两个相互联系的电力系统，分解后的各级系统及关口节点集合如表 8-2 所示。

表 8-2　分解后的上、下级系统及关口节点集合

内容	关口	下级系统	上级系统
包含节点	4、8、18、26	1、2、3、9、25 30、37、39	其余节点

表 8-3 给出了各关口母线的上、下级系统电压耦合度系数。

表 8-3　主从强耦合条件下的上、下级系统影响力列表

序号	母线编号	上级系统 等值电抗	下级系统 等值电抗	上级系统 电压耦合系数	下级系统 电压耦合系数
1	BUS-4	0.023	0.063	0.733	0.267
2	BUS-8	0.039	0.063	0.618	0.382
3	BUS-18	0.020	0.055	0.733	0.267
4	BUS-26	0.026	0.052	0.667	0.333

可以看出，$\left\|\varepsilon_V^M\right\| > \left\|\varepsilon_V^S\right\|$ 成立，同时 $\left\|\varepsilon_V^M\right\|$ 与 $\left\|\varepsilon_V^S\right\|$ 在同一数量级，此时即判定该上下级电网为强耦合。

8.2.5　协调关口组

当上下级电网间存在电磁环网时，关口依从变量 y^B 不但与本关口的运行状态有关，还与环网内其他关口的运行状态相关(孙宏斌等, 2008)。本节以两关口上下级系统为例分析电磁环网对上下级系统协调变量的影响，并引入协调关口组(广义关口)的概念，从而消除由于电磁环网而导致的关口间协调变量耦合关系。

对于两关口上下级系统，记其状态变量为 (x_1^B, x_2^B)，关口依从变量为 (y_1^B, y_2^B)。

保留上下级关口，对下级电网的导纳矩阵进行高斯消去，得到由三条等值支路组成的等值网，其中 Y_{11}^{BS}、Y_{22}^{BS} 分别为两个关口节点的对地导纳，Y_{12}^{BB} 为关口节点间的等值导纳。如图 8-2 所示。

如果选取节点电压作为关口状态变量，节点电流作为关口依从变量，则图 8-2 中关口节点电压方程为

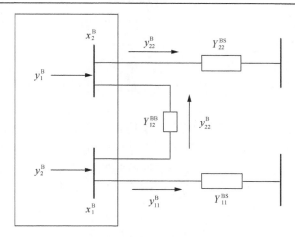

图 8-2 两关口下级系统等值后的电网模型

$$\begin{pmatrix} y_1^B \\ y_2^B \end{pmatrix} = \begin{pmatrix} Y_{11}^{BB} + Y_{12}^{BB} & -Y_{12}^{BB} \\ -Y_{12}^{BB} & Y_{22}^{BB} + Y_{12}^{BB} \end{pmatrix} \begin{pmatrix} x_1^B \\ x_2^B \end{pmatrix} \tag{8-26}$$

$$\begin{cases} y_1^B = Y_{11}^{BB} x_1^B + Y_{12}^{BB} (x_1^B - x_2^B) \\ y_2^B = Y_{22}^{BB} x_2^B + Y_{12}^{BB} (x_2^B - x_1^B) \end{cases} \tag{8-27}$$

可见，式(8-27)所示的关口依从变量 y^B 由并联支路对地变量和关口环路变量两部分组成。

当 $Y_{12}^{BB} = 0$ 时，表明两个关口没有通过下级电网构成环路，即下级电网均为辐射网运行，当上级电网的内阻抗远小于下级电网的内阻抗时，全局电网的主从特性自然满足，此时，每一个关口支路均对应一个协调关口。

当 $Y_{12}^{BB} \neq 0$ 时，表明两个关口通过下级电网构成环路，此时环路变量受关口节点电压分布的影响较大。在这种情况下，本书提出了协调关口组的概念。

同样以图 8-2 为例，当两关口在下级电网侧存在环路时，将这两个关口组合在一起组成关口组，每个关口组相当于一个广义关口，广义关口的依从变量为关口组内各关口依从边量之和(标量)，广义关口的状态变量为组内所有关口状态变量组成的矢量。其状态变量 $\tilde{x}^B$ 和依从变量 $\tilde{y}^B$ 具有如式(8-28)所示关系。

$$\begin{cases} \tilde{x}^B = \begin{pmatrix} x_1^B \\ x_2^B \end{pmatrix} \\ \tilde{y}^B = y_1^B + y_2^B = \begin{pmatrix} Y_{11}^{BB} & Y_{22}^{BB} \end{pmatrix} \tilde{x}^B \end{cases} \tag{8-28}$$

可见，基于协调关口组(广义关口)，即使存在组内环路，关口状态变量分布发生变化也基本不影响广义关口的依从变量值。

基于本节定义的协调关口组，在无功电压控制过程中，通过调节协调关口组的关口无功来改变控制中心间的无功交换量，其作用类似于有功频率控制中的联络线断面。

为生成协调关口组，忽略上级电网架构，对下级电网进行拓扑分析，每一个拓扑岛将包括若干上下级关口，将每一个岛内的关口组合定义为协调关口组。

以网省协调为例，分析在存在电磁环网时的协调关口组生成情况。图 8-3 给出了网省全局电网的网架示意，其电网结构具有如下特点：①存在 500kV/220kV电磁环网；②220kV 分区解环运行。

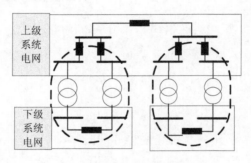

图 8-3　网省全局电网的网架示意

可见，通过广义关口的概念，即使上、下级系统之间存在电磁环网时，下级系统仍然可近似看作辐射网运行。

以华东电网 2010 年 10 月 25 日断面为例，分析其协调关口组的生成情况，表8-4 给出了其生成结果(福建省内 500kV 网络归福建省调直控，因此本表未考虑福建电网)。

表 8-4　华东电网协调关口组生成情况

控制中心	网省关口主变数	协调关口组数
江苏	64	12
浙江	72	14
安徽	20	6
上海	26	7
总计	182	39

可见，虽然华东电网的网省关口主变有 182 座，但通过拓扑分析后，生成的协调关口组为 39 组，这说明网省电网间确实存在电磁环网，同时也说明了省调220kV 网络为分区解环运行。

8.3　多级控制中心协调优化控制模式

根据分级电压控制理论，将整个协调优化控制过程分解为小时级的三级优化协调和分钟级的二级控制协调两部分组成，小时级的三级优化协调对各级 AVC 系统的 TVC 过程进行协调，得到全局电网的协调优化目标；分钟级的二级控制协调对各级 AVC 系统的 SVC 过程进行快速协调，来追随优化层给出的协调优化目标。实现互动协调优化控制功能的协调模块位于上级控制中心，本书称之为协调器（coordinator）。协调器是整个协调优化控制的核心决策者。

图 8-4 给出了两级控制中心无功电压分级协调优化控制架构。

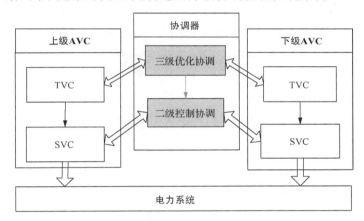

图 8-4　两级控制中心分级协调控制架构

图 8-5 给出了双向互动的多级控制中心协调优化控制与原有控制中心内独立 AVC 系统之间的关系。

由图 8-5 可知：

(1) 为实现双向互动协调，需要研究设计协调器用于协调决策并将其部署于上级控制中心。

(2) 为实现闭环协调，各级 AVC 系统需要进行必要的扩展，以具备生成协调约束和执行协调策略的能力。

(3) 协调器生成的协调策略并不直接作用于实际物理电网，而是对各级 AVC 系统的决策过程进行优化和控制两个层面的互动协调。

总之，协调控制前，各级 AVC 系统基于本控制中心内局部信息进行独立优化控制；协调控制后，通过对各级 AVC 系统的决策过程进行双向互动协调，实现了全局电网的优化控制。

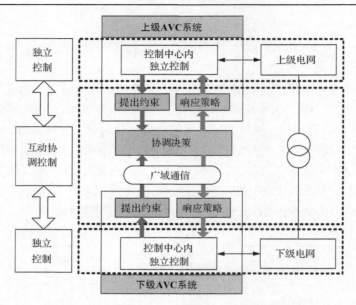

图 8-5　独立控制与互动协调优化控制的关系框图

根据优化模式和控制模式的不同，可将多级控制中心无功电压协调优化控制模式进行分类，如图 8-6 所示。

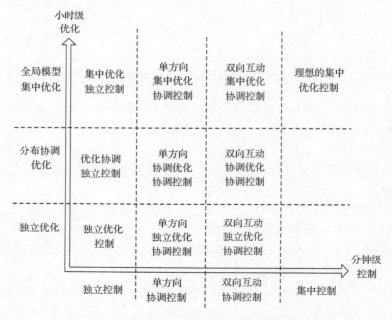

图 8-6　多级控制中心无功电压协调控制模式分类

图 8-7 给出了多级控制中心无功电压双向互动协调优化控制的过程示意。

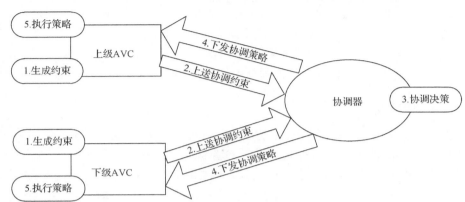

图 8-7 互动协调优化控制过程示意

整个协调过程包括五个环节。

(1)各级 AVC 系统分析当前各控制中心内电网的运行状态,浓缩提取调节能力和运行需求两种协调约束。

(2)各级 AVC 系统将协调约束上送给位于上级控制中心的协调器,其中,上下级控制中心间需要通过广域网络进行信息交互。

(3)基于各级 AVC 系统生成的协调约束,位于上级控制中心的协调器进行优化和控制两个层面的协调决策。

(4)协调器将协调策略以小时级的协调优化策略和分钟级的协调控制策略两种形式下发给各级 AVC 系统,同样,上下级控制中心间需要通过广域网络进行信息交互。

(5)各级 AVC 系统响应执行协调器给出的协调优化策略和协调控制策略。

8.4 强耦合的多级控制中心协调优化控制

8.4.1 特点分析

在强耦合应用场合(典型如网省协调电压控制),上下级电网间的关系有两个特点:①一般存在电磁环网;②关口无功电压相互影响,密不可分,上级电网运行状态的变化将同时影响关口状态变量(关口电压)和依从变量(关口无功)的变化,下级亦然。

针对特点①,本书采用 8.2 节提出的协调关口组,同一电磁环网内的关口组成一个协调关口组,并以协调关口组这一广义关口作为单元进行分析计算,可消除电磁环网导致的关口间耦合关系。本节重点研究如何在电网强耦合(关口无功电压相互影响，密不可分)条件下进行协调优化控制。

为研究强耦合下的协调优化控制方法，需要关注如下问题：

(1)强耦合下，各级 AVC 系统如何生成协调约束？

(2)强耦合下，协调器如何产生协调策略？

(3)强耦合下，各级 AVC 系统如何响应执行协调策略？

8.4.2　协调约束的生成

协调约束生成环节负责浓缩提取各级电网的运行状态并告知协调器。由本书第 8.2.3 节可知，浓缩后的运行状态可以描述为两大类协调约束信息：调节能力和运行需求。在分级电压控制框架下，各级 AVC 系统基于在线软分区结果(郭庆来等，2005)进行分区控制，分区内电网紧密联系，区间电网弱耦合。本书基于在线自适应软分区结果，以控制软分区为计算单元，使用准稳态灵敏度(张伯明等，1996；Sun et al, 2002；孙宏斌等，2008)计算各级电网的调节能力约束和运行需求约束。

选择关口电压 V^{B} 来描述关口状态变量 x^{B}，选择关口无功 Q^{B} 来描述关口依从变量 y^{B}，如式(8-29)所示。

$$\begin{cases} z = [V^{\mathrm{B}}, Q^{\mathrm{B}}] \\ x^{\mathrm{B}} = V^{\mathrm{B}} \\ y^{\mathrm{B}} = Q^{\mathrm{B}} \end{cases} \tag{8-29}$$

为简化描述，统一定义关口无功正方向为上级流向下级。

1. 上级协调约束的生成

对于上级系统，通过在线软分区计算将上级电网分解为 N^{M} 个软分区。其中，第 j 个软分区内的节点组成节点集 Z_j^{M} ($j = 1, \cdots, N^{\mathrm{M}}$)。以软分区为计算单元，计算上级的调节能力和运行需求约束。

1)上级调节能力约束

使用关口状态变量 x^{B}(即关口电压)来描述上级的调节能力。以软分区为计算单元，进行相应的调节能力约束计算。

(1)上级调节能力约束上限。上级调节能力约束上限定义为：在满足安全运行约束的条件下，通过上级控制设备的调节，使得关口电压向上的最大可调量，其数学模型如式(8-30)所示。

$$
\begin{cases}
\min\limits_{\Delta u_i^{\mathrm{M}}} \left\| x_i^{\mathrm{B}} + \Delta x_i^{\mathrm{B}} - \overline{x_i^{\mathrm{B}}} \right\| \\
\text{s.t.} \;\; \underline{x_i^{\mathrm{M}}} \leqslant x_i^{\mathrm{M}} + S_{\mathrm{XU}}^{\mathrm{MM}} \Delta u_i^{\mathrm{M}} \leqslant \overline{x_i^{\mathrm{M}}} \\
\quad\;\; \underline{x_i^{\mathrm{B}}} \leqslant x_i^{\mathrm{B}} + S_{\mathrm{XU}}^{\mathrm{BM}} \Delta u_i^{\mathrm{M}} \leqslant \overline{x_i^{\mathrm{B}}} \qquad i \in \boldsymbol{Z}_j^{\mathrm{M}} \\
\quad\;\; \underline{u_i^{\mathrm{M}}} \leqslant u_i^{\mathrm{M}} + \Delta u_i^{\mathrm{M}} \leqslant \overline{u_i^{\mathrm{M}}} \\
\quad\;\; \underline{y_i^{\mathrm{B}}} \leqslant y_i^{\mathrm{B}} + S_{\mathrm{YU}}^{\mathrm{BM}} \Delta u_i^{\mathrm{M}} \leqslant \overline{y_i^{\mathrm{B}}}
\end{cases}
\tag{8-30}
$$

式中，下划线代表了该变量的运行下限（人工给定）；上划线代表了该变量的运行上限（人工给定）；上标代表了变量所属的控制中心；下标代表了该变量所在节点。$S_{\mathrm{XU}}^{\mathrm{MM}}$ 为上级状态变量对上级控制变量的灵敏度；$S_{\mathrm{XU}}^{\mathrm{BM}}$ 为关口状态变量对上级控制变量的灵敏度；$S_{\mathrm{YU}}^{\mathrm{BM}}$ 为关口依从变量对上级控制变量的灵敏度。

计算过程中考虑的约束条件包括：上级状态变量运行约束、关口状态变量运行约束、上级控制变量运行约束、关口依从变量运行约束。

（2）上级调节能力约束下限。上级调节能力约束下限定义为：在满足安全运行约束的条件下，通过上级控制设备的调节，使得关口电压向下的最大可调量。

保留式（8-30）的约束条件，将其目标函数变为如式（8-31）所示的形式，即可得到上级调节能力约束下限。

$$
\min\limits_{\Delta u_i^{\mathrm{M}}} \left\| x_i^{\mathrm{B}} + \Delta x_i^{\mathrm{B}} - \underline{x_i^{\mathrm{B}}} \right\|
\tag{8-31}
$$

2）上级运行需求约束

使用关口依从变量 $\boldsymbol{y}^{\mathrm{B}}$（即关口无功）来描述上级的运行需求。以软分区为计算单元，进行相应的运行需求约束计算。

（1）上级运行需求约束上限。上级运行需求约束上限定义为：在满足安全运行约束的条件下，通过对上级控制设备以及关口无功的调节，使得关口无功向上的最大可调量。其数学模型如式（8-32）所示。

$$
\begin{cases}
\min\limits_{\Delta u_i^{\mathrm{M}}, \Delta y_i^{\mathrm{B}}} \left\| y_i^{\mathrm{B}} + \Delta y_i^{\mathrm{B}} - \overline{y_i^{\mathrm{B}}} \right\| \\
\text{s.t.} \;\; \underline{x_i^{\mathrm{M}}} \leqslant x_i^{\mathrm{M}} + S_{\mathrm{XU}}^{\mathrm{MM}} \Delta u_i^{\mathrm{M}} + S_{\mathrm{XY}}^{\mathrm{MB}} \Delta y_i^{\mathrm{B}} \leqslant \overline{x_i^{\mathrm{M}}} \\
\quad\;\; \underline{x_i^{\mathrm{B}}} \leqslant x_i^{\mathrm{B}} + S_{\mathrm{XU}}^{\mathrm{BM}} \Delta u_i^{\mathrm{M}} + S_{\mathrm{XY}}^{\mathrm{BB}} \Delta y_i^{\mathrm{B}} \leqslant \overline{x_i^{\mathrm{B}}} \qquad i \in \boldsymbol{Z}_j^{\mathrm{M}} \\
\quad\;\; \underline{u_i^{\mathrm{M}}} \leqslant u_i^{\mathrm{M}} + \Delta u_i^{\mathrm{M}} \leqslant \overline{u_i^{\mathrm{M}}} \\
\quad\;\; \underline{y_i^{\mathrm{B}}} \leqslant y_i^{\mathrm{B}} + \Delta y_i^{\mathrm{B}} + S_{\mathrm{YU}}^{\mathrm{BM}} \Delta u_i^{\mathrm{M}} \leqslant \overline{y_i^{\mathrm{B}}}
\end{cases}
\tag{8-32}
$$

式中，S_{XY}^{MB} 为上级状态变量对关口依从变量的灵敏度；S_{XY}^{BB} 为关口状态变量对关口依从变量的灵敏度。

计算过程中考虑的约束条件包括：上级状态变量运行约束、关口状态变量运行约束、上级控制变量运行约束、关口依从变量运行约束。

(2)上级运行需求约束下限。上级运行需求约束下限定义为：在满足安全运行约束的条件下，通过对上级控制设备以及关口无功的调节，使得关口无功向下的最大可调量。保留式(8-32)的约束条件，将目标函数变为如式(8-33)所示的形式，即可得到上级运行需求约束下限。

$$\min_{\Delta u_i^M, \Delta y_i^B} \left\| y_i^B + \Delta y_i^B - \underline{y_i^B} \right\| \tag{8-33}$$

上级调节能力约束计算模型和运行需求约束计算模型的区别主要有两点。

(1)使用关口状态变量 x^B 相关的约束来描述上级的调节能力，使用关口依从变量 y^B 相关的约束来描述上级的运行需求；其原因是：一般情况下，上级电网在关口位置的戴维南等值内电抗要小于下级电网在关口位置的戴维南等值内电抗（见 8.2.4 节分析），这是由上下级电网的物理特性所决定的，很大程度上，x^B 受上级电网状态的影响，而 y^B 受下级电网状态的影响；

(2)在计算上级调节能力约束时，希望仅通过上级控制设备的调节，得到其对关口电压可行的调节范围，此时不应该考虑下级的调节能力，因此 y^B 是不可调变量；而在计算其运行需求时，需要考虑下级对自身的调节作用，因此 y^B 是可调控制变量。

2. 下级协调约束的生成

对于下级，通过在线软分区计算将下级电网分解为 N^S 个软分区。其中，第 j 个软分区内的节点组成节点集 Z_j^S（$j = 1, \cdots, N^S$）。以软分区为计算单元，计算下级的调节能力约束和运行需求约束。

1)下级调节能力约束

使用关口依从变量 y^B（即关口无功）来描述下级的调节能力。以软分区为计算单元，进行相应的调节能力约束计算。

(1)下级调节能力约束上限。下级调节能力约束上限定义为：在满足安全运行约束的条件下，通过下级控制设备的调节，使得关口无功向上的最大可调量。其数学模型如式(8-34)所示。

$$\begin{cases} \min_{\Delta u_i^S} \left\| y_i^B + \Delta y_i^B - \overline{y_i^B} \right\| \\ \text{s.t.} \ \underline{x_i^S} \leqslant x_i^S + S_{XU}^{SS} \Delta u_i^S \leqslant \overline{x_i^S} \\ \quad \underline{x_i^B} \leqslant x_i^B + S_{XU}^{BS} \Delta u_i^S \leqslant \overline{x_i^B} \qquad i \in \mathbf{Z}_j^S \\ \quad \underline{u_i^S} \leqslant u_i^S + \Delta u_i^S \leqslant \overline{u_i^S} \\ \quad \underline{y_i^B} \leqslant y_i^B + S_{YU}^{BS} \Delta u_i^S \leqslant \overline{y_i^B} \end{cases} \tag{8-34}$$

式中，S_{XU}^{SS} 为下级状态变量对下级控制变量的灵敏度；S_{XU}^{BS} 为关口状态变量对下级控制变量的灵敏度；S_{YU}^{BS} 为关口依从变量对下级控制变量的灵敏度。计算过程中考虑的约束包括：下级状态变量运行约束、关口状态变量运行约束、下级控制变量运行约束、关口依从变量运行约束。

(2)下级调节能力约束下限。下级调节能力约束下限定义为：在满足安全运行约束的条件下，通过下级控制设备的调节，使得关口无功向下的最大可调量。保留式(8-34)的约束条件，将其目标函数变为如式(8-35)所示的形式，可得到下级调节能力约束下限。

$$\min_{\Delta u_i^S} \left\| y_i^B + \Delta y_i^B - \underline{y_i^B} \right\| \tag{8-35}$$

2)下级运行需求约束

使用关口状态变量 $\boldsymbol{x}^B$(即关口电压)来描述下级的运行需求。以软分区为计算单元，进行相应的运行需求约束计算。

(1)下级运行需求约束上限。下级运行需求约束上限定义为：在满足安全运行约束的条件下，通过对下级控制设备以及关口电压的调节，使得关口电压向上的最大可调量。其数学模型如式(8-36)所示。

$$\begin{cases} \min_{\Delta u_i^S, \Delta x_i^B} \left\| x_i^B + \Delta x_i^B - \overline{x_i^B} \right\| \\ \text{s.t.} \ \underline{x_i^S} \leqslant x_i^S + S_{XU}^{SS} \Delta u_i^S + S_{XX}^{SB} \Delta x_i^B \leqslant \overline{x_i^S} \\ \quad \underline{x_i^B} \leqslant x_i^B + S_{XU}^{BS} \Delta u_i^S + \Delta x_i^B \leqslant \overline{x_i^B} \qquad i \in \mathbf{Z}_j^S \\ \quad \underline{u_i^S} \leqslant u_i^S + \Delta u_i^S \leqslant \overline{u_i^S} \\ \quad \underline{y_i^B} \leqslant y_i^B + S_{YU}^{BS} \Delta u_i^S + S_{YX}^{BB} \Delta x_i^B \leqslant \overline{y_i^B} \end{cases} \tag{8-36}$$

式中，S_{XX}^{SB} 为关口状态变量对下级状态变量的灵敏度；S_{YX}^{BB} 为关口状态变量对关口依从变量的灵敏度。计算过程中考虑的约束条件包括：下级状态变量运行约束、关口状态变量运行约束、下级控制变量运行约束、关口依从变量运行约束。

（2）下级运行需求约束下限。下级运行需求约束下限定义为：在满足安全运行约束条件下，通过对下级控制设备以及关口电压的调节，使得关口电压向下最大可调量。如果保留式（8-36）的约束条件，将其目标函数变为如式（8-37）所示的形式，即可得到下级运行需求约束下限。

$$\min_{\Delta u_i^S, \Delta x_i^B} \left\| x_i^B + \Delta x_i^B - \underline{x_i^B} \right\| \tag{8-37}$$

下级调节能力约束计算模型和运行需求约束计算模型的区别主要有两点：使用关口依从变量 $\boldsymbol{y}^B$ 相关的约束来描述下级的调节能力，使用关口状态变量 $\boldsymbol{x}^B$ 相关的约束来描述下级的运行需求；在计算下级调节能力约束时，希望仅通过下级控制设备的调节，得到其对关口无功可行的调节范围，此时不应该考虑上级的调节能力，因此 $\boldsymbol{x}^B$ 是不可调变量；而在计算运行需求时，需要考虑上级对下级的调节作用，因此 $\boldsymbol{x}^B$ 是可调控制变量。

3. 讨论分析

本节给出了各级协调约束的生成方法，该方法利用无功电压的本地特性，按分区进行协调约束计算，给出的协调约束可反映各级电网的调节能力和运行需求，为后续协调优化控制提供了信息基础。

1）按分区协调计算的优势

与全网整体计算相比，按分区协调计算具有如下优点：①在分区协调框架下，距离较远的上下级电网间将不会被协调，从而保证了无功电压的就近补偿和分区平衡，避免了无功的远距离传输。②通过在线分区，将一个高维复杂的优化问题转化为一系列低维度较简单的优化问题，有利于提高整体算法收敛率，并且某一分区的计算失败不影响其他分区的计算结果，从整体上提高了算法的实用性。

2）对目标函数的讨论

本书采用 2-范数来描述目标函数中的矢量大小。与其他常用的 p-范数（1-范数和∞-范数）相比，2-范数目标函数可得到均衡意义上的目标最小值。由于考虑了均衡因素，2-范数意义下给出的协调约束结果偏保守，但对于一个在线连续闭环运行的小步长控制系统而言，保守的计算结果并不会影响实际控制效果。

另外，本章优化目标采用增量目标模型。与绝对值目标模型（即以协调变量的绝对值来描述优化目标）相比，采用增量目标模型可减少非线性问题线性化所带来的舍弃误差。

8.4.3　协调策略的产生

建设在上级控制中心的协调器基于上级已有的电网模型，利用各级提供的协调约束（包括调节能力约束和运行需求约束），进行协调决策。基于双向互动协调优化控制模式，协调策略可分为小时级的协调优化策略和分钟级的协调控制策略两种。

在强耦合条件下，上、下级电网密不可分，并且普遍存在电磁环网，因此，一般采用第 8.3 节给出的全局模型集中优化模式，在上级控制中心进行全局电网的集中优化计算，并将优化计算结果分发到各级 AVC 系统，供其使用，在此不再赘述。上一节研究了互动协调控制模式下产生协调控制策略的数学模型，基于该数学模型，本节给出适用于强耦合场合的协调控制策略产生方法。

1. 协调控制状态的判定

协调控制很重要的一个环节，是对当前关口的运行状态进行判断，观察其是否处于不协调状态，何方原因导致不协调，以及如何控制才能保证其协调状态。本书给出如表 8-5 所示规则来判定当前关口的协调状态。

表 8-5　当前关口协调状态判定的专家规则

协调状态	电网运行状态	协调控制策略
$V^B - \hat{V}^B > \varepsilon_V$ 且 $Q^B - \hat{Q}^B > \varepsilon_Q$	上级系统电压过高	上级系统降低电压，下级系统状态保持
$V^B - \hat{V}^B > \varepsilon_V$ 且 $\hat{Q}^B - Q^B > \varepsilon_Q$	下级系统电压过高	下级系统降低电压，上级系统状态保持
$\hat{V}^B - V^B > \varepsilon_V$ 且 $Q^B - \hat{Q}^B > \varepsilon_Q$	下级系统电压过低	下级系统升高电压，上级系统状态保持
$\hat{V}^B - V^B > \varepsilon_V$ 且 $\hat{Q}^B - Q^B > \varepsilon_Q$	上级系统电压过低	上级系统升高电压，下级系统状态保持
$\left\| V^B - \hat{V}^B \right\| \leqslant \varepsilon_V$ 且 $\left\| Q^B - \hat{Q}^B \right\| \leqslant \varepsilon_Q$	正常合理的协调状态	上、下级系统状态保持

表中，$\hat{V}^B$、$\hat{Q}^B$ 分别为优化层给出的（某一个）关口电压和关口无功优化设定值，ε_V、ε_Q 分别为关口电压和关口无功的控制死区。

2. 协调控制策略的给出

通过上一步的状态判定，可以得到当前电网的协调状态，以及各子系统是否产生动作策略。在此基础上，需要进一步给出动作目标。对于上级系统，以关口电压作为调节手段，在满足双向协调约束的基础上，追随优化层给出的协调优化策略，计算中需要考虑关口电压对关口无功的影响。对于下级系统，以关口无功作为调节手段，在满足双向协调约束的基础上，追随优化层给出的协调优化策略，计算中需要考虑关口无功对关口电压的影响。

基于上一节给出的协调控制决策模型，本节分别给出了针对上级 AVC 系统动作和针对下级 AVC 系统动作时的调节量求解模型。

式(8-38)给出了针对上级 AVC 系统动作时的动作量求解模型。

$$\begin{cases} \min_{\Delta V^{B}} W_{V}^{M} \left\| V^{B} + \Delta V^{B} - \hat{V}^{B} \right\| + W_{Q}^{M} \left\| Q^{B} + \Delta Q^{B} - \hat{Q}^{B} \right\| \\ \text{s.t. } \underline{V_{A}^{B}} \leqslant (V^{B} + \Delta V^{B}) \leqslant \overline{V_{A}^{B}} \\ \underline{V_{R}^{B}} \leqslant (V^{B} + \Delta V^{B}) \leqslant \overline{V_{R}^{B}} \\ \underline{Q_{R}^{B}} \leqslant (Q^{B} + \Delta Q^{B}) \leqslant \overline{Q_{R}^{B}} \\ \Delta Q^{B} = S_{QV}^{B} \Delta V^{B} \end{cases} \tag{8-38}$$

式中，W_{V}^{M}、W_{Q}^{M} 分别为关口电压和无功的实时值与设定值偏差目标的权重；$\underline{V_{A}^{B}} \leqslant (V^{B} + \Delta V^{B}) \leqslant \overline{V_{A}^{B}}$ 为由上级调节能力所决定的关口电压约束；$\underline{V_{R}^{B}} \leqslant (V^{B} + \Delta V^{B}) \leqslant \overline{V_{R}^{B}}$ 为由下级运行需求所决定的关口电压约束；$\underline{Q_{R}^{B}} \leqslant (Q^{B} + \Delta Q^{B}) \leqslant \overline{Q_{R}^{B}}$ 为由上级运行需求所决定的关口无功约束；S_{QV}^{B} 为关口无功对关口电压的灵敏度。

式(8-38)与式(8-30)的最大区别是，在计算上级 AVC 系统的调节量时，保证下级 AVC 系统不动(即 ΔQ^{B} 不是控制变量)。

式(8-39)给出了针对下级 AVC 系统动作时的动作量求解模型。

$$\begin{cases} \min_{\Delta Q^{B}} W_{Q}^{S} \left\| Q^{B} + \Delta Q^{B} - \hat{Q}^{B} \right\| + W_{V}^{S} \left\| V^{B} + \Delta V^{B} - \hat{V}^{B} \right\| \\ \text{s.t. } \underline{Q_{R}^{B}} \leqslant (Q^{B} + \Delta Q^{B}) \leqslant \overline{Q_{R}^{B}} \\ \underline{Q_{A}^{B}} \leqslant (Q^{B} + \Delta Q^{B}) \leqslant \overline{Q_{A}^{B}} \\ \underline{V_{R}^{B}} \leqslant (V^{B} + \Delta V^{B}) \leqslant \overline{V_{R}^{B}} \\ \Delta V^{B} = S_{VQ}^{B} \Delta Q^{B} \end{cases} \tag{8-39}$$

式中，W_{V}^{S}、W_{Q}^{S} 分别为关口电压和无功实时值与设定值偏差目标的权重；$\underline{Q_{R}^{B}} \leqslant (Q^{B} + \Delta Q^{B}) \leqslant \overline{Q_{R}^{B}}$ 为由上级运行需求所决定的关口无功约束；$\underline{Q_{A}^{B}} \leqslant (Q^{B} + \Delta Q^{B}) \leqslant \overline{Q_{A}^{B}}$ 为由下级调节能力所决定的关口无功约束；$\underline{V_{R}^{B}} \leqslant (V^{B} + \Delta V^{B}) \leqslant \overline{V_{R}^{B}}$ 为由下级

运行需求所决定的关口电压约束；S_{VQ}^B 为关口电压对关口无功的灵敏度。

式(8-39)与式(8-34)的最大区别是，在计算下级 AVC 系统的调节量时，保证上级 AVC 系统不动(即 ΔV^B 不是控制变量)。

8.4.4　控制策略的执行

由于一般 AVC 系统建设在前，协调控制的开展在后，为满足上下级闭环协调的要求，需要对原有 AVC 系统进行必要的扩展，使之具备响应执行协调策略的能力。

1. 三级电压优化层面的协调

在优化层面，各级 AVC 系统接收协调器给出的全局电网优化结果，并通过电压控制作用于各级电网。

对于上级，全局模型集中优化计算在上级控制中心进行，因此上级 AVC 系统可直接采用优化计算结果作为控制目标，来代替原有的 TVC 功能，或者由上级 AVC 系统的 TVC 模块来完成全局模型集中优化计算。

对于下级，受上、下级之间广域互联通信限制，下级 AVC 系统不可能拿到全部的优化计算结果，为保证各下级 AVC 的优化计算结果与协调器给出的全局电网优化结果一致，协调器将优化计算结果浓缩为关口区间协调约束，然后各下级 AVC 系统进行计及该协调约束的 TVC 计算，使得局部优化结果与全局电网优化结果相匹配。在这种方式下，协调优化策略表现为协调变量(比如关口母线电压、联络线/主变无功等)的协调优化约束，其计算模型如式(8-40)所示。

$$
\begin{cases}
\min_{\boldsymbol{u}^S} f^S(\boldsymbol{V}^S, \boldsymbol{V}^B, \boldsymbol{u}^S, \boldsymbol{Q}^B) \\
\text{s.t. } (\boldsymbol{V}^S, \boldsymbol{V}^B) \in \boldsymbol{\Omega}^S \\
\quad \boldsymbol{Q}^B = \boldsymbol{h}_S^B(\boldsymbol{V}^S, \boldsymbol{V}^B) \\
\quad |\boldsymbol{V}^B - \hat{\boldsymbol{V}}^B| < \varepsilon_V \\
\quad |\boldsymbol{Q}^B - \hat{\boldsymbol{Q}}^B| < \varepsilon_Q
\end{cases}
\tag{8-40}
$$

2. 二级电压控制层面的协调

在控制层面，各级 AVC 系统接收协调器给出的协调控制策略，基于本控制中心内信息进行控制决策，并作用于本控制中心内电网。为体现协调控制策略的作用，需要对各级 AVC 系统的 SVC 计算模型进行扩展。

以等式约束的方式，可保证各级 AVC 系统给出的控制策略与协调控制策略严格一致。在实际应用中，受现场条件所限，可能很难保证等式约束的严格成立，等式约束的引入可能导致原问题无解，从而影响原 SVC 计算模型的收敛性。为避免这种情况发生，本节扩展第 6 章提出的 CSVC 模型，在不影响原 SVC 计算模型收敛性的前提下，使得各级 AVC 系统响应协调控制策略。

本节给出如下三种扩展思路。

1) 增加协调控制目标的扩展 CSVC 模型

将协调变量 z 追随其优化设定值 $\hat{z}$ 作为控制目标(本书称为协调控制目标)加入到原 CSVC 模型的目标函数中，如式(8-41)和式(8-42)所示。

$$\begin{cases} \min_{\Delta u^{\mathrm{M}}} W_{\mathrm{P}}^{\mathrm{M}} H_{\mathrm{P}}^{\mathrm{M}}(\Delta u^{\mathrm{M}}) + W_{\mathrm{Q}}^{\mathrm{M}} H_{\mathrm{Q}}^{\mathrm{M}}(\Delta u^{\mathrm{M}}) + W_{\mathrm{C}}^{\mathrm{M}} \left\| x^{\mathrm{B}} + S_{\mathrm{XU}}^{\mathrm{M}} \Delta u^{\mathrm{M}} - \hat{x}^{\mathrm{B}} \right\| \\ \mathrm{s.t.}\ \ G^{\mathrm{M}}(\Delta u^{\mathrm{M}}) \leqslant 0 \end{cases} \quad (8\text{-}41)$$

$$\begin{cases} \min_{\Delta u^{\mathrm{S}}} W_{\mathrm{P}}^{\mathrm{S}} H_{\mathrm{P}}^{\mathrm{S}}(\Delta u^{\mathrm{S}}) + W_{\mathrm{Q}}^{\mathrm{S}} H_{\mathrm{Q}}^{\mathrm{S}}(\Delta u^{\mathrm{S}}) + W_{\mathrm{C}}^{\mathrm{S}} \left\| y^{B} + S_{\mathrm{YU}}^{\mathrm{S}} \Delta u^{\mathrm{S}} - \hat{y}^{B} \right\| \\ \mathrm{s.t.}\ \ G^{\mathrm{S}}(\Delta u^{\mathrm{S}}) \leqslant 0 \end{cases} \quad (8\text{-}42)$$

式中，$H_{\mathrm{P}}(\cdot)$、$H_{\mathrm{Q}}(\cdot)$ 分别为 CSVC 模型的中枢母线电压偏差最小目标和无功均衡目标函数；W_{P}、W_{Q} 分别为目标权重；$G_{\mathrm{Q}}(\cdot) \leqslant 0$ 为 CSVC 模型的约束条件；W_{C} 为协调目标权重；上标表示了该变量、函数或不等式所属的控制中心；$S_{\mathrm{XU}}^{\mathrm{M}}$ 代表了关口状态变量对上级控制变量的灵敏度矩阵；$S_{\mathrm{YU}}^{\mathrm{M}}$ 代表了关口依从变量对下级控制变量的灵敏度。

在实际应用中，为达到控后中枢母线电压追随其优化设定值的控制效果，W_{P}(典型为 10.0)将远大于 W_{Q}(典型为 0.01)。因此，当现场条件较好时，在 CSVC 计算成功后，各变量计算结果一般具有以下特点：

$$\begin{cases} \left\| H_{\mathrm{P}}(\cdot) \right\| \approx 0 \\ \left\| H_{\mathrm{Q}}(\cdot) \right\| \neq 0 \end{cases} \quad (8\text{-}43)$$

引入协调目标(描述为 $H_{\mathrm{P}}(\cdot)$、$H_{\mathrm{C}}(\cdot)$)后，首先面临问题是 W_{C} 如何取值。

(1) 从物理过程来看，中枢母线一般位于各分区电网的中心，其电压水平可反映整个区域内的电压水平，而关口母线一般位于电网末端负荷侧，中枢母线位于发电厂高压母线(电源侧)和关口母线(负荷侧)的中间，从电压变化的传递过程来看，当系统无功负荷发生变化时，首先影响到关口母线电压，然后传递至中枢母线电压，因此，一般关口电压与其设定值的偏差量，将大于中枢母线电压与其设定值的偏差量。

（2）从数学模型来看，由于一般协调变量的个数多于控制手段的个数，这样，CSVC 模型中被控变量（中枢母线电压和关口电压）个数将多于控制变量个数，结果是，一般有 $H_C(\cdot) \neq \mathbf{0}$，同时不能保证 $H_P(\cdot) = \mathbf{0}$。

基于上述分析，若协调目标权重过大（比如与 W_P 接近），则不能保证实现控后中枢母线电压对其设定值的追随，甚至可能出现控制反调现象；若协调目标权重较小，则达不到协调变量 z 追随其优化设定值 $\hat{z}$ 的目的。

2）增加协调控制约束的扩展 CSVC 模型

在原 CSVC 模型的约束条件中增加对协调变量 z 的协调控制约束，如式（8-44）和式（8-45）所示。

$$
\begin{cases}
\min_{\Delta u^{\mathrm{M}}} W_P^{\mathrm{M}} H_P^{\mathrm{M}}(\Delta u^{\mathrm{M}}) + W_Q^{\mathrm{M}} H_Q^{\mathrm{M}}(\Delta u^{\mathrm{M}}) \\
\text{s.t. } G^{\mathrm{M}}(\Delta u^{\mathrm{M}}) \leqslant \mathbf{0} \\
\qquad \underline{x^B} < x^B + S_{\mathrm{XU}}^{\mathrm{M}} \Delta u^{\mathrm{M}} < \overline{x^B}
\end{cases}
\tag{8-44}
$$

$$
\begin{cases}
\min_{\Delta u^{\mathrm{S}}} W_P^{\mathrm{S}} H_P^{\mathrm{S}}(\Delta u^{\mathrm{S}}) + W_Q^{\mathrm{S}} H_Q^{\mathrm{S}}(\Delta u^{\mathrm{S}}) \\
\text{s.t. } G^{\mathrm{S}}(\Delta u^{\mathrm{S}}) \leqslant \mathbf{0} \\
\qquad \underline{y^B} < y^B + S_{\mathrm{YU}}^{\mathrm{S}} \Delta u^{\mathrm{S}} < \overline{y^B}
\end{cases}
\tag{8-45}
$$

式中，下划线和上划线分别为相应协调约束的下限和上限，可由式（8-46）确定。

$$
\begin{cases}
\underline{x^B} = \hat{x}^B - \varepsilon_{\mathrm{X}} \\
\overline{x^B} = \hat{x}^B + \varepsilon_{\mathrm{X}} \\
\underline{y^B} = \hat{y}^B - \varepsilon_{\mathrm{Y}} \\
\overline{y^B} = \hat{y}^B + \varepsilon_{\mathrm{Y}}
\end{cases}
\tag{8-46}
$$

其中，$\hat{x}^B$、$\hat{y}^B$ 分别为优化层给出的关口状态变量和关口依从变量优化设定值；ε_{X}、ε_{Y} 分别为关口状态变量和关口依从变量松弛因子。

协调约束的引入，压缩了原问题的可行空间。协调约束区间太小，可能导致原问题无解，协调约束区间太大，则起不到协调控制的作用，可见如何产生协调约束十分关键。

3）协调控制约束与协调控制目标相结合的扩展 CSVC 模型

引入协调控制约束后，可能导致原问题无解。为避免这种现象，本节给出协调控制约束与协调控制目标相结合的思路来扩展原 CSVC 模型。

（1）引入协调控制约束，通过求解线性规划来判定是否有可行空间。

在约束条件中，加入协调控制约束，求解式（8-47）和式（8-48）给出的线性规划模型，分别判断各级控制问题是否有可行解。若有可行解，则采用第 2 种方案进行协调控制，否则转入下一步。

$$
\begin{cases}
\min\limits_{\Delta \boldsymbol{u}^{\mathrm{M}}} \sum \Delta \boldsymbol{u}^{\mathrm{M}} \\
\text{s.t.} \ \ \boldsymbol{G}^{\mathrm{M}}(\Delta \boldsymbol{u}^{\mathrm{M}}) \leqslant \boldsymbol{0} \\
\qquad \underline{\boldsymbol{x}^{B}} < \boldsymbol{x}^{\mathrm{B}} + \boldsymbol{S}_{\mathrm{XU}}^{\mathrm{M}} \Delta \boldsymbol{u}^{\mathrm{M}} < \overline{\boldsymbol{x}^{B}}
\end{cases}
\tag{8-47}
$$

$$
\begin{cases}
\min\limits_{\Delta \boldsymbol{u}^{\mathrm{S}}} \sum \Delta \boldsymbol{u}^{\mathrm{S}} \\
\text{s.t.} \ \ \boldsymbol{G}^{\mathrm{S}}(\Delta \boldsymbol{u}^{\mathrm{S}}) \leqslant \boldsymbol{0} \\
\qquad \underline{\boldsymbol{y}^{B}} < \boldsymbol{y}^{B} + \boldsymbol{S}_{\mathrm{YU}}^{\mathrm{S}} \Delta \boldsymbol{u}^{\mathrm{S}} < \overline{\boldsymbol{y}^{B}}
\end{cases}
\tag{8-48}
$$

（2）松弛起作用的协调约束，将起作用的协调约束转化为协调控制目标，写入到目标函数中，并通过加入松弛因子的方式将其转化为不起作用约束，构建如式（8-49）和式（8-50）的控制模型。

$$
\begin{cases}
\min\limits_{\Delta \boldsymbol{u}^{\mathrm{M}}} \boldsymbol{W}_{\mathrm{P}}^{\mathrm{M}} \boldsymbol{H}_{\mathrm{P}}^{\mathrm{M}}(\Delta \boldsymbol{u}^{\mathrm{M}}) + \boldsymbol{W}_{\mathrm{Q}}^{\mathrm{M}} \boldsymbol{H}_{\mathrm{Q}}^{\mathrm{M}}(\Delta \boldsymbol{u}^{\mathrm{M}}) \\
\qquad + \boldsymbol{W}_{\mathrm{C}}^{\mathrm{M}}\left(\left\| \boldsymbol{x}_{h}^{\mathrm{B}} + \boldsymbol{S}_{\mathrm{XU}}^{\mathrm{M}} \Delta \boldsymbol{u}^{\mathrm{M}} - \overline{\boldsymbol{x}_{h}^{\mathrm{B}}} + \varepsilon_{a} \right\| + \left\| \boldsymbol{x}_{l}^{\mathrm{B}} + \boldsymbol{S}_{\mathrm{XU}}^{\mathrm{M}} \Delta \boldsymbol{u}^{\mathrm{M}} - \underline{\boldsymbol{x}_{l}^{\mathrm{B}}} - \varepsilon_{a} \right\| \right) \\
\text{s.t.} \ \ \boldsymbol{G}^{\mathrm{M}}(\Delta \boldsymbol{u}^{\mathrm{M}}) \leqslant \boldsymbol{0} \\
\qquad \underline{\boldsymbol{x}_{c}^{\mathrm{B}}} < \boldsymbol{x}_{c}^{\mathrm{B}} + \boldsymbol{S}_{\mathrm{XU}}^{\mathrm{M}} \Delta \boldsymbol{u}^{\mathrm{M}} < \overline{\boldsymbol{x}_{c}^{\mathrm{B}}} \\
\qquad \underline{\boldsymbol{x}_{h}^{\mathrm{B}}} < \boldsymbol{x}_{h}^{\mathrm{B}} + \boldsymbol{S}_{\mathrm{XU}}^{\mathrm{M}} \Delta \boldsymbol{u}^{\mathrm{M}} < \boldsymbol{x}_{h}^{\mathrm{B}} + \varepsilon_{c} \\
\qquad \boldsymbol{x}_{l}^{\mathrm{B}} - \varepsilon_{c} < \boldsymbol{x}_{l}^{\mathrm{B}} + \boldsymbol{S}_{\mathrm{XU}}^{\mathrm{M}} \Delta \boldsymbol{u}^{\mathrm{M}} < \overline{\boldsymbol{x}_{l}^{\mathrm{B}}}
\end{cases}
\tag{8-49}
$$

$$
\begin{cases}
\min\limits_{\Delta \boldsymbol{u}^{\mathrm{S}}} \boldsymbol{W}_{\mathrm{P}}^{\mathrm{S}} \boldsymbol{H}_{\mathrm{P}}^{\mathrm{S}}(\Delta \boldsymbol{u}^{\mathrm{S}}) + \boldsymbol{W}_{\mathrm{Q}}^{\mathrm{S}} \boldsymbol{H}_{\mathrm{Q}}^{\mathrm{S}}(\Delta \boldsymbol{u}^{\mathrm{S}}) \\
\qquad + \boldsymbol{W}_{\mathrm{C}}^{\mathrm{S}}\left(\left\| \boldsymbol{y}_{h}^{\mathrm{B}} + \boldsymbol{S}_{\mathrm{YU}}^{\mathrm{S}} \Delta \boldsymbol{u}^{\mathrm{S}} - \overline{\boldsymbol{y}_{h}^{\mathrm{B}}} + \varepsilon_{a} \right\| + \left\| \boldsymbol{y}_{l}^{\mathrm{B}} + \boldsymbol{S}_{\mathrm{YU}}^{\mathrm{S}} \Delta \boldsymbol{u}^{\mathrm{S}} - \underline{\boldsymbol{y}_{l}^{\mathrm{B}}} - \varepsilon_{a} \right\| \right) \\
\text{s.t.} \ \ \boldsymbol{G}^{\mathrm{S}}(\Delta \boldsymbol{u}^{\mathrm{S}}) \leqslant \boldsymbol{0} \\
\qquad \underline{\boldsymbol{y}_{c}^{\mathrm{B}}} < \boldsymbol{y}_{c}^{\mathrm{B}} + \boldsymbol{S}_{\mathrm{YU}}^{\mathrm{S}} \Delta \boldsymbol{u}^{\mathrm{S}} < \overline{\boldsymbol{y}_{c}^{\mathrm{B}}} \\
\qquad \underline{\boldsymbol{y}_{h}^{\mathrm{B}}} < \boldsymbol{y}_{h}^{\mathrm{B}} + \boldsymbol{S}_{\mathrm{YU}}^{\mathrm{S}} \Delta \boldsymbol{u}^{\mathrm{S}} < \boldsymbol{y}_{h}^{\mathrm{B}} + \varepsilon_{c} \\
\qquad \boldsymbol{y}_{l}^{\mathrm{B}} - \varepsilon_{c} < \boldsymbol{y}_{l}^{\mathrm{B}} + \boldsymbol{S}_{\mathrm{YU}}^{\mathrm{S}} \Delta \boldsymbol{u}^{\mathrm{S}} < \overline{\boldsymbol{y}_{l}^{\mathrm{B}}}
\end{cases}
\tag{8-50}
$$

式中，x_c^B 和 y_c^B 分别为不越限的关口状态变量和关口依从变量；x_h^B 和 y_h^B 分别为越上限的关口状态变量和关口依从变量；x_l^B 和 y_l^B 分别为越下限的关口状态变量和关口依从变量；ε_a 和 ε_c 分别为协调控制目标控制死区和协调控制约束松弛因子。

通过上述两步，降低了由于引入协调控制约束而使得原问题无解的可能性，达到了本控制中心在其调节能力范围内帮助其他控制中心进行调节的目标。

为保证更好的现场适应性和运行可靠性，本书采用第 3 种方案（协调控制约束与协调控制目标相结合的 CSVC 扩展模型）来进行协调控制。

8.4.5　仿真控制效果

为说明本章提出的多级控制中心无功电压协调优化控制方法的控制效果，本节构建了网省地无功电压协调优化控制仿真系统，通过仿真实验说明其效果。

基于从华东网调现场获取的 2011 年 1 月 18 日运行数据（全天 288 点数据断面），构建网省地无功电压协调优化控制仿真系统，表 8-6 给出了该仿真系统的规模参数，整个仿真系统由 8 台仿真机组成，全局电网计算节点有 2438 个，日最大负荷为 94182MW，协调关口组为 42 组。

表 8-6　华东网省协调仿真系统规模参数

指标	数值
网调仿真机	1/台
省调仿真机	5/台
地调仿真机	1/台
SCADA 仿真机	1/台
总拓扑母线	2438/个
日最大负荷	94182/MW
协调关口组	42/组

图 8-8 给出了仿真日的华东电网系统负荷变化曲线。

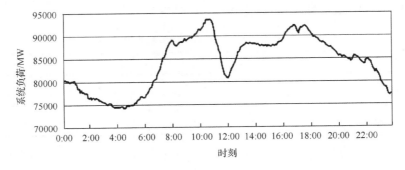

图 8-8　系统负荷变化情况

接下来，本节通过系统网损、联络线无功以及系统电压稳定裕度三个指标，分别说明在不控制、独立控制以及双向互动协调控制三种控制条件下的控制效果。

1. 网损控制效果对比

图 8-9 和图 8-10 分别给出了在三种控制条件下，低谷时段(1:00～4:00)和高峰时段(16:00～20:00)的系统网损变化曲线。

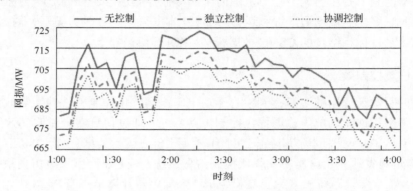

图 8-9　低谷时段网损变化曲线对比

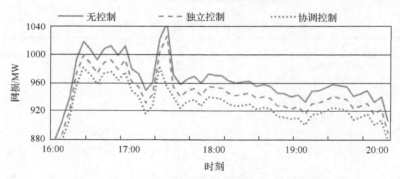

图 8-10　高峰时段网损变化曲线对比

表 8-7 给出了各时段系统平均网损对比情况。

表 8-7　系统平均网损情况对比

系统网损/MW	全部	低谷时段	高峰时段
无控制	797	670	861
独立控制	782	661	844
协调控制	774	656	832

可以看出，随着控制条件的提升，系统网损显著降低，提高了电网运行的经济性指标。

2. 联络线无功控制效果对比

增加控制中心间的互动协调优化控制后，全局电网无功电压控制将尽量保证无功就地平衡，减少联络线无功传输。

图 8-11 和图 8-12 分别给出了在三种控制条件下，低谷时段(1:00～4:00)和高峰时段(16:00～20:00)的华东直控网与福建电网之间的联络线无功变化曲线。

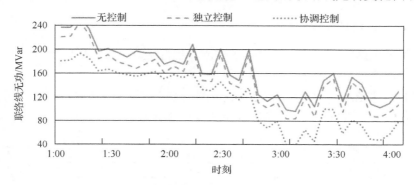

图 8-11 低谷时段联络线无功变化曲线对比

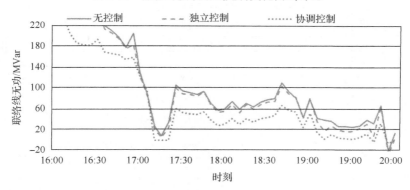

图 8-12 高峰时段联络线无功变化曲线对比

表 8-8 给出了各时段联络线平均无功对比情况。

表 8-8 联络线平均无功情况对比

联络线无功/Mvar	全部	低谷时段	高峰时段
无控制	134	163	106
独立控制	125	150	99
协调控制	95	117	72

从表 8-8 可以看出：

(1)低谷时段的联络线传输无功大于高峰时段的联络线传输无功,这是由于低谷时段,负荷较轻,网调 500kV 主网充电无功较大,需要由各省调来吸收部分充电无功。

(2)独立控制前后,虽然全网联络线无功有所降低,但降低量并不大;通过协调控制,各控制中心 AVC 系统的控制目标保持一致和控制过程保持同步,从而使得控制中心间的无功交换有了显著的降低。

3. 电压稳定裕度控制效果

为保证电网安全,通过无功电压控制,保证无功就地平衡,减少无功远距离传输,从而增加系统电压稳定裕度。

图 8-13 和图 8-14 分别给出了在三种控制条件下,低谷时段(1:00～4:00)和高峰时段(16:00～20:00)的系统电压稳定裕度变化曲线。

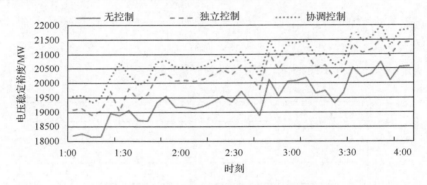

图 8-13　低谷时段电压稳定裕度变化曲线对比

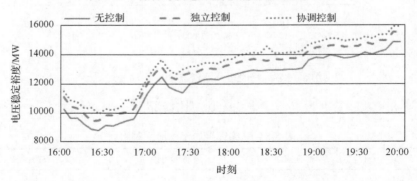

图 8-14　高峰时段电压稳定裕度变化曲线对比

表 8-9 给出了各时段系统平均电压稳定裕度对比情况。

表 8-9　平均电压稳定裕度情况对比

电压稳定裕度/MW	全部/MW	低谷时段/MW	高峰时段/MW
无控制	14647	18616	12631
独立控制	15682	19627	13679
协调控制	16289	19943	14140

可以看出，随着控制条件的提升，系统电压稳定裕度显著增加，提高了电网运行的电压安全指标。

8.5　弱耦合的多级控制中心协调优化控制研究

8.5.1　弱耦合特点说明

在弱耦合应用场合（典型如省地协调电压控制），上下级电网间的关系有如下三个特点：①一般不存在电磁环网，即下级电网为辐射网运行，关口节点为下级电网的根节点；②关口无功电压解耦运行，上级电网运行状态的变化只影响关口状态变量（关口电压），并影响下级电网的整体电压水平，而下级电网运行状态的变化只影响关口依从变量（关口无功），并影响上级电网的无功分布；③如果下级电网的控制手段以离散设备为主，在协调优化控制过程中，需要兼顾离散控制设备与连续控制设备的协调。

结合电网的弱耦合特性，以省地协调系统为例，本节研究适用于弱耦合应用场合的多级控制中心无功电压协调优化控制方法。在研究过程中，需重点关注以下问题：

(1)省地协调电压控制的弱耦合特性分析。

(2)省地协调中的协调约束生成方法。

(3)省地协调中的协调策略的生成方法。

(4)省地协调中的协调策略的执行方法。

8.5.2　省地协调电压控制弱耦合特性分析

1. 省地协调特点分析

从控制对象、网架结构、电网模型、控制手段、控制目标 5 个方面分析省地协调电压控制的特点。

(1)在控制对象方面，省调的控制对象为省内 220kV 电网，地调的控制对象为地区内 110kV 及以下电网，因此省地协调控制本质上为 220/110kV 电网之间的协调优化控制。

(2)在网架结构方面，省调 220kV 电网为环网运行，地调 110kV 及以下电网为辐射网运行。因此，省地之间一般不存在 220/110kV 的电磁环网。

(3)在电网建模方面，具有信息局部性特点。由于地调辐射状电网节点多、电压等级低，在省调侧一般不关心其内部细节，省调侧系统不必要也不可能进行过于详细的建模，比较常见的省调电网模型一般详细到 220kV 变电站，并在 220kV 主变关口处将 110kV 及以下电网等值为负荷；同理,地调侧也无法获知省调 220kV 电网的详细结构，一般只建立与辐射电网关系密切的几个 220kV 变电站详细模型，而其他的 220kV 电网将做必要等值。

(4)在控制手段方面，需要考虑省调连续变量和地调离散变量的协调配合。省调无功调节手段主要是接入省内 220kV 电网的发电机，以连续调节设备为主；地调无功调节手段主要是 220kV 和 110kV 变电站内的容抗器和分接头，以离散调节设备为主。

(5)在控制目标方面，存在省调和地调不同控制目标的协调问题。从安全角度考虑，由于地区电网一般没有可控发电机，其电压水平主要由省网运行方式决定，因此省网的电压安全水平将决定地网的电压安全水平；从质量角度考虑，由于地调更接近用户侧，对电网的电压质量要求更高；从经济性角度考虑，由于地调一般为辐射网运行，其经济性要求可简化为对无功分层平衡就地补偿目标的追求。

2. 耦合关系定性分析

本节定性说明省地协调电压控制问题的弱耦合特性。

在关口无功方面，由于地调一般为辐射网络运行，省地关口无功变化的原因可分为以下 5 种：①地调末端无功负荷变化；②地调容抗器动作；③由于电压变化，导致地调容抗器无功出力变化；④由于电压变化及负荷静特性作用，导致地调无功负荷变化；⑤由于有功/无功负荷变化，容抗器动作，或者电压变化，潮流在地调电网传输过程中引起的无功损耗变化。其中方式①、②的影响最大最直接；当电压变化较大时(比如在电压崩溃过程中)，方式③、④的影响较大；当电压发生小范围变化时，方式③、④的影响很小；方式⑤的影响最小，只有当地调辐射网络电压分布发生变化时，方式⑤的作用才能较明显地体现出来。省调 AVC 系统对电压的调节主要通过方式③、④对地调关口无功造成影响。而在正常情况下，省调 AVC 系统对电压的调节属于一种小范围的电压调节，因此对关口无功影响很小。

在关口电压角度方面，从省地关口向省网看过去的电网可以看作等值戴维南电路，其内阻抗与地调主变阻抗相比要小得多，关口电压更易受省调电厂母线电压的影响，若关口附近有电厂并且参与 AVC，则该电厂高压母线相当于 PV 节点，受此 PV 节点影响，关口电压波动相对较小。

综上所述，对于省调而言，关口无功主要受地调运行状态影响，属于不可控量，当省调 220kV 网络的无功流动不合理时，需要地调调节来改善 220kV 网络的无功流动；对于地调来说，关口电压主要受省调运行状态影响，属于不可控量，当地调电压普遍过高(低)时，需要省调降低(升高)关口电压来保证地调的电压质量。

8.5.3　省地协调中协调约束的生成

本节基于王彬等(2010; 2011)提出的协调控制方法，研究弱耦合条件下省地协调约束的生成方法：采用关口无功和关口电压来描述省地双方的协调约束，提出省地两侧生成协调约束的模型和方法。最后通过仿真算例说明效果。

1. 协调变量的选择

与 8.4 节类似，选择关口电压 V^B 来描述关口状态变量 x^B，选择关口无功 Q^B 来描述关口依从变量 y^B，如式(8-51)所示。

$$\begin{cases} z = [V^B, Q^B] \\ x^B = V^B \\ y^B = Q^B \end{cases} \tag{8-51}$$

2. 省调侧协调约束的生成

省调控制范围一般为省内 220kV 电网，控制手段以接入 220kV 电网的发电机为主，AVC 的在线自适应分区模块对电网进行聚类分区，区内电网紧密联系，区间电网弱耦合。考虑到无功电压问题的区域性，本书采用在线自适应分区(郭庆来等, 2005)结果，以控制软分区为计算单元，使用准稳态灵敏度生成省调各关口的调节能力约束和运行需求约束。

1)模型

省调侧以在线自适应分区结果为单位进行协调约束的计算。图 8-15 给出相应的物理模型及变量说明。

V_G^M、V^B、V_P^M、V_C^M 分别为发电厂高压母线、关口母线、中枢母线及其他重要监视母线的电压变量，统称 V^M，使用 $\underline{V^M}$、$\overline{V^M}$ 描述电压下限和上限，并使用 ΔV^M 来描述电压的变化量。

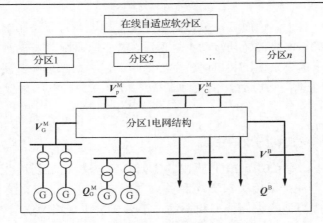

图 8-15 省调电网结构示意图

Q_G^M、Q^B 分别为各控制发电机组和关口的无功变量，统称 Q^M，使用 $\underline{Q^M}$、$\overline{Q^M}$ 描述无功下限和上限，并使用 ΔQ_G^M、ΔQ^B 来分别描述分区内控制发电机及关口无功的调节量。

符号 S^M 用来描述省调侧无功变量对母线电压变量的灵敏度矩阵，同时用下标来区别机组无功或关口无功对不同类型的母线电压灵敏度，如 S_{BG}^M 代表了发电机无功对关口母线电压的灵敏度矩阵。

每个控制分区内的旋转无功裕度可以描述为变量 Q_G^M 的函数 $g(Q_G^M)$，使用 $\underline{G^M}$、$\overline{G^M}$ 来描述旋转无功裕度的下限值和上限值。

在协调约束的计算过程中，除了考虑协调变量自身的运行约束外，还需要考虑其他运行约束。

母线电压运行约束为

$$\underline{V^M} \leqslant V^M + \Delta V^M \leqslant \overline{V^M} \tag{8-52}$$

式中，

$$\Delta V^M = S_B^M \Delta Q^B + S_G^M \Delta Q_G^M \tag{8-53}$$

机组无功出力运行约束为

$$\underline{Q_G^M} \leqslant Q_G^M + \Delta Q_G^M \leqslant \overline{Q_G^M} \tag{8-54}$$

分区无功裕度运行约束为

$$\underline{G^M} \leqslant g(Q_G^M + \Delta Q_G^M) \leqslant \overline{G^M} \tag{8-55}$$

关口无功运行约束为

$$\underline{Q^{\mathrm{B}}} \leqslant Q^{\mathrm{B}} + \Delta Q^{\mathrm{B}} \leqslant \overline{Q^{\mathrm{B}}} \tag{8-56}$$

2) 生成省调的调节能力约束

省调调节能力约束上限定义为：在满足安全运行约束的条件下，通过省调控制发电机的调节，使得关口电压向上的最大可调量。该优化问题的目标函数为

$$\min_{\Delta Q_{\mathrm{G}}^{\mathrm{M}}} \left\| V^{\mathrm{B}} + S_{\mathrm{BG}}^{\mathrm{M}} \Delta Q_{\mathrm{G}}^{\mathrm{M}} - \overline{V^{\mathrm{B}}} \right\| \tag{8-57}$$

式中，$\overline{V^{\mathrm{B}}}$ 为关口电压的运行上限（人工给定）。

在优化过程中需要考虑式(8-52)～式(8-56)给出的约束条件，并且，在计算省调的调节能力约束时，只需要考虑省调发电机的调节作用，因此运行约束条件中式(8-53)可以简化为

$$\Delta V^{\mathrm{M}} = S_{\mathrm{G}}^{\mathrm{M}} \Delta Q_{\mathrm{G}}^{\mathrm{M}} \tag{8-58}$$

将式(8-57)的目标函数修改为式(8-59)的函数，则可以计算出省调的调节能力约束下限。

$$\min_{\Delta Q_{\mathrm{G}}^{\mathrm{M}}} \left\| V^{\mathrm{B}} + S_{\mathrm{BG}}^{\mathrm{M}} \Delta Q_{\mathrm{G}}^{\mathrm{M}} - \underline{V^{\mathrm{B}}} \right\| \tag{8-59}$$

式中，$\underline{V^{\mathrm{B}}}$ 为关口电压运行下限（人工给定）。

3) 生成省调的运行需求约束

省调运行需求约束上限定义为：在满足安全运行约束条件下，通过对省调控制发电机以及关口无功的调节，使得关口无功向上的最大可调量。该优化问题的目标函数为

$$\min_{\Delta Q_{\mathrm{G}}^{\mathrm{M}}, \Delta Q^{\mathrm{B}}} \left\| Q^{\mathrm{B}} + \Delta Q^{\mathrm{B}} - \overline{Q^{\mathrm{B}}} \right\| \tag{8-60}$$

式中，$\overline{Q^{\mathrm{B}}}$ 为关口无功运行上限（人工给定）。

在优化过程中需要考虑式(8-52)~式(8-56)给出的约束条件。其中，在计算省调的调节能力约束时，同时考虑省调发电机和关口无功的调节作用，因此，式(8-53)不可简化。

将式(8-60)的极大化目标函数修改为式(8-61)的目标函数，则可以类似地计算出省调运行需求约束下限为

$$\min_{\Delta \boldsymbol{Q}_{\mathrm{G}}^{\mathrm{M}}, \Delta \boldsymbol{Q}^{\mathrm{B}}} \left\| \boldsymbol{Q}^{\mathrm{B}} + \Delta \boldsymbol{Q}^{\mathrm{B}} - \underline{\boldsymbol{Q}}^{\mathrm{B}} \right\| \tag{8-61}$$

式中，$\underline{\boldsymbol{Q}}^{\mathrm{B}}$ 为关口无功运行下限（人工给定）。

可见，省调进行协调约束计算的数学模型为二次规划模型，可采用起作用约束集法求解。

3. 地调侧协调约束的生成

地调侧控制对象一般为 110kV 及以下辐射电网，控制手段以 110kV 及以下的变电站离散调节设备（如电容电抗器、有载调压分接头等）为主，但从国内调度分工上，220kV 变电站的低压侧电容电抗器一般也由地调控制。地调侧需要依据电网运行状态进行在线拓扑搜索，得到由各关口及其向下辐射电网构成的一个拓扑分区，作为协调控制的计算单元，并计算出地调侧各关口的调节能力约束和运行需求约束。

1）模型

图 8-16 给出了地调侧计算相应协调约束的模型及变量说明。

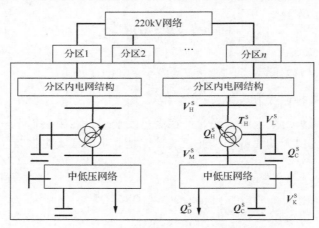

图 8-16　地调电网结构示意

$V_{\mathrm{H}}^{\mathrm{S}}$、$V_{\mathrm{M}}^{\mathrm{S}}$、$V_{\mathrm{L}}^{\mathrm{S}}$、$V_{\mathrm{K}}^{\mathrm{S}}$ 分别为地调关口主变高、中、低三侧母线以及其他监视母线的电压变量，统一称之为 V^{S}，使用 $\underline{V}_{\mathrm{H}}^{\mathrm{S}}$、$\overline{V}_{\mathrm{H}}^{\mathrm{S}}$ 描述其电压下限和上限，并使用 ΔV^{S} 来描述电压的变化量。$Q_{\mathrm{H}}^{\mathrm{S}}$、$Q_{\mathrm{M}}^{\mathrm{S}}$、$Q_{\mathrm{L}}^{\mathrm{S}}$ 分别为地调关口主变高、中、低三侧绕组的无功变量。

$Q_{\mathrm{C}}^{\mathrm{S}}$、$T_{\mathrm{H}}^{\mathrm{S}}$ 为地调容抗器的无功变量以及分接头档位变量，使用 $\Delta Q_{\mathrm{C}}^{\mathrm{S}}$、$\Delta T_{\mathrm{H}}^{\mathrm{S}}$ 来分别描述拓扑分区内容抗器及分接头的动作。使用 $f_{\mathrm{C}}^{\mathrm{S}}$、$f_{\mathrm{T}}^{\mathrm{S}}$ 来分别描述容抗器及

分接头本身是否具备动作条件(考虑是否可调、是否闭锁、最大动作次数、动作最小持续时间等因素)。

使用符号 S^S、S^{SQ} 分别描述母线电压及设备无功对地调控制变量的灵敏度矩阵,并使用下标区别不同类型状态变量对不同类型控制变量的灵敏度,如 S_{BC}^S 代表了关口母线电压对容抗器无功的灵敏度矩阵。

与省调相关计算类似,在地调侧协调约束的计算过程中,除了考虑协调变量自身的运行约束外,同样需要考虑其他相关的变量运行约束。

母线电压运行约束为

$$\underline{V^S} \leqslant V^S + \Delta V^S \leqslant \overline{V^S} \tag{8-62}$$

式中, ΔV^S 可以根据控制变量的调节量及电压灵敏度矩阵 S^S 计算而得到。

$$\Delta V^S = S_B^S \Delta V^B + S_C^S \Delta Q_C^S + S_T^S \Delta T_H^S \tag{8-63}$$

关口无功运行约束为

$$\underline{Q^B} \leqslant Q^B + \Delta Q^B \leqslant \overline{Q^B} \tag{8-64}$$

式中,关口无功变化量 ΔQ^B 可以根据无功控制变量的调节量及 ΔQ_C^S 及 S_{BC}^{SQ} 计算而得到。

$$\Delta Q^B = S_{BC}^{SQ} \Delta Q_C^S \tag{8-65}$$

容抗器动作能力约束为

$$f_C^S(\Delta Q_C^S) > 0 \tag{8-66}$$

分接头动作能力约束为

$$f_H^S(\Delta T_H^S) > 0 \tag{8-67}$$

2) 生成地调的调节能力约束

地调调节能力约束上限可定义为:在满足运行约束的条件下,通过地调自身控制设备的调节,使得关口无功向上的最大可调量。该优化问题的目标函数为

$$\min_{\Delta Q_C^S \Delta T_H^S} \left\| Q^B + \Delta Q^B - \overline{Q^B} \right\| \tag{8-68}$$

式中, $\overline{Q^B}$ 为关口无功运行上限。

在优化过程中需要考虑式(8-62)~式(8-67)给出的约束条件。其中在计算省调

的调节能力时，只考虑地调的调节作用，因此 $\Delta V^{\mathrm{B}} = \mathbf{0}$，据此，约束条件(8-63)中可以简化为

$$\Delta V^{\mathrm{S}} = S_{\mathrm{C}}^{\mathrm{S}} \Delta Q_{\mathrm{C}}^{\mathrm{S}} + S_{\mathrm{T}}^{\mathrm{S}} \Delta T_{\mathrm{H}}^{\mathrm{S}} \tag{8-69}$$

将式(8-68)的目标函数改变为式(8-70)的目标函数，则可以计算出地调调节能力约束下限。

$$\min_{\Delta Q_{\mathrm{C}}^{\mathrm{S}} \Delta T_{\mathrm{H}}^{\mathrm{S}}} \left\| Q^{\mathrm{B}} + \Delta Q^{\mathrm{B}} - \underline{Q^{\mathrm{B}}} \right\| \tag{8-70}$$

式中，$\underline{Q^{\mathrm{B}}}$ 为关口无功运行下限。

地调的调节能力生成模型是 0-1 规划模型，可以采用常规的 0-1 规划算法(如分支定界法等)求解，也可采用启发式算法求解。

3)生成地调的运行需求约束

地调运行需求约束上限定义为：在满足安全运行约束的条件下，通过对地调自身控制设备以及关口电压的调节，使得协调关口电压向上的最大可调量。该优化问题的目标函数为

$$\min_{\Delta Q_{\mathrm{C}}^{\mathrm{S}} \Delta T_{\mathrm{H}}^{\mathrm{S}} \Delta V^{\mathrm{B}}} \left\| V^{\mathrm{B}} + \Delta V^{\mathrm{B}} - \overline{V^{\mathrm{B}}} \right\| \tag{8-71}$$

式中，$\overline{V^{\mathrm{B}}}$ 为关口电压运行上限(人工给定)。

在优化过程中需要考虑式(8-62)~式(8-67)给出的约束条件。

上述优化问题中，即包含连续控制变量 ΔV^{B}，也包含离散控制变量 $\Delta Q_{\mathrm{C}}^{\mathrm{S}}$、$\Delta T_{\mathrm{H}}^{\mathrm{S}}$，属于混合 0-1 规划问题，已经有较成熟的求解算法，本节采用分支定界法来进行求解。

将式(8-71)的目标函数改变为式(8-72)的目标函数，则可以计算出地调运行需求约束下限

$$\min_{\Delta Q_{\mathrm{C}}^{\mathrm{S}} \Delta T_{\mathrm{H}}^{\mathrm{S}} \Delta V^{\mathrm{B}}} \left\| V^{\mathrm{B}} + \Delta V^{\mathrm{B}} - \underline{V^{\mathrm{B}}} \right\| \tag{8-72}$$

式中，$\underline{V^{\mathrm{B}}}$ 为关口电压运行下限(人工给定)。

8.5.4　省地协调中协调策略的产生

建设在省调侧的协调器基于省调已有的电网模型，利用省、地双方提供的协调约束(包括调节能力约束和运行需求约束)，进行协调决策，并将协调策略发送至省、地 AVC 系统供其使用。

1. 关口协调状态转移图

省地协调控制的目的是实现省地电网间合理的资源利用和互相支持，消除省地间的不协调现象。而省地关口运行状态直接反映了省地协调状态。为表征省地关口的运行状态，本书提出了关口协调状态转移图的概念，并以此来回答以下问题：①当前省地关口是否运行于正常合理的协调状态？②若不协调，谁的原因导致不协调？③如何控制才能使得关口回到正常合理的协调状态？

针对每一个省地关口，以关口无功和关口电压为坐标轴建立无功—电压状态平面，通过省、地各自提供的需求约束对状态平面进行划分，建立关口协调状态转移图，如图 8-17 所示。

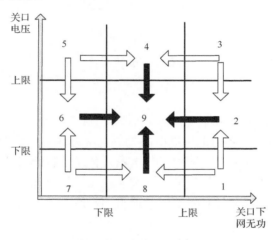

图 8-17　关口协调状态转移图

整个平面被划分为 9 个分区，其中若当前关口状态坐标位于第 9 区（定义为优化协调区）代表了当前省、地的运行需求均被满足，处于正常合理的运行状态；若当前关口状态坐标位于第 2、6 区（定义为地调动作区），说明了当前关口无功不满足省调的运行需求，需要地调进行无功调节来帮助省调；相应地，若当前关口状态坐标位于第 4、8 区（定义为省调动作区），说明了当前关口电压不满足地调的运行需求，需要省调进行电压调节来帮助地调；若当前关口运行状态坐标位于第 1、3、5、7 区（省、地联合动作区），说明了当前关口运行状态同时不满足双方的运行需求，需要省、地调共同调节。

在关口协调状态图转移中，除了通过运行需求对无功-电压状态平面进行划分外，还包括关口各运行状态间可能的转移轨迹，如图 8-17 所示，其中，空心箭头代表了关口状态在两个非协调状态间的转移；实心箭头代表了关口状态由不协调状态转移到协调状态。而在实际运行中，关口运行状态是否可以转移以及如何转移是由省、地的调节能力所决定。

从转移轨迹上可以看出，不论初始状态如何，总是尽量通过协调控制使得关口状态向优化协调区（即第 9 区）进行转移，并最终保持在优化协调区。

2. 优化层协调优化策略的产生

基于第 8.5.3 节给出的考虑运行需求约束的分布协调优化简化模型，本节给出省地协调优化层的协调优化策略计算模型。

协调器利用省调现有的电网模型，通过优化计算，得到全网的母线电压优化分布结果，其计算结果满足地调给出的电压需求约束，其模型如式(8-73)所示。

$$\begin{cases} \min_{\boldsymbol{u}^{M}} f^{M}(\boldsymbol{V}^{M}, \boldsymbol{V}^{B}, \boldsymbol{u}^{M}) \\ \text{s.t. } (\boldsymbol{V}^{M}, \boldsymbol{V}^{B}) \in \boldsymbol{\Omega}^{M} \\ \boldsymbol{Q}^{B} = \boldsymbol{h}_{M}^{B}(\boldsymbol{V}^{M}, \boldsymbol{V}^{B}) \\ \underline{\boldsymbol{V}_{R}^{B}} \leqslant \boldsymbol{V}^{B} \leqslant \overline{\boldsymbol{V}_{R}^{B}} \end{cases} \tag{8-73}$$

该模型的物理含义如下：

(1)在优化过程中，考虑地调提出的关口电压运行需求约束，保证协调器给出的优化结果满足省、地两级电网的运行需求，体现了省调对地调的协调：一方面保证不会由于省调的调节使得地调出现大面积电压越限现象，另一方面当地调出现大面积电压不合格现象并且本身调节能力不足时，省调可帮助地调进行电压调节来保证地调的电压质量。

(2)在优化过程中，忽略地区电网的调节能力对省网的调节作用（即认为关口无功 $\boldsymbol{Q}^{B}$ 为不可调变量），这么做的原因是：$\boldsymbol{Q}^{B}$ 由地调的运行方式决定，地调的调节资源一般为电容电抗器等离散设备，受离散设备动作次数和动作持续时间所限，地调的可控资源应优先用于保证本地区的电压质量和本地无功平衡，而不应当参与省网的无功优化。

3. 控制层协调控制策略的产生

在分钟级协调控制层面，基于双向协调约束，对省地的运行状态进行协调，使得关口保持"正常合理的运行状态"。

由于省地关口无功电压的解耦特性，本节对 8.2 节给出的协调控制决策模型进行如下简化：

(1)忽略关口无功变化对关口电压的影响，即 $\boldsymbol{S}_{XY} \approx \boldsymbol{0}$。

(2)忽略关口电压变化对关口无功的影响，即 $\boldsymbol{S}_{YX} \approx \boldsymbol{0}$。

在此基础上，原协调控制决策模型可解耦为包括针对地调的协调无功控制和针对省调的协调电压控制两个子模型。

1) 针对地调的无功协调

在针对地调的无功协调过程中，需要保证给出的无功协调策略满足如下条件：①可行性：无功协调策略满足地调的调节能力约束；②互动协调：实现在省调有需求时地调帮助省调进行调节；③经济性：实现电网无功的分层平衡。

基于以上分析，针对地调的无功协调控制计算过程可做如下描述：在满足地调调节能力和省调运行需求条件下，通过地调关口的无功调节，尽量保证关口追随其最优设定值 $\hat{\boldsymbol{Q}}^{\mathrm{B}}$。该优化问题的目标函数为

$$\min_{\Delta \boldsymbol{Q}^{\mathrm{B}}} \left\| \boldsymbol{Q}^{\mathrm{B}} + \Delta \boldsymbol{Q}^{\mathrm{B}} - \hat{\boldsymbol{Q}}^{\mathrm{B}} \right\| \tag{8-74}$$

在优化计算过程中需要考虑的协调约束包括地调调节能力约束式(8-75)和省调无功需求约束式(8-76)：

$$\underline{\boldsymbol{Q}_{\mathrm{A}}^{\mathrm{B}}} \leqslant \boldsymbol{Q}^{\mathrm{B}} + \Delta \boldsymbol{Q}^{\mathrm{B}} \leqslant \overline{\boldsymbol{Q}_{\mathrm{A}}^{\mathrm{B}}} \tag{8-75}$$

$$\underline{\boldsymbol{Q}_{\mathrm{R}}^{\mathrm{B}}} \leqslant \boldsymbol{Q}^{\mathrm{B}} + \Delta \boldsymbol{Q}^{\mathrm{B}} \leqslant \overline{\boldsymbol{Q}_{\mathrm{R}}^{\mathrm{B}}} \tag{8-76}$$

其物理含义是：给地调的无功协调策略既满足地调自身的调节能力约束(可行性)，又满足省调提出的无功需求约束(协调性)，并尽可能追踪无功优化设定值(最优化性)。

2) 针对省调的电压协调

在针对省调的电压协调过程中，需要保证给出的电压协调策略满足如下条件：①可行性：电压协调策略满足省调的调节能力约束；②互动协调：实现地调有需求时省调帮助地调进行调节；③经济性：实现 220kV 电网电压追随优化层给出优化电压分布。

基于以上分析，针对省调的电压协调控制计算过程可以做如下描述：在满足省调运行约束和地调运行需求的条件下，通过省调发电机的无功调节，尽量保证关口节点电压追随其优化设定值。该优化问题的目标函数为

$$\min_{\Delta \boldsymbol{Q}_G} \left\| V^B + S_{VQ}^B \Delta Q_G - \hat{V}^B \right\| \tag{8-77}$$

即为控制后关口电压与电压优化设定值偏差最小作为优化目标。在优化计算过程中需要考虑的协调约束包括：省调调节能力约束式(8-78)、地调电压需求运

行约束式(8-79)和省调节点电压(表示为 V^M)约束式(8-80)：

$$\underline{\Delta V_A^B} < V^B + S_{VQ}^B \Delta Q_G < \overline{\Delta V_A^B} \tag{8-78}$$

$$\underline{\Delta V_R^B} < V^B + S_{VQ}^B \Delta Q_G < \overline{\Delta V_R^B} \tag{8-79}$$

$$\underline{\Delta V^M} < V^M + S_{VQ}^M \Delta Q_G < \overline{\Delta V^M} \tag{8-80}$$

该优化问题是一个二次规划问题，采用起作用集法求解。在得到了省调发电机无功调节量 $\Delta \hat{Q}_G$ 后，需要进一步转化为电压协调策略：

$$\Delta \hat{V}^B = S_{VQ}^B \Delta \hat{Q}_G \tag{8-81}$$

式中， S_{VQ}^M 为发电机无功对关口电压的灵敏度。

3) 协调控制策略的产生

由于地调控制手段一般以离散设备为主，为体现离散分档控制的概念，减少离散设备的动作次数，本书使用增加、减少、禁增、禁减、保持五种策略状态来定性描述协调控制策略：①增加、减少策略表示当前处于不协调状态，需要通过控制来消除这种不协调；②保持策略表示当前已经处于协调状态，需要保持该状态；③禁增、禁减策略表示当前处于协调状态与不协调状态的边界，需要一个单方向的禁止控制来避免系统由协调状态进入不协调状态；

可见，定性描述后的控制策略实质上给出了协调控制的调节方向，即省地各级 AVC 系统应该向哪个方向动作才能消除或避免不协调状态。在实际应用中，发送给地调的无功控制策略可以使用定性描述后的协调策略(关口无功约束或关口功率因数约束)来代替关口无功设定值，从而减少地调离散设备的动作次数。

8.5.5　省地协调中协调策略的执行

省、地调 AVC 系统负责响应省地协调器生成的协调控制策略。由于一般 AVC 系统建设在前，省地协调系统建设在后，需要对原有的 AVC 系统进行必要的功能扩展，来满足省地协调闭环运行的要求。

1. 省调侧执行协调策略

协调器送给省调的协调器优化策略表示为关口电压优化设定值，协调器控制策略表示为关口电压运行区间约束。

在三级电压优化层面，省调 AVC 系统可直接采用优化层计算出的优化结果作为优化目标输出，来替换原有的 TVC(或者直接在省调 AVC 系统中进行计及地调电压需求约束的 TVC 计算)。在 SVC 层面，扩展现有的 CSVC 模型，来考虑响应协调控制策略。

本书第 8.4.4 节给出了协调控制约束与协调控制目标相结合的 CSVC 扩展方案,基于上述方案,针对省调侧已有的 SVC 模块,增加计及省地协调约束的 CSVC 模型, 如式(8-82)所示。

$$
\begin{cases}
\min_{\Delta \boldsymbol{u}^{\mathrm{M}}} \boldsymbol{W}_{\mathrm{P}}^{\mathrm{M}} \boldsymbol{H}_{\mathrm{P}}^{\mathrm{M}}(\Delta \boldsymbol{u}^{\mathrm{M}}) + \boldsymbol{W}_{\mathrm{Q}}^{\mathrm{M}} \boldsymbol{H}_{\mathrm{Q}}^{\mathrm{M}}(\Delta \boldsymbol{u}^{\mathrm{M}}) \\
\qquad + \boldsymbol{W}_{\mathrm{C}}^{\mathrm{M}} \left(\left\| \boldsymbol{V}_{h}^{\mathrm{B}} + \boldsymbol{S}_{\mathrm{XU}}^{\mathrm{M}} \Delta \boldsymbol{u}^{\mathrm{M}} - \overline{\boldsymbol{V}_{h}^{\mathrm{B}}} + \boldsymbol{\varepsilon}_{x} \right\| + \left\| \boldsymbol{V}_{l}^{\mathrm{B}} + \boldsymbol{S}_{\mathrm{XU}}^{\mathrm{M}} \Delta \boldsymbol{u}^{\mathrm{M}} - \underline{\boldsymbol{V}_{l}^{\mathrm{B}}} - \boldsymbol{\varepsilon}_{x} \right\| \right) \\
\text{s.t.} \ \ \boldsymbol{g}^{\mathrm{M}}(\Delta \boldsymbol{u}^{\mathrm{M}}) \leqslant \mathbf{0} \\
\qquad \underline{\boldsymbol{V}_{c}^{\mathrm{B}}} < \boldsymbol{V}_{c}^{\mathrm{B}} + \boldsymbol{S}_{\mathrm{XU}}^{\mathrm{M}} \Delta \boldsymbol{u}^{\mathrm{M}} < \overline{\boldsymbol{V}_{c}^{\mathrm{B}}} \\
\qquad \underline{\boldsymbol{V}_{h}^{\mathrm{B}}} < \boldsymbol{V}_{h}^{\mathrm{B}} + \boldsymbol{S}_{\mathrm{XU}}^{\mathrm{M}} \Delta \boldsymbol{u}^{\mathrm{M}} < \boldsymbol{V}_{h}^{\mathrm{B}} + \boldsymbol{\varepsilon}_{c} \\
\qquad \boldsymbol{V}_{l}^{\mathrm{B}} - \boldsymbol{\varepsilon}_{c} < \boldsymbol{V}_{l}^{\mathrm{B}} + \boldsymbol{S}_{\mathrm{XU}}^{\mathrm{M}} \Delta \boldsymbol{u}^{\mathrm{M}} < \overline{\boldsymbol{V}_{l}^{\mathrm{B}}}
\end{cases}
\tag{8-82}
$$

式中,$\boldsymbol{V}_{c}$ 为不越限的协调变量;$\boldsymbol{V}_{h}$ 为越上限的协调变量;$\boldsymbol{V}_{l}$ 为越下限的协调变量;$\boldsymbol{\varepsilon}_{x}$、$\boldsymbol{\varepsilon}_{c}$ 分别为协调控制目标的控制死区和协调控制约束的松弛因子。基于该扩展 CSVC 模型, 在保证了算法收敛性的同时, 达到了省调在其调节能力范围内尽量帮助地调进行调节的目的。

2. 地调侧执行协调策略

图 8-18(a)给出了地调 AVC 系统独立控制过程示意。地调 AVC 系统的控制目标一般为首先保证电压合格、其次保证主变功率因数合格,最后实现经济性指标,其中主变功率因数约束一般离线制定,并人工定期(每季度或每月)更新。

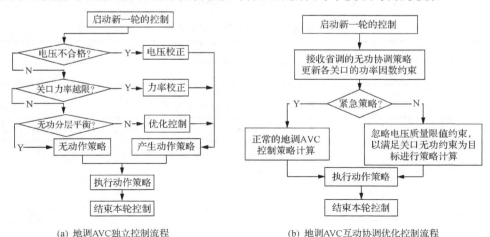

(a) 地调 AVC 独立控制流程　　　　　　　(b) 地调 AVC 互动协调优化控制流程

图 8-18　地调 AVC 控制流程

地调 AVC 系统参与协调控制后，周期(分钟级)接收协调器生成的关口无功协调策略，并自动更新省地关口主变的功率因数约束，最终按照图 8-18(b)所示的控制流程完成地调 AVC 系统的互动协调控制。

8.5.6　仿真算例 1

通过编写基于快速分解法的输电网潮流和基于前推回推潮流法的配网潮流，模拟全局潮流计算。省调输电网采用 IEEE39 节点系统，结构如附录图 A-1 所示；采用文献(Civanlar et al, 1988)提供的三馈线系统中的第一条馈线来模拟地调关口下的辐射网络，结构如图 8-19 所示。

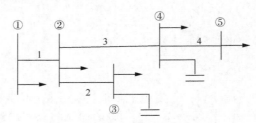

图 8-19　节点馈线系统

1. 算例初始状态

选择 23 号节点的负荷作为省地关口，并选择节点 35 和节点 36 上的发电机作为省调控制手段来响应协调控制。

表 8-10～表 8-12 分别给出了参与控制的发电机和控制关口的初始状态以及地调节点的初始电压分布，并给定两机的最小无功裕度为 50Mvar。

表 8-10　参与控制关口初始参数

序号	所在节点	初始有功/MW	初始无功/Mvar	初始电压/p.u.
1	23	247.5	84.6	1.045

表 8-11　地调节点电压初始分布

节点	初始电压/p.u.	电压上限/p.u.	电压下限/p.u.	是否越限
1	1.050	1.05	1.01	否
2	0.961	0.96	0.92	是
3	0.931	0.93	0.89	是
4	0.914	0.91	0.86	是
5	0.906	0.91	0.85	否

表 8-12　参与控制发电机初始参数

节点	有功/MW	无功/Mvar	电压/p.u.	无功上限/Mvar	无功下限/Mvar
5	650	211.1	1.049	220.0	0
6	560	100.0	1.063	110.0	0

2. 单断面协调控制仿真

基于上节的初始状态，表 8-13 和表 8-14 分别给出了省、地调生成的协调约束。

表 8-13　省调协调约束

协调类型	上限	下限	当前
无功需求/p.u.	0.8	0.0	0.85
电压能力/p.u.	1.045	1.02	1.045

表 8-14　地调协调约束

协调类型	上限	下限	当前
无功能力/p.u.	0.88	0.85	0.85
电压需求/p.u.	1.035	1.01	1.045

受无功裕度所限，省调侧不具备增加电压的能力，但具备降低电压的能力，省调需要地调进行无功调节；同时，地调电压过高，需要省调帮助地调进行降压调节，本算例给出的协调约束和直观分析结果相一致，这定性说明了本算例结果的合理性。

表 8-15 和表 8-16 分别给出了基于该协调约束进行协调控制后，控制发电机及地调节点的运行状态变化情况，这定量说明了本算例给出的协调约束的合理性。

表 8-15　参与控制发电机无功变化情况

序号	初始无功/Mvar	控后无功/Mvar	初始裕度/Mvar	控后裕度/Mvar
1	211.1	188.5	8.9	31.5
2	100.0	88.8	10.0	21.2
总计	311.1	277.3	18.9	52.7

控制后，两机总的向上无功裕度和功率因数分别由原来的 18.9Mvar、0.97 变为 52.7Mvar、0.975。通过协调控制，地调帮助省调进行无功调节，并最终满足省调的无功运行需求。

表 8-16　地调节点电压变化情况

节点	初始电压/p.u.	控后电压/p.u.	电压上限/p.u.	是否越限
1	1.045	1.036	1.05	否
2	0.961	0.953	0.96	否
3	0.931	0.924	0.93	否
4	0.914	0.908	0.91	否
5	0.907	0.900	0.91	否

控制后，地调的电压越限现象消失。

3. 协调过程中协调约束变化曲线

基于上节的初始状态，通过多轮的协调控制，最终达到协调的目的，本节重点分析协调过程中协调约束曲线的变化。

图 8-20 和图 8-21 描述了省调的协调约束变化曲线，其中由于无功需求下限较小（接近于 0），对于整个控制不起作用，受尺度所限，在图 8-22 中给出无功需求上限曲线。

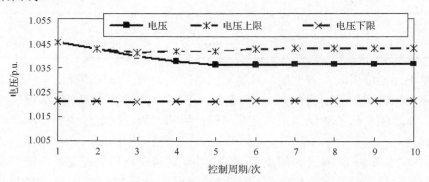

图 8-20　省调电压调节能力曲线

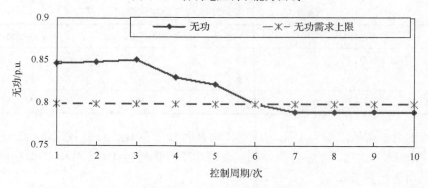

图 8-21　省调无功运行需求曲线

　　初始状态下，省调不具备抬高关口电压的能力，经过协调控制，省调的向上旋转无功裕度得到释放，并具备了升高关口电压的能力。

　　初始状态下，省调产生地调投入容性无功的需求，期望地调减少从省调吸收的无功。经过协调控制，地调投入容性无功，省调发电机无功出力减少，向上旋转无功裕度得到释放，并最终满足省调的无功裕度运行约束。

　　图 8-22 和图 8-23 描述了地调的无功、电压控制过程。

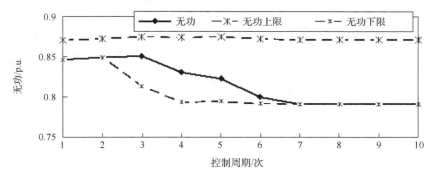

图 8-22　地调无功调节能力曲线

　　初始状态下，地调不具备投入无功的能力，协调控制过程中，由于省调的降压调节作用，地调投入无功的能力被逐步释放，产生并执行投入无功的控制策略，最终地调投入了所有可投无功，不具备再投入无功能力。

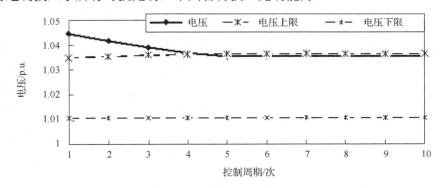

图 8-23　地调电压运行需求曲线

　　初始状态下，地调产生省调降压的运行需求，期望省调进行降压调节，最终通过协调控制，电压得到了降低，关口电压回到了地调的电压需求范围内。

8.5.7　仿真算例 2

　　为了说明省地协调的控制效果，利用第 8.5.6 节给出的仿真电力系统，本节设计了如下的仿真算例：模拟地调负荷连续增长，分别进行省地 AVC 独立控制和省地 AVC 协调控制，观察两种情况下的控制效果对比。表 8-17 给出了省调参与控制发电机的初始参数。

表 8-17　省调参与控制发电机初始参数

序号	所在节点	初始无功/Mvar	无功上限/Mvar	无功下限/p.u.
1	35	211.1	600.0	0.0
2	36	100.0	600.0	0.0

图 8-24～图 8-26 给出了负荷连续增长（有功和无功等功率因数同步增长）过程中，在独立控制和协调控制两种控制方式下，系统无功电压的变化曲线。图 8-24 给出仿真过程中关口电压的变化曲线。

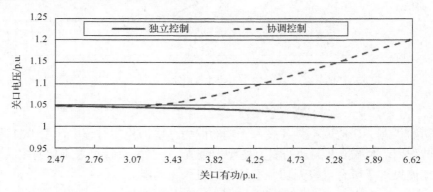

图 8-24　关口电压随负荷变化曲线

在独立控制时，当关口有功增长到 528MW 时，就由于地调节点电压过低而潮流无解，并且随着负荷增长，关口电压有所跌落；而在协调控制时，即使关口有功持续增长到 662MW，而不会发生潮流无解现象，并且随着负荷增长，关口电压不降反升，这是由于随着负荷增长，输电网压降增加，地调负荷末端节点电压跌落更多，地调 AVC 系统为了保证地调的电压质量，会产生抬高关口电压的运行需求，并通过协调控制转化为对省调的协调控制指令，由省调 AVC 系统去响应执行。

图 8-25 给出仿真过程中地调平均电压的变化曲线。

在独立控制时，地调电压跌落较快，这是由于省调 AVC 系统看不到地调的电压跌落，无法帮助地调进行抬高关口电压的调节。当采用协调控制时，地调将自身的运行需求告知省调，省调发挥自身的调节能力，帮助地调进行调节，最终有效地支撑了地调整体电压水平。

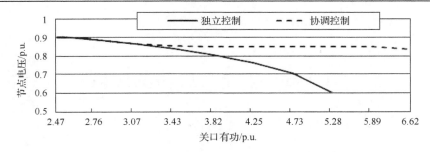

图 8-25　节点电压随负荷变化曲线

图 8-26 给出仿真过程中省调发电机无功的变化曲线。

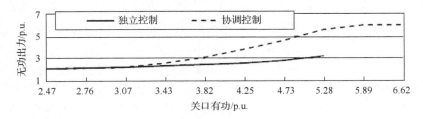

图 8-26　发电机无功出力随负荷变化曲线

在省地独立控制时，省调发电机相当于一个 PV 节点，因此无功出力稍有增加；协调控制时，省调 AVC 相应地调抬高关口电压的运行需求，积极地增加无功出力，抬高关口电压，直至到达发电机的无功出力上限。

第9章 安全与经济的协调

9.1 概　述

传统的 AVC 中，无功优化是以满足电网正常运行约束为前提，给出使整个电网的有功网损最小的各分区中枢母线电压的优化设定值，供后续控制使用。无功优化在本质上是求解一个无功 OPF 问题，其优化目标为电网有功网损的最小化，约束条件为电网正常运行状态下的运行约束，包括母线电压上下限约束、发电机无功出力上下限约束等。如此得到的无功电压控制结果可能无法保证预想故障状态下也能够满足安全约束的要求，没有兼顾到电网的静态安全性。在以北美洲电网为代表的管理模式下，输电拥塞管理过程中对安全性的评价涵盖了电网的静态安全性，因此，电网在预想故障状态下的性能指标是调度运行必须要考虑的因素，这就需要在 AVC 控制中关注电网正常运行状态安全性的同时，也兼顾电网在预想故障状态下的安全性。

为了在 AVC 控制中考虑电网的静态安全性，需要在无功优化满足电网静态安全约束的前提下，寻求电网有功网损的最小化。完成这一需求的传统做法，是在 OPF 模型中加入各预想故障状态下电网运行的安全约束，将无功 OPF 问题扩展成为无功安全约束最优潮流(security constrained optimal power flow，SCOPF)问题。然而基于全潮流模型的无功 SCOPF 问题模型规模巨大，求解困难，难以在在线控制计算中取得应用。因此需要一种新的在线无功优化技术来解决这一问题。该技术应具备如下特点：

(1)对电网进行无功电压优化，给出中枢母线电压的优化设定值，使电网母线电压分布更加合理，有功网损减小，电网运行经济性提高。

(2)在无功优化的过程中考虑预想故障状态下电网的安全运行要求，使电网控制后的静态安全性水平提高，或至少不变差。

(3)无功优化的计算速度应满足在线电压控制的要求。

这种新的在线无功优化技术，使得电网运行更加经济与安全，更好地适应和满足智能电网的发展要求。首先，描述考虑电网静态安全性的无功电压优化数学模型，应能合理地反应电网调度运行对经济性和安全性的实际要求，并且应在任何情况下都存在可行解；其次，针对这一数学模型，应给出一种合理的求解方法，以准确有效地得到模型的解，且计算速度能满足在线控制的需要；同时，数学模型和求解方法能灵活扩展，可以满足电网其他类型安全(如故障后静态电压稳定性)

的需求。

本章将介绍满足上述需求的基于合作博弈理论的在线无功优化技术(张明晔等, 2012; Zhang M. et al, 2012; 张明晔等, 2012)，以满足 AVC 中安全与经济的协调需求。

为论述需要，本章中对一些常用名词采用以下简称：PrC 代表电网正常运行状态(pre-contingency state)，PoC 代表预想故障状态(post-contingency state)；Base 代表基态断面(base case)，即电网在优化前的运行断面，Opti 代表优化断面(optimal case)。本章常用名词简称如表 9-1 所列。

表 9-1　本章常用名词简称

常用名词简称		正常运行状态	预想故障状态
		PrC	PoC
基态断面	Base	B-PrC	B-PoC
优化断面	Opti	O-PrC	O-PoC

9.2　多目标优化和博弈论

本节介绍多目标优化、博弈论，以及基于博弈理论求解多目标优化问题的基本概念和思想。

9.2.1　多目标优化相关概念

多目标优化(multi-objective optimization，MOP)又称为多准则优化(multi-criteria optimization)、多性能优化(multi-performance optimization)或向量优化(vector optimization)，最早由法国经济学家 Pareto 在 1896 年提出。多目标优化是指：多于一个的优化目标在给定约束条件下的最优化问题，这些表征性能指标的目标函数之间常常是彼此冲突的。

不失一般性，以一个最小化多目标优化问题为例，对 MOP 问题进行描述。假设一个 MOP 问题含有 n 个决策变量，m 个目标函数，以及 k 个约束条件，则其数学模型可定义如下：

$$\begin{cases} \min & \boldsymbol{y} = \boldsymbol{F}(\boldsymbol{x}) = (f_1(\boldsymbol{x}), f_2(\boldsymbol{x}), \cdots, f_m(\boldsymbol{x}))^{\mathrm{T}} \\ \text{s.t.} & \boldsymbol{e}(\boldsymbol{x}) = (e_1(\boldsymbol{x}), e_2(\boldsymbol{x}), \cdots, e_k(\boldsymbol{x}))^{\mathrm{T}} \leqslant \boldsymbol{0} \\ \text{where} & \boldsymbol{x} = (x_1, x_2, \cdots, x_n)^{\mathrm{T}} \\ & \boldsymbol{y} = (y_1, y_2, \cdots, y_m)^{\mathrm{T}} \end{cases} \quad (9\text{-}1)$$

式中，决策变量向量 $x \in \Omega \subset \mathbb{R}^n$，$\Omega$ 是决策空间，由可行决策变量组成；目标函数向量 $y \in \Lambda \subset \mathbb{R}^m$，$\Lambda$ 是目标函数空间，由可行目标函数值组成。MOP 在目标函数空间进行寻优。

通常，MOP 的目标函数性能的变化是彼此冲突的，一般无法找到使所有目标函数同时达到最优的决策变量，即不 $\exists x^* \in \Omega$，使 $f_1(x), f_2(x), \cdots, f_m(x)$ 在 x^* 处同时取到最小值。改变决策变量使一个目标函数的性能变优时，往往会引起其他目标函数性能变差。因此，求解 MOP 问题时需要对各目标函数进行协调，找到使各目标函数都尽更优的决策变量。按照这个思路，Pareto 提出了 Pareto 最优解的概念（Chankong et al, 1983），对多目标优化问题的解进行了描述。

定义 9.1　可行解集　可以满足所有约束条件的决策向量 x 组成可行解集 X_f，即

$$X_f = \left\{ x \in \Omega \mid e(x) \leqslant 0 \right\} \tag{9-2}$$

定义 9.2　Pareto 占优/Pareto 支配　对于任意向量 $u, v \in \Lambda$，$u = (u_1, u_2, \cdots, u_m)^T$，$v = (v_1, v_2, \cdots, v_m)^T$，对于 $\forall i \in \{1, 2, \cdots, m\}$ 满足 $u_i \leqslant v_i$，并且 $\exists j \in \{1, 2, \cdots, m\}$ 使得 $u_j < v_j$，则称向量 u 占优于向量 v，记作 $u \prec v$。

定义 9.3　Pareto 最优解　在 X_f 中，对 $\forall\, x$，不 $\exists\, x' \in X_f$，使 $F(x') \prec F(x)$，其中 $F(x') = (f_1(x'), f_2(x'), \cdots, f_m(x'))^T$，$F(x) = (f_1(x), f_2(x), \cdots, f_m(x))^T$，则称 x 为 X_f 上的 Pareto 最优解或非劣解。

定义 9.4　Pareto 最优前沿　MOP 的 Pareto 最优解集 P^* 在 Λ 中的像 $F(P^*)$ 称为其 Pareto 最优前沿，记为 P_f^*，即

$$P_f^* = \left\{ y = F(x) \mid x \in P^* \right\} \tag{9-3}$$

据以上概念可知，给定一个的 MOP 问题，则其相应的 P^* 和 P_f^* 都是确定的，MOP 问题的求解关键就在于，如何在目标函数空间 Λ 中将 Pareto 最优前沿 P_f^* 的具体位置准确地描述出来。

9.2.2　博弈论相关概念

博弈论（game theory），又称对策论。博，局戏；弈，围棋也。博弈论与游戏有着密切的关系，试图研究如何运用智慧和机智，同时考虑自己和对方的行动，在竞争环境中进行决策以获得自身利益的最大化。博弈论尚无统一的确切定义。1994 年诺贝尔奖获得者海萨尼（Harsanyi）将博弈论定义为多个策略之间相互作用的理论；而 2005 年诺贝尔奖获得者奥曼（Aumann）将博弈论定义为多方相互之间

有影响时的决策理论；著名教材《博弈论基础》则称博弈论是对多人决策问题进行研究的理论(罗伯特，1999)。

对博弈模型的描述需包含三个基本要素：

(1) **博弈方集合**(Player Set) N　博弈的参与者称为博弈方，全体博弈方记为 N。若博弈中共有 n 个博弈方，则该博弈称为 n 方博弈，$|N| = n$。若给定博弈方 i，则记 $-i = N \setminus \{i\}$。

(2) **博弈方 i 的策略集**(Strategic Set) S_i　博弈方 i ($i \in N$) 的可行策略 s_i 的集合称为策略集 S_i，可记作 $S_i = \{s_i\}$。若每个博弈方 i 都取定一个策略 s_i，则所有 n 个博弈方的策略组成一个策略组合，称为一个局势，记为

$$s = (s_1, \cdots, s_n) \qquad s_i \in S_i, \ i = 1, 2, \cdots, n \tag{9-4}$$

对一个局势 s 和博弈方 i 的一个策略 t_i 引入如下记号：

$$s \| t_i = (s_1, \cdots s_{i-1}, t_i, s_{i+1}, \cdots, s_n) \qquad t_i \in S_i \tag{9-5}$$

显然 $s\|t_i$ 也是一个局势，且 $s\|s_i = s$。

(3) **博弈方 i 的支付函数**(Payoff Function) P_i　在任意一个局势 s 下，博弈方 i 的所能得到的效用称为他的支付函数，记为 $P_i(s)$。显然，每个博弈方 i 都希望自己的支付函数 $P_i(s)$ 能够尽可能大。

博弈论可分为非合作博弈 (non-cooperative games) 和合作博弈 (cooperative games) 两类，其区别在于博弈方之间是否能达成具有约束力的合作协议 (binding cooperative agreement) (罗伯特，1999)。非合作博弈关心的是策略 (strategy)，它研究的是博弈方在博弈过程中会作出怎样的决策；而合作博弈研究的是博弈会得到怎样的结果 (outcome)。非合作博弈强调个体理性，强调博弈方个体决策最优；合作博弈追求集体理性，希望博弈联盟能够拥有公平和效率。在合作博弈的研究中往往从宏观的角度直接观察得益空间，研究通过有约束力的承诺可以得到怎样的可行结果，而不考虑得到这些结果的具体细节。

非合作博弈的解由 Nash 均衡解(或称非合作博弈均衡解)来进行描述。Nash 均衡解给出了博弈方策略的决策方法。

定义 9.5　Nash 均衡解　在博弈 $G = [N, \{S_i\}, P_i]$ 中，$N = \{1, \cdots, n\}$，若有策略组合 $s^* = (s_1^*, \cdots, s_n^*)$，$s_i^* \in S_i$，$i = 1, 2, \cdots, n$，使得每一个 $i \in N$，对任意 $t_i \in S_i$ 都有

$$P_i(s^* \| t_i) \leqslant P_i(s^*) \qquad i = 1, \cdots, n \tag{9-6}$$

则称 $s^* = (s_1^*, \cdots, s_n^*)$ 是 G 的一个纳什均衡解 (nash equilibrium point)，对应的 $\{P_i(s^*) | i = 1, \cdots, n\}$ 称为均衡结果。

　　Nash 均衡解的思想是，当博弈方选定的策略组成纳什均衡解后，形成一个平衡局面，任意一个博弈方单方面地改变自己的策略，只能使本方的支付函数值下降或不变，而不能使自己的支付函数值增加。这样，Nash 均衡解构成的局势使得每个博弈方都不敢改变自己的策略，从而构成平衡。

　　合作博弈可以通过特征函数 (N,v) 进行定义，简称为博弈的特征型或联盟型（董保民等，2008）。其中 N 为博弈方的有限集合，又有 N 的子集 S 为博弈方之间的联盟。

　　定义 9.6　合作博弈的特征型　将从 $2^N = \{S|S \subseteq N\}$ 到实数集 R^N 的映射定义为特征函数 v，即 $v:2^N \to R^N$，且 $v(\varnothing)=0$，则有序数对 (N,v) 即为合作博弈的特征型。

　　合作博弈又可分为可转移效用博弈（transferable utility games，TU Games）和不可转移效用博弈（non-transferable utility games，NTU Games）。TU Games 中不同博弈方的效用可以通过货币进行转移，而 NTU Games 则不能。TU Games 研究效用的分摊，合理的效用分摊保证了合作联盟的形成，且联盟中所有博弈方所得效用不差于不进行合作时所能得到的效用。从这个思路出发发展出了核和夏普利值等概念对合作博弈的解进行描述。NTU Games 中博弈方的效用是不可转移的，合作只能通过威慑达成有约束力的合作协议而形成。其中重要的一类是谈判博弈，又称讨价还价博弈，其核心问题是在有约束力的合作协议的约束下，最大化自己的效用。在谈判博弈领域，Nash 曾经提出一系列系统的谈判原则来对该问题进行描述。对一个两个博弈方 A 和 B 的谈判博弈问题，Nash 谈判解就是如下优化问题的最优解：

$$\begin{aligned} \max \quad & (x-a)^h(y-b)^r \\ \text{s.t.} \quad & y = f(x) \end{aligned} \tag{9-7}$$

式中，x、y 是两个博弈方的效用，$y=f(x)$ 为谈判问题的有效边界（即所有 Pareto 有效解）；a、b 是双方谈判协议的最佳替代方案；$h>0$，$r>0$，且 $h+r=1$。

9.2.3　基于博弈理论求解多目标优化

　　MOP 问题的传统解法大多试图通过各种方式，将多目标优化问题转化为单目标优化问题，然后通过解决单目标优化问题的技术进行求解。常见的传统 MOP 求解方法有加权和法、目标规划法、ε-约束法、最小-最大法等。除传统方法外，随着人工智能技术的兴起及在科研和实践中的广泛应用，智能优化方法也越来越多地被用于多目标优化问题的求解（罗伯特，1999），常用的有遗传算法、群集智能算法、免疫算法、神经网络算法、进化算法、模拟退火算法、蚁群优化算法等等。与此同时，在工程设计中许多 MOP 问题也以博弈论方法进行求解。

虽然智能优化算法在 MOP 问题的求解上取得了广泛的应用，也包含多种真正基于 Pareto 最优概念的算法，但由于其理论基础不够完善，在求解实际问题的过程中因参数没有实际含义而难以设置，且相对于传统方法计算量偏大，所以无法有效求解实际问题。相对地，传统方法计算量小、速度快、模型有具体含义容易理解，相对于前者更适合实际问题的应用，但其最优解依赖于多目标向单目标转化过程中的参数设置，无法在求解过程中根据寻优信息对各目标的权重或优化倾向性进行自适应的修正。

对比定义 9.3 和定义 9.5 可见，多目标优化问题中的 Pareto 最优解和博弈论中的 Nash 均衡解的主体思想，都是针对几个存在竞争关系的目标，寻找一个整体上的较优解，或者说非劣解，而不求得到一个对所有目标或者所有博弈方都是最优的解。虽然数学含义上存在一定差异，但基于博弈理论对多目标优化问题进行求解近年来在许多领域得到了应用。

在多目标优化中，决策变量应使得各优化目标达到权衡最优，而不是使得某个优化目标单方面达到最优。因此基于博弈理论对多目标优化问题进行求解时，往往将问题看作一个合作博弈问题来进行求解。在合作博弈过程中，各博弈方通过集体理性协商确定策略集合，得到的结果对每个博弈方来说不一定是最优的结果，但一定是各方可以接受的较优结果，且不存在另一个结果使得所有博弈方的支付函数都变优，因此，合作博弈的结果就是一个 MOP 问题的 Pareto 最优解。

对于一个标准 MOP 问题式(9-1)，其合作博弈描述为：

(1)多目标优化模型的优化目标 $f_1(\boldsymbol{x}), f_2(\boldsymbol{x}), \cdots, f_m(\boldsymbol{x})$ 为 m 个博弈方。

(2)第 i 个博弈方的支付函数即为 $f_i(\boldsymbol{x})$，$i=1, \cdots, m$。

(3)多目标优化模型中的变量集合 $S=\{x_1, x_2, \cdots, x_n\}$ 为博弈方拥有的策略空间的集合：$S_1=\{x_i, \cdots, x_j\}$，$\cdots$，$S_m=\{x_p, \cdots, x_q\}$，且满足 $S_1 \cup \cdots \cup S_m = S$，$S_a \cap S_b = \varnothing\ (a, b=1, \cdots, m;\ a \neq b)$。

(4)多目标优化模型中的约束条件为博弈问题中限定可选策略范围约束条件。

这样，多目标优化问题式(9-1)的求解就转化为了对博弈问题 $G=\left[M, \{S_1, \cdots, S_m\}, \{f_1(\boldsymbol{x}), \cdots, f_m(\boldsymbol{x})\}\right]$ 的求解。在转化的过程中，关键的一环是如何将变量集合 $S=\{x_1, x_2, \cdots, x_n\}$ 合理地分解为各博弈方拥有的策略空间 $\{S_1, \cdots, S_m\}$。博弈时，各博弈方只能对自己拥有的策略空间中的变量进行决策，使得自己的支付函数更优。在合作博弈中，还要兼顾其他博弈方的利益，在本方进行决策时考虑其他博弈方的决策策略。

基于合作博弈方法对 MOP 问题进行求解，包含以下步骤：

(1)选取初始策略集 $\boldsymbol{x}^0 = \{s_1^0, \cdots, s_m^0\}$；

(2) 令 $t = 0$；

(3) $t = t + 1$；

(4) 令 $i = 1, \cdots, m$，求解

$$
\begin{cases}
\min & f_i(\boldsymbol{x}) \\
\text{s.t.} & \boldsymbol{e}(\boldsymbol{x}) = (e_1(\boldsymbol{x}), e_2(\boldsymbol{x}), \cdots, e_k(\boldsymbol{x}))^{\mathrm{T}} \leqslant \boldsymbol{0} \\
\text{where} & \boldsymbol{x} = \left\{ s_1^{t-1}, \cdots, s_{i-1}^{t-1}, s_i, s_{i+1}^{t-1}, \cdots, s_m^{t-1} \right\}
\end{cases}
\tag{9-8}
$$

得到优化解 s_i^t。

即第 i 个博弈方进行决策时，其他决策方的决策变量保持不变，博弈方 i 只对自己的策略空间进行决策。而每个博弈方得到的决策都会作为定值被带入到其他博弈方的决策计算当中，影响其他博弈方的结果。

(5) 若 $\left\| \boldsymbol{F}(\boldsymbol{x}^t) - \boldsymbol{F}(\boldsymbol{x}^{t-1}) \right\| \leqslant \varepsilon$，收敛，计算结束；否则转 (3)。其中 ε 为收敛判据。

9.3　多目标无功电压优化模型

本节基于多目标优化模型建立一种新的考虑静态安全性的无功电压优化模型。

9.3.1　经济安全指标

考虑安全约束的无功电压优化问题寻求的是电网经济性与安全性之间的协调，希望同时实现经济性和安全性指标的改善，首先需对经济性指标和安全性指标进行数学刻画。

1. 经济性指标

在无功电压优化问题中，对经济性的改善是通过合理调控电压和无功，从而减小电网运行的有功网络损耗来实现的。因此，可用电网 PrC 状态的有功网损作为衡量优化结果经济性优劣的指标。有功网损可由式 (9-9) 进行计算。

$$
P_{\text{Loss}} = \sum_{i=1}^{N} V_{i0} \sum_{j \in i} V_{j0} G_{ij} \cos \theta_{ij0}
\tag{9-9}
$$

式中，N 为系统内节点总个数；$j \in i$ 表示所有和 i 相连的节点 j，包括 $j = i$。下标"0"为变量在 PrC 状态的值。有功网损也可通过计算电网中所有节点有功注入功率(包括发电和负荷)之和得到

$$P_{\text{Loss}} = \sum_{i=1}^{N} P_{i0} \tag{9-10}$$

经济性指标的计算只涉及电网 PrC 状态下的变量，经济性指标的值越小，电网的经济性越优。以 EI 代表经济性指标，则有

$$\text{EI} = \text{EI}(\boldsymbol{u}_0, \boldsymbol{x}_0) = \begin{cases} P_{\text{Loss}} = \sum_{i=1}^{N} V_i \sum_{j \in i} V_j G_{ij} \cos\theta_{ij} \\ P_{\text{Loss}} = \sum_{i=1}^{N} P_{i0} \end{cases} \tag{9-11}$$

2. 安全性指标

在电网运行过程中，对静态安全性的考虑要求电网在正常运行方式下发生预想故障(一个或多个设备无故障或因故障发生开断)后，电网仍能正常运行和供电，且各系统变量的值满足运行安全约束的要求。由此，考虑电网静态安全性的无功电压优化问题的安全性指标一般应对 PoC 状态的系统变量(对无功电压问题，特别是节点电压变量)的越限情况进行刻画。越限量越小，静态安全性越优。由于控制变量 $\boldsymbol{u}_0$ 在 PrC 状态和 PoC 状态保持不变，第 k 个 PoC 状态电网的静态安全性主要取决于状态变量 $\boldsymbol{x}_k$ 是否满足安全约束的要求。$\boldsymbol{x}_k$ 中第 i 个分量 $x_{i,k}$ 的越限量可由式(9-12)进行计算：

$$\delta(x_{i,k}) = \max\left\{ x_{i,k} - \overline{x}_i^{\text{C}}, \ \underline{x}_i^{\text{C}} - x_{i,k}, 0 \right\} \tag{9-12}$$

有时为了计算需要也单独计算 $x_{i,k}$ 的越上限或越下限量，如下述两式：

$$\delta(x_{i,k}) = \overline{\delta}(x_{i,k}) = \max\left\{ x_{i,k} - \overline{x}_i^{\text{C}}, \ 0 \right\} \tag{9-13}$$

$$\delta(x_{i,k}) = \underline{\delta}(x_{i,k}) = \max\left\{ \underline{x}_i^{\text{C}} - x_{i,k}, \ 0 \right\} \tag{9-14}$$

由式(9-12)进行越限量的计算，只有当 $x_{i,k}$ 出现越限时，$\delta(x_{i,k})$ 才不为零。当 $x_{i,k}$ 很接近上限或下限时，和 $x_{i,k}$ 在更居中更合理的范围时，$\delta(x_{i,k})$ 不能体现出这两种情况的差别。从这个角度考虑，还可以用变量的当前值与上下限中值之间的偏差来定义 $\delta(x_{i,k})$，如式(9-15)所示。

$$\delta(x_{i,k}) = \left| x_{i,k} - (\overline{x}_i^{\text{C}} - \underline{x}_i^{\text{C}}) / 2 \right| \tag{9-15}$$

　　虽然式(9-15)能够体现变量偏离上下限中值的情况，但对 $x_{i,k}$ 越限和不越限的情况采用同样的权重，没有对 $x_{i,k}$ 越限的情况进行强调。式(9-12)和式(9-15)各有侧重，在实际进行控制计算时可根据需要选择使用。

　　得到每个 PoC 状态下状态变量的越限量后，需在统计意义上对 N_C 个 PoC 状态的状态变量的越限情况进行统一描述，得到安全性指标。根据实际在线运行的经验与要求，可有如下几种统计计算方式：

　　(1)以单个 PoC 状态下状态变量的最大越限量评价单故障的严重程度，以单故障严重程度的最大值作为当前断面的安全性指标。

　　(2)以单个 PoC 状态下状态变量越限量的总和评价单故障的严重程度，以单故障严重程度的最大值作为当前断面的安全性指标。

　　(3)以单个 PoC 状态下状态变量越限量的总和评价单故障的严重程度，以所有故障严重程度的总和作为当前断面的安全性指标。

　　(4)其他。

　　相应的安全性指标 SI 可分别由下述公式进行计算：

$$\mathrm{SI} = \mathrm{SI}(\boldsymbol{x}_1, \cdots, \boldsymbol{x}_{N_C}) = \max_k \|\boldsymbol{\delta}(\boldsymbol{x}_k)\|_\infty = \max_k \max_i \delta(x_{i,k}) \tag{9-16}$$

$$\mathrm{SI} = \mathrm{SI}(\boldsymbol{x}_1, \cdots, \boldsymbol{x}_{N_C}) = \max_k \|\boldsymbol{\delta}(\boldsymbol{x}_k)\|_1 = \max_k \sum_i \delta(x_{i,k}) \tag{9-17}$$

$$\mathrm{SI} = \mathrm{SI}(\boldsymbol{x}_1, \cdots, \boldsymbol{x}_{N_C}) = \sum_k \|\boldsymbol{\delta}(\boldsymbol{x}_k)\|_1 = \sum_k \sum_i \delta(x_{i,k}) \tag{9-18}$$

式中，$\boldsymbol{\delta}(\boldsymbol{x}_k) = [\delta(x_{1,k}), \cdots, \delta(x_{i,k}), \cdots, \delta(x_{n_x,k})]^\mathrm{T}$，$n_x$ 为状态变量的总个数，即 $\boldsymbol{x}_k$ 的向量长度。若需要同时统计不同量纲的状态变量的越限量，需经过归一化后再进行计算。

　　以上各种计算方法侧重点不同，含义不同，在不同的应用场合可根据需要进行选择。安全性指标的值越小，系统的安全性越优。

9.3.2　考虑安全和经济的多目标无功电压优化模型

　　考虑电网静态安全性的无功电压优化模型的建立，应充分考虑实际在线调度运行的需要，寻求经济性、安全性两方面综合地较当前更优的运行解。这种需求可通过 MOP 模型加以实现，将电网的经济性和安全性作为无功电压优化的两个优化目标，同时寻求经济性和安全性两方面的优化。

　　得到经济性指标和安全性指标后，可建立综合考虑电网安全性和经济性最优化的多目标无功电压优化(multi-objective reactive optimal power flow，M-ROPF)模型如下：

$$
\begin{cases}
\min & \mathrm{EI}(\boldsymbol{u}_0,\boldsymbol{x}_0) & \text{(a)} \\
\min & \mathrm{SI}(\boldsymbol{x}_1,\cdots,\boldsymbol{x}_{N_C}) & \text{(b)} \\
\text{s.t.} & \boldsymbol{g}_0(\boldsymbol{u}_0,\boldsymbol{x}_0)=\boldsymbol{0} & \text{(c)} \\
& \boldsymbol{g}_k(\boldsymbol{u}_0,\boldsymbol{x}_k)=\boldsymbol{0} & \text{(d)} \\
& \underline{\boldsymbol{u}}\leqslant\boldsymbol{u}_0\leqslant\overline{\boldsymbol{u}} & \text{(e)} \\
& \underline{\boldsymbol{x}}\leqslant\boldsymbol{x}_0\leqslant\overline{\boldsymbol{x}} & \text{(f)} \\
& k=1,\cdots,N_C &
\end{cases}
\tag{9-19}
$$

式中，(a)(b)式为目标函数，经济目标(a)式追求经济性指标的最小化，即经济性最优；安全目标(b)式追求安全性指标的最小化，即安全性最优；(c)~(f)式为约束条件；式(c)(d)为 PrC 状态和所有 PoC 状态的潮流方程等式约束；式(e)(f)为 PrC 状态控制变量和状态变量的上下限约束。

与如下传统的 SCOPF 模型相比，

$$
\begin{cases}
\min & f(\boldsymbol{u}_0,\boldsymbol{x}_0) & \text{(a)} \\
\text{s.t.} & \boldsymbol{g}_0(\boldsymbol{u}_0,\boldsymbol{x}_0)=\boldsymbol{0} & \text{(b)} \\
& \boldsymbol{g}_k(\boldsymbol{u}_0,\boldsymbol{x}_k)=\boldsymbol{0} & \text{(c)} \\
& \underline{\boldsymbol{u}}\leqslant\boldsymbol{u}_0\leqslant\overline{\boldsymbol{u}} & \text{(d)} \\
& \underline{\boldsymbol{x}}\leqslant\boldsymbol{x}_0\leqslant\overline{\boldsymbol{x}} & \text{(e)} \\
& \underline{\boldsymbol{x}}^C\leqslant\boldsymbol{x}_k\leqslant\overline{\boldsymbol{x}}^C & \text{(f)} \\
& k=1,\cdots,N_C &
\end{cases}
\tag{9-20}
$$

M-ROPF 模型的目标函数(a)式相同，都是网损最小的经济性指标；式(9-19)的约束条件(c)~(f)与式(9-20)的(b)~(e)也相同。但式(10-20)的 PoC 状态的状态变量上下限约束(f)式转化为了式(9-19)安全目标函数(b)，即不再要求 PoC 状态的状态变量必须严格满足安全约束的要求，转而寻求安全性指标的最优化，从而使系统的安全性水平有所改善。

通常，电网运行时其系统变量在 PrC 状态满足安全约束要求(否则可通过校正控制将其拉回)，因此电网 B-PrC 状态的系统变量 $\left(\boldsymbol{u}_0^{\mathrm{Base}},\boldsymbol{x}_0^{\mathrm{Base}}\right)$ 及其对应的 B-PoC 状态的系统变量 $\left(\boldsymbol{x}_1^{\mathrm{Base}},\cdots,\boldsymbol{x}_{N_C}^{\mathrm{Base}}\right)$ 组合在一起，可满足式(9-19)的安全约束(c)~(f)，由此 $\left(\boldsymbol{u}_0^{\mathrm{Base}},\boldsymbol{x}_0^{\mathrm{Base}},\boldsymbol{x}_1^{\mathrm{Base}},\cdots,\boldsymbol{x}_{N_C}^{\mathrm{Base}}\right)$ 必然是式(9-19)的解。也就是说，M-ROPF 模型必然存在可行解。

9.3.3　多目标无功电压优化模型的 Pareto 最优前沿

由 9.2.1 节的定义知，式(9-19)M-ROPF 模型的 Pareto 最优前沿将由" EI – SI "

平面上的一系列点组成，这些点互相之间均不占优。下面以一个 2 节点原理系统为例描述 M-ROPF 模型的 Pareto 最优前沿。

2 节点原理系统结构如图 9-1 所示，该系统含一台发电机，通过两条并列线路向负荷端供电，负荷端分段母线每段各挂接一个负荷。系统参数(标幺值)设置如下：

$$P_{D1} + jQ_{D1} = 0.2 + j0.1$$

$$P_{D2} + jQ_{D2} = 0.8 + j0.4$$

$$z_1 = r_1 + jx_1 = 0.004 + j0.4$$

$$z_2 = r_2 + jx_2 = 0.004 + j0.4$$

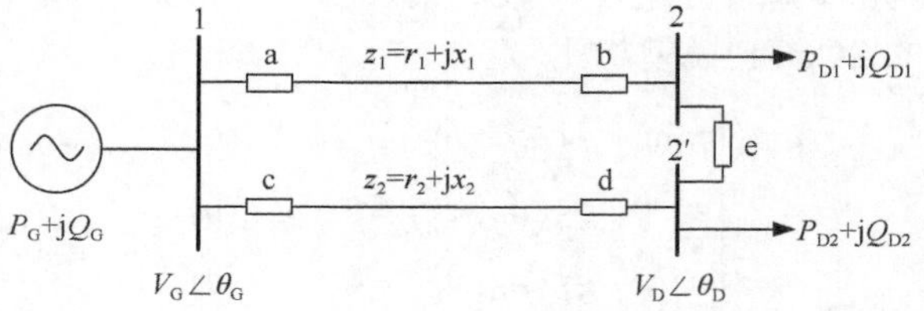

图 9-1 2 节点原理系统

设置两个预想故障如下。

预想故障一：开关 c、d 断开，即第 2 条并列线路退出运行。

预想故障二：开关 d、e 断开，即分段母线 2′退出运行。

对考虑预想故障的情况和母线电压安全约束，设置如下三种情况。

情况一：考虑预想故障一，母线电压安全约束设置为：$V_{G0} \in [0.9, 1.2]$，$V_{D0} \in [0.9, 1.1]$，$V_{D1} \in [0.85, 1.15]$。

情况二：考虑预想故障二，母线电压安全约束设置为：$V_{G0} \in [0.9, 1.2]$，$V_{D0} \in [0.9, 1.1]$，$V_{D1} \in [0.85, 1.15]$。

情况三：同时考虑预想故障一和预想故障二，母线电压安全约束设置为：$V_{G0} \in [0.9, 1.2]$，$V_{D0} \in [0.9, 1.1]$，$V_{D1} \in [0.85, 1.12]$。

该两节点系统基态断面信息如表 9-2 所示，其中 $\theta = \theta_G - \theta_D$。基态断面各情况下的经济性指标和安全性指标如表 9-3 所示，其中经济性指标 EI 取式(9-10)计算，安全性指标 SI 取式(9-16)计算，且只考虑系统的节点电压越限。

对以上设置的三种情况，分别采用无功 SCOPF 模型(式(9-20))进行无功电压优化，前两种情况可以得到优化解，而第三种情况 SCOPF 模型无解。各种情况得到的优化断面信息及经济安全指标如表 9-4 和表 9-5 所示。

表 9-2　2 节点系统基态断面信息

运行状态	V_G	P_G	Q_G	V_D	θ
PrC 状态	1.1500	1.0023	0.7332	1.0353	−0.1679
PoC 状态（故障一）	1.1500	1.0091	1.4051	0.7433	−0.4844
PoC 状态（故障二）	1.1500	0.2002	0.1162	1.1110	−0.0623

表 9-3　2 节点系统基态断面经济指标和安全指标

情况	EI /10^{-2}	SI
情况一	0.2332	0.1067
情况二	0.2332	0.0000
情况三	0.2332	0.1067

表 9-4　2 节点系统 SCOPF 优化断面信息

情况	V_{G0}	P_{G0}	Q_{G0}	V_{D0}	θ_0	P_{G1}	Q_{G1}	V_{D1}	θ_1
情况一	1.2000	1.0021	0.7094	1.0928	−0.1523	1.0065	1.1465	0.8794	−0.3867
情况二	1.1875	1.0021	0.7149	1.0785	−0.1560	0.2002	0.1151	1.1500	−0.0583
情况三	—	—	—	—	—	—	—	—	—

表 9-5　2 节点系统 SCOPF 优化断面经济指标和安全指标

情况	EI /10^{-2}	SI
情况一	0.2094	0.0000
情况二	0.2149	0.0000
情况三	—	—

采用本章提出的 M-ROPF 模型，分别建立三种情况的 M-ROPF 模型，并通过一种改进的粒子群（PSO）算法（Wang et al.，2007）求解各模型的 Pareto 最优解，进而描绘 Pareto 最优前沿。三种情况的 Pareto 最优前沿，以及基态和 SCOPF 最优解（若存在）在"EI - SI"平面上的映射分别如图 9-2（a）（b）（c）所示。

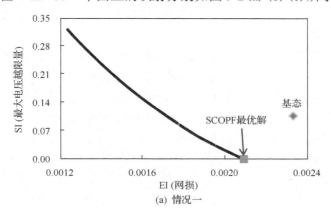

(a) 情况一

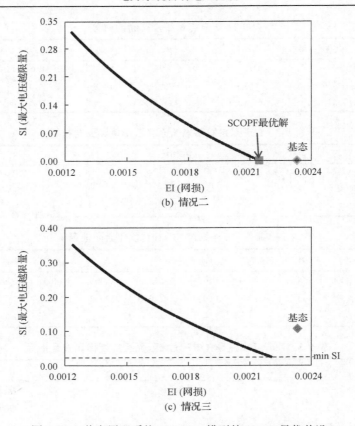

图 9-2　2 节点原理系统 M-ROPF 模型的 Pareto 最优前沿

　　由得到的 Pareto 最优前沿可知，M-ROPF 模型的 Pareto 最优前沿为"EI-SI"平面上的一条光滑的曲线段。对 Pareto 最优前沿上的点，其安全性指标 SI 越小，即最大母线电压越限量越小，其经济性指标 EI 越大，即系统的有功网损值越大；反之，经济性指标 EI 越小，安全性指标 SI 越大。也就是说，Pareto 最优前沿上的点互不占优，无法找到一个 EI 指标和 SI 指标都更小，即经济性和安全性都更优的所谓"最优解"。

　　对于情况一和情况二，传统 SCOPF 模型有解。传统 SCOPF 模型要求系统变量在 PoC 状态不出现越限，因此其最优解的安全性指标 SI 必然为 0。在图 9-2(a)和(b)的 Pareto 最优前沿上，当安全性指标 SI 为 0 时，该点即对应 SCOPF 模型的最优解。也就是说，SCOPF 模型的解仅是 M-ROPF 模型的 Pareto 最优前沿上的一个点。而对于情况三，同时考虑两个预想故障，而两故障间的安全运行范围没有交集，因此 SCOPF 模型没有可行解，相应地，在图 9-2(c)中的 Pareto 最优前沿上也找不到 SI 值为 0 的解。虽然不存在严格满足 PoC 状态安全约束要求的解，但 M-ROPF 模型的 Pareto 最优前沿却可以给出在系统网损和母线电压越限，即电网经济性和安全性两方面权衡最优的一系列解。由此可见，与 SCOPF 模型的解相比，M-ROPF 模型的 Pareto 最优前沿更加全面地描述了电网经济性和安全性之间的协调最优关系。

在实际求解过程中，需从 Pareto 最优解集合中挑选出一个合适的解作为 M-ROPF 模型的最优解。根据无功优化的实际需求，当 SCOPF 模型有解时，希望 M-ROPF 模型也能得到同样的解，即在 SI 为 0 的前提下 EI 最小的解；而在 SCOPF 模型无解时，虽然无法找到一个完全满足静态安全约束要求的运行点，但依然希望能够尽可能改善电网的安全性，因此希望 M-ROPF 模型能够得到 SI 尽量小的一个解。可见，不论在何种情况下，无功优化都希望求得 M-ROPF 模型 Pareto 最优前沿上 SI 最小的那个解，本书称之为安全优先的 Pareto 最优解。

以 $\boldsymbol{P}_{\mathrm{f}}^{*}$ 表示 M-ROPF 模型的 Pareto 最优前沿，则安全优先的 Pareto 最优解在目标函数空间中的像 $\left(\mathrm{EI}^{*}, \mathrm{SI}^{*}\right)$ 可表示为

$$
\begin{cases}
\mathrm{SI}^{*} = \min\left\{\mathrm{SI}\,\middle|\,(\mathrm{EI}, \mathrm{SI}) \in \boldsymbol{P}_{\mathrm{f}}^{*}\right\} \\
\mathrm{EI}^{*} = \left\{\mathrm{EI}\,\middle|\,\left(\mathrm{EI}, \mathrm{SI}^{*}\right) \in \boldsymbol{P}_{\mathrm{f}}^{*}\right\}
\end{cases}
\tag{9-21}
$$

求解一个 MOP 模型会得到 Pareto 最优前沿上的哪一个解，取决于采用的具体求解方法。如何对 M-ROPF 模型进行求解，从而得到安全优先的 Pareto 最优解，且同时保证对大规模系统进行求解时的计算复杂度不高，是一个具有挑战性的问题，将在下一节对该问题进行研究。

9.4　多目标无功电压优化模型求解

本节提出一种基于合作博弈理论的求解方法对 M-ROPF 模型进行求解。

9.4.1　基于合作博弈理论求解多目标无功电压优化模型

1. 博弈模型

基于博弈理论对该模型进行求解，首先将两个优化目标 $\mathrm{EI}(\boldsymbol{u}_0, \boldsymbol{x}_0)$ 和 $\mathrm{SI}(\boldsymbol{x}_1, \cdots, \boldsymbol{x}_{N_{\mathrm{C}}})$ 作为博弈的两个博弈方，且根据优化目标的含义将两个博弈方分别称为经济方和安全方，并设置经济指标 EI 和安全指标 SI 的值为两个博弈方的支付函数。在采用博弈理论对多目标优化问题进行求解时，关键是如何将多目标优化问题中的决策变量合理地分解为各博弈方拥有的决策空间。

在 M-ROPF 问题中，决策变量为 $\left(\boldsymbol{u}_0, \boldsymbol{x}_0, \boldsymbol{x}_1, \cdots, \boldsymbol{x}_{N_{\mathrm{C}}}\right)$，各变量之间通过潮流方

程建立起联系。由电网在 PrC 状态和 PoC 状态的各潮流方程可知，M-ROPF 问题的变量之间具有强相关性：当控制变量 $\boldsymbol{u}_0$ 确定之后，通过潮流方程，PrC 状态和各 PoC 状态的状态变量 $\boldsymbol{x}_0, \boldsymbol{x}_1, \cdots, \boldsymbol{x}_{N_C}$ 就都已经确定。因此虽然经济方的支付函数只与 PrC 状态的决策变量有关，安全方的支付函数只与 PoC 状态的决策变量有关，影响二者支付函数的变量各不相同，但也不能单纯地将影响各博弈方支付函数的变量指定为各方的决策变量。

考虑到 M-ROPF 模型含义及所需最优解的本质，是希望寻找到一个电网运行的优化解，这个解在尽量满足电网静态安全性要求的前提下使得电网运行的有功网损最小。也就是说安全方追求安全指标变好的目的其实是希望使得经济方能够在一个更加安全的范围内进行决策。从这个意义上说，可将变量的约束范围作为安全方的决策变量。而控制变量的值在 PrC 和 PoC 状态保持不变，在 PoC 状态电网的静态安全性取决于状态变量的值是否满足安全约束的要求。因此安全方只需对 PrC 状态变量的约束范围 $(\underline{\boldsymbol{x}}, \overline{\boldsymbol{x}})$ 进行决策，当 PrC 状态的状态变量在该约束范围内进行决策时，可使得 PoC 状态的状态变量满足静态安全约束的要求。经济方考虑安全方给出状态变量约束范围对系统变量进行决策，以寻求经济指标的优化。状态变量的值是由控制变量的值决定的，因此可将 PrC 状态的控制变量 $\boldsymbol{u}_0$ 作为经济方的决策变量。

由上述分析可知，经济方的策略空间为 $\{\boldsymbol{u}_0\}$，而安全方的策略空间为 $\{\underline{\boldsymbol{x}}, \overline{\boldsymbol{x}}\}$。至此，M-ROPF 问题就转化为了对以下博弈问题的求解：

$$
G = \left[\{\text{经济方，安全方}\}, \right.
$$
$$
\{\{\boldsymbol{u}_0\}, \{\underline{\boldsymbol{x}}, \overline{\boldsymbol{x}}\}\}, \tag{9-22}
$$
$$
\left. \{\text{EI}(\boldsymbol{u}_0, \boldsymbol{x}_0), \text{SI}(\boldsymbol{x}_1, \cdots, \boldsymbol{x}_{N_C})\} \right]
$$

经济方和安全方分别通过求解以本方支付函数最小化为优化目标的一个优化问题来进行博弈策略的决策。经济方的优化问题称为 EI 问题，安全方的优化问题称为 SI 问题，具体形式如下所示。

经济方，EI 问题：

$$
\begin{cases}
\min & \text{EI}(\boldsymbol{u}_0, \boldsymbol{x}_0) \\
\text{s.t.} & \boldsymbol{g}_0(\boldsymbol{u}_0, \boldsymbol{x}_0) = \boldsymbol{0} \\
& \underline{\boldsymbol{u}} \leqslant \boldsymbol{u}_0 \leqslant \overline{\boldsymbol{u}} \\
& \underline{\boldsymbol{x}} \leqslant \boldsymbol{x}_0 \leqslant \overline{\boldsymbol{x}}
\end{cases} \tag{9-23}
$$

安全方，SI 问题：

$$
\begin{cases}
\min & \mathrm{SI}(\boldsymbol{x}_1,\cdots,\boldsymbol{x}_{N_\mathrm{C}}) \\
\text{s.t.} & \boldsymbol{x}_k = \mathcal{G}_k(\underline{\boldsymbol{x}},\overline{\boldsymbol{x}}) \\
& k = 1,\cdots,N_\mathrm{C}
\end{cases}
\tag{9-24}
$$

可见，EI 问题形式上就是一个传统的无功 OPF 问题，其中状态变量上下限 $\underline{\boldsymbol{x}}$、$\overline{\boldsymbol{x}}$ 取安全方给出的博弈决策，优化解中控制变量 $\boldsymbol{u}_0$ 的结果即为经济方的博弈决策。而 SI 问题以 SI 指标最小化为目标对 $\underline{\boldsymbol{x}}$、$\overline{\boldsymbol{x}}$ 进行决策。由于 $\underline{\boldsymbol{x}}$、$\overline{\boldsymbol{x}}$ 的值和 PrC 状态的变量以及和 PoC 状态的状态变量之间的关系复杂，无法用显式的关系式进行表达，以隐函数 $\mathcal{G}_k$ 对 $\underline{\boldsymbol{x}}$、$\overline{\boldsymbol{x}}$ 和第 k 个 PoC 状态的状态变量 $\boldsymbol{x}_k$ 之间的关系进行描述。又由于这一关系之间的非线性性，其结果与电网当前的运行点 $(\boldsymbol{u}_0,\boldsymbol{x}_0)$ 有关，$\mathcal{G}_k$ 中隐含了经济方的决策结果，安全方在经济方的决策结果的基础上对 $\underline{\boldsymbol{x}}$、$\overline{\boldsymbol{x}}$ 进行决策，使电网安全性变优。求解安全方优化问题的具体方法将在本书后续章节中进行介绍。

在本书的博弈模型中，经济方和安全方进行博弈决策时都需要考虑对方的决策策略，通过集体理性协商确定策略集合，最终得到权衡了经济和安全且安全优先的均衡解，该博弈属于合作博弈。同时经济方和安全方的效用分别为经济性水平的提升和安全性水平的提升，二者是不可直接比较的，或说不可转移的，因此经济方和安全方的合作不是通过分摊总效用来达成的，而需要通过有约束力的合作协议来实现。这种约束力来源于电网控制运行对考虑了静态安全性的无功优化解的需求，即博弈双方的首要任务是为电网寻求一个权衡了经济性和安全性的协调解，而不是寻求本方利益的最大化，否则经济方将以无功 OPF 的结果作为本方的决策，而不需要考虑安全方给出的状态变量限值决策，从而得到本方的最大利益。在这个协议的约束下，双方形成了合作。因此本书的合作博弈模型应属于一种 NTU Games，进而属于一种谈判博弈。

根据式(9-7)分析本博弈问题的最优解。由于经济性指标和安全性指标的最优值均为 0，因此其最佳替代方案均为 0。以 $\boldsymbol{P}_\mathrm{f}^*$ 表示 Pareto 有效解集，则本博弈问题的 Nash 谈判解就是如下优化问题的最优解：

$$
\begin{cases}
\min & \mathrm{EI}^h \cdot \mathrm{SI}^r \\
\text{s.t.} & (\mathrm{EI},\mathrm{SI}) \in \boldsymbol{P}_\mathrm{f}^*
\end{cases}
\tag{9-25}
$$

式中，$h>0$、$r>0$ 为 Nash 谈判中的谈判力量，满足 $h+r=1$。一般谈判博弈中假设谈判双方满足对称性，有 $h=r=1/2$。但在本博弈问题中，由于根据无功优化的实际需求，希望求得安全优先的均衡解，因此安全方的谈判力量要远大于经济方，应有 $h \to 0$，$r \to 1$。显然，此时式(9-25)的最优解与式(9-21)表达的安全优先的 Pareto 最优解一致。

下面将对本节刻画的博弈模型中安全方和经济方策略的决策方法进行研究。

2. 安全方博弈决策

SI 问题的优化目标为使 SI 指标最小化。由定义知 SI 指标最小为 0，安全方给出的决策应使其利益最大化，即 SI 指标尽量达到 0。

在第 t 个博弈周期，由经济方给出的控制变量 $\boldsymbol{u}_0$ 的决策值，通过 PoC 状态的潮流方程，可解得第 k 个 PoC 状态状态变量 $\boldsymbol{x}_k^{(t)}$ 中第 i 个变量 $x_{i,k}^{(t)}$ 和第 j 个变量 $x_{j,k}^{(t)}$。假设 $x_{i,k}^{(t)}$ 越上限，$x_{j,k}^{(t)}$ 越下限，则由式 (9-13) 和式 (9-14) 得到它们的越上限量 $\overline{\delta}(x_{i,k}^{(t)})$ 和越下限量 $\underline{\delta}(x_{j,k}^{(t)})$，分别简记为 $\overline{\delta}_{i,k}^{(t)}$、$\underline{\delta}_{j,k}^{(t)}$。为了将越限量消除，下一个博弈周期该变量应满足

$$\begin{cases} x_{i,k}^{(t+1)} \leqslant x_{i,k}^{(t)} - \overline{\delta}_{i,k}^{(t)} & \left(\overline{\delta}_{i,k}^{(t)} \neq 0\right) \\ x_{j,k}^{(t+1)} \geqslant x_{j,k}^{(t)} + \underline{\delta}_{j,k}^{(t)} & \left(\underline{\delta}_{j,k}^{(t)} \neq 0\right) \end{cases} \tag{9-26}$$

即对在第 t 个博弈周期越上限量为 $\overline{\delta}_{i,k}^{(t)}$ 的状态变量，SI 问题希望经过博弈后，在第 $t+1$ 个博弈周期，此变量新的决策值 $x_{i,k}^{(t+1)}$ 能够比当前值 $x_{i,k}^{(t)}$ 至少减少 $\overline{\delta}_{i,k}^{(t)}$，将越上限消除。同样地，对越下限，且越限量为 $\underline{\delta}_{j,k}^{(t)}$ 的变量 $x_{j,k}^{(t)}$，SI 问题希望博弈后新的决策值能够比当前值至少增大 $\underline{\delta}_{j,k}^{(t)}$，将越下限消除。将安全决策表达为增量形式，有

$$\begin{cases} \Delta x_{i,k}^{(t+1)} = x_{i,k}^{(t+1)} - x_{i,k}^{(t)} \leqslant -\overline{\delta}_{i,k}^{(t)} & \left(\overline{\delta}_{i,k}^{(t)} \neq 0\right) \\ \Delta x_{j,k}^{(t+1)} = x_{j,k}^{(t+1)} - x_{j,k}^{(t)} \geqslant \underline{\delta}_{j,k}^{(t)} & \left(\underline{\delta}_{j,k}^{(t)} \neq 0\right) \end{cases} \tag{9-27}$$

为了得到 PrC 状态变量的决策策略，需将针对 $x_{i,k}^{(t+1)}$、$x_{j,k}^{(t+1)}$ 的安全决策转换为针对 $x_{i,0}^{(t+1)}$、$x_{j,0}^{(t+1)}$，即下一博弈周期 PrC 状态相应变量的安全决策。

根据无功电压优化控制计算经验和电网的实际物理规律，本文对状态变量 x_i 在 PrC 状态的变化量 $\Delta x_{i,0}$ 和第 k 个 PoC 状态相应的变化量 $\Delta x_{i,k}$ 之间的关系，考虑一种线性化的表达方式，即

$$\Delta x_{i,k} = s_{i,k} \cdot \Delta x_{i,0} \tag{9-28}$$

式中，$s_{i,k}$ 称为状态变化转移因子 (state change transfer factor，SCTF)，表征了状

态变量在 PrC 状态的变化带来的其在 PoC 状态的变化量。$s_{i,k}$ 随电网运行方式的变化而变化，随预想故障的不同而不同，其性质和取值将在下一节中进行研究。

由此，则在第 t 和第 $t+1$ 个博弈周期，状态变量 x_i 在 PrC 状态的值和在第 k 个 PoC 状态的值之间有如下关系：

$$x_{i,k}^{(t+1)} - x_{i,k}^{(t)} = s_{i,k}\left(x_{i,0}^{(t+1)} - x_{i,0}^{(t)}\right) \tag{9-29}$$

结合式 (9-27) 和式 (9-29)，在第 $t+1$ 个博弈周期 x_i 在 PrC 状态的值应满足

$$\begin{cases} s_{i,k}\left(x_{i,0}^{(t+1)} - x_{i,0}^{(t)}\right) \leqslant -\overline{\delta}_{i,k}^{(t)} & \left(\overline{\delta}_{i,k}^{(t)} \neq 0\right) \\ s_{j,k}\left(x_{j,0}^{(t+1)} - x_{j,0}^{(t)}\right) \geqslant \underline{\delta}_{j,k}^{(t)} & \left(\underline{\delta}_{j,k}^{(t)} \neq 0\right) \end{cases} \tag{9-30}$$

即

$$\begin{cases} x_{i,0}^{(t+1)} - x_{i,0}^{(t)} \leqslant -\overline{\delta}_{i,k}^{(t)}\Big/s_{i,k} & \left(\overline{\delta}_{i,k}^{(t)} \neq 0\right) \\ x_{j,0}^{(t+1)} - x_{j,0}^{(t)} \geqslant \underline{\delta}_{j,k}^{(t)}\Big/s_{j,k} & \left(\underline{\delta}_{j,k}^{(t)} \neq 0\right) \end{cases} \tag{9-31}$$

记为

$$\overline{\delta}_{i,k}^{(t)}\Big/s_{i,k} = \overline{\delta}_i^{(t)}, \quad \underline{\delta}_{j,k}^{(t)}\Big/s_{j,k} = \underline{\delta}_j^{(t)} \tag{9-32}$$

则返回给经济方的安全决策应使得使得第 $t+1$ 个博弈周期 $x_{i,0}^{(t+1)}$ 和 $x_{j,0}^{(t+1)}$ 满足

$$\begin{cases} x_{i,0}^{(t+1)} \leqslant -\overline{\delta}_i^{(t)} + x_{i,0}^{(t)} & \left(\overline{\delta}_i^{(t)} \neq 0\right) \\ x_{j,0}^{(t+1)} \geqslant \underline{\delta}_j^{(t)} + x_{j,0}^{(t)} & \left(\underline{\delta}_j^{(t)} \neq 0\right) \end{cases} \tag{9-33}$$

安全方决策策略应在保证安全性的前提下，给经济方决策提供尽量大的可行域，因此式 (9-33) 取等号作为安全方的最终决策策略。由此第 t 个博弈周期安全方给出的状态变量 x_i 的安全域上限决策为

$$\begin{cases} \overline{x}_i^{(t+1)} = -\overline{\delta}_i^{(t)} + x_{i,0}^{(t)} & \left(\overline{\delta}_i^{(t)} \neq 0\right) \\ \overline{x}_i^{(t+1)} = \overline{x}_i^{(t)} & \left(\overline{\delta}_i^{(t)} = 0\right) \end{cases} \tag{9-34}$$

状态变量 x_j 的安全域下限决策为

$$\begin{cases} \underline{x}_j^{(t+1)} = \underline{\delta}_j^{(t)} + x_{j,0}^{(t)} & \left(\underline{\delta}_j^{(t)} \neq 0\right) \\ \underline{x}_j^{(t+1)} = \underline{x}_j^{(t)} & \left(\underline{\delta}_j^{(t)} = 0\right) \end{cases} \tag{9-35}$$

上述越下限的变量 $x_{j,k}^{(t)}$ 及其安全决策原理的示意如图 9-3 所示。

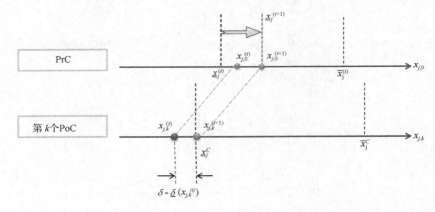

图 9-3　安全方决策原理示意

由上述两式给出的安全域决策使得在式 (9-16)～式 (9-18) 中任一种定义下 SI 指标都会变优,因此上述两式给出的是安全方的强校正决策。这种决策是以 SI 指标达到 0 为目标的,在实际系统运行中,SI 指标往往无法为 0。过于严格的安全域决策可能会使经济方可选策略范围中不存在 EI 问题的可行解。此时安全方需重新确定安全域决策,使得经济方在此安全域内有可行解,最终通过经济方和安全方的理性协商得到博弈的均衡解。

以上为安全方博弈决策的基本原理。在线无功优化中安全方决策的实用方法将在下一节中进行深入研究。

3. 经济方博弈决策

由于需要得到安全优先的均衡解,经济方在进行博弈决策时,要考虑安全方在上一个博弈周期给出的安全决策策略,即新的安全域。在第 $t+1$ 个博弈周期,考虑安全方决策策略的经济方决策模型如下:

$$\begin{cases} \min & \mathrm{EI}(\boldsymbol{u}_0, \boldsymbol{x}_0) \\ \text{s.t.} & \boldsymbol{g}_0(\boldsymbol{u}_0, \boldsymbol{x}_0) = \boldsymbol{0} \\ & \underline{\boldsymbol{u}} \leqslant \boldsymbol{u}_0 \leqslant \overline{\boldsymbol{u}} \\ & \underline{\boldsymbol{x}}^{(t)} \leqslant \boldsymbol{x}_0 \leqslant \overline{\boldsymbol{x}}^{(t)} \end{cases} \tag{9-36}$$

式中，$\underline{x}^{(t)}$、$\overline{x}^{(t)}$ 为安全方在第 t 个博弈周期给出的各变量的安全域决策。经济方的决策模型其实是一个 OPF 问题，只是在各博弈周期中决策时采用的状态变量约束不同。该模型的研究已相当完善，可以有效进行求解。

4. 合作博弈流程

合作博弈流程如图 9-4 所示。在博弈过程中除经济方和安全方外，还需要一个协调层组织博弈流程的进行。博弈流程开始，协调层收集基态断面模型和潮流信息以及各变量安全约束要求，发送给经济方。经济方通过求解式(9-36)得到经

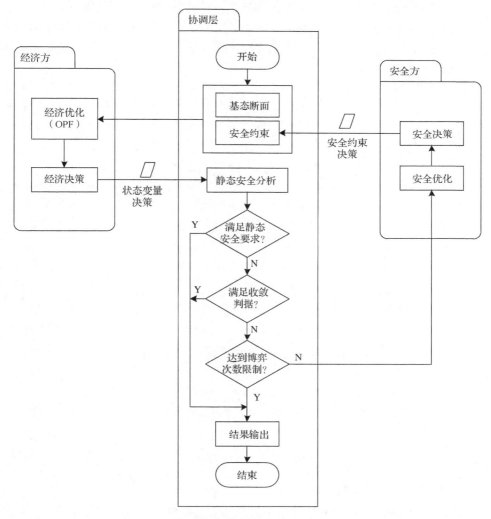

图 9-4　合作博弈求解多目标无功电压优化模型流程图

济决策，并将状态变量的决策结果返回给协调层，协调层在此基础上进行一次静态安全分析，判断经济方的决策结果是否满足静态安全要求，或者满足博弈的收敛判据，若满足，得到博弈结果，博弈结束；若不满足，将静态安全分析结果发送给安全方，由安全方给出安全决策，更新协调层的安全约束数据。协调层将更新过的安全约束要求再次发送给经济方，启动新的博弈周期，重复上述过程，直到得到博弈结果或达到博弈次数限制，博弈过程结束。

9.4.2　传统模型和新模型最优解关系

设 a 为不考虑静态安全约束的优化问题，即传统 OPF 问题的可行域，P 为该问题的最优点。不考虑 OPF 问题无解的情况，有 $P \in a$。b 为考虑静态安全时的安全域。易知 $a \cap b$ 为传统 SCOPF 问题的可行。a、b、P 三者之间的关系可分为三种情况，如图 9-5 所示。

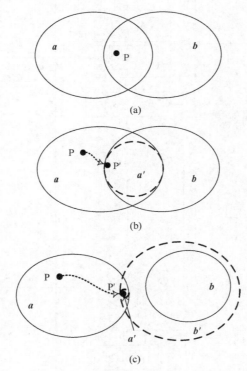

图 9-5　优化问题可行域和最优解之间关系

1) $a \cap b \neq \varnothing$, $P \in b$

此时传统 OPF 问题的可行域与考虑静态安全的安全域的交集不为空，且传统 OPF 问题的最优解 P 在考虑静态安全的安全域范围内，即 OPF 的最优解 P 直接满足静态安全要求，因此 P 也就是传统 SCOPF 问题的解。同时，博弈求解考虑静态安全性的无功优化问题时，首步经济方决策即可得到解 P，且该解满足静态安全校验，博弈过程可一步得到结果。此情况下传统 SCOPF 问题和本书提出的博弈模型均有解，且解相同。

2) $a \cap b \neq \varnothing$，$P \notin b$

此时传统 OPF 问题的可行域与考虑静态安全的安全域的交集不为空，但传统 OPF 问题的最优解 P 不在考虑静态安全的安全域范围内，即其最优解 P 不满足静态安全性要求。传统 SCOPF 问题需在 OPF 问题的可行域与考虑静态安全的安全域的交集上进行寻优，以保证得到的解既是一个优化解，又能满足静态安全性的要求。而对于本书的模型，在经济方寻优时，则需要不断根据安全方的安全决策调整经济方采用的安全约束，从而使得安全方在 OPF 可行域 a 的一个满足静态安全要求的子集 a' 上进行寻优。即将经济方寻优范围缩小到一个安全的可行域当中，也就是牺牲了一定的经济性，来达到安全性的要求。这种情况下传统 SCOPF 问题和本书提出的模型均有解，但由于安全方给出的安全寻优范围 a' 可能无法涵盖 $a \cap b$ 的整个集合，两方法的解可能会不同。

3) $a \cap b = \varnothing$

此时传统 OPF 问题的可行域与考虑静态安全的安全域的交集为空，也就是说任何 OPF 问题的解都无法满足静态安全性的要求，因此传统 SCOPF 问题可行域为空，没有可行解。这种情况下本书提出的模型需要在博弈的过程中适当放松某些安全约束，得到松弛的静态安全域 b'，在经济方寻优时，不断根据安全方的安全决策调整经济方采用的安全约束，从而使得安全方在 OPF 可行域 a 的一个满足松弛了的静态安全要求的子集 a' 上进行寻优，也就是在 b' 中寻找优化问题的可行域 a'，最终得到优化解 P'。这种情况下，P' 是在博弈过程中同时牺牲了经济性（经济方 OPF 问题的可行域由 a 缩小到 a'）和安全性（考虑静态安全性的安全域由 b 松弛到 b'）得到的一个协调解，其经济性可能比基态断面变差，所有变量也未必都在限值要求之内，但其静态安全性一定优于初始断面。

由上述分析可知，在各种不同情况下本书提出的博弈求解模型都可给出适当的考虑静态安全性的无功电压优化解。在安全性要求不苛刻时，如情况(a)和情况(b)，可得到与传统 SCOPF 相同或基本相同的解，而在安全性要求苛刻、传统 SCOPF 无法给出优化解时，如情况(c)，也可给出一个权衡了经济和安全的满意解。在这几种不同情况下，利用博弈模型求解时求解过程和解的特性将会在算例分析中进一步加以说明。

9.4.3 算例分析

1. 2 节点原理系统

首先以图 9-1 所示的 2 节点原理系统为例。系统变量可分为控制变量 $u = \{V_G\}$、状态变量 $x = \{P_G, Q_G, V_D, \theta\}$，其中 $\theta = \theta_G - \theta_D$。计算仍考虑 9.3.3 节设置的三种情况及建立的 M-ROPF 模型。基于合作博弈理论对各情况的 M-ROPF 模型进行求解。

1）算例 1

算例 1 对运行情况一进行计算：设置预想故障为开关 c、d 断开，即第 2 条并列线路退出运行；母线电压安全约束设置为 $V_{G0} \in [0.9, 1.2]$，$V_{D0} \in [0.9, 1.1]$，$V_{D1} \in [0.85, 1.15]$。

此例传统 SCOPF 有解，详见表 9-4。基于博弈模型求解时，首步经济方决策即满足静态安全性要求，博弈过程一步得到结果，且与传统 SCOPF 结果相同。博弈求解结果如表 9-6 所示。

表 9-6　博弈求解多目标优化模型结果（情况一）

		1
博弈周期		1
初始安全域或安全方决策	V_{Dmax}	1.1000
	V_{Dmin}	0.9000
经济方决策	V_{G0}	1.2000
	P_{G0}	1.0021
	Q_{G0}	0.7094
	V_{D0}	1.0928
	θ_0	−0.1523
静态安全分析	P_{G1}	1.0065
	Q_{G1}	1.1465
	V_{D1}	0.8794
	θ_1	−0.3867
经济指标 EI $/10^{-2}$		0.2094
安全指标 SI		0.0000
博弈结束		是

系统负荷母线电压 V_D 和发电机母线电压 V_G 之间关系如图 9-6 所示，阴影部分为安全域，$0.9 \leqslant V_D \leqslant 1.1$ 的部分为 PrC 状态安全范围，$0.85 \leqslant V_D \leqslant 1.15$ 的部分为 PoC 状态安全范围。实曲线和虚曲线分别为 PrC 和 PoC 状态的 $V_G - V_D$ 关系曲线。

PrC 和 PoC 状态系统各母线电压均在安全范围内的部分为 SCOPF 问题的可行域。不考虑静态安全约束的 OPF 优化结果为 A 点，该点对应的 PoC 状态运行点为 B 点，在安全范围之内，也在 SCOPF 问题的可行域之内。因此，该例属 9.4.2 节情况(a)，博弈求解一步得到结果，且与传统 SCOPF 结果相同。

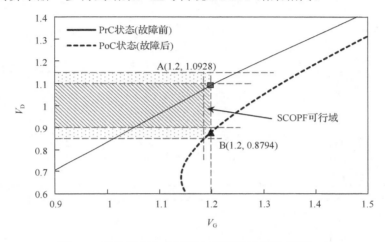

图 9-6　系统静态安全域和电压间关系曲线(情况一)

2) 算例 2

算例 2 对运行情况二进行计算：设置预想故障为开关 d、e 断开，即分段母线 2′ 退出运行；母线电压安全约束设置为 $V_{G0} \in [0.9, 1.2]$，$V_{D0} \in [0.9, 1.1]$，$V_{D1} \in [0.85, 1.15]$。

此例中，传统 SCOPF 问题有解，结果详见表 9-4。博弈求解 M-ROPF 模型结果见表 9-7。对比结果可知，传统 SCOPF 模型和博弈求解 M-ROPF 模型所得结果相同。

$V_G - V_D$ 关系曲线和安全域如图 9-7 所示，线阴影部分为 PrC 状态安全范围，点阴影部分为 PoC 状态安全范围。本书模型求解时，首步经济方基于初始安全约束要求给出的经济决策(图 9-7 点 A)经静态安全校验知 PoC 状态负荷母线电压 V_{D1} 越上限(图 9-7 点 B)，安全性没有达到最优，因此由安全方给出决策，对负荷母线的 PrC 状态电压限值 V_{Dmax} 进行调整，返回给经济方进行新一轮决策。如此往复，在第 4 个博弈周期，安全指标为 0，安全性达到最优，博弈结束，得到 M-ROPF 问题的解。

此例采用初始安全约束的 OPF 的解不满足静态安全要求，需要根据安全方决策调整经济方优化计算时采用的安全约束，将寻优范围控制在静态安全域中，最终得到满足静态安全要求的博弈结果，属 9.4.2 节情况(b)。

表 9-7 博弈求解多目标优化模型结果(情况二)

博弈周期		1	2	3	4
初始安全域或安全方决策	V_{Dmax}	**1.1000**	**1.0798**	**1.0787**	**1.0785**
	V_{Dmin}	0.9000	0.9000	0.9000	**0.9000**
经济方决策	V_{G0}	1.2000	1.1886	1.1877	**1.1875**
	P_{G0}	1.0021	1.0021	1.0021	**1.0021**
	Q_{G0}	0.7094	0.7144	0.7149	**0.7149**
	V_{D0}	1.0928	1.0798	1.0787	**1.0785**
	θ_0	−0.1523	−0.1557	−0.1560	**−0.1560**
静态安全分析	P_{G1}	0.2001	0.2002	0.2002	**0.2002**
	Q_{G1}	0.1148	0.1151	0.1151	**0.1151**
	V_{D1}	**1.1630**	**1.1511**	**1.1502**	1.1500
	θ_1	−0.0571	−0.0582	−0.0583	**−0.0583**
经济指标 EI		0.2094	0.2145	0.2149	**0.2150**
安全指标 SI		0.0130	0.0011	0.0002	**0.0000**
博弈结束		否	否	否	是

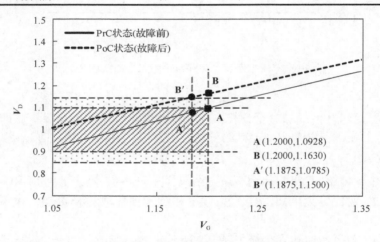

图 9-7 系统静态安全域和电压间关系曲线(情况二)

　　该算例博弈过程中,经济方可行域和安全方安全域的变化情况如图 9-8 所示,a、a'、b、P、P'的含义与图 9-5 中相同。图中虚线圈表示 EI 指标相同的解,可看作 EI 指标的"等高线",且有 $\alpha_1 < \alpha_2 < \alpha_3 < \alpha_4$;点画线圈表示 SI 指标相同的解,可看作 SI 指标的"等高线",且有 $\beta_1 > \beta_2 > \beta_3 > 0$。在第 1 个博弈周期,首步经济方求解采用初始安全约束的 OPF 模型,给出经济决策 P_1。由于此时经济方在整个传统 OPF 的可行域 a 上寻优,因此必然得到 a 上网损最小,即 EI 指标最小的解,其 EI 指标为 α_1。在 a 内不会有另一个解其 EI 指标小于 α_1,因此不会有另一个 M-ROPF 模型的解占优于当前的解,由此第 1 个博弈周期的决策解目标函数的像一定在 M-ROPF 模型的 Pareto 最优前沿上。P_1 相应的 SI 指标为 β_1,在此博弈周

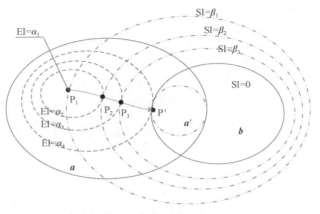

图 9-8　博弈过程中可行域和安全域的变化情况

期，安全方将给出安全决策，该决策所确定的安全域范围为 $SI \leqslant \beta_2$。在第 2 个博弈周期，经济方采用该安全决策，在 a 中 $SI \leqslant \beta_2$ 的范围内进行寻优，得到该范围内 EI 指标最小的点 P_2，其 EI 指标为 α_2。在寻优范围之外，$SI > \beta_2$，寻优范围之内也没有 $EI < \alpha_2$ 的解，因此第 2 个博弈周期的决策解目标函数的像依然在 M-ROPF 模型的 Pareto 最优前沿上。如此继续，在第 4 个博弈周期，经济方得到最优解 P'，相应的 $EI = \alpha_4$，$SI = 0$，且 P' 是在 a 中 $SI = 0$ 的范围内 EI 指标最小的解，依然在 Pareto 最优前沿上，是 Pareto 最优前沿上安全指标最小的解。

　　博弈过程中各博弈周期经济方和安全方决策结果在目标函数空间的像在 EI-SI 平面上的变化情况如图 9-9 所示，其中虚线为 M-ROPF 模型的 Pareto 最优前沿。可见，整个博弈过程是沿着 M-ROPF 模型的 Pareto 最优前沿寻找均衡解的过程。

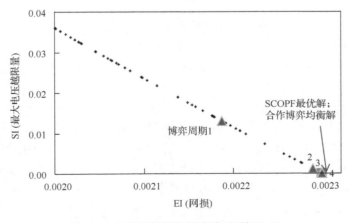

图 9-9　各博弈周期的博弈结果(情况二)

3) 算例 3

算例 3 对运行情况三进行计算：设置两个预想故障，一个是开关 c、d 断开，即第 2 条并列线路退出运行，另一个是开关 d、e 断开，即分段母线 2' 退出运行；母线电压安全约束设置为 $V_{G0} \in [0.9, 1.2]$，$V_{D0} \in [0.9, 1.1]$，$V_{D1} \in [0.85, 1.12]$。

此例传统 SCOPF 问题无解。博弈求解 M-ROPF 模型结果见表 9-8。

表 9-8　博弈求解多目标优化模型结果(情况三)

博弈周期		1	2	3	4
初始安全域或安全决策	V_{Dmax}	1.1000	1.0682	1.0675	1.0674
	V_{Dmin}	0.9000	0.9000	0.9000	0.9000
经济方决策	V_{G0}	1.2000	1.1785	1.1779	1.1778
	P_{G0}	1.0021	1.0022	1.0022	1.0022
	Q_{G0}	0.7094	0.7191	0.7194	0.7194
	V_{D0}	1.0928	1.0682	1.0675	1.0674
	θ_0	−0.1523	−0.1587	−0.1589	−0.1590
静态安全分析	P_{G1}	1.0065	1.0072	1.0073	1.0073
	Q_{G1}	1.1465	1.2229	1.2254	1.2259
	V_{D1}	0.8794	0.8317	0.8302	0.8300
	θ_1	−0.3867	−0.4181	−0.4192	−0.4193
	P_{G2}	0.2001	0.2002	0.2002	0.2002
	Q_{G2}	0.1148	0.1154	0.1154	0.1154
	V_{D2}	1.1630	1.1407	1.1400	1.1399
	θ_2	−0.0571	−0.0592	−0.0593	−0.0593
经济指标 EI/10^{-2}		0.2094	0.2191	0.2195	0.2194
安全指标 SI		0.0430	0.0207	0.0203	0.0200
博弈结束		否	否	否	是

此例中，$V_G - V_D$ 关系曲线和安全域如图 9-10 所示。由故障一的 PoC 状态 $V_G - V_D$ 关系曲线(图中点虚线)和故障二的 PoC 状态 $V_G - V_D$ 关系曲线(图中点划虚线)知，不存在一个合适的 V_{G0}，使得相应的故障一后的负荷母线电压 V_{D1} 和故障二后的负荷母线电压 V_{D2} 同时在各自的安全范围之内，因此考虑静态安全的安全域为空，SCOPF 问题无解。此例属 9.4.2 节所述情况(c)。

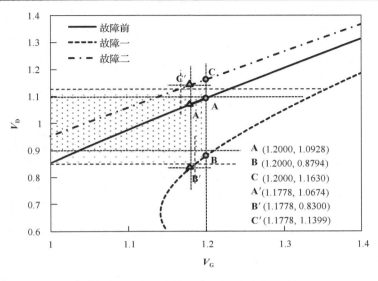

图 9-10　系统静态安全域和电压间关系曲线(情况三)

　　本书模型求解时,首步经济方基于初始安全约束要求给出的经济决策(图 9-10 点 A)经静态安全校验知故障一的 PoC 状态负荷母线电压 V_{D1} 在安全约束范围之内 (图 9-10 点 B),但故障二的 PoC 状态负荷母线电压 V_{D2} 越上限(图 9-10 点 C),安全性没有达到最优,因此需由安全方给出新的安全域决策以消除这一越限。但此例中两个故障后负荷母线电压无法同时满足安全约束,因此安全方在给出安全域决策时,不能以完全消除故障后负荷母线电压越限为目标,而只能以使安全指标尽量减小为目标对 V_{Dmax} 和 V_{Dmin} 进行决策,得到松弛了安全性要求的安全域。下一个博弈周期经济方将在这个松弛的安全域上进行决策。在第 4 个博弈周期,决策值与前一周期相比变化量小于收敛判据,博弈收敛,此时 PrC 和两个 PoC 状态的电压决策值分别如图 9-10 中点 A′、B′、C′所示。虽然最终的博弈结果 V_{D1} 和 V_{D2} 的值都超出了初始安全域范围,但这是一个安全指标即最大电压越限量最小的解。在安全性要求苛刻、传统 SCOPF 无可行解的情况下,得到这样一个较优解对指导调度运行意义很大。

　　此例博弈过程中,各博弈周期经济方和安全方决策结果在目标函数空间的像在 EI-SI 平面上的变化情况,如图 9-11 所示,虚线依然为 M-ROPF 模型的 Pareto 最优前沿。由结果可知,在本例情况下,合作博弈的过程也是沿着 M-ROPF 模型的 Pareto 最优前沿寻找均衡解的过程。

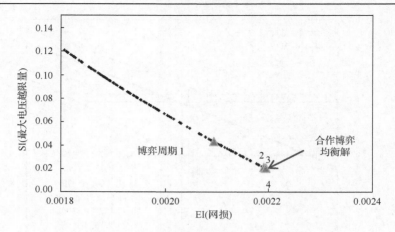

图 9-11　各博弈周期的博弈结果(情况三)

2. IEEE9 节点系统

IEEE9 节点系统如图 9-12 所示。考虑 6 个预想故障,分别为线路 Ln4-5、Ln4-6、Ln5-7、Ln7-8、Ln8-9、Ln6-9 开断。其中,Ln4-5 表示节点 4 和节点 5 之间线路,其余同理。在无功电压优化时考虑上述 6 个预想故障状态系统的静态安全性,所有节点电压约束范围统一取[0.95,1.15],包括 PrC 和 PoC 状态。系统基态断面,考虑 6 个预想故障的 SCOPF 结果,及博弈求解考虑 6 个预想故障的多目标优化模型时各次决策的 PrC 状态节点电压值,如表 9-9 所列。

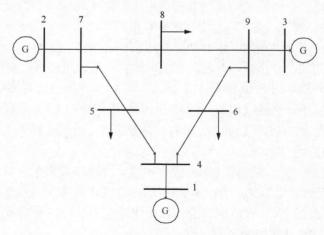

图 9-12　IEEE 9 节点系统

本例中,SCOPF 模型和本书模型均有解,且解的安全性和经济性均优于基态断面。本书模型的解与 SCOPF 模型的解稍有不同,但很相近,说明本书模型得到的是静态安全域内最优解附近的一个优解。对这样一个考虑了 6 个预想故障的静态安全性的无功电压优化问题,博弈在 2 个周期内即可得到结果,说明了 M-ROPF 模型的合理性和基于博弈理论求解的有效性。

表 9-9　IEEE 9 节点系统考虑静态安全的无功电压优化结果

节点电压/指标	基态断面	SCOPF	博弈求解多目标优化模型	
			博弈周期 1	博弈周期 2
V_1	1.1300	1.1489	1.1500	1.1489
V_2	1.1000	1.1434	1.1440	1.1431
V_3	1.0900	1.1352	1.1348	1.1353
V_4	1.1206	1.1485	1.1494	1.1485
V_5	1.0946	1.1291	1.1299	1.1290
V_6	1.1060	1.1406	1.1412	1.1406
V_7	1.1072	1.1494	1.1500	1.1493
V_8	1.0967	1.1404	1.1408	1.1403
V_9	1.1068	1.1500	1.1500	1.1500
经济指标 EI	2.2554	2.0932	2.0903	2.0934
安全指标 SI	0.0068	0.0000	0.0016	0.0000

在博弈求解 M-ROPF 模型的过程中,安全方决策决定了经济方优化时的寻优范围,直接影响其决策结果所能达到的经济性水平。由安全方决策公式可知,安全方对节点 i 电压限值的调整量与状态变化转移因子 $s_{i,k}$ 有关,$s_{i,k}$ 取值越小,$1/s_{i,k}$ 越大,安全限值调整量越大,安全约束越苛刻;反之,$s_{i,k}$ 取值越大,$1/s_{i,k}$ 越小,安全限值调整量越小,安全约束越松弛。在以上各算例中,对 $\forall i,k$,均取 $s_{i,k}=1$。

为分析 $s_{i,k}$ 取值对博弈结果的影响,对上述 IEEE 9 节点系统算例,采用不同的 $s_{i,k}$ 值进行计算,博弈结果的安全性、经济性及达到博弈均衡所需博弈次数随 $1/s_{i,k}$ 的变化关系,如图 9-13 所示。由结果可见,$s_{i,k}$ 越大,$1/s_{i,k}$ 越小,由于每个博弈周期对安全限值的校正量有限,需要进行多个周期的博弈才能得到均衡解。当 $1/s_{i,k}$ 趋于 0 时,达到博弈均衡所需的博弈次数趋于 ∞。而 $s_{i,k}$ 越小,$1/s_{i,k}$ 越大,安全方总是对安全限值进行积极的校正,给出严苛的安全域,使得经济方在此安全域内寻优时,其决策结果总能满足安全性要求,博弈进行的次数也较少。但 $1/s_{i,k}$ 越大,安全域越严格,牺牲的经济性也就越多,博弈结果的经济性越差。当 $s_{i,k}$ 在一个合理的范围内时,如本例中 $0<1/s_{i,k}\leqslant 1.0$ 时,经过一定次数的博弈之后,总能得到经济性、安全性都令人满意的结果。但 $1/s_{i,k}$ 越小,所需博弈次数越多,计算耗时越长。因此,本例中 $s_{i,k}$ 的合理取值为 $s_{i,k}=1.0$。

　　由上述分析可见，确定 $s_{i,k}$ 的合理取值范围，是博弈求解 M-ROPF 模型时快速准确得到经济性、安全性两方面综合最优结果的关键。状态变化转移因子 $s_{i,k}$ 的特性，以及在安全方在线决策中如何自适应地对 $s_{i,k}$ 进行取值，将在下一节中进行研究。

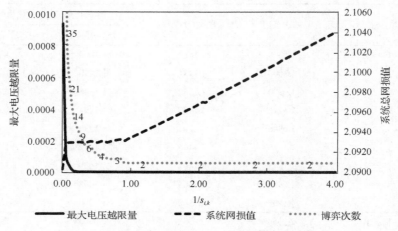

图 9-13　状态变化转移因子 $s_{i,k}$ 对博弈计算结果的影响

9.5　安全方博弈决策的在线方法

　　本节对安全方博弈决策的在线方法展开重点研究，使得安全方能够快速准确地得到决策策略，提高合作博弈方法的效率。

9.5.1　状态变化转移因子特性

　　由状态变化转移因子 $s_{i,k}$ 的定义知，对母线电压 V_i 在 PrC 状态的变化量 $\Delta V_{i,0}$ 和第 k 个 PoC 状态相应的变化量 $\Delta V_{i,k}$ 之间的关系，可通过变化转移因子建立等式

$$\Delta V_{i,k} = s_{i,k} \cdot \Delta V_{i,0} \tag{9-37}$$

　　SI 指标与 PoC 状态的电压有关，而 PV 节点电压属控制变量，在 EI 问题中已经保证了其在安全约束之内，因此 SI 指标只与 PoC 状态 PQ 节点的电压越限情况有关。本节将对 PQ 节点电压在 PrC 状态的变化量和 PoC 状态相应的变化量之间的灵敏度关系进行推导，进而对状态变化转移因子的特性进行研究。

1. 灵敏度关系推导

　　以下标 D 代表 PQ 节点，下标 G 代表 PV 节点。PQ 节点电压变化量 ΔV_{D} 和

PV 节点电压变化量 ΔV_{G} 之间存在灵敏度关系(张伯明等, 1996)。

$$\Delta V_{\mathrm{D}} = S_{\mathrm{DG}} \Delta V_{\mathrm{G}} \tag{9-38}$$

式中,

$$S_{\mathrm{DG}} = -L_{\mathrm{DD}}^{-1} L_{\mathrm{DG}} \tag{9-39}$$

式中, L_{DD} 是 PQ 节点自导纳的虚部, L_{DG} 是 PQ 节点和 PV 节点之间的互导纳虚部。由于在 PrC 和 PoC 状态下,控制变量 V_{G} 相同,即 $V_{\mathrm{G}k} = V_{\mathrm{G}0}$,进而 $\Delta V_{\mathrm{G}k} = \Delta V_{\mathrm{G}0}$。则对 PrC 和第 k 个 PoC 状态下的节点电压变化量, 分别有

$$\begin{cases} \Delta V_{\mathrm{D}0} = S_{\mathrm{DG}0} \Delta V_{\mathrm{G}0} \\ S_{\mathrm{DG}0} = -L_{\mathrm{DD}0}^{-1} L_{\mathrm{DG}0} \end{cases} \qquad \begin{cases} \Delta V_{\mathrm{D}k} = S_{\mathrm{DG}k} \Delta V_{\mathrm{G}0} \\ S_{\mathrm{DG}k} = -L_{\mathrm{DD}k}^{-1} L_{\mathrm{DG}k} \end{cases} \tag{9-40}$$

考虑两类简单的单支路开断故障:一类是 PQ 节点之间的支路开断,影响 L_{DD} 的值;另一类是 PQ 节点和 PV 节点之间的支路开断,既影响 L_{DD} 的值,又影响 L_{DG} 的值。在两类开断下, $\Delta V_{\mathrm{D}0}$ 和 $\Delta V_{\mathrm{D}k}$ 之间关系推导如下。

1)PQ 节点之间的单支路开断故障

设 PQ 节点总数为 m , 第 k 个故障是 PQ 节点之间的单支路开断故障, 开断支路首末端节点在 PQ 节点中的编号分别为 f 、 h , 其对应的节点支路关联矢量为

$$M_{\mathrm{D}k} = \begin{pmatrix} \underset{(f)}{1} & \underset{(h)}{-1} \end{pmatrix}^{\mathrm{T}} \tag{9-41}$$

设开断支路导纳虚部为 b_k , 则开断后 $L_{\mathrm{DD}k}$ 和 $L_{\mathrm{DG}k}$ 分别为

$$\begin{cases} L_{\mathrm{DD}k} = L_{\mathrm{DD}0} + \Delta L_{\mathrm{DD}k} = L_{\mathrm{DD}0} - M_{\mathrm{D}k} b_k M_{\mathrm{D}k}^{\mathrm{T}} \\ L_{\mathrm{DG}k} = L_{\mathrm{DG}0} \end{cases} \tag{9-42}$$

根据矩阵求逆引理推导可得

$$\begin{aligned} S_{\mathrm{DG}k} &= -L_{\mathrm{DD}k}^{-1} L_{\mathrm{DG}k} \\ &= \left[I - L_{\mathrm{DD}0}^{-1} M_{\mathrm{D}k} \left(-b_k^{-1} + M_{\mathrm{D}k}^{\mathrm{T}} L_{\mathrm{DD}0}^{-1} M_{\mathrm{D}k} \right)^{-1} M_{\mathrm{D}k}^{\mathrm{T}} \right] \cdot \left(-L_{\mathrm{DD}0}^{-1} L_{\mathrm{DG}0} \right) \\ &= \eta_k S_{\mathrm{DG}0} \end{aligned} \tag{9-43}$$

因此, $\Delta V_{\mathrm{D}0}$ 和 $\Delta V_{\mathrm{D}k}$ 之间存在如下线性关系:

$$\Delta V_{\mathrm{D}k} = S_{\mathrm{DG}k} \Delta V_{\mathrm{G}0} = \eta_k S_{\mathrm{DG}0} \Delta V_{\mathrm{G}0} = \eta_k \Delta V_{\mathrm{D}0} \tag{9-44}$$

式中,

$$\boldsymbol{\eta}_k = \boldsymbol{I} - \boldsymbol{L}_{\mathrm{DD0}}^{-1} \boldsymbol{M}_{\mathrm{D}k} \left(-b_k^{-1} + \boldsymbol{M}_{\mathrm{D}k}^{\mathrm{T}} \boldsymbol{L}_{\mathrm{DD0}}^{-1} \boldsymbol{M}_{\mathrm{D}k} \right)^{-1} \boldsymbol{M}_{\mathrm{D}k}^{\mathrm{T}} \tag{9-45}$$

下面推导 $\boldsymbol{\eta}_k$ 的具体形式。记 $\boldsymbol{L}_{\mathrm{DD0}}^{-1} = \boldsymbol{\Gamma}$，则有

$$\begin{aligned} \boldsymbol{M}_{\mathrm{D}k}^{\mathrm{T}} \boldsymbol{L}_{\mathrm{DD0}}^{-1} \boldsymbol{M}_{\mathrm{D}k} &= \left(\underset{(f)}{1} \quad \underset{(h)}{-1} \right) \boldsymbol{\Gamma} \left(\underset{(f)}{1} \quad \underset{(h)}{-1} \right)^{\mathrm{T}} \\ &= \Gamma_{ff} - \Gamma_{fh} - \Gamma_{hf} + \Gamma_{hh} \end{aligned} \tag{9-46}$$

因此，$\boldsymbol{M}_{\mathrm{D}k}^{\mathrm{T}} \boldsymbol{L}_{\mathrm{DD0}}^{-1} \boldsymbol{M}_{\mathrm{D}k}$ 为一个标量，进而 $\left(-b_k^{-1} + \boldsymbol{M}_{\mathrm{D}k}^{\mathrm{T}} \boldsymbol{L}_{\mathrm{DD0}}^{-1} \boldsymbol{M}_{\mathrm{D}k} \right)^{-1}$ 也为一个标量。记

$$a_k = \left(-b_k^{-1} + \boldsymbol{M}_{\mathrm{D}k}^{\mathrm{T}} \boldsymbol{L}_{\mathrm{DD0}}^{-1} \boldsymbol{M}_{\mathrm{D}k} \right)^{-1} \tag{9-47}$$

则

$$\boldsymbol{L}_{\mathrm{DD0}}^{-1} \boldsymbol{M}_{\mathrm{D}k} \left(-b_k^{-1} + \boldsymbol{M}_{\mathrm{D}k}^{\mathrm{T}} \boldsymbol{L}_{\mathrm{DD0}}^{-1} \boldsymbol{M}_{\mathrm{D}k} \right)^{-1} \boldsymbol{M}_{\mathrm{D}k}^{\mathrm{T}} = \boldsymbol{\Gamma} \boldsymbol{M}_{\mathrm{D}k} a_k \boldsymbol{M}_{\mathrm{D}k}^{\mathrm{T}} \tag{9-48}$$

而

$$\boldsymbol{\Gamma} \boldsymbol{M}_{\mathrm{D}k} a_k \boldsymbol{M}_{\mathrm{D}k}^{\mathrm{T}} = a_k \boldsymbol{\Gamma} \begin{pmatrix} & & \\ 1 & -1 \\ & & \\ -1 & 1 \\ & & \\ \end{pmatrix} \begin{matrix} (f) \\ \\ (h) \end{matrix} \tag{9-49}$$

$$= a_k \begin{pmatrix} \Gamma_{1f} - \Gamma_{1h} & -\Gamma_{1f} + \Gamma_{1h} \\ \Gamma_{2f} - \Gamma_{2h} & -\Gamma_{2f} + \Gamma_{2h} \\ \vdots & \vdots \\ \Gamma_{mf} - \Gamma_{mh} & -\Gamma_{mf} + \Gamma_{mh} \end{pmatrix} \\ \underset{(f)}{} \underset{(h)}{}$$

再记

$$\alpha_{i,k} = a_k \left(\Gamma_{if} - \Gamma_{ih} \right) \qquad i = 1, \cdots, m \tag{9-50}$$

则

$$
\boldsymbol{\Gamma M}_{\mathrm{D}k} a_k \boldsymbol{M}_{\mathrm{D}k}^{\mathrm{T}} =
\begin{pmatrix}
\alpha_{1,k} & -\alpha_{1,k} \\
\alpha_{2,k} & -\alpha_{2,k} \\
\vdots & \vdots \\
\alpha_{m,k} & -\alpha_{m,k}
\end{pmatrix}
\tag{9-51}
$$
$$
\quad\quad (f) \quad\quad\quad (h)
$$

至此，由式(9-45)、式(9-48)、式(9-51)可得 $\boldsymbol{\eta}_k$ 矩阵形式为

$$
\boldsymbol{\eta}_k =
\begin{pmatrix}
1 & & & -\alpha_{1,k} & & \alpha_{1,k} & \\
& 1 & & -\alpha_{2,k} & & \alpha_{2,k} & \\
& & \ddots & \vdots & & \vdots & \\
& & & 1-\alpha_{f,k} & \cdots & \alpha_{f,k} & \\
& & & \vdots & \ddots & \vdots & \\
& & & -\alpha_{h,k} & \cdots & 1+\alpha_{h,k} & \\
& & & \vdots & & \vdots & \ddots \\
& & & -\alpha_{m,k} & & \alpha_{m,k} & & 1
\end{pmatrix}
\begin{matrix}
{}^{(f)} \\[6ex] {}^{(h)}
\end{matrix}
\tag{9-52}
$$
$$
\quad\quad\quad\quad (f) \quad\quad\quad (h)
$$

其中，$\alpha_{i,k}$ 由式(9-46)、式(9-47)、式(9-50)可得

$$
\alpha_{i,k} = \left(-b_k^{-1} + \Gamma_{ff} - \Gamma_{fh} - \Gamma_{hf} + \Gamma_{hh}\right)^{-1}\left(\Gamma_{if} - \Gamma_{ih}\right)
\tag{9-53}
$$
$$
i = 1,\cdots,m
$$

将式(9-52)代回到式(9-44)，得到故障后电压变化量与故障前电压变化量之间的关系为

$$
\Delta \boldsymbol{V}_{\mathrm{D}k} =
\begin{pmatrix}
\Delta V_{\mathrm{D}1,k} \\
\Delta V_{\mathrm{D}2,k} \\
\vdots \\
\Delta V_{\mathrm{D}f,k} \\
\vdots \\
\Delta V_{\mathrm{D}h,k} \\
\vdots \\
\Delta V_{\mathrm{D}m,k}
\end{pmatrix}
=
\begin{pmatrix}
\Delta V_{\mathrm{D}1,0} - \alpha_{1,k}\,\Delta V_{\mathrm{D}f,0} + \alpha_{1,k}\cdot\Delta V_{\mathrm{D}h,0} \\
\Delta V_{\mathrm{D}2,0} - \alpha_{2,k}\,\Delta V_{\mathrm{D}f,0} + \alpha_{2,k}\cdot\Delta V_{\mathrm{D}h,0} \\
\vdots \\
\left(1-\alpha_{f,k}\right)\Delta V_{\mathrm{D}f,0} + \alpha_{f,k}\cdot\Delta V_{\mathrm{D}h,0} \\
\vdots \\
-\alpha_{h,k}\,\Delta V_{\mathrm{D}f,0} + \left(1+\alpha_{h,k}\right)\cdot\Delta V_{\mathrm{D}h,0} \\
\vdots \\
\Delta V_{\mathrm{D}m,0} - \alpha_{m,k}\,\Delta V_{\mathrm{D}f,0} + \alpha_{m,k}\cdot\Delta V_{\mathrm{D}h,0}
\end{pmatrix}
\begin{matrix}
{} \\[6ex] {}^{(f)} \\[6ex] {}^{(h)}
\end{matrix}
\tag{9-54}
$$

2)PQ 节点和 PV 节点之间的单支路开断故障

　　设 PQ 节点总数为 m，PV 节点总数为 r；第 k 个故障是 PQ 节点和 PV 节点之间的单支路开断故障，开断支路 PQ 节点端在 PQ 节点中的编号为 f，PV 节点端在 PV 节点中的编号为 h，则其对应 PQ 节点的节点支路关联矢量 e_D 和对应 PV 节点的节点支路关联矢量 e_G 分别为

$$e_{Dk} = \begin{pmatrix} & 1 & \\ & (f) & \end{pmatrix}^{\mathrm{T}}, \quad e_{Gk} = \begin{pmatrix} & -1 & \\ & (h) & \end{pmatrix}^{\mathrm{T}} \tag{9-55}$$

设开断支路导纳虚部为 b_k，则开断后 L_{DDk} 和 L_{DGk} 分别为

$$\begin{cases} L_{DDk} = L_{DD0} + \Delta L_{DDk} = L_{DD0} - e_{Dk} b_k e_{Dk}^{\mathrm{T}} \\ L_{DGk} = L_{DG0} + \Delta L_{DGk} = L_{DG0} - e_{Dk} b_k e_{Gk}^{\mathrm{T}} \end{cases} \tag{9-56}$$

进而有

$$\begin{aligned} S_{DGk} &= -L_{DDk}^{-1} L_{DGk} \\ &= -L_{DDk}^{-1} \cdot \left(L_{DG0} - e_{Dk} b_k e_{Gk}^{\mathrm{T}} \right) \\ &= -L_{DDk}^{-1} L_{DG0} + L_{DDk}^{-1} e_{Dk} b_k e_{Gk}^{\mathrm{T}} \end{aligned} \tag{9-57}$$

对前半式类比式(9-43)进行推导，可以得到

$$S_{DGk} = \mu_k S_{DG0} + \delta_k \tag{9-58}$$

式中，

$$\begin{cases} \mu_k = I - L_{DD0}^{-1} e_{Dk} \left(-b_k^{-1} + e_{Dk}^{\mathrm{T}} L_{DD0}^{-1} e_{Dk} \right)^{-1} e_{Dk}^{\mathrm{T}} \\ \delta_k = L_{DDk}^{-1} e_{Dk} b_k e_{Gk}^{\mathrm{T}} = \mu_k L_{DD0}^{-1} e_{Dk} b_k e_{Gk}^{\mathrm{T}} \end{cases} \tag{9-59}$$

　　因此 ΔV_{D0} 和 ΔV_{Dk}、ΔV_{G0} 之间有如下灵敏度关系：

$$\begin{aligned} \Delta V_{Dk} &= S_{DGk} \Delta V_{G0} = \left(\mu_k S_{DG0} + \delta_k \right) \Delta V_{G0} \\ &= \mu_k \Delta V_{D0} + \delta_k \Delta V_{G0} \end{aligned} \tag{9-60}$$

　　类似于对 PQ 节点之间的单支路开断故障灵敏度关系的推导，仍然记 $L_{DD0}^{-1} = \varGamma$，可得 μ_k 和 δ_k 的具体形式为

$$
\boldsymbol{\eta}_k = \begin{pmatrix} 1 & & & -\alpha_{1,k} & & \\ & 1 & & -\alpha_{2,k} & & \\ & & \ddots & \vdots & & \\ & & & 1-\alpha_{f,k} & & \\ & & & \vdots & \ddots & \\ & & & -\alpha_{m,k} & & 1 \end{pmatrix}_{(f)} \tag{9-61}
$$

$$
\boldsymbol{\delta}_k = \begin{pmatrix} \alpha_{1,k} \\ \alpha_{2,k} \\ \vdots \\ \alpha_{f,k} \\ \vdots \\ \alpha_{m,k} \end{pmatrix}_{(f)} \tag{9-62}
$$

式中，

$$
\alpha_{i,k} = \left(-b_k^{-1} + \varGamma_{ff}\right)^{-1} \varGamma_{if} \qquad i = 1, \cdots, m \tag{9-63}
$$

将式 (9-61)、式 (9-62) 代回到式 (9-60)，得到故障后电压变化量与故障前电压变化量之间的关系为

$$
\Delta \boldsymbol{V}_{Dk} = \begin{pmatrix} \Delta V_{D1,k} \\ \Delta V_{D2,k} \\ \vdots \\ \Delta V_{Df,k} \\ \vdots \\ \Delta V_{Dm,k} \end{pmatrix} = \begin{pmatrix} \Delta V_{D1,0} - \alpha_{1,k}\,\Delta V_{Df,0} + \alpha_{1,k}\cdot\Delta V_{Gh,0} \\ \Delta V_{D1,0} - \alpha_{1,k}\,\Delta V_{Df,0} + \alpha_{2,k}\cdot\Delta V_{Gh,0} \\ \vdots \\ \left(1-\alpha_{f,k}\right)\cdot\Delta V_{Df,0} + \alpha_{f,k}\cdot\Delta V_{Gh,0} \\ \vdots \\ \Delta V_{Dm,0} - \alpha_{m,k}\cdot\Delta V_{Df,0} + \alpha_{m,k}\cdot\Delta V_{Gh,0} \end{pmatrix}_{(f)} \tag{9-64}
$$

2. 自适应的状态变化转移因子确定方法

不再以下标 D 和下标 G 对 PQ 节点和 PV 节点进行区分，则可发现式 (9-54)

和式(9-64)得到了统一的形式，且可写为

$$
\begin{pmatrix} \Delta V_{1,k} \\ \vdots \\ \Delta V_{i,k} \\ \vdots \\ \Delta V_{m,k} \end{pmatrix} = \begin{pmatrix} 1 & & & & \\ & \ddots & & & \\ & & 1 & & \\ & & & \ddots & \\ & & & & 1 \end{pmatrix} \begin{pmatrix} \Delta V_{1,0} \\ \vdots \\ \Delta V_{i,0} \\ \vdots \\ \Delta V_{m,0} \end{pmatrix} - \begin{pmatrix} \alpha_{1,k} \\ \vdots \\ \alpha_{i,k} \\ \vdots \\ \alpha_{m,k} \end{pmatrix} \left(\Delta V_{f,0} - \Delta V_{h,0} \right) \tag{9-65}
$$

而由式(9-37)建立的 $\Delta V_{i,0}$ 和 $\Delta V_{i,k}$ 之间的关系可写为

$$
\begin{pmatrix} \Delta V_{1,k} \\ \vdots \\ \Delta V_{i,k} \\ \vdots \\ \Delta V_{m,k} \end{pmatrix} = \begin{pmatrix} s_{1,k} & & & & \\ & \ddots & & & \\ & & s_{i,k} & & \\ & & & \ddots & \\ & & & & s_{m,k} \end{pmatrix} \begin{pmatrix} \Delta V_{1,0} \\ \vdots \\ \Delta V_{i,0} \\ \vdots \\ \Delta V_{m,0} \end{pmatrix} \tag{9-66}
$$

对比上述两式，可得状态变化转移因子 $s_{i,k}$ 的计算公式

$$
s_{i,k} = 1 - \alpha_{i,k} \frac{\Delta V_{f,0} - \Delta V_{h,0}}{\Delta V_{i,0}} \tag{9-67}
$$

式中，$\alpha_{i,k}$ 与电网节点导纳矩阵信息相关，而 $\Delta V_{f,0}$、$\Delta V_{h,0}$、$\Delta V_{i,0}$ 是 PrC 状态节点电压的变化量，因此状态变化转移因子 $s_{i,k}$ 既与电网网络模型和设备参数有关，又与当前的运行状态有关。在博弈决策过程当中，前者在安全方计算前就可得到，且当电网网络结构不变时，其值也不会改变。而后者在得到新的 OPF 结果之前，无法确切知道其值。

观察 $s_{i,k}$ 的表达式可知，当 $\Delta V_{f,0}$ 和 $\Delta V_{h,0}$ 近似相等时，$s_{i,k}$ 可取 1.0。由此，$s_{i,k}$ 的取值可以分类为如下两种情况：

$$
\begin{cases} \Delta V_{f,0} \approx \Delta V_{h,0} & s_{i,k} \approx 1.0 \\ \Delta V_{f,0} \neq \Delta V_{h,0} & s_{i,k} = 1 - \alpha_{i,k} \dfrac{\Delta V_{f,0} - \Delta V_{h,0}}{\Delta V_{i,0}} \end{cases} \tag{9-68}
$$

而在博弈求解过程当中，$\Delta V_{f,0}$ 和 $\Delta V_{h,0}$ 为故障支路的首末端节点电压在前后两个 O-PrC 状态之间的变化量。由于是在 PrC 状态，此时两节点之间通过支路相连，有较强的耦合关系，同时前后两次的 OPF 计算模型之间只改变少量节点电压的限值约束，多数情况下都满足 $\Delta V_{f,0} \approx \Delta V_{h,0}$。通常，只有在 $V_{f,0}$ 或 $V_{h,0}$ 在两次 OPF

结果中由搭界变为不搭界或由不搭界变为搭界时，以及安全方对二者电压限值作出了相反方向的调整时，才会出现 $\Delta V_{f,0} \neq \Delta V_{h,0}$。

因此，在安全方在线决策过程中，可取 1.0 作为 $s_{i,k}$ 的默认值。而当得到两个以上的经济方 OPF 结果后，则可以根据两个 OPF 的信息计算 $s_{i,k}$，并将其作为当前优化结果与下一个优化结果之间状态变化转移因子的预估。

由此，得到了一种自适应的状态变化转移因子确定方法，该方法可以表述为

$$
\begin{cases}
t = 1 & s_{i,k}^{(t)} = 1.0 \\[2ex]
t = 2,3,\cdots & s_{i,k}^{(t)} = 1.0 - \alpha_{i,k}\dfrac{\left(V_{f,0}^{(t)} - V_{f,0}^{(t-1)}\right) - \left(V_{h,0}^{(t)} - V_{h,0}^{(t-1)}\right)}{\left(V_{i,0}^{(t)} - V_{i,0}^{(t-1)}\right)}
\end{cases}
\tag{9-69}
$$

式中，t 为博弈周期。即在第 1 个博弈周期，$s_{i,k}$ 取默认值 1.0；而从第 2 个博弈周期开始直至博弈达到均衡，每个博弈周期中安全方都可根据本周期和上一周期经济方给出的决策结果对 $s_{i,k}$ 进行计算，以此结果作为 $s_{i,k}$ 的估计值。

3. 算例分析

1）$s_{i,k} = 1.0$

大量实际计算数据表明，在多数情况下，两次经济方决策结果之间，故障开断支路首末端节点电压的变化量满足 $\Delta V_{f,0} \approx \Delta V_{h,0}$，此时取 $s_{i,k} = 1$ 是合理的。由 9.4.3 节的分析可知，在"$1/s_{i,k}$—系统网损值/最大越限量/博弈次数"结果曲线上，网损值曲线出现拐点，且博弈次数降为最小的情况对应的 $s_{i,k}$ 的取值是当前算例安全方决策时最合理的 $s_{i,k}$ 取值。几个 IEEE 系统典型算例的"$1/s_{i,k}$—系统网损值/最大越限量/博弈次数"结果，如图 9-14 所示，各算例中均只考虑 1 个预想故障。

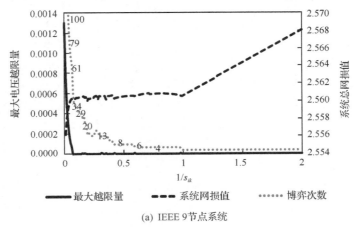

(a) IEEE 9 节点系统

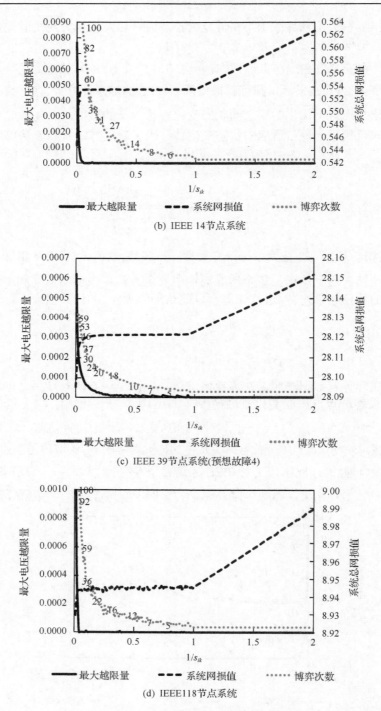

(b) IEEE 14节点系统

(c) IEEE 39节点系统(预想故障4)

(d) IEEE118节点系统

图 9-14　系数 $s_{i,k}$ 取值与博弈结果之间的关系

可见，在上述几个算例当中，$1/s_{i,k}$ 的合理取值都在 1.0 左右，即 $s_{i,k}$ 的取值也应在 1.0 左右较为合理。具体地，以 IEEE39 节点系统考虑预想故障 4 时的情况，对 $s_{i,k}$ 的取值进行分析。

由 IEEE39 节点系统预想故障集设置可知，预想故障 4 为 5 号支路开断，其首端为节点 3，末端为节点 4，故障后节点 1 电压越上限。因此有 f=3，h=4，i=1。由导纳矩阵计算可得 $\alpha_{1,4}$=0.1057，则由公式（9-70）得到

$$s_{1,4}=1-0.1057\frac{\Delta V_{3,0}-\Delta V_{4,0}}{\Delta V_{1,0}} \tag{9-70}$$

故障后节点 1 电压越上限，因此安全方将对节点 1 的电压上限给出调整策略。设在首步经济方决策后，节点 1 在故障 4 状态下的越上限量为 δ_1，为分析 $s_{1,4}$ 的随运行状态变化的特点，按式（9-71）对节点 1 的电压上限约束进行调整，可得

$$\bar{V}_1^{(t+1)}=V_{1,0}^{(t)}-\delta_1^{(t)}\times\text{coff} \tag{9-71}$$

式中，coff 是限值调整系数。

得到节点 1 的限值后，返回给经济方再次进行决策，将经济方前后两次决策结果代入式（9-70），计算状态变化转移因子 $s_{1,4}$。不断改变 coff 的值并按上述过程计算 $s_{1,4}$，得到 coff - $s_{1,4}$ 曲线如图 9-15 所示。可见随着 coff 的变化，$s_{1,4}$ 的计算结果一直保持在一个较稳定的数值，大约在 1.05 左右。说明通过数值方法计算状态变化转移因子时，一旦初始 OPF 结果确定之后，在此结果基础上改变约束再算 OPF，并根据两次 OPF 的结果对 $s_{i,k}$ 进行计算时，$s_{i,k}$ 的结果随约束的改变量变化不大。因此，在在线计算时，以前两次 OPF 的结果，对当前和下一次 OPF 结果之间的状态变化转移因子进行预估是较准确的。

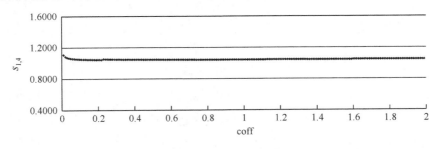

图 9-15　coff - $s_{1,4}$ 曲线

2）$s_{i,k}\neq1.0$

对 IEEE39 节点系统考虑预想故障 21，仍分析其"$1/s_{i,k}$—系统网损值/最大越限量/博弈次数"关系，结果如图 9-16 所示。可见此时 $s_{i,k}$ 的最合理取值不为 1.0。

分析该图中曲线结果可知，对该算例来说，$1/s_{i,k}$ 取在 0.7 左右，即 $s_{i,k}$ 取在 1.4 左右时较为合理。

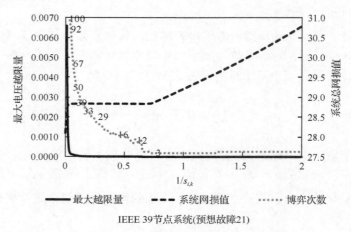

IEEE 39节点系统(预想故障21)

图 9-16　系数 $s_{i,k}$ 取值与博弈结果之间的关系

下面采用数值方法计算 $s_{i,k}$，分析其随运行状态变化的特点，仍采用上例的计算方法，分析 coff 和 $s_{i,k}$ 之间的关系，结果如图 9-17 所示。此例中 $s_{i,k}$ 随 coff 变化略有波动，数值分布在 1.3～1.4 之间，但波动不大，安全方决策时，可以使用本节提出的自适应的方法确定状态变化转移因子的值。

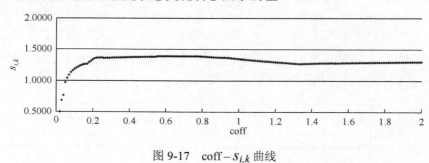

图 9-17　$coff - s_{i,k}$ 曲线

分别在 $s_{i,k}$ 取 1.0，2.0，1.35（上述 $coff - s_{i,k}$ 曲线中 $s_{i,k}$ 的平均值），以及自适应取值共 4 种情况下，求解 IEEE39 节点系统考虑预想故障 21 的静态安全性的无功电压优化问题，博弈结果如表 9-10 所示，各博弈周期经济性指标和安全性指标的值在 EI-SI 平面上的变化情况如图 9-18 所示，其中数据点边的数字为博弈周期的序号。

表 9-10 $s_{i,k}$ 不同取值方法下的博弈结果

博弈周期	$s_{i,k}=1.0$		$s_{i,k}=1.35$		$s_{i,k}=2.0$		自适应取值	
	EI	SI	EI	SI	EI	SI	EI	SI
1	28.10	0.0266	28.10	0.0266	28.10	0.0266	28.10	0.0266
2	29.21	0.0000	28.86	0.0000	28.57	0.0084	28.57	0.0084
3	—	—	—	—	28.75	0.0008	28.84	0.0000
⋮	—	—	—	—	⋮	⋮	—	—
14	—	—	—	—	28.83	0.0000	—	—

对比几种情况的博弈结果可知，4 种情况下均得到了安全指标为 0，即安全性最优的博弈结果。但各情况博弈达到均衡所需要的博弈周期以及博弈结果的经济性有所差别。当 $s_{i,k}$ 取 1.0 时，此值对本算例来说偏小，$1/s_{i,k}$ 偏大，安全限制调整量大，经过 2 个博弈周期即得到了均衡解，但也由于安全限制调整量大，安全方给出的安全域过于严苛，结果的经济性指标较大，经济性没有达到最优。当 $s_{i,k}$ 取 2.0 时，此值对本算例来说又偏大，$1/s_{i,k}$ 偏小，每个博弈周期对安全限制的校正量小，需要经过 14 个周期才能得到均衡解，计算代价很大，但结果的经济性达到了最优。当 $s_{i,k}$ 取 1.35 时，该值与当前情况下状态变化转移因子的实际值近似，博弈在 2 个周期即可得到均衡解，同时结果的经济性与 $s_{i,k}$ 取 2.0 时相近，经济性较优。这些结果再次印证了，$s_{i,k}$ 取值合理时可以以较少的博弈周期得到合理的结果。但在实际在线计算过程中，无法预先获知 $s_{i,k}$ 的准确值，需要在每个博弈周期根据已有的结果对其值进行自适应的预估。由 $s_{i,k}$ 自适应取值时的博弈结果可以看到，博弈在 3 个周期达到均衡，且结果的经济性与 $s_{i,k}$ 取 2.0 和 1.35 时基本相同，经济性基本达到了最优。可见，在线计算时对 $s_{i,k}$ 进行自适应取值，可以以较少的计算代价得到合理的结果。

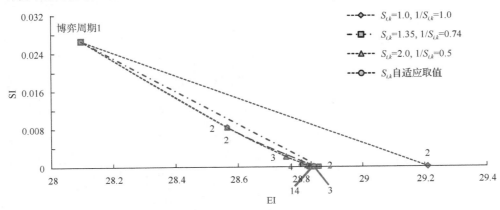

图 9-18 $s_{i,k}$ 取不同值时的博弈结果

9.5.2　实用化的安全方决策方法

在 9.4.1 节研究安全方博弈决策方法时,给出了单一故障引起状态变量越限时的决策方法。在安全方在线决策过程中,由于庞大的预想故障集设置和多变的电网运行状态,这种简单的决策方法无法对在线决策中可能出现的复杂情况进行处理。本节对几种常见情况提出了实用化的安全方决策方法。

1. 考虑多个预想故障时的决策方法

由 9.4.1 节提出的安全方博弈决策方法知,在第 t 个博弈周期,对第 k 个 PoC 状态越上限的电压 $V_{i,k}^{(t)}$ 和越下限的电压 $V_{j,k}^{(t)}$,可分别得其越上限量 $\overline{\delta}_{i,k}^{(t)}$ 和越下限量 $\underline{\delta}_{j,k}^{(t)}$。引入状态变化转移因子 $s_{i,k}$ 和 $s_{j,k}$ 后,可得安全方返回给经济方的安全决策应满足

$$\begin{cases} V_{i,0}^{(t+1)} - V_{i,0}^{(t)} \leqslant -\overline{\delta}_{i,k}^{(t)} \big/ s_{i,k} & \left(\overline{\delta}_{i,k}^{(t)} \neq 0\right) \\ V_{j,0}^{(t+1)} - V_{j,0}^{(t)} \geqslant \underline{\delta}_{j,k}^{(t)} \big/ s_{j,k} & \left(\underline{\delta}_{j,k}^{(t)} \neq 0\right) \end{cases} \tag{9-72}$$

在对大规模电网的实际计算中,同一母线电压可能在不同的故障后都出现越上限或越下限,针对每个故障,由式(9-72)都可给出一个安全决策。考虑 N_C 个预想故障时,可取所有故障给出的安全限值调整量的最大值作为最终的安全决策,即

$$\begin{cases} V_{i,0}^{(t+1)} - V_{i,0}^{(t)} \leqslant -\max_k\left\{\overline{\delta}_{i,k}^{(t)} \big/ s_{i,k}\right\} & \left(\overline{\delta}_{i,k}^{(t)} \neq 0\right) \\ V_{j,0}^{(t+1)} - V_{j,0}^{(t)} \geqslant \max_k\left\{\underline{\delta}_{j,k}^{(t)} \big/ s_{j,k}\right\} & \left(\underline{\delta}_{j,k}^{(t)} \neq 0\right) \end{cases} \tag{9-73}$$

记

$$\max_k\left\{\overline{\delta}_{i,k}^{(t)} \big/ s_{i,k}\right\} = \overline{\delta}_i^{(t)}, \quad \max_k\left\{\underline{\delta}_{j,k}^{(t)} \big/ s_{j,k}\right\} = \underline{\delta}_j^{(t)} \tag{9-74}$$

则返回给经济方的安全决策应使得第 $t+1$ 个博弈周期的节点电压 $V_{i,0}^{(t+1)}$ 和 $V_{j,0}^{(t+1)}$ 满足

$$\begin{cases} V_{i,0}^{(t+1)} \leqslant -\overline{\delta}_i^{(t)} + V_{i,0}^{(t)} & \left(\overline{\delta}_i^{(t)} \neq 0\right) \\ V_{j,0}^{(t+1)} \geqslant \underline{\delta}_j^{(t)} + V_{j,0}^{(t)} & \left(\underline{\delta}_j^{(t)} \neq 0\right) \end{cases} \tag{9-75}$$

进而，安全方对 V_i 的安全域上限决策为

$$
\begin{cases}
\overline{V}_{i,0}^{(t+1)} = -\overline{\delta}_i^{(t)} + V_{i,0}^{(t)} & \left(\overline{\delta}_i^{(t)} \neq 0\right) \\
\overline{V}_{i,0}^{(t+1)} = \overline{V}_{i,0}^{(t)} & \left(\overline{\delta}_i^{(t)} = 0\right)
\end{cases}
\tag{9-76}
$$

对 V_j 的安全域下限决策为

$$
\begin{cases}
\underline{V}_{j,0}^{(t+1)} = \underline{\delta}_j^{(t)} + V_{j,0}^{(t)} & \left(\underline{\delta}_j^{(t)} \neq 0\right) \\
\underline{V}_{j,0}^{(t+1)} = \underline{V}_{j,0}^{(t)} & \left(\underline{\delta}_j^{(t)} = 0\right)
\end{cases}
\tag{9-77}
$$

当某节点只在单一故障后出现越限时，式(9-74)与式(9-32)相一致，进而式(9-76)、式(9-77)与式(9-34)、式(9-35)相一致。

2. 上下限决策相冲突时的决策方法

在实际大规模电网的计算中，在复杂多样的故障集设置情况下，可能会存在某一节点电压在某些故障后越上限，而在另一些故障后越下限的情况。此时安全方对该节点电压限值进行决策时，既要由式(9-76)调整其上限，又要由式(9-77)调整其下限。当调整量过大时，给出的下限决策可能会不低于上限决策。即使没有同时对节点电压的上限限值和下限限值同时进行调整，也可能由于故障后越限量 $\overline{\delta}_i^{(t)}$ 或 $\underline{\delta}_i^{(t)}$ 过大，从而导致下限决策不低于上限决策，即 $\underline{V}_{i,0}^{(t+1)} \geqslant \overline{V}_{i,0}^{(t+1)}$。显然，此时电压 $V_{i,0}$ 没有可行范围，下一个博弈周期，经济方若考虑这样的安全域决策则无法给出经济方的决策策略。

考虑到电网运行过程中，某些节点电压过低可能会导致电网发生电压失稳，是非常不安全的运行状态，而节点电压过高时只要还在绝缘约束范围之内，电网运行状态就是可接受的。因此，在电压上下限决策相冲突时，应首先满足其下限决策，然后在下限决策基础上增加一个值作为上限决策。当安全方给出的上下限决策相冲突时，应以式(9-78)进行决策：

$$
若 \; \overline{V}_{i,0}^{(t+1)} < \underline{V}_{i,0}^{(t+1)} + \varepsilon, \; 则 \; \overline{V}_{i,0}^{(t+1)} = \underline{V}_{i,0}^{(t+1)} + \varepsilon
\tag{9-78}
$$

式中，ε 为电压上下限间最小带宽。

3. 放松安全域时的决策方法

当安全方给出的安全域决策过于严格，经济方在可选策略范围之内不存在可行解时，需要安全方适当放松安全域决策，使得经济方在此安全域内有可行解，

最终通过经济方和安全方的理性协商得到博弈的均衡解。

设第 t 个博弈周期经济方可以得到经济决策，安全方给出的安全域上限决策和下限决策分别为 $\overline{V}_{i,0}^{(t)}$ 和 $\underline{V}_{i,0}^{(t)}$，在第 $t+1$ 个博弈周期，经济方考虑此决策进行决策时，无法找到可行解，因此安全方在本周期需要对安全域给出放松的决策。虽然放松安全域后电网的经济性指标无法达到 0，但却可以使经济方找到可行解，最终得到博弈的均衡解。在第 $t+1$ 个博弈周期安全方按以下两式给出放松的安全域决策：

$$\overline{V}_{i,0}^{(t+1)} = \overline{V}_{i,0}^{(t)} + \beta\left(\overline{V}_{i,0}^{(t-1)} - \overline{V}_{i,0}^{(t)}\right) \tag{9-79}$$

$$\underline{V}_{i,0}^{(t+1)} = \underline{V}_{i,0}^{(t)} - \beta\left(\underline{V}_{i,0}^{(t)} - \underline{V}_{i,0}^{(t-1)}\right) \tag{9-80}$$

式中，β 为安全域松弛系数，可在 $(0,1)$ 范围内取值。得到新的安全域决策后，采用此决策进行经济方的优化计算，若能够得到优化解，则博弈继续；若仍不能得到优化解，则需增大 β 重新对安全限值进行决策，并将决策返回给经济方，直至经济方得到决策结果为止。

松弛后的安全域决策可能会超出初始安全限值的范围。系统变量的初始安全限值是保证电网在 PrC 状态运行的安全范围，是对电网运行安全性的最基本要求，因此安全方给出的决策不能超出初始安全限值的范围。当安全方的安全域决策与初始安全限值相冲突时，应以初始安全限值作为安全方的决策策略，即

$$若\ \overline{V}_{i,0}^{(t+1)} > \overline{V}\ ，则\ \overline{V}_{i,0}^{(t+1)} = \min\left\{\overline{V}, \overline{V}_{i,0}^{(t+1)}\right\} \tag{9-81}$$

$$若\ \underline{V}_{i,0}^{(t+1)} < \underline{V}\ ，则\ \underline{V}_{i,0}^{(t+1)} = \max\left\{\underline{V}, \underline{V}_{i,0}^{(t+1)}\right\} \tag{9-82}$$

9.5.3 基于中枢节点的决策方法

本节利用无功电压的区域特性，结合二级电压控制中中枢节点的概念，提出了一种基于中枢节点的安全方决策方法。

1. 决策方法

安全方在线决策中，当考虑多种预想故障时，可能出现多个节点电压在不同的故障后出现越限，根据安全方决策方法可知，此时对所有出现过电压越限的节点，安全方都会对其限值进行调整。由于调整限值的节点过多，容易造成经济方决策可选策略范围过小，找不到可行解，特别是当安全决策对耦合较紧密的节点给出了不同方向的安全限值调整策略(一部分节点电压上限下调，一部分节点电压

下限上调)的时候, 更容易出现这种情况。

基于无功电压的区域特性, 一片区域内的电压水平可由几个典型的节点电压进行表征, 这样的典型节点称为中枢节点。一片区域内的中枢节点应具备两方面性质, 一是其电压可代表区域内的电压水平, 二是其电压可控性强, 容易通过控制手段使其电压保持在安全水平上。二级电压控制的目的就是对区域内中枢节点的电压进行闭环控制。

利用中枢节点的概念, 安全方在线决策时也可只针对中枢节点给出电压限值决策策略, 认为当中枢节点电压保持在安全范围之内时, 其所在区域内的电压整体上也将保持在一个安全范围之内。由此得到考虑中枢节点的电压安全域的上限决策和下限决策方法如下:

$$
\begin{cases}
\overline{V}_{i,0}^{(t+1)} = -\overline{\delta}_i^{(t)} + \overline{V}_{i,0}^{(t)} & \left(\overline{\delta}_i^{(t)} \neq 0 \ \& \ i \in \text{Pilots} \right) \\
\overline{V}_{i,0}^{(t+1)} = \overline{V}_{i,0}^{(t)} & \left(\overline{\delta}_i^{(t)} = 0 \ \| \ i \notin \text{Pilots} \right)
\end{cases}
\tag{9-83}
$$

$$
\begin{cases}
\underline{V}_{j,0}^{(t+1)} = \underline{\delta}_j^{(t)} + \underline{V}_{j,0}^{(t)} & \left(\underline{\delta}_j^{(t)} \neq 0 \ \& \ j \in \text{Pilots} \right) \\
\underline{V}_{j,0}^{(t+1)} = \underline{V}_{j,0}^{(t)} & \left(\underline{\delta}_j^{(t)} = 0 \ \| \ j \notin \text{Pilots} \right)
\end{cases}
\tag{9-84}
$$

式中, Pilots 为中枢节点的集合。上述两式的含义是, 安全方只对故障后出现越限的中枢节点的电压限值进行决策, 而对故障后没有出现越限或不是中枢节点的电压其限值则保持不变。

当基于中枢节点进行决策时, 对非中枢节点, 即使其电压在故障后出现了越限, 安全方也不会对其限值进行调整。因此, 该越限信息对安全方决策来说没有价值, 安全方并不需要获得这一信息, 在进行静态安全分析时, 可以只扫描可能会引起中枢节点电压越限的故障。

基于中枢节点的安全方决策方法, 一方面减少了安全方决策的计算量, 另一方面给经济方决策留出了更大的可选策略范围, 同时又保证了各区域内的电压保持在安全水平上。

2. 算例分析

以 IEEE39 节点系统为例, 考虑在所设置的 34 个预想故障下系统的静态安全性, 分别在不考虑中枢节点和考虑中枢节点两种情况下, 对无功电压优化问题进行求解。

首先对系统进行分区和中枢节点选择。采用一种基于无功源控制空间聚类分析的分区方法进行区域的划分, 并采用一种多元统计分析方法在每个分区内选择一个中枢节点。分区结果及中枢节点选择结果如表 9-11 所示。

表 9-11　分区及中枢节点选择结果

分区编号	包含发电机节点	包含负荷节点和联络节点	中枢节点选择
1	31，32	4，5，6，7，8，10，11，12，13，14	13
2	39	1，9	1
3	30，37	2，3，17，18，25，26，27	27
4	38	28，29	29
5	35，36	15，16，21，22，23，24	24
6	33，34	19，20	20

　　分别在不基于中枢节点和基于中枢节点进行安全方决策两种情况下，对无功电压优化问题进行求解，其中安全指标按式(9-18)计算，结果分别如表 9-12 和表 9-13 所示。

表 9-12　不基于中枢节点进行安全方决策时博弈优化结果

博弈周期	故障后出现电压越限节点个数	安全方决策改变电压约束的节点个数	经济指标 EI	安全指标 SI	博弈结束
0 (基态)	2	2	28.81	0.0051	—
1	13	13	28.10	0.1147	否
2	1	1	29.26	0.0042	否
3	0	0	29.32	0.0000	是

表 9-13　基于中枢节点进行安全方决策时博弈优化结果

博弈周期	故障后出现电压越限节点个数	安全方决策改变电压约束的节点个数	经济指标 EI	安全指标 SI	博弈结束
0 (基态)	2	2	28.81	0.0051	—
1	13	5	28.10	0.1147	否
2	1	1	29.26	0.0042	否
3	0	0	29.32	0.0000	是

　　由结果可见，在本算例中，不基于中枢节点和基于中枢节点进行安全方决策两种情况下，博弈最终得到了完全相同的均衡解。两情况下博弈求解的相关信息对比如图 9-19 所示。基于中枢节点进行安全方决策时，静态安全分析扫描的故障数量为 12 个，与不基于中枢节点的决策方法相比，计算量减少了约 2/3。另外不基于中枢节点的决策方法给出的限值决策涉及 13 个节点，而基于中枢节点的决策方法给出的限值决策只涉及 5 个节点，依然得到了与前者安全性相同的博弈结果。可见当分区和中枢节点选择合理时，只针对中枢节点进行限值决策的确可以保证区域内电压整体保持在安全水平之内。

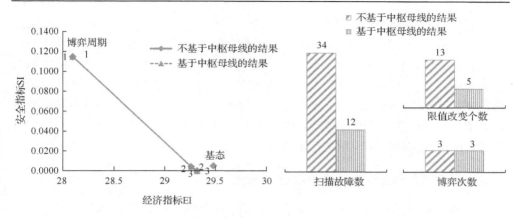

图 9-19　不基于中枢节点和基于中枢节点进行安全方决策情况下博弈结果对比

9.6　考虑静态电压稳定性的模型与求解方法

随着电网运行对安全性要求的不断提高，在电压控制过程中，除了考虑电网在预想故障状态下的静态安全性外，还需要进一步考虑更多样的安全性要求，例如在预想故障状态下电网的静态电压稳定性水平。

9.6.1　考虑静态电压稳定性的 SCOPF 模型

电网的静态电压稳定性一般以电网负荷裕度指标来衡量，故障后的电压稳定性约束一般要求 PoC 状态下电网的负荷裕度指标不小于一个下限门槛 $\underline{\lambda}$。考虑 N_C 个 PoC 状态电网的电压稳定性约束的 SCOPF 模型如下：

$$\begin{cases} \min & f(\boldsymbol{u}_0, \boldsymbol{x}_0) & \text{(a)} \\ \text{s.t.} & \boldsymbol{g}_0(\boldsymbol{u}_0, \boldsymbol{x}_0) = \boldsymbol{0} & \text{(b)} \\ & \boldsymbol{g}_k'(\lambda_k, \boldsymbol{u}_0, \boldsymbol{x}_k) = \boldsymbol{0} & \text{(c)} \\ & \underline{\boldsymbol{u}} \leqslant \boldsymbol{u}_0 \leqslant \overline{\boldsymbol{u}} & \text{(d)} \\ & \underline{\boldsymbol{x}} \leqslant \boldsymbol{x}_0 \leqslant \overline{\boldsymbol{x}} & \text{(e)} \\ & \lambda_k \geqslant \underline{\lambda}_k & \text{(f)} \\ & k = 1, \cdots, N_C \end{cases} \tag{9-85}$$

式中，$\boldsymbol{g}_k' = \boldsymbol{0}$ 为第 k 个 PoC 状态下考虑了节点注入功率变化的潮流方程；λ_k 为电网的节点注入功率变化参数，其数值应不小于该 PoC 状态下电网的负荷裕度下限门槛 $\underline{\lambda}_k$，即电网的节点注入功率可增长量，应不少于保证电网静态电压稳定性所要求的负荷裕度指标下限。

　　显然，当考虑的预想故障数目较多时，引入参数化的潮流方程等式约束式 (9-85)(c)使得 SCOPF 模型规模庞大，求解复杂度高，难以在大规模电网无功电压优化计算中取得应用。而且引入了节点注入功率变化参数，改变了潮流方程的原有结构，无法采用已有的 SCOPF 模型求解方法对该模型进行求解。因此，对考虑故障后静态电压稳定性的无功电压优化问题，需要寻求新的数学模型和求解方法来解决这一问题。下面将研究如何利用本书提出的 M-ROPF 模型和基于合作博弈理论的求解方法对该问题进行解决。

9.6.2　考虑静态电压稳定性的 M-ROPF 模型

　　考虑静态电压稳定的无功电压优化问题，寻求电网经济性与 PoC 状态的电压稳定性之间的协调，希望同时实现经济性指标和考虑静态电压稳定的安全性指标的改善，而经济性指标与考虑静态安全性的无功电压优化问题中使用的经济性指标相同，因此首先需对考虑静态电压稳定的安全性指标进行刻画。得到经济性指标和安全性指标后，综合考虑电网经济性和静态电压稳定性，可建立考虑故障后静态电压稳定性的 M-ROPF 模型。

1. 安全性指标

　　考虑电网 PoC 状态下，静态电压稳定性的无功电压优化问题的安全性指标一般是对 PoC 状态电网的静态电压稳定裕度(负荷裕度)进行刻画。负荷裕度越大，电网的电压稳定性越优。

　　对第 k 个 PoC 状态下电网的负荷裕度 λ_k，作如下定义：

$$\delta(\lambda_k) = \max\left\{\underline{\lambda}_k - \lambda_k,\ 0\right\} \tag{9-86}$$

控制过程中，关心那些故障后电网负荷裕度不满足要求的故障，希望经过无功电压控制，使得这些故障后电网的负荷裕度达到静态电压稳定性的要求，因此对这些故障，即 $\lambda_k < \underline{\lambda}_k$ 的故障，定义 $\delta(\lambda_k)$ 为负荷裕度 λ_k 与负荷裕度下限门槛 $\underline{\lambda}_k$ 的偏差量；而对于故障后负荷裕度满足要求的故障，即 $\lambda_k \geq \underline{\lambda}_k$，定义 $\delta(\lambda_k)$ 为 0。这种定义方法与考虑电网的静态安全性时计算变量越限量的方法类似，因此可认为这样定义的 $\delta(\lambda_k)$ 是电网负荷裕度 λ_k 的越限量。

　　不同的预想故障严重程度不同，当严重程度相差较大时，其给定的故障后负荷裕度安全下限 $\underline{\lambda}_k$ 也会差别较大。因此，对那些不满足故障后电压稳定性要求的故障，仅用 λ_k 与 $\underline{\lambda}_k$ 之间的绝对偏差来衡量其严重程度，或说负荷裕度越限量，将失之偏颇。此时也可采用 λ_k 与 $\underline{\lambda}_k$ 之间的相对偏差来衡量故障后电网负荷裕度的越限量：

$$\delta(\lambda_k) = \max\left\{1 - \frac{\lambda_k}{\underline{\lambda}_k},\ 0\right\} \tag{9-87}$$

类似地，考虑电网静态安全性时安全性指标的计算方式，在统计意义上对所有故障状态下电网的静态电压稳定性进行统一描述时，安全性指标可采用如下的计算方式：

(1) 以单故障负荷裕度越限量的最大值作为当前断面的安全性指标。

(2) 以所有故障负荷裕度越限量的总和作为当前断面的安全性指标。

(3) 其他。

相应地，考虑静态电压稳定的安全性指标可分别由下述公式进行计算：

$$\mathrm{SI} = \mathrm{SI}(\lambda_1,\cdots,\lambda_{N_C}) = \max_k \delta(\lambda_k) \tag{9-88}$$

$$\mathrm{SI} = \mathrm{SI}(\lambda_1,\cdots,\lambda_{N_C}) = \sum_k \delta(\lambda_k) \tag{9-89}$$

故障后负荷裕度越限量 $\delta(\lambda_k)$ 越小，电网的电压稳定性越优，因此所有故障后 $\delta(\lambda_k)$ 的最大值可以用来作为系统总的故障后静态电压稳定性的量度，如式 (9-88)。而式 (9-89) 取所有故障后的负荷裕度越限量的总和作为当前系统的故障后静态电压稳定性指标。预想故障后的静态电压稳定安全性指标越小，电网的安全性越优。

2. M-ROPF 模型

得到考虑预想故障状态电网静态电压稳定性的安全性指标后，结合 10.3.1 节得到的电网经济性指标，综合考虑电网经济性和安全性的无功电压优化模型，同时寻求二者的最优化，建立考虑系统静态电压稳定性的多目标无功电压优化模型，如式 (9-90) 所示：

$$\begin{cases}
\min & \mathrm{EI}(\boldsymbol{u}_0, \boldsymbol{x}_0) & \text{(a)} \\
\min & \mathrm{SI}(\lambda_1,\cdots,\lambda_{N_C}) & \text{(b)} \\
\text{s.t.} & \boldsymbol{g}_0(\boldsymbol{u}_0, \boldsymbol{x}_0) = \boldsymbol{0} & \text{(c)} \\
& \boldsymbol{g}_k'(\lambda_k, \boldsymbol{u}_0, \boldsymbol{x}_k) = \boldsymbol{0} & \text{(d)} \\
& \underline{\boldsymbol{u}} \leqslant \boldsymbol{u}_0 \leqslant \overline{\boldsymbol{u}} & \text{(e)} \\
& \underline{\boldsymbol{x}} \leqslant \boldsymbol{x}_0 \leqslant \overline{\boldsymbol{x}} & \text{(f)} \\
& k = 1,\cdots,N_C &
\end{cases} \tag{9-90}$$

为了与考虑电网静态安全性的多目标无功电压优化模型加以区别，称上述模型为考虑电压稳定的 M-ROPF 模型。该模型中，经济目标 (a) 式追求经济性最优，即经济性指标的最小化；安全目标(b)式追求安全性最优，即电网预想故障后的负荷裕度越限量的综合最小化。式(c)为 PrC 状态的潮流方程等式约束，式(d)为 PoC 状态下考虑节点注入功率变化的潮流方程等式约束；式(e)(f)为 PrC 状态控制变量和状态变量的上下限约束。

式(9-90)与式(9-85)相比，目标函数(a)式相同，都是网损最小的经济性指标；前者的约束条件(c)~(f)与后者的(b)~(e)也相同。但式(9-85)的预想故障后负荷裕度约束(f)式转化为了式(9-90)的安全目标函数(b)，不再要求 PoC 状态电网的负荷裕度必须满足负荷裕度安全下限的要求，转而寻求静态电压稳定指标的最优化，即故障后负荷裕度越限量的综合最小化，从整体上改善电网的静态电压稳定性水平。

与考虑电网静态安全性的 M-ROPF 模型类似，电网在 PrC 状态的状态变量通常可满足运行上下限约束要求，因此电网 B-PrC 状态的系统变量 $(u_0^{\text{Base}}, x_0^{\text{Base}})$ 及其对应的 B-PoC 状态负荷裕度 $(\lambda_1^{\text{Base}}, \cdots, \lambda_{N_C}^{\text{Base}})$ 组合在一起，可满足式(9-90)的安全约束(c)~(f)，由此 $\left(u_0^{\text{Base}}, x_0^{\text{Base}}, \lambda_1^{\text{Base}}, \cdots, \lambda_{N_C}^{\text{Base}}\right)$ 必然是式(9-90)的解。也就是说，考虑电网静态安全性的 M-ROPF 模型必然存在可行解。

3. 静态电压稳定性指标转化

分析考虑电压稳定的 M-ROPF 模型式(9-90)可知，由于在优化计算中引入了故障后静态电压稳定安全约束，即约束条件(d)，使得优化模型的变量维数增加了 $(2n+1) \times N_C$ 个（每个 PoC 状态增加了一组状态变量 x'_k，和一个静态电压稳定指标 λ_k），非线性方程约束个数增加了 $2n \times N_C$ 个，大大增加了模型的复杂度，使得在线应用时求解困难。

电网运行经验表明，电网中关键无功源的无功备用可有效影响关键母线电压的可控水平，进而可以衡量电网的电压稳定水平。2003 年，Bao 等在大量的数据研究基础上，提出以电网中某些无功源的备用水平作为衡量系统电压稳定性的指标，并拟合出了电网无功源的无功备用与电压稳定裕度之间的关系，进而将此研究结论应用到了在线静态电压稳定监视当中。该研究对潮流断面的故障后无功备用和负荷裕度进行计算，记录每个 PoC 状态下各无功源的无功备用，以及通过 PV 曲线计算得到的负荷裕度，形成"负荷裕度—无功备用"数据对。当所研究的电网具有单一的负荷中心时，可以发现，电网的故障后无功备用和故障后负荷裕度之间具有很好的线性关系。但当系统有多个负荷中心时，则无法找到与电网负荷裕度表现出强相关性的单一无功源，此时不能用单一的无功源备用表征所有故障后的电压稳定情况，而需要对所有无功源备用进行加权求和，得到等效的无功备用。算例表明，在合适的权重下，故障后的等效无功备用与负荷裕度之间表现出了很好的线性关系。

对一个确定的预想故障，电网在故障前的无功备用水平决定了该故障发生后系统的无功备用水平。当故障发生时，电网的电压稳定边界将会向内移动，不同的故障对系统的电压稳定性的影响不同，所导致的电压稳定边界的移动幅度也不相同。同时在计算电网的负荷裕度时，所采用的负荷增长方向也会对结果产生影响。虽然电压稳定边界没有公认的形状，但是是局部光滑的，因此负荷增长方向的小扰动对负荷裕度的结果不会有明显的影响，只有在负荷增长方向有较大改变时才会影响负荷裕度的结果。由此该文献对多种不同预想故障下、不同负荷增长方向下电网无功备用和负荷裕度之间的关系进行了研究，在不同故障、不同负荷增长方向下计算负荷裕度，并对得到的大量"负荷裕度—无功备用"数据结果进行学习和拟合。数据分析结果表明，电网 PoC 状态的负荷裕度与 PrC 状态的等效无功备用之间呈近似线性关系。但如果简单地将所有结果通过多元线性回归拟合为一条直线，将有大量数据分布在离拟合直线较远的地方。因此需要将"负荷裕度—无功备用"数据分成几类，每类数据单独进行线性拟合。"负荷裕度—无功备用"特性相近的故障对电压稳定边界的影响是类似的，因此可将这些故障分为一类。为了表征故障 k 对电压稳定边界的影响程度，定义如下指标：

$$PI_k = \frac{\lambda_0 - \lambda_k}{\lambda_0} \tag{9-91}$$

式中，λ_0 为电网在 PrC 状态的负荷裕度，易知 $PI_k \in [0,1]$。可根据 PI_k 的值对故障样本进行分类，PI_k 越大，故障越严重。

在得到电网 PoC 状态负荷裕度与 PrC 状态等效无功备用之间呈近似线性关系的结论后，文献利用人工神经网络(artificial neural networks, ANN)对故障进行分类，继而通过多元线性回归对各类故障拟合公式中的系数进行学习和分析。最终得到第 k 个 PoC 状态下电网的负荷裕度，可由式(9-92)计算：

$$\lambda_k = \sum_{i \in QG} a_{i,k} Q_{r-i} + b_k \qquad k = 1, \cdots, N_C \tag{9-92}$$

式中，QG 为电网中无功源的集合；Q_{r-i} 为第 i 个无功源在 PrC 状态的无功备用；$a_{i,k}(i \in QG)$、b_k 为第 k 个故障所属类别的多元线性回归的拟合系数，$a_{i,k} \geqslant 0$。$a_{i,k}$ 也可看做是第 i 个无功源的无功备用对第 k 个故障后电网负荷裕度的贡献的权重系数。

得到上述回归公式后，对一个新的断面，只需知道电网无功源在 PrC 状态的无功备用，即可通过式(9-92)近似估计电网 PoC 状态的负荷裕度。这种拟合方法的估计误差可以通过负荷裕度估计值和负荷裕度真实值之差的均方根来进行计算：

$$E = \sqrt{\frac{\sum\limits_{k=1}^{N}\left(\lambda_k^* - \lambda_k\right)^2}{N}} \tag{9-93}$$

式中，λ_k^* 为第 k 个 PoC 状态电网负荷裕度的真实值，λ_k 通过式(9-92)计算得到。

案例研究表明，在上述拟合模型中，多数无功源备用的权重系数 $a_{i,k}$ 都为 0 或很小，电网的 PoC 状态负荷裕度主要取决于少数关键无功源的无功备用。由此，在线运行中只需监视少量的关键无功源，这大大减少了在线监视的工作量。与此同时，合理的关键无功源筛选门槛，将使得负荷裕度的估计结果更可信。

将以上的在线故障后负荷裕度预估方法应用于无功电压优化计算，则 9.6.2 节中建立的考虑电压稳定的 M-ROPF 模型式(9-90)中，为了求取电网预想故障后的负荷裕度而加入的考虑节点注入功率变化的潮流方程约束(d)，可以由式(9-92)替代。将其写成用状态变量表示的形式为

$$\begin{aligned}
\lambda_k &= \sum_{i\in\mathrm{QG}} a_{i,k}Q_{r-i} + b_k \\
&= \sum_{i\in\mathrm{QG}} a_{i,k}\left(\bar{Q}_i - Q_{i,0}\right) + b_k \\
&= \left(\sum_{i\in\mathrm{QG}} a_{i,k}\bar{Q}_i + b_k\right) - \sum_{i\in\mathrm{QG}} a_{i,k}Q_{i,0} \\
&= b_k' - \sum_{i\in\mathrm{QG}} a_{i,k}Q_{i,0}
\end{aligned} \tag{9-94}$$

式中，$\bar{Q}_i$ 为无功源 i 的无功上限，且

$$b_k' = \sum_{i\in\mathrm{QG}} a_{i,k}\bar{Q}_i + b_k \tag{9-95}$$

当 $i\notin\mathrm{QG}$ 时，令 $a_{i,k}=0$，$\boldsymbol{a}_k$ 是 $a_{i,k}$ 组成的列向量，则

$$\lambda_k = b_k' - \boldsymbol{a}_k^{\mathrm{T}}\boldsymbol{x}_0 \tag{9-96}$$

由此，式(9-90)的优化模型可转化为如下形式：

$$\begin{cases}
\min & \mathrm{EI}(\boldsymbol{u}_0,\boldsymbol{x}_0) & \text{(a)} \\
\min & \mathrm{SI}(\lambda_1,\cdots,\lambda_{N_\mathrm{C}}) & \text{(b)} \\
\text{s.t.} & \boldsymbol{g}_0\left(\boldsymbol{u}_0,\boldsymbol{x}_0\right) = \boldsymbol{0} & \text{(c)} \\
& \lambda_k = b_k' - \boldsymbol{a}_k^{\mathrm{T}}\boldsymbol{x}_0 & \text{(d)} \\
& \underline{\boldsymbol{u}} \leqslant \boldsymbol{u}_0 \leqslant \overline{\boldsymbol{u}} & \text{(e)} \\
& \underline{\boldsymbol{x}} \leqslant \boldsymbol{x}_0 \leqslant \overline{\boldsymbol{x}} & \text{(f)} \\
& k = 1,...,N_\mathrm{C}
\end{cases} \tag{9-97}$$

比较式(9-90)和式(9-97)可知，经过转化的优化模型不再需要引入变量 $\pmb{x}_k$，从而大大减小了优化模型的变量维度，同时复杂的考虑节点注入功率变化的潮流方程约束(d)也转化成了简单的线性约束形式，且其中只涉及状态变量 $\pmb{x}_0$ 中一部分与无功相关的变量，大大降低了优化模型的复杂程度。

9.6.3　基于合作博弈理论的模型求解

1. 博弈模型

基于博弈理论求解考虑电压稳定的 M-ROPF 模型式(9-97)，与 9.4 节提出的求解考虑静态安全性的 M-ROPF 模型的方法思路类似，将两个优化目标 $\mathrm{EI}(\pmb{u}_0,\pmb{x}_0)$ 和 $\mathrm{SI}(\lambda_1,\cdots,\lambda_{N_C})$ 作为博弈的两个博弈方，依然分别称为经济方和安全方，并将经济指标和考虑静态电压稳定性的安全指标的值作为双方的支付函数。由于问题中各变量之间的强相关性，仍然不能单纯地将影响各方支付函数的变量指定为各方的决策变量，而需要将变量约束范围作为安全方的决策变量。在此模型中，安全方主要对无功相关变量的安全约束范围$(\underline{\pmb{x}},\overline{\pmb{x}})$进行决策，当经济方在该决策所限定的范围内进行本方决策时，将使得决策结果的故障后负荷裕度有所增加，电网安全性有所提高。经济方的决策变量依然是 PrC 状态的控制变量 $\pmb{u}_0$，$\pmb{u}_0$ 确定后，各状态变量的值也即确定。因此经济方的策略空间为 $\{\pmb{u}_0\}$，而安全方的策略空间为 $\{\underline{\pmb{x}},\ \overline{\pmb{x}}\}$。由此，基于博弈理论求解考虑电压稳定的 M-ROPF 问题，可由如下博弈模型进行描述(张明晔等, 2013; Guo et al, 2013)：

$$G = \left[\begin{array}{l} \{\text{经济方，安全方}\}, \\ \{\{\pmb{u}_0\},\{\underline{\pmb{x}},\ \overline{\pmb{x}}\}\}, \\ \{\mathrm{EI}(\pmb{u}_0,\pmb{x}_0),\mathrm{SI}(\lambda_1,\cdots,\lambda_{N_C})\} \end{array} \right] \tag{9-98}$$

博弈双方进行博弈策略的决策时，分别求解一个以本方支付函数最小化为目标的优化模型，它们的具体形式如下：

经济方问题

$$\begin{cases} \min & \mathrm{EI}(\pmb{u}_0,\pmb{x}_0) \\ \mathrm{s.t.} & \pmb{g}_0(\pmb{u}_0,\pmb{x}_0) = \pmb{0} \\ & \underline{\pmb{u}} \leqslant \pmb{u}_0 \leqslant \overline{\pmb{u}} \\ & \underline{\pmb{x}} \leqslant \pmb{x}_0 \leqslant \overline{\pmb{x}} \end{cases} \tag{9-99}$$

安全方问题

$$\begin{cases} \min & \mathrm{SI}(\lambda_1, \cdots, \lambda_{N_C}) \\ \mathrm{s.t.} & \lambda_k = \mathcal{H}_k(\underline{x}, \overline{x}) \\ & k = 1, \ldots, N_C \end{cases} \qquad (9\text{-}100)$$

　　与考虑静态安全性的 M-ROPF 问题的博弈模型类似，这两个优化问题根据其目标函数的含义仍然分别称为 EI 问题和 SI 问题。EI 问题与考虑静态安全性的 M-ROPF 问题的博弈模型中的 EI 问题相同，是一个传统的无功 OPF 问题，且采用安全方给出的状态变量约束决策，该问题最优解中的控制变量 u_0 为经济方的博弈决策。SI 问题中，隐函数 $\mathcal{H}_k$ 表征了状态变量限值 $\underline{x}$、$\overline{x}$ 和第 k 个 PoC 状态的负荷裕度 λ_k 之间的关系。状态变量限值对 PoC 状态负荷裕度的影响是通过影响 OPF 模型的寻优范围、进而影响其最优解、影响最优解对应的 PoC 状态负荷裕度来实现的，因此这一关系之间隐含了经济方的决策结果。安全方在经济方决策的基础上，以 SI 指标最小化为目标对 $\underline{x}$、$\overline{x}$ 进行决策。SI 问题的求解方法将在下一节中进行介绍。

　　经过分析可知，考虑静态电压稳定性的 M-ROPF 问题的博弈模型属于一种 NTU Games，且属于其中的谈判博弈。分析过程与考虑静态安全性的 M-ROPF 问题类似，此处不再赘述。该问题的 Nash 谈判解相应的优化问题与式(9-25)形式相同。

　　博弈模型中经济方的决策方法，与 9.4.1 节中求解考虑静态安全性的 M-ROPF 模型时相同，此处不再赘述。下面将对博弈模型中安全方博弈策略的决策方法进行研究。

2. 安全方博弈决策

　　安全方 SI 问题的优化目标为使 SI 指标最小化。由定义知，SI 指标最小为 0，即任意 PoC 状态电网的负荷裕度都不小于安全运行所要求的下限门槛。安全方给出的决策应使其利益最大化，即 SI 指标尽量达到 0。

　　在第 t 个博弈周期，由经济方给出的无功源无功出力决策值，可以得到各无功源的无功备用值，进而由式(9-92)可以得到第 k 个 PoC 状态下电网负荷裕度的估计值 $\lambda_k^{(t)}$。若其不满足下限门槛的要求，则由式(9-86)可得其与下限门槛的偏差量，或称负荷裕度越限量 $\delta(\lambda_k^{(t)})$，简记为 $\delta_k^{(t)}$。为了使负荷裕度满足下限要求，下一个博弈周期该 PoC 状态电网的负荷裕度应满足

$$\lambda_k^{(t+1)} \geqslant \lambda_k^{(t)} + \delta_k^{(t)} \qquad \left(\delta_k^{(t)} \neq 0\right) \qquad (9\text{-}101)$$

即对在第 t 个博弈周期越限量为 $\delta_k^{(t)}$ 的故障后负荷裕度，SI 问题希望经过博弈后，在第 $t+1$ 个博弈周期，该负荷裕度的结果 $\lambda_k^{(t+1)}$ 能够比前一个博弈周期的结果 $\lambda_k^{(t)}$ 至少增加 $\delta_k^{(t)}$，以达到静态电压稳定性要求。将式(9-101)表达为增量形式，有

$$\Delta\lambda_k^{(t+1)}=\lambda_k^{(t+1)}-\lambda_k^{(t)} \geqslant \delta_k^{(t)} \qquad \left(\delta_k^{(t)}\neq 0\right) \tag{9-102}$$

由式(9-94)可以得到，电网 PrC 状态无功源无功出力增量与 PoC 状态负荷裕度增量之间的关系：

$$\Delta\lambda_k = -\sum_{i\in QG} a_{i,k}\Delta Q_{i,0} \tag{9-103}$$

因此下一个博弈周期经济方对无功源无功出力的决策结果应满足

$$-\sum_{i\in QG} a_{i,k}\Delta Q_{i,0}^{(t+1)} \geqslant \delta_k^{(t)} \qquad \left(\delta_k^{(t)}\neq 0\right) \tag{9-104}$$

由无功电压优化控制计算经验和电网的实际物理规律可知，当所研究的电网具有单一的负荷中心时，电网的故障后负荷裕度往往与某个无功源的无功备用强相关，或与某一簇相近的无功源的无功备用强相关，通常这一簇无功源在拓扑关系上可以等效为一个无功源。但当电网有多个负荷中心时，电网负荷裕度往往与多个无功源的无功备用相关，其中，找不到一个强相关的无功源。下面分别针对这两种情况讨论无功源的无功出力的决策方法。

1) 负荷裕度与单一无功源无功备用强相关

不失一般性，设第 k 个 PoC 状态下电网负荷裕度与第 1 个无功源的无功备用强相关，即当 $i=1$ 时，$a_{i,k}\neq 0$，而 $i\neq 1$ 时，$a_{i,k}=0$。则由式(9-104)可得

$$-a_{1,k}\Delta Q_{1,0}^{(t+1)} \geqslant \delta_k^{(t)} \qquad \left(\delta_k^{(t)}\neq 0\right) \tag{9-105}$$

则在第 $t+1$ 个博弈周期第 1 个无功源的无功出力应满足

$$\begin{cases} a_{1,k}>0 \ \text{时} & -\Delta Q_{1,0}^{(t+1)} \geqslant \delta_k^{(t)}/a_{1,k} \\ a_{1,k}<0 \ \text{时} & -\Delta Q_{1,0}^{(t+1)} \leqslant \delta_k^{(t)}/a_{1,k} \end{cases} \qquad \left(\delta_k^{(t)}\neq 0\right) \tag{9-106}$$

定义

$$\gamma_{1,k} = \frac{1}{a_{1,k}} \tag{9-107}$$

为无功源出力变化分配系数，则式(9-106)可写为

$$\begin{cases} a_{1,k} > 0 \ \text{时} & -\Delta Q_{1,0}^{(t+1)} \geqslant \gamma_{1,k} \delta_k^{(t)} \\ a_{1,k} < 0 \ \text{时} & -\Delta Q_{1,0}^{(t+1)} \leqslant \gamma_{1,k} \delta_k^{(t)} \end{cases} \quad \left(\delta_k^{(t)} \neq 0 \right) \tag{9-108}$$

2) 负荷裕度与多个无功源无功备用相关

设第 k 个 PoC 状态下电网的负荷裕度与 l 个无功源的无功备用相关，不失一般性，设这些无功源的编号为 $1,2,\cdots,l$。则由式(9-104)可得

$$-\left(a_{1,k}\Delta Q_{1,0}^{(t+1)} + a_{2,k}\Delta Q_{2,0}^{(t+1)} + \cdots + a_{l,k}\Delta Q_{l,0}^{(t+1)} \right) \geqslant \delta_k^{(t)} \quad \left(\delta_k^{(t)} \neq 0 \right) \tag{9-109}$$

l 个无功源无功出力的变化，共同影响 PoC 状态电网的负荷裕度，因此使负荷裕度增加到期望值所需的无功备用的增加量，即无功源无功出力的改变量，需要由这些无功源共同承担。将所需无功改变量合理地分配到各相关无功源，本书提出如下的分配方式。

$a_{i,k}$ 可看作是第 i 个无功源的无功备用对第 k 个 PoC 状态下电网负荷裕度贡献的权重系数，$|a_{i,k}|$ 越大，第 i 个无功源的无功备用的变化对第 k 个 PoC 状态下电网负荷裕度的改善越显著。因此，在进行无功改变量的分配时，可以让权重系数大的无功源承担更多的改变量，这样更利于负荷裕度的增加，用整体上更少的无功出力的改变换取更多的负荷裕度的增加。此时各无功源无功出力变化的分配系数为

$$\gamma_{i,k} = \frac{a_{i,k}}{a_{1,k}^2 + a_{2,k}^2 + \cdots + a_{l,k}^2} = \frac{a_{i,k}}{\sum\limits_{i=1}^{l} a_{i,k}^2} \quad (i = 1, \cdots, l) \tag{9-110}$$

则在第 $t+1$ 个博弈周期第 i 个无功源的无功出力应满足

$$\begin{cases} a_{i,k} > 0 \ \text{时} & -\Delta Q_{i,0}^{(t+1)} \geqslant \gamma_{i,k} \delta_k^{(t)} \\ a_{i,k} < 0 \ \text{时} & -\Delta Q_{i,0}^{(t+1)} \leqslant \gamma_{i,k} \delta_k^{(t)} \end{cases} \quad \left(\delta_k^{(t)} \neq 0 \right) \tag{9-111}$$

以上对单一的故障后负荷裕度不满足下限要求的预想故障，给出了与负荷裕度变化相关的无功源无功出力的决策方法。式(9-108)、式(9-111)得到了统一的

形式，只是无功源出力变化分配系数的定义方式不同。对与第 k 个 PoC 状态下电网的负荷裕度无关的无功源，定义其分配系数 $\gamma_{i,k}=0$。则考虑全部 N_{C} 个预想故障，对每个无功源，可取各故障所要求的无功出力的最大调整量作为最终的安全决策：

$$
\begin{cases}
-\Delta Q_{i,0}^{(t+1)} \geqslant \max\limits_{k,a_{i,k}>0}\left\{\gamma_{i,k}\delta_k^{(t)}\right\} \\
-\Delta Q_{i,0}^{(t+1)} \leqslant -\max\limits_{k,a_{i,k}<0}\left\{-\gamma_{i,k}\delta_k^{(t)}\right\}
\end{cases}
\left(\delta_k^{(t)}\neq 0\right) \tag{9-112}
$$

记

$$
\begin{cases}
\max\limits_{k,a_{i,k}>0}\left\{\gamma_{i,k}\delta_k^{(t)}\right\}=\bar{\sigma}_i^{(t)} \\
\max\limits_{k,a_{i,k}<0}\left\{-\gamma_{i,k}\delta_k^{(t)}\right\}=\underline{\sigma}_i^{(t)}
\end{cases}
\tag{9-113}
$$

则考虑电网故障后的电压稳定性时，安全方返回给经济方的决策应满足

$$
\begin{cases}
Q_{i,0}^{(t+1)} \leqslant Q_{i,0}^{(t)}-\bar{\sigma}_i^{(t)} & \left(\bar{\sigma}_i^{(t)}\neq 0\right) \\
Q_{i,0}^{(t+1)} \geqslant Q_{i,0}^{(t)}+\underline{\sigma}_i^{(t)} & \left(\underline{\sigma}_i^{(t)}\neq 0\right)
\end{cases}
\tag{9-114}
$$

安全方决策策略应在保证安全性的前提下，给经济方决策提供尽量大的可行域，因此式 (9-114) 取等号作为安全方的最终决策策略。由此第 t 个博弈周期安全方给出的无功源无功出力上限决策为

$$
\begin{cases}
\bar{Q}_i^{(t+1)} = Q_{i,0}^{(t)}-\bar{\sigma}_i^{(t)} & \left(\bar{\sigma}_i^{(t)}\neq 0\right) \\
\bar{Q}_i^{(t+1)} = \bar{Q}_i^{(t)} & \left(\bar{\sigma}_i^{(t)}=0\right)
\end{cases}
\tag{9-115}
$$

无功出力下限决策为

$$
\begin{cases}
\underline{Q}_i^{(t+1)} = Q_{i,0}^{(t)}+\underline{\sigma}_i^{(t)} & \left(\underline{\sigma}_i^{(t)}\neq 0\right) \\
\underline{Q}_i^{(t+1)} = \underline{Q}_i^{(t)} & \left(\underline{\sigma}_i^{(t)}=0\right)
\end{cases}
\tag{9-116}
$$

当同一个无功源的无功出力上下限之间相冲突时，应对上下限进行合理协调。求得无功安全域决策后，将该决策返回给经济方，在下一个博弈周期，经济方在进行博弈决策时将会考虑这一安全决策。上述无功安全域的决策方法使得在采用式 (9-86) 或式 (9-87) 计算负荷裕度越限量，并采用式 (9-88) 或式 (9-89) 中任一种定

义下计算出的 SI 指标都会变优，因此式(9-115)和式(9-116)给出的是考虑电网故障后的电压稳定性时安全方的强校正决策。当安全方给出的安全域决策过于严格，使经济方在此安全域内找不到可行解时，安全方应重新确定安全域决策，最终通过经济方和安全方的理性协商得到博弈的均衡解。

3. 合作博弈流程

基于博弈论求解考虑静态电压稳定性的 M-ROPF 模型的流程，与考虑静态安全性时类似。除经济方和安全方外，仍需要一个协调层组织博弈流程的进行。博弈流程开始，协调层将电网基态断面信息和系统变量的安全约束发送给经济方，经济方通过求解式(9-36)得到经济决策，并将状态变量的决策结果返回给协调层，协调层在此基础上对预想故障进行扫描，利用连续潮流法计算电网在故障后的负荷裕度。当在线控制计算时需要快速得到结果，或对负荷裕度计算的精确性要求不高时，也可根据式(9-94)对故障后的负荷裕度进行估计。协调层判断得到的负荷裕度结果是否满足下限要求，或满足博弈的收敛判据，或达到博弈次数的限制，若有任一项满足，则得到博弈结果；若均不满足，协调层将负荷裕度没有达到下限要求的预想故障及故障后的负荷裕度信息发送给安全方。安全方通过式(9-115)给出无功源无功出力的上限决策，以使下一个博弈周期经济方决策结果故障后负荷裕度增加，达到下限要求。协调层获取这一决策，更新安全约束数据，并将更新后的安全约束再次发送给经济方，启动新的博弈周期。重复上述过程，直到博弈结束。

故障后负荷裕度与故障前无功备用之间的单调关系，且安全方给出的安全决策只会减小无功出力上限约束，因此新的博弈周期得到的结果中，无功出力将减小，故障后负荷裕度将增加。这样在一个博弈周期已经满足负荷裕度下限要求的故障，其负荷裕度在下一个博弈周期依然还会满足下限要求，因此在下一个博弈周期不需再监视此故障后系统的静态电压稳定性，可以将其从起作用故障集中排除，以在不影响最终结果的前提下减少故障后负荷裕度的计算量和计算耗时。即在第 $t+1$ 个博弈周期，起作用故障集(经过严重故障筛选得到的故障组成的故障集称为起作用故障集，记为 C_{act}^{T})的设置为

$$C_{act}^{T\,(t+1)} = C_{act}^{T\,(t)} \setminus \left\{ k \mid \lambda_k^{(t)} \geq \underline{\lambda}_k \right\} \tag{9-117}$$

考虑静态电压稳定性的 M-ROPF 问题的合作博弈求解流程图，如图 9-20 所示。

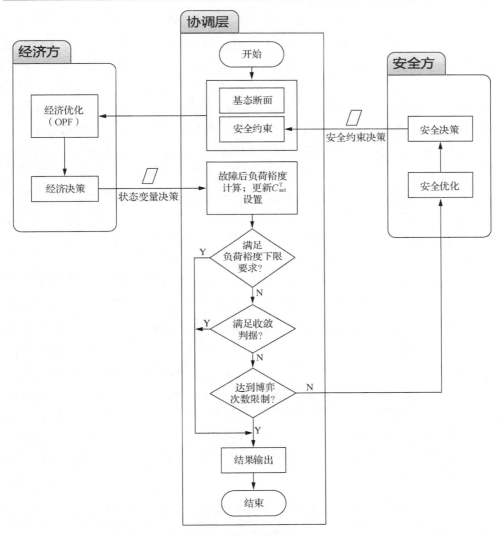

图 9-20　考虑静态电压稳定性时合作博弈求解无功电压优化模型流程图

9.6.4　算例分析

以 IEEE39 节点系统为例。IEEE39 节点系统结构图、预想故障设置及基态潮流信息如附录所示。考虑在所设置的 34 个预想故障下系统的静态电压稳定性，要求无功电压优化的结果在各故障后的负荷裕度满足负荷裕度下限的要求，各故障后负荷裕度下限设置见表 A-3。

采用合作博弈理论对该问题进行求解，由安全方决策式 (9-115) 可知，欲得到无功源无功出力上限决策，需先获得故障后负荷裕度变化量与无功源无功出力变化量之间的关系系数，即式(9-94)中的系数 $a_{i,k}$。本书利用人工神经网络—多元线性回归软件包，自动发现这一系数。首先在电网基态断面的基础上，采用蒙特卡洛方法，得到电网负荷和发电机出力在一定范围的临域内随机变化的潮流仿真样本，并进行无功电压优化计算，得到 OPF 仿真样本，继而利用连续潮流法，得到 OPF 样本在各故障后负荷裕度(本算例用连续潮流法计算电网负荷裕度的过程中，采用一种负荷和发电功率同步增长的方式，来考虑节点注入功率的变化)，从而得到海量的 PrC 状态发电机无功备用和各 PoC 状态负荷裕度的成组数据，每组数据可记为 $(\boldsymbol{\lambda}, \boldsymbol{Q}_{r-0})$，其中，$\boldsymbol{\lambda}$ 为各 PoC 状态负荷裕度的列向量，$\boldsymbol{Q}_{r-0}$ 为 PrC 状态发电机无功备用的列向量。然后，通过人工神经网络，对这些数据按故障后裕度下降程度进行分类，继而利用多元线性回归模型，对每类数据进行多元线性回归计算，得到 PoC 状态负荷裕度与 PrC 状态发电机无功备用之间的线性关系。

由于不关心式(9-94)中的系数 b'_k，且需要得到的是负荷裕度变化量与无功出力变化量之间的关系，而非与无功备用变化量之间的关系，本书在进行知识发现时，采用的样本点为 $\left(\boldsymbol{\lambda} - \boldsymbol{\lambda}^{\text{Base}}, -(\boldsymbol{Q}_0 - \boldsymbol{Q}_0^{\text{Base}})\right)$，其中，$\boldsymbol{Q}_0$ 为 PrC 状态发电机无功出力的列向量。人工神经网络对这些数据进行分类，并利用多元线性回归模型得到系数 $a_{i,k}$。知识发现的结果见表 9-14。在本算例中，与其他发电机相比，各故障后负荷裕度的变化都与 3 号发电机的无功出力变化强相关。在知识发现过程中，当训练精度达到95%以上时即停止训练，结果只考虑 3 号发电机的无功出力时，训练精度就可达到 95%，因此知识发现只得到了 $a_{3,k}$ 的值。对其他发电机，虽然相应的系数在结果中没有出现，但并不代表这些系数对应的发电机无功出力对负荷裕度的变化没有影响。所有的故障可分为 4 类，各类故障对应的线性回归拟合系数如表 9-14 所示。

表 9-14　发电机无功备用和负荷裕度之间关系的知识发现结果

类别编号	包含故障编号	$a_{3,k}$
1	2、18	0.0192
2	6、11、16、32、33	0.0374
3	1、5、7、8、9、12、13、17、19、20、21、22、23、27、29、30、31	0.0717
4	3、4、10、14、15、24、25、26、28、34	0.0904

得到上述结果后，即可进行基于合作博弈理论的无功电压优化模型求解。初始的起作用故障集设置为包含表 A-3 的所有 34 个预想故障。经济性指标，即系统有功网损，采用式(9-10)计算；考虑静态电压稳定的安全性指标采用式(9-89)计

算，其中负荷裕度越限量取式(9-86)计算。安全方决策过程中无功源出力变化分配系数取式(9-111)计算。博弈过程经过 4 个周期得到满足静态电压稳定要求的收敛结果。电网在基态断面和各博弈周期中 3 号发电机的无功出力、故障后负荷裕度越限、经济性指标、安全性指标等信息如表 9-15 所示。

表 9-15 考虑静态电压稳定的无功电压优化结果

博弈周期	3 号发电机无功出力/Mvar	负荷裕度越限的故障个数	负荷裕度最大越限量/MW	经济指标 EI	安全指标 SI	博弈结束
0 (基态)	280.4	21	57.2	28.81	594.9	—
1	270.6	8	14.6	28.10	76.6	否
2	107.0	1	0.5	28.53	0.5	否
3	93.0	1	0.1	28.60	0.1	否
4	90.6	0	0.0	28.62	0.0	是

在第 1 个博弈周期，采用初始安全约束的经济方决策，即已经使故障后负荷裕度越限的故障个数从基态的 21 个降为了 8 个,安全指标好转为基态的 13%左右。为了使这 8 个故障后的负荷裕度也达到下限的要求，安全方给出了 3 号发电机无功出力从 270.6Mvar 下降到 107.0Mvar 的决策。经济方采用这一决策，在第 2 个博弈周期给出的经济决策使得负荷裕度越限的故障降为 1 个，且越限量只有 0.5MW。为了将这一越限消除，安全方再次给出安全决策，博弈流程继续，直至第 4 个博弈周期经济方的决策结果在故障后的负荷裕度完全满足下限要求，博弈流程结束。博弈过程中 3 号发电机无功出力和电网经济指标、安全指标的变化对比如图 9-21 所示。

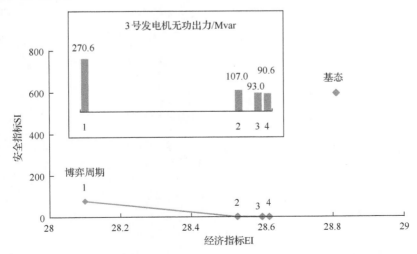

图 9-21 各博弈周期发电机无功出力、系统经济指标、安全指标对比

通过博弈求解，最终得到了在经济性和安全性两方面都优于基态断面的无功电压优化结果。与基态相比，优化结果在各 PoC 状态的负荷裕度最大增加 61.7MW，所有 PoC 状态的负荷裕度平均增加了 54.7MW。在基态潮流、第 1 个博弈周期的经济方决策（即 OPF 优化解）、第 4 个博弈周期的经济方决策（即博弈优化结果）下，各 PoC 状态电网负荷裕度的对比，如图 9-22 所示。

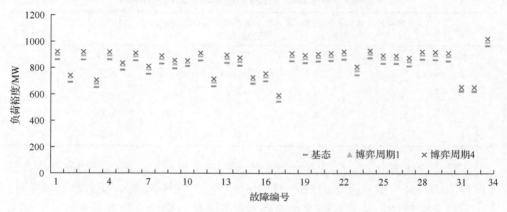

图 9-22　各故障后系统负荷裕度对比

由本算例结果可见，基于合作博弈理论求解考虑静态电压稳定性的 M-ROPF 问题，可以有效地提高系统在故障后的负荷裕度，并在保证负荷裕度水平的基础上寻求电网有功网损的最小化，最终得到安全性优先的经济安全协调优化结果。

第10章 支撑大规模风电汇集接入的自律协同电压控制

10.1 概　　述

10.1.1 背景与技术挑战

大规模风电并网给电网运行调度带来了极大的挑战。由于其出力的间歇性，大规模风电接入电网后的有功调度问题受到了极大关注，相关研究覆盖功率预测、消纳方法、日前计划、日内调度、实时调度等多个层面。但在无功电压运行方面未引起足够的重视，一般认为与传统问题差别不大，只要配备充足的无功支撑即可。2011年初，西北、华北等地先后发生了数次波及几百台风电机组的连锁脱网事故，对电网运行产生了重大影响。后续调查分析表明，电压是这一系列事故的重要诱因之一，大规模风电汇集区域的无功电压运行问题开始引起业界和学术界的广泛关注。近年来，在考虑风电接入的 AVC 方面也已经开展了大量研究，在稳定机理分析、控制模式设计、场站级自动控制策略、汇集区域控制策略等方面都取得了初步成果。

目前"三北"地区等面临电压运行难题的风电基地有一个共同特点，即其接入模式属于典型的"大规模风电汇集馈入电网薄弱环节"（郭庆来等，2015; Guo et al., 2015）。以张北风电基地为例，风电装机容量已超过4000MW，主要从沽源、万全汇集至主网并借助内蒙古外送通道送入京津唐电网消纳，其中沽源站所接220kV系统为无任何常规电源和负荷的纯风电汇集网络，近20个风电场集中通过一条220kV线路连接到主网，风电大发时该线路传输功率达到900MW，接近其自然功率 4 倍。由于本区域的短路容量过小，因此电压对无功注入的灵敏度很高，风电大发时投入一组 10Mvar 的电容器可能导致 220kV 母线电压增加10kV 以上。

"大规模风电""汇集馈入""电网薄弱环节"这几个关键词恰好说明了该问题的难点所在。首先，风电自身的间歇性决定了该区域功率注入的波动大，而且不像传统负荷那样有较强规律性；而汇集馈入决定了注入总量高，对电网影响大，同时也意味着多风电场之间耦合性强，单个风电场的功率变化或者控制行为都将扩散到其他临近风电场；最后，局部电网的薄弱性导致汇集区域内一旦有任何故障容易产生较大影响，风电功率的变化(无论是正常波动还是异常脱网)将进一步导致电压的激增或骤降。这几个元素耦合在一起，使得风电汇集区域的电压运行成为重大挑战，从现象上主要表现为电压波动和连锁脱网(徐峰达等，2014；郭庆来等，2015；Guo et al., 2015)。

风电场电压波动主要由风电机组间歇性出力引起，集中表现形式包括：风电突然大发时电压的明显跌落；风电出力减小时电压的明显爬升；风电出力波动时导致的电压乱舞。风电场电压波动有三个显著特点：一是波动幅度大，从国内主要风电基地的运行统计看，风电场的电压波动普遍高于传统电厂和变电站，很多风电场甚至无法满足全天电压波动小于5%的导则要求；二是波动速度快，在实施AVC之前，张北风电基地典型风电场曾观测到220kV母线在10s内电压平均波动超过6kV，最严重情况下2s内电压波动就超过5kV；三是波动无规律，传统变电站侧电压变化与负荷变化规律相符，日内具有较明显趋势，而风电场电压波动主要取决于风功率变化，时间分布上无明显规律可循。而多风电场的连锁脱网问题更是对电网稳定运行产生了显著影响。利用相量测量单元历史数据分析发现，整个连锁脱网过程一般在0.5~3s内就已经完成(徐峰达等，2014)。

连锁脱网一般都发生在大风时段，各风电场大多满负载或者近满负载运行，初始条件时电压偏低，因此，各风电场及就近汇集站大多选择人工投入电容器等静态无功补偿装置。在故障瞬间造成的电压跌落，导致了第一个风电场的脱网，脱网后，传输线轻载，加上两端的电容没有及时切除，产生了"容升"效应，导致电压骤升，其他风电场由于风电机组高压保护动作而继续脱网，整个区域的电压也随着脱网风电场的增加而持续骤升，在1s左右的时间里，电压变化可能达到了20~40kV。从目前的技术手段来看，一旦连锁脱网过程启动，利用紧急控制，在几百毫秒内予以抑制将非常困难，因此如何能未雨绸缪，在扰动发生前实现预警和预防控制将变得至关重要。

AVC技术无疑是应对上述运行挑战的重要手段之一，但面对大规模风电汇集馈入电网薄弱环节的全新场景，传统AVC技术存在明显不足，需要结合风电汇集区域自身特点展开新的研究，主要表现在如下方面。

首先，风电场本质上是一个方圆十几千米甚至几十千米的网络，利用35kV长馈线将大量风电机组连接在一起。由于馈线阻抗参数较大，在风电大发时，馈线上的电压降落不能忽略，实测表明，重载时汇集点(馈线根节点)和馈线末端节点电压甚至可能相差约5%。而传统电压控制主要关注风电汇集站的并网点电压，这就意味着，即使这个点的电压在正常运行范围之内，馈线末端的风电机组并网点电压也完全有可能已经超出[0.9, 1.1]的允许区间，从而导致低压或高压保护动作而脱网。因此，作为一个风电场电压控制子站，要比传统水火电厂AVC子站复杂，是一个考虑集电网络参数、馈线潮流分布和所有风电机组低压并网点电压约束的网络控制问题。

其次，风电汇集区域的可用控制手段也比传统电压控制复杂得多。每个风电场内部包括了数十台乃至上百台风电机组、若干台离散投切的电容电抗器；为了防止连锁脱网，新的并网准则要求风电场也必须配备一定容量的快速动态无功补偿设备。而一个汇集区域可能包括数十个这样的风电场，其可控设备数量可想而知，传统电网中，从未在一个电气耦合相对紧密的地区具备如此多时间常数各异、控制目标各异、控制响应各异的可控对象，如何在多时空尺度上实现多目标协调配合是一个难题。如果不能有效协调，极可能出现宝贵的动态无功能力在稳态电压调节时就耗尽，而当事故发生时缺少动态无功支撑的情况，这将极大地浪费设备投资，也为电网运行带来隐忧。

最后，多风电场之间以及风电场和传统厂站间的协调也必须得到重视。如前文所述，风电场和就近汇集站的不合理电容投切往往是风电场连锁脱网事故蔓延的重要诱因，如果各个风电场、电厂、变电站只是各自为政，将增加风电汇集区域的运行风险。同时，风电的可靠送出也必须保证传输通道的电压水平。因此，必须协调多风电场、多电压等级的控制策略，在兼顾风电传输通道电压安全的前提下降低多风电场连锁脱网风险。

10.1.2 自律协同控制架构

为应对上述技术挑战，传统 AVC 理论需要进一步深化和发展，为此提出了支撑大规模风电集中接入的自律协同电压控制架构，如图 10-1 所示。

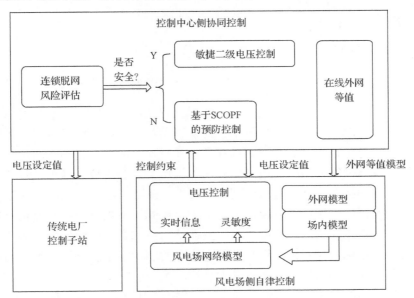

图 10-1 自律协同电压控制架构

国内风电场目前采用两级式 AVC 控制体系,以应对风电区域的电压问题,如图 10-2 所示,为两级式 AVC 协调控制图。风电场 AVC 采用基于双向互动的"电网控制中心+风电场"的两层分布式敏捷协调控制模式。风电场 AVC 子站需要完成电网控制中心处 AVC 主站下发的风电场并网点(point of connection,POC),电压的控制目标,同时统计并上传风电场本地总无功向上、向下可调裕度等信息,供 AVC 主站综合协调该区域内所有风电场、传统水火电厂和变电站,以实现大规模风电接入区域的电压安全优化控制。

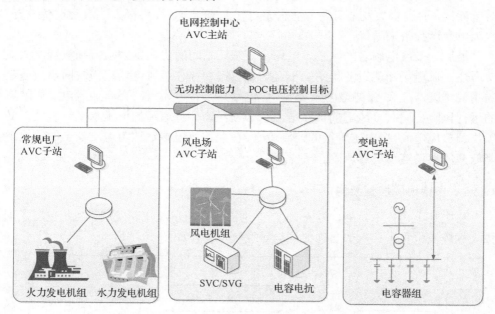

图 10-2　两级式 AVC 协调控制图

风电场侧自律控制的核心任务,是协调场内的各种无功电压调节设备(风电机组、电容电抗器、SVG 等),与传统电厂控制子站类似,风电场子站也将接收并追随主站下发的电压设定值(一般针对高压侧并网母线),但与之不同的是,上述控制必须满足集电网络内所有风电机组并网点电压合格的约束,这也是保证风电机组不发生脱网的必要条件。为了达到这个目标,就要求在风电场侧自律控制中考虑本风电场的详细网络模型参数,在此基础上得到风电机组等控制设备无功功率与场内各节点电压之间的灵敏度关系,从而统一纳入本地控制模型。这个灵敏度不仅取决于风电场自身网络,还与外部电网参数和运行状态息息相关,因此需要在场内控制中加入外网等值模型,考虑到这一模型的时变性,控制中心侧主站将进行在线外网等值,并将相应等值模型定时发布给汇集区域内所有风电场子站。

风电场内部模型非常复杂,在控制中心侧,不可能将所有风电场详细模型都考虑在内，也无法获知风电场内每个控制设备的细节状态。因此，在控制中心侧只建立每个风电场的集群等值模型，每个风电场将统计自身所有控制设备的可调能力，汇总后上传控制中心主站系统，作为上级协同优化计算的约束条件。在控制中心侧，将评估当前汇集区域的连锁脱网风险，如果风险在允许范围内，将转入敏捷二级电压控制，这里的敏捷性，主要体现在控制周期不再是类似于传统电压控制中的固定间隔，而是跟随风电波动速度自适应变化，从而快速响应波动性；如果评估结果为风险偏高，则转入基于 SCOPF 的预防控制流程，保证风电场运行在正常且安全的状态。

10.2　风电场 AVC 子站侧自律控制

10.2.1　概述

风电场级自律控制的核心思想，是利用本地控制提高电压控制的敏捷性和快速性，以抑制风电间歇出力引发的电压波动，提高风电场并网友好性。自律控制存在 3 个目标，优先级从高到低排列为：①满足场内集电网络各风电机组并网节点电压运行约束，保证风电机组不脱网；②保证追随场内高压侧母线电压的设定曲线（由控制中心侧周期刷新），其偏差应控制在死区范围之内；③稳态时保证快速动态无功储备最大化，将动态无功保留在最为关键的时刻。

如前所述，为计及风电场集电网络电压分布，保证所有风电机组并网点电压合格，需要建立覆盖风电机组、箱式变压器和馈线网络在内的精细化网络模型。在此模型基础上可实现潮流计算，完成灵敏度分析，从而为后续电压控制提供基础数据。从技术体系上看，风电场自律电压控制可以看作风电场分布式 EMS 的重要组成部分。

传统水火电厂 AVC 子站的核心功能，基本上是一种基于单时间断面的反馈控制，即根据此时此刻采集到的电网状态计算控制策略并执行，并不考虑未来电网变化趋势和控制执行的动态过程。而对于风电场，一方面其受到风电出力特性影响，电压自身波动较大，另一方面，需要协调控制时间常数迥异的多种无功调节设备，因此，单纯基于一个时间断面进行反馈控制难以满足要求。为此，在自律控制中采用了模型预测控制（model predictive control，MPC）思想，不再简单基于当前断面进行决策，而是通过引入预测信息，在未来一个时间窗内进行决策，其目标函数是该时间窗内的整体动态性能最优。此处的模型预测体现在不仅考虑了风电机组的有功预测，还考虑了风电机组/SVG 等不同时间特性控制设备的控制行为预测，即对整个系统的未来动态进行预测，在此基础上实现快慢无功设备的时间尺度协调，从而将最为宝贵的快速动态无功储备最大化保留下来，以应对电网中的潜在扰动。

为保障风电场安全运行，需要同时关注低压和高压两种脱网形式，因此，风电场需要同时保留足够的容性和感性动态无功储备。风电场"动态无功储备最大化"可以重新描述为：给定动态无功设备的无功出力设定值，通过风电场内风电机组与动态无功设备的协调，使得动态无功设备的无功出力与其设定值偏差最小。动态无功设备的无功出力设定值，应当由调度中心站统筹考虑风电汇集区域的电压分布和无功资源分布而给出。在现场应用中，必要时也可简单取动态无功设备的无功出力中值(即向上向下具有同样的调节空间)作为其设定值。

风电场 MPC 自律控制模型是一个带约束的多目标滚动优化问题，约束条件主要包括：

(1)风电场无功电压运行约束。

(2)风电机组、动态无功设备等调节设备的调节能力约束及调节步长约束。

目标函数主要包括：

(1)场内高压侧母线电压实测值与设定值偏差最小。

(2)动态无功储备最大化。

通过风电场 MPC 自律控制，实现动态无功储备最大化主要体现在：

(1)利用预测信息，提前调节风电机组等较慢速无功资源，使得动态无功设备的无功出力保持在无功设定值附近。

(2)当电网由于故障而出现电压跌落，利用动态无功设备的动态无功调节能力，在毫秒级时间尺度内，支撑电网电压。

(3)在故障恢复阶段，通过风电机组与动态无功设备之间的无功置换，使得动态无功设备的无功出力恢复到无功设定值附近。

一般 MPC 架构包含四部分，即预测模型、滚动优化、反馈校正、参考轨迹。而为了方便 MPC 问题求解，通常将其转化为离散非线性系统，MPC 架构基本形式即变为求解如下目标函数的最小值问题(徐峰达等, 2015)。

$$J = \sum_{i=1}^{N_p} \left\| y_{k+i} - y_s \right\|_Q^2 + \sum_{i=0}^{N_c-1} \left\| u_{k+i} - u_{k+i-1} \right\|_S^2 \tag{10-1}$$

并满足以下约束：

$$\begin{cases} x_{k+i} = f\left(x_{k+i-1}, u_{k+i-1}\right) \\ y_{k+i} = g\left(x_{k+i}\right) \qquad i = 1, \cdots, N_p \\ \underline{y} \leqslant y_{k+i} \leqslant \overline{y} \end{cases} \tag{10-2}$$

$$\begin{cases} \underline{u} \leqslant u_{k+i} \leqslant \overline{u} \\ \underline{\delta} \leqslant u_{k+i+1} - u_{k+i} \leqslant \overline{\delta} \end{cases} \qquad i = 0, \cdots, N_c - 1 \tag{10-3}$$

在本章特定的风场电压控制模型中，以上诸式中，x_k 即为表征风机、SVG 有功和无功功率的状态变量向量；而 u_k 为表征风机无功设定值和 SVG 电压设定值的控制变量向量；y_k 为表征风场并网点及其他位置电压的输出变量向量。由于目标函数中向量各分量的重要程度存在差异，因此不能直接采用欧式内积计算目标函数，而需要矩阵 $\boldsymbol{Q}$ 和 $\boldsymbol{S}$ 构成二次型形式以体现各分量差异。N_p 和 N_c 分别表征预测和控制序列长度，本章中两者取同一值。随着时间的增长，实时数据不断刷新 x_k、u_k 和 y_k，以体现反馈校正和滚动优化过程。另外表征系统稳态水平的 y_k 同时还起到参考轨迹的作用，这正是预测模型的一般形式。接下来将详细描述目标函数和预测模型的具体形式。

10.2.2　目标函数

一般风电集中接入区域，AVC 控制中心并未配有每个风场内的精细化模型，而且也不直接控制风场内的每台设备。实际上，AVC 主站会给子站下发并网点电压参考值，作为各风场内追踪的目标。因此，风场电压控制器的目标函数中，必然包含使得风场并网点电压偏离设定值最小的一项，可以通过以下等式表达：

$$f(k) = \left[V_{PCC}^{pre}(k) - V_{PCC}^{ref}(k) \right]^2 \tag{10-4}$$

式中，若将控制间隔设定为 t_{itv}，则 k 代表当前时刻后 kt_{itv} 时间的时刻。V_{PCC}^{ref} 为并网点电压设定值，V_{PCC}^{pre} 为此处电压的预测值。

SVG 是一种快速无功发生装置，其能够在 100ms 内调节无功达到设定值。由此特性导致 SVG 控制模式通常被设定为追踪接入点电压参考值。这样相比通过 AVC 子站直接控制 SVG 无功的方式，更能使 SVG 在紧急状况下有效保证系统电压安全。在目标函数中体现为式 (10-5)：

$$g(k) = \left[V_{SVG}^{pre}(k) - V_{SVG}^{set}(k-1) \right]^2 \tag{10-5}$$

式中，V_{SVG}^{set} 为 SVG 本地控制中接入点的电压设定值，属于控制变量，该值在风场 AVC 子站的每个控制周期亦被刷新；V_{SVG}^{pre} 为接入点电压预测值。

在优化目标中加入此等式的意义在于，在确保 SVG 装置无功调节大小和速率在一定范围内时，能使 SVG 电压实际值尽量逼近设定值，以体现 SVG 本地定电压控制的特性。事实上，MPC 控制变量通常不出现在目标函数中，SVG 本地定电压控制模式也可通过细化 SVG 无功预测模型实现，此处是为了避免该预测模型复杂乃至失实而做了简化处理。之前提到，SVG 无功功率对紧急或故障情况下系统维持电压安全至关重要。当风功率快速波动时，风机很难及时校正自身无功出力以抚平电压波动。因此在目标函数中必须体现保留足够 SVG 可调无功裕量：

$$h(k) = \left[Q_{SVG}^{pre}(k) - Q_{SVG}^{mid} \right]^2 \tag{10-6}$$

式中，Q_{SVG}^{pre} 为 SVG 无功功率预测值；Q_{SVG}^{mid} 为 SVG 无功功率中间值。

　　MPC 问题实际为建立在有限时间窗上的滚动优化问题。以上目标函数中的各项为了区分轻重需要加权，而滚动优化的各时间断面亦不能一概而论，这是因为预测模型必然存在近大远小的特点，即距离当前时刻越远的断面预测信息越不准确。因此当断面离当前时刻愈远时，对应权重应当愈小。综上我们获得 MPC 架构的整体控制目标：

$$\min \sum_{k=0}^{N} \rho^k \left[\alpha \cdot f(k) + \beta \cdot g(k) + \gamma \cdot h(k) \right] \tag{10-7}$$

　　从式 (10-7) 中可以看出，MPC 架构的时间窗长度为 Nt_{itv}，α、β 和 γ 分别为并网点电压追踪、SVG 电压追踪和 SVG 可调无功保留三个不同目标的权重，而 ρ 取值小于 1。当 ρ 接近 0 时，控制器将更侧重考虑当前系统状况，逐步退化为传统风场电压控制器。

10.2.3　预测模型

　　本书控制器关心的电压问题集中在秒级至十秒级范围，在这一时间尺度下，风机有功功率通常可处理为平稳过程。可以使用自回归滑动平均（Auto-Regressive and Moving Average Model，ARMA）模型预测风机有功功率：

$$P_{WTG}^{pre}(k) = \sum_{i=1}^{N_a} \phi_k P_{pre}^{WTG}(k-i) + \varepsilon(k) - \sum_{i=1}^{N_m} \theta_k \varepsilon(k-i) \tag{10-8}$$

式中，P_{WTG}^{pre} 为风机有功功率预测值；ε 为代表误差的随机变量；N_a 和 N_m 分别为 AR 和 MA 模型的阶数；ϕ_k 和 θ_k 为权重。每次启动预测流程时，可以根据风机出力的历史数据重新评估模型阶数和权重。

　　相比控制间隔而言，预测间隔可以取更小值。每台风机的有功功率可以基于 SCADA 采集各风机有功量测，通过按照比例划分并网点有功出力的方法获得。目前风电运行现场的风机监控数据表明，可以在小于 5s 的间隔内获取风机有功功率、风速及其他相关信息。因而未来也可考虑利用这些信息综合预测风机未来 10～30s 内有功功率。

　　而另一状态变量——无功的预测模型与有功不同，在中国，为了方便管理风场总无功出力，尽量避免场内无功环流，运行人员倾向于将风机设为追踪无功设定值的控制模式。因此可以认为风机无功在未来时刻将达到设定值，即预测值等于上一时刻的设定值。

$$Q_{\mathrm{WTG}}^{\mathrm{pre}}(k) = Q_{\mathrm{WTG}}^{\mathrm{set}}(k-1) \tag{10-9}$$

式中，$Q_{\mathrm{WTG}}^{\mathrm{set}}$ 是风机无功设定值；$Q_{\mathrm{WTG}}^{\mathrm{pre}}$ 则为预测值。

需要说明的是，无论风机还是 SVG 的无功功率都必须维持在有限的范围内，且变化速率也不能过快。这些约束通过式 (10-10) 描述，$Q_{\mathrm{WTG}}^{\mathrm{min}}$、$Q_{\mathrm{WTG}}^{\mathrm{max}}$、$Q_{\mathrm{SVG}}^{\mathrm{min}}$、$Q_{\mathrm{SVG}}^{\mathrm{max}}$、$\Delta Q_{\mathrm{WTG}}^{\mathrm{min}}$、$\Delta Q_{\mathrm{WTG}}^{\mathrm{max}}$、$\Delta Q_{\mathrm{SVG}}^{\mathrm{min}}$ 和 $\Delta Q_{\mathrm{SVG}}^{\mathrm{max}}$ 则为对应变量的边界：

$$\begin{cases} Q_{\mathrm{WTG}}^{\mathrm{min}} \leqslant Q_{\mathrm{WTG}}^{\mathrm{pre}}(k) \leqslant Q_{\mathrm{WTG}}^{\mathrm{max}} \\ Q_{\mathrm{SVG}}^{\mathrm{min}} \leqslant Q_{\mathrm{SVG}}^{\mathrm{pre}}(k) \leqslant Q_{\mathrm{SVG}}^{\mathrm{max}} \\ \Delta Q_{\mathrm{WTG}}^{\mathrm{min}} \leqslant Q_{\mathrm{WTG}}^{\mathrm{pre}}(k) - Q_{\mathrm{WTG}}^{\mathrm{pre}}(k-1) \leqslant \Delta Q_{\mathrm{WTG}}^{\mathrm{max}} \\ \Delta Q_{\mathrm{SVG}}^{\mathrm{min}} \leqslant Q_{\mathrm{SVG}}^{\mathrm{pre}}(k) - Q_{\mathrm{SVG}}^{\mathrm{pre}}(k-1) \leqslant \Delta Q_{\mathrm{SVG}}^{\mathrm{max}} \end{cases} \tag{10-10}$$

一般认为，SVG 和双馈风机 (doubly-fed induction generator，DFIG) 都通过电力电子装置调节自身无功输出，属于快速控制。这一观点与 SVG 运行实际吻合，其响应时间通常小于 0.1s。但对于风机而言，现场测试结果显示，将风机无功从 0 调至满发需要 2～30s 不等的时间，且与风机制造厂商紧密相关。在本书中，设定风机能够在 10s 内将无功由最小值调节至最大值。

MPC 预测间隔可以小于控制间隔，考虑到无功功率控制环节中各类时延，优化所得首个断面电压值主要受上一次控制指令影响，而非本次控制指令，以此为依据，得到的控制策略作为当前控制指令下发并不十分合理。而且当前控制策略在下一次 MPC 优化结束后即被替换，这让人自然联想到，可利用当前控制周期内更细致、更多断面的信息来做出控制决策。在这个过程中，风机有功功率可以通过线性插值得到，而与之对应的无功功率，本章通过指数函数拟合得到（T_s 为风机时间常数）。

$$\begin{aligned} & Q_{\mathrm{WTG}}^{\mathrm{pre}}(k-1+\Delta t / t_{itv}) \\ &= \frac{1-e^{-\Delta t/T_s}}{1-e^{-t_{itv}/T_s}} Q_{\mathrm{WTG}}^{\mathrm{pre}}(k) + \frac{e^{-\Delta t/T_s}-e^{-t_{itv}/T_s}}{1-e^{-t_{itv}/T_s}} Q_{\mathrm{WTG}}^{\mathrm{pre}}(k-1) \end{aligned} \tag{10-11}$$

最后讨论 MPC 控制器的输出变量的观测器模型，由于观测得到的量与预测得到的状态变量紧密相关，这里一同归入预测模型框架。这些变量即并网点电压、风机机端电压和 SVG 机端电压，它们与整个系统的电压安全息息相关。系统各点电压的预测值当然也可以通过计算非线性的潮流方程组获得，但是灵敏度方法的精度在风场这一环境下已经可以接受，且其天然的线性特性能使 MPC 优化求解大大简化。

$$V_{\text{PCC}}^{\text{pre}}(k) - V_{\text{PCC}}^{\text{real}}(0) = \frac{\partial V_{\text{PCC}}}{\partial P_{\text{WTG}}}\Big[P_{\text{WTG}}^{\text{pre}}(k) - P_{\text{WTG}}^{\text{real}}(0)\Big] +$$

$$\frac{\partial V_{\text{PCC}}}{\partial Q_{\text{WTG}}}\Big[Q_{\text{WTG}}^{\text{pre}}(k) - Q_{\text{WTG}}^{\text{real}}(0)\Big] + \frac{\partial V_{\text{PCC}}}{\partial Q_{\text{SVG}}}\Big[Q_{\text{SVG}}^{\text{pre}}(k) - Q_{\text{SVG}}^{\text{real}}(0)\Big] \tag{10-12}$$

$$V_{\text{WTG}}^{\text{pre}}(k) - V_{\text{WTG}}^{\text{real}}(0) = \frac{\partial V_{\text{WTG}}}{\partial P_{\text{WTG}}}\Big[P_{\text{WTG}}^{\text{pre}}(k) - P_{\text{WTG}}^{\text{real}}(0)\Big] +$$

$$\frac{\partial V_{\text{WTG}}}{\partial Q_{\text{WTG}}}\Big[Q_{\text{WTG}}^{\text{pre}}(k) - Q_{\text{WTG}}^{\text{real}}(0)\Big] + \frac{\partial V_{\text{WTG}}}{\partial Q_{\text{SVG}}}\Big[Q_{\text{SVG}}^{\text{pre}}(k) - Q_{\text{SVG}}^{\text{real}}(0)\Big] \tag{10-13}$$

$$V_{\text{SVG}}^{\text{pre}}(k) - V_{\text{SVG}}^{\text{real}}(0) = \frac{\partial V_{\text{SVG}}}{\partial P_{\text{WTG}}}\Big[P_{\text{WTG}}^{\text{pre}}(k) - P_{\text{WTG}}^{\text{real}}(0)\Big] +$$

$$\frac{\partial V_{\text{SVG}}}{\partial Q_{\text{WTG}}}\Big[Q_{\text{WTG}}^{\text{pre}}(k) - Q_{\text{WTG}}^{\text{real}}(0)\Big] + \frac{\partial V_{\text{SVG}}}{\partial Q_{\text{SVG}}}\Big[Q_{\text{SVG}}^{\text{pre}}(k) - Q_{\text{SVG}}^{\text{real}}(0)\Big] \tag{10-14}$$

$V_{\text{PCC}}^{\text{real}}$、$V_{\text{WTG}}^{\text{real}}$、$V_{\text{SVG}}^{\text{real}}$、$Q_{\text{WTG}}^{\text{real}}$ 和 $Q_{\text{SVG}}^{\text{real}}$ 为电压和无功功率的实时量测。事实上，电压实时量测信息在预测模型中正起到了 MPC 反馈校正的作用。

为了确保系统电压安全，各处电压都必须维持在一定范围之内，其边界量被定义为 $V_{\text{PCC}}^{\text{min}}$、$V_{\text{PCC}}^{\text{max}}$、$V_{\text{WTG}}^{\text{min}}$、$V_{\text{WTG}}^{\text{max}}$、$V_{\text{SVG}}^{\text{min}}$ 和 $V_{\text{SVG}}^{\text{max}}$。

$$\begin{cases} V_{\text{PCC}}^{\text{min}} \leqslant V_{\text{PCC}}^{\text{pre}}(k) \leqslant V_{\text{PCC}}^{\text{max}} \\ V_{\text{WTG}}^{\text{min}} \leqslant V_{\text{WTG}}^{\text{pre}}(k) \leqslant V_{\text{WTG}}^{\text{max}} \\ V_{\text{SVG}}^{\text{min}} \leqslant V_{\text{SVG}}^{\text{pre}}(k) \leqslant V_{\text{SVG}}^{\text{max}} \end{cases} \tag{10-15}$$

10.2.4　风电场 AVC 子站功能

1. 硬件配置

AVC 子站系统一般包含主备服务器(双机冗余)和后台监视工作站。

典型风电场 AVC 子站硬件配置包括：AVC 服务器、串口终端服务器、AVC 监视维护工作站、KVM、交换机和屏柜。

其中，AVC 服务器一般采用双机冗余配置，每台均以完成风场子站数据采集、实时分析计算、指令下发、历史数据存储等全部功能，双服务器采用双机实时热备用方式配置，一台服务器故障时可以自动切换到另外一台服务器上。维护工作站一般选择高性能 PC 工作站，主要用于运行人员及时了解 AVC 子站的动作行为，并进行统计分析。同时，也便于维护人员进行软件调试、维护。

2. 软件功能

风电场 AVC 子站软件通过微网建模，提供图模库一体化的方式，建立覆盖升压站、35kV 馈线、箱变以及所有风机的详细模型，支持在此模型基础上进行实时监视、潮流分析、预警预控和电压控制。具体功能包括：

(1) 图形生成、编辑。

(2) 设备参数维护。

(3) 风电场全场状态估计。

(4) 风电场全景三维监视。

(5) 风电场潮流计算和灵敏度分析。

(6) 风电场全场协调电压控制。

(7) 风电场与调度主站的双向互动。

(8) 风电场电压控制能力计算。

(9) 风电场接入点电压协调约束计算。

(10) 风电场电压控制实时监视。

(11) 风电场电压控制安全闭锁。

(12) 风电场电压控制统计记录。

系统性能指标如下：

(1) 平均无故障时间：≥25000h。

(2) 主机 CPU 平均负荷：≤25%。

(3) 单次控制计算时间：≤1s。

(4) AVC 子站控制周期：≤15s。

(5) 历史记录保存时间：≥1Y。

(6) 与风机监控系统通信周期：≤10s。

(7) 与升压站监控系统通信周期：≤10s。

(8) 与 SVC/SVG 装置通信周期：≤10s。

(9) 与调度 AVC 主站通信周期：≤30s。

10.2.5 风电场 AVC 子站接口

风电场 AVC 子站网络结构如图 10-3 所示。

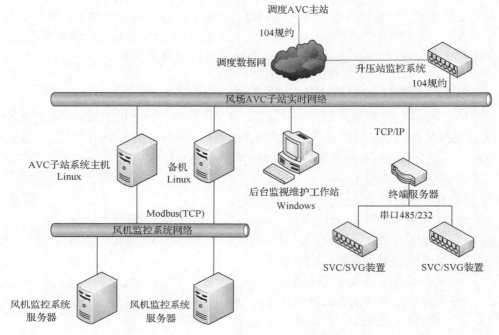

图 10-3　风电场 AVC 子站设备硬件连接关系图

1. 与调度 AVC 主站接口

风电场 AVC 子站系统通过升压站监控系统与调度 AVC 主站实现通信时，通信协议为 DL/T634.5.104-2002。AVC 子站端为 104 规约子站，升压站监控系统为 104 规约主站。

AVC 子站上传数据主要包括各风电场的风机有功和无功可调裕度，以及风电场 POC 电压上下限值；调度 AVC 主站向各风场下发 POC 电压控制目标等信息。AVC 子站上送数据为遥测遥信变位传送，AVC 主站下发命令周期为 1～5min 可调。

2. 与风电场升压站监控系统接口

AVC 子站系统从升压站监控系统通过通信方式采集升压站内运行数据，升压站监控系统提供网口与 AVC 子站通信，并按协议要求送出数据。通信协议为 DL/T634.5.104-2002。AVC 子站端为 104 规约主站，升压站监控系统为 104 规约子站。

升压站监控系统发送数据为遥测遥信变位传送，全数据召唤周期 1～5min。采集数据包括两种。

(1)遥测量：各条集电线电流、有功和无功，高压出线有功和无功，高/低压侧三相母线电压，主变高/低压侧无功，SVG 无功，主变分头档位

(2)遥信量：低压侧 PT 断线故障信号、低压侧母线单相接地故障信号、主变低压侧开关状态、各集电线开关状态、SVG 开关状态

3. 与 SVC 控制器接口

AVC 子站系统与 SVG 设备通信接口方式为串口，SVG 控制器提供一路串口(RS232/485)，与子站终端服务器连接，主站服务器通过终端服务器与 SVG 通信，通讯规约采用 MODBUS(RTU)或 CDT。SVG 装置传送遥测遥信延时小于等于 1s。

SVC 控制器能实现接收 AVC 子站下发的电压无功指令，自动调节 SVG 无功出力。SVG 装置发送数据周期≤10 秒，AVC 子站下发命令周期≤10s。

AVC 子站下发设定值包括：电压上/下限值，无功设定值。

AVC 子站采集数据包括：可增加/减少动态无功，SVC/SVG 闭锁信息。

4. 与风机监控系统接口

风电场 AVC 子站系统以网络方式与风机监控系统实现通信。风机监控系统提供一路网口与 AVC 子站系统主备服务器连接，通信协议为 MODBUS(TCP/IP)或 104，风机监控系统为 MODBUS(TCP/IP)或 104 规约子站，AVC 子站为 MODBUS 或 104 规约主站。

风机监控系统能接收并执行 AVC 子站下发的发功率因数指令或无功指令，实现对各风机就地控制器下发功率因数或无功指令，风机就地控制器调节变流器，实现对风机无功出力的控制。风机功率因数调节范围一般为±0.95，考虑一定的裕度，AVC 子站系统可控范围常设为±0.97，无功调节范围一般为±30%风机容量。

风机监控系统发送数据周期≤10s，AVC 子站下发命令周期≤10s。

AVC 子站采集数据包括两种。

(1)遥测量：各风机三相机端电压、电流、有功、无功和功率因数目标值。

(2)遥信量：各风机并网、运行和通讯状态。

发送控制指令为各风机功率因数设定值和各风机无功设定值。

10.3　系统级协同控制

10.3.1　概述

根据汇集区域连锁脱网风险不同，系统级协同控制分为敏捷二级电压控制和基于 SCOPF 的预防控制两条分支(郭庆来等, 2015; Guo et al, 2015)。

敏捷二级电压控制与传统 SVC 的主要区别体现在：敏捷二级电压控制能根据风功率变化速率自适应调整控制启动周期，在风功率快速波动时减小控制周期，加快控制速度，从而实现对电压波动的快速抑制；同时，其控制模型也能实现自适应切换，在风功率波动较小时采用传统 CSVC 模型，而当风电快速变化时，将其目标切换为使用最小控制代价将中枢母线电压拉回设定值允许运行区间内。

在脱网风险较大的场景下，则通过预防控制寻找该区域的一个"正常且安全"的运行状态。所谓正常，是保证控制后电压在约束范围内；所谓安全，是指在控制后的运行场景下，如果任一风电场脱网，其他风电场电压仍能维持在安全约束范围内，从而斩断连锁脱网的扩散路径。从数学模型上看，这是一个同时计及稳态运行约束和预想 N-1 故障集的 SCOPF 模型。

10.3.2　敏捷二级电压控制

1. 计及风功率波动的敏捷电压控制

计及风功率波动的敏捷电压控制流程，如图 10-4 所示。

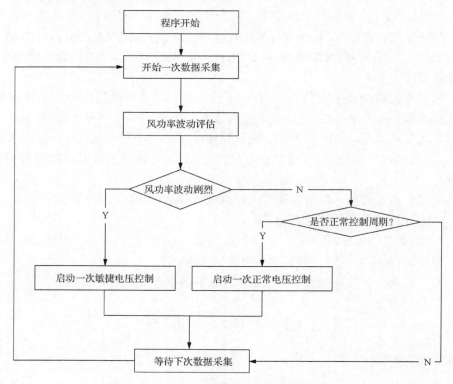

图 10-4　敏捷电压控制流程

其中，①给定风功率波动判定门槛；②当风功率波动量超过给定门槛时，启动一次敏捷电压控制；③当风功率波动较小时，基于正常的控制周期进行控制。

敏捷控制模型如下（Guo et al., 2012；Liu et al., 2012）：

$$
\begin{cases}
\min_{\Delta \boldsymbol{Q}_{\mathrm{g}}}\{\boldsymbol{W}_{\mathrm{q}}\|\boldsymbol{\Theta}_{\mathrm{g}}\|^2\} \\
\text{s.t.}\quad \boldsymbol{V}_{\mathrm{g}}^{\min} \leqslant \boldsymbol{V}_{\mathrm{g}} + \boldsymbol{S}_{\mathrm{gg}}\Delta\boldsymbol{Q}_{\mathrm{g}} \leqslant \boldsymbol{V}_{\mathrm{g}}^{\max} \\
\quad\quad \boldsymbol{V}_{\mathrm{p}}^{\mathrm{ref}} - \varepsilon_{\mathrm{p}}^{\mathrm{V}} \leqslant \boldsymbol{V}_{\mathrm{p}} + \boldsymbol{S}_{\mathrm{pg}}\Delta\boldsymbol{Q}_{\mathrm{g}} \leqslant \boldsymbol{V}_{\mathrm{p}}^{\mathrm{ref}} + \varepsilon_{\mathrm{p}}^{\mathrm{V}} \\
\quad\quad \boldsymbol{Q}_{\mathrm{g}}^{\min} \leqslant \boldsymbol{Q}_{\mathrm{g}} + \Delta\boldsymbol{Q}_{\mathrm{g}} \leqslant \boldsymbol{Q}_{\mathrm{g}}^{\max} \\
\quad\quad \left|\boldsymbol{S}_{\mathrm{vg}}\Delta\boldsymbol{Q}_{\mathrm{g}}\right| \leqslant \Delta\boldsymbol{V}_{\mathrm{H}}^{\max}
\end{cases}
\tag{10-16}
$$

式中，$\boldsymbol{V}_{\mathrm{g}}$、$\boldsymbol{V}_{\mathrm{g}}^{\min}$、$\boldsymbol{V}_{\mathrm{g}}^{\max}$ 和 $\Delta\boldsymbol{V}_{\mathrm{g}}^{\max}$ 分别为发电机高压侧母线的当前电压、电压下限、电压上限和允许的单步最大调整量；$\boldsymbol{V}_{\mathrm{p}}$、$\boldsymbol{V}_{\mathrm{p}}^{\mathrm{ref}}$ 和 $\varepsilon_{\mathrm{p}}^{\mathrm{V}}$ 分别为中枢母线当前电压、中枢母线电压设定值和控制死区；$\boldsymbol{Q}_{\mathrm{g}}$、$\boldsymbol{Q}_{\mathrm{g}}^{\min}$ 和 $\boldsymbol{Q}_{\mathrm{g}}^{\max}$ 分别为控制发电机当前无功、无功下限和无功上限；$\boldsymbol{\Theta}_{\mathrm{g}}$ 为发电机无功均衡指标；$\boldsymbol{S}_{\mathrm{gg}}$、$\boldsymbol{S}_{\mathrm{pg}}$ 为发电机无功对母线电压灵敏度矩阵；

其物理含义讨论如下。

（1）目标函数：敏捷电压控制启动周期较短，因此需要以最快的控制速度、最小的动作量来进行控制，其目标函数为控制量最小。

（2）约束条件：设置中枢母线动作死区参数，只有当中枢母线电压超出控制死区，才会产生需要动作的敏捷控制策略，减少机组的动作次数。

（3）控制策略：从控制结果来看，优先采用风电场的无功能力来抑制风电波动对电网的影响；当风电场来不及响应或者没有调节能力时，就需要附近电厂发挥其控制作用，抑制电网电压波动。

2. 故障后电压快速校正控制

当故障发生后，需要进入快速的校正控制，如图 10-5 所示。

其中，①对电网的故障发生及严重情况进行在线监视；②当故障程度严重到需要进行校正控制时，启动校正控制；③当没有故障，或者程度不严重，按照正常周期驱动电压控制。

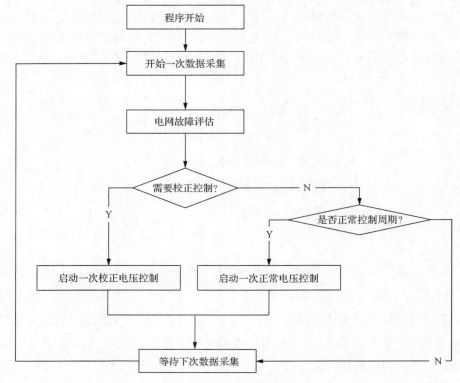

图 10-5　敏捷电压控制流程

当电网波动较大，或者故障恢复后，需要启动校正控制。控制模型为

$$
\begin{cases}
\min_{\Delta \boldsymbol{Q}_{\mathrm{g}}}\{\boldsymbol{W}_{\mathrm{q}}\left\|\boldsymbol{\Theta}_{\mathrm{g}}\right\|^{2}\} \\
\text{s.t.} \quad \boldsymbol{V}_{\mathrm{r}}^{\min} \leqslant \boldsymbol{V}_{\mathrm{r}} + \boldsymbol{S}_{\mathrm{rg}}\Delta \boldsymbol{Q}_{\mathrm{g}} \leqslant \boldsymbol{V}_{\mathrm{r}}^{\max} \\
\quad\quad \boldsymbol{V}_{\mathrm{g}}^{\min} \leqslant \boldsymbol{V}_{\mathrm{g}} + \boldsymbol{S}_{\mathrm{gg}}\Delta \boldsymbol{Q}_{\mathrm{g}} \leqslant \boldsymbol{V}_{\mathrm{g}}^{\max} \\
\quad\quad \boldsymbol{V}_{\mathrm{p}}^{\mathrm{ref}} - \boldsymbol{\varepsilon} \leqslant \boldsymbol{V}_{\mathrm{p}} + \boldsymbol{S}_{\mathrm{pg}}\Delta \boldsymbol{Q}_{\mathrm{g}} \leqslant \boldsymbol{V}_{\mathrm{p}}^{\mathrm{ref}} + \boldsymbol{\varepsilon} \\
\quad\quad \boldsymbol{Q}_{\mathrm{g}}^{\min} \leqslant \boldsymbol{Q}_{\mathrm{g}} + \Delta \boldsymbol{Q}_{\mathrm{g}} \leqslant \boldsymbol{Q}_{\mathrm{g}}^{\max} \\
\quad\quad \left|\boldsymbol{S}_{\mathrm{vg}}\Delta \boldsymbol{Q}_{\mathrm{g}}\right| \leqslant \Delta \boldsymbol{V}_{\mathrm{H}}^{\max}
\end{cases}
\tag{10-17}
$$

式中，$\boldsymbol{V}_{\mathrm{r}}$、$\boldsymbol{V}_{\mathrm{r}}^{\min}$、$\boldsymbol{V}_{\mathrm{r}}^{\max}$ 分别为参与电压校正的母线当前电压、电压下限、电压上限；$\boldsymbol{V}_{\mathrm{g}}$、$\boldsymbol{V}_{\mathrm{g}}^{\min}$、$\boldsymbol{V}_{\mathrm{g}}^{\max}$ 和 $\Delta \boldsymbol{V}_{\mathrm{g}}^{\max}$ 分别为发电机高压侧母线的当前电压、电压下限、电压上限和允许的单步最大调整量；$\boldsymbol{V}_{\mathrm{p}}$、$\boldsymbol{V}_{\mathrm{p}}^{\mathrm{ref}}$ 和 $\boldsymbol{\varepsilon}$ 分别为中枢母线当前电压、中枢母线电压设定值和控制死区；$\boldsymbol{Q}_{\mathrm{g}}$、$\boldsymbol{Q}_{\mathrm{g}}^{\min}$ 和 $\boldsymbol{Q}_{\mathrm{g}}^{\max}$ 分别为控制发电机当

前无功、无功下限和无功上限。

可以利用起作用集算法来求解这个二次规划问题，得到 ΔQ_g 后再利用灵敏度矩阵换算成电厂高压侧母线电压设定值的调整量 ΔV_g，作为控制策略下发。

10.3.3　基于 SCOPF 的预防控制

在脱网风险较大的场景下，风电场 AVC 主站控制主要采用基于 SCOPF 的增强控制模式。典型的风机脱网一般发生在 2～3s 以内，一旦脱网，很难采取有效的控制措施。因此希望各风电场不仅能够在正常状态下稳定运行，而且在发生一定范围内扰动的情况下，（例如一个风电场脱网）仍能稳定运行。若汇集区域的一个风场脱网后，其他风场的电压越限导致大面积连锁脱网事故发生，则系统处于不安全的运行状态。AVC 主站通过控制，以实现大规模风电接入区域的电压安全优化运行。

基于 SCOPF 的主站侧增强控制模型如下：

$$
\begin{cases}
\min f(\boldsymbol{x}_0, \boldsymbol{u}_0) & \text{(a)} \\
\text{s.t.} \quad \boldsymbol{g}_0(\boldsymbol{x}_0, \boldsymbol{u}_0) = \boldsymbol{0} & \text{(b)} \\
\quad \boldsymbol{g}_k(\boldsymbol{x}_k, \boldsymbol{u}_0) = \boldsymbol{0} & \text{(c)} \\
\quad \underline{\boldsymbol{u}} \leqslant \boldsymbol{u}_0 \leqslant \overline{\boldsymbol{u}} & \text{(d)} \\
\quad \underline{\boldsymbol{x}} \leqslant \boldsymbol{x}_0 \leqslant \overline{\boldsymbol{x}} & \text{(e)} \\
\quad \underline{\boldsymbol{x}}^C \leqslant \boldsymbol{x}_k \leqslant \overline{\boldsymbol{x}}^C & \text{(f)} \\
\quad k = 1, \cdots, N_C
\end{cases}
\tag{10-18}
$$

式中，变量下标 k 为电网运行状态标号，$k = 0$ 表示正常运行状态，或称故障前状态，$k = 1, \cdots, N_C$ 表示第 k 个预想故障状态，N_C 为预想故障个数；$\boldsymbol{u}_0$ 为控制变量；$\boldsymbol{x}_0$ 为正常运行状态的状态变量；$\boldsymbol{x}_k$ 为第 k 个预想故障状态的状态变量。约束方程 $\boldsymbol{g}_0(\boldsymbol{x}_0, \boldsymbol{u}_0) = \boldsymbol{0}$ 为电网正常运行状态潮流方程，$\boldsymbol{g}_k(\boldsymbol{x}_k, \boldsymbol{u}_0) = \boldsymbol{0}$ 为第 k 个预想故障状态下电网的潮流方程；$\underline{\boldsymbol{u}}$、$\overline{\boldsymbol{u}}$ 为控制变量的下限、上限；$\underline{\boldsymbol{x}}$、$\overline{\boldsymbol{x}}$ 为正常运行状态下状态变量的下限、上限；$\underline{\boldsymbol{x}}^C$、$\overline{\boldsymbol{x}}^C$ 为预想故障状态下状态变量的下限、上限。

目标函数为

$$
\min_{\{Q_w^0, Q_g^0, P_w^0\}} \quad -w_1 f_1 + w_2 f_2
\tag{10-19}
$$

式中，

$$
f_1 = \sum_{i=1}^{N_w} P_{w,i}^0
\tag{10-20}
$$

$$f_2 = P_{\text{Loss}} = \sum_{(i,j)\in\text{NL}} (P_{ij} + P_{ji}) \tag{10-21}$$

目标函数包含两部分：第一部分是最大化风电有功总量，第二部分是最小化线路损耗。这里 $P_{\text{w},i}^0$ 为第 i 个风电场故障前发出的有功功率；P_{ij} 为支路 (i, j) 的有功功率（i 为支路首节点，j 为支路末节点）；NL 表示支路的集合。

发生 N-1 故障后，设主站风电汇集区域内共有 N_{w} 个风电场，第 i 个风电场脱网后，该风电场的有功和无功功率变为 0，汇集站侧其他风电场的有功和无功功率不变。即

$$\begin{cases} P_{\text{w},i}^k = 0 & i = k \\ P_{\text{w},i}^k = P_{\text{w},i}^0 & i \neq k \\ Q_{\text{w},i}^k = 0 & i = k \\ Q_{\text{w},i}^k = Q_{\text{w},i}^0 & i \neq k \end{cases} \quad i = 1,\cdots,N_{\text{w}} \tag{10-22}$$

控制变量 $\boldsymbol{u}_0$ 在发生预想故障后仍然保持不变。通过求解 SCOPF，找到故障前的最优控制变量 $\boldsymbol{u}_0$，满足故障前和故障后的所有约束条件，且使目标函数最优。此时根据 $\boldsymbol{u}_0$ 对 AVC 主站进行控制，能在最大化风电有功接纳能力的同时，保证各风电场处于正常且安全的运行状态。

当对一个有功断面只优化 $\boldsymbol{Q}_{\text{w}}^0$ 和 $\boldsymbol{Q}_{\text{g}}^0$ 时，可能不存在满足正常且安全运行条件的可行解，此时必须弃风以保证系统的安全运行。因此，目标函数中会以最大化接纳风电有功为主要优化目标，权重系数 w_1 大于 w_2。

对于大规模风电的 SCOPF 问题，其约束条件的个数几乎是传统 OPF 问题的 $N_C + 1$ 倍，可用 Benders 分解法快速求解 SCOPF。

10.4　现场应用案例

本节主要介绍 AVC 系统在华北张家口区域实际应用情况。

10.4.1　MPC 控制效果

友谊风电场安装有 67 台金风 1.5MW 机组，无功调节范围–0.3～0.3Mvar，功率因数范围 0.95～1；1 台博润 TCR，额定容量 38Mvar，实测最大无功输出能力约 30Mvar。友谊风电场基于 MPC 的 AVC 控制于 2014 年 11 月 2 日至 3 日完成软件升级、开环测试、本地闭环测试，于 2014 年 11 月 4 日投入试运行。下面对友谊风电场基于 MPC 的 AVC 闭环控制典型效果进行分析。

1. MPC 无功置换控制效果

(1) 2014 年 11 月 4 日 18:15:20，接收到调度 AVC 主站循环码指令由 32230 变为 12245，如图 10-6 所示，转换成电压设定值即要求由 223.0kV 升至 224.5kV。

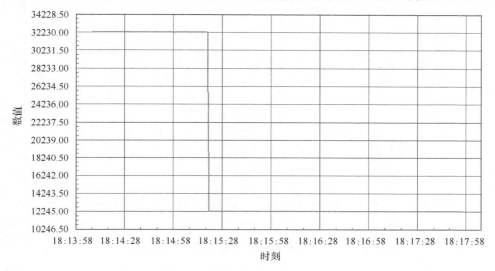

图 10-6　友谊风电场电压设定要求

(2) 2014 年 11 月 4 日 18:15:38 AVC 子站开始发送各风机增无功指令；图 10-7 显示出 MPC 策略要求#18 风机由−0.15Mvar 逐渐提高至−0.12Mvar。

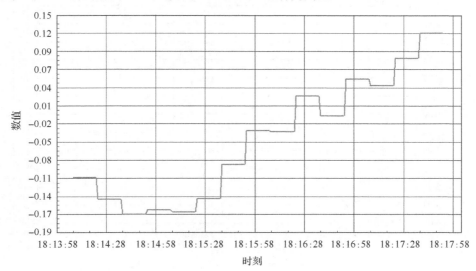

图 10-7　友谊风电场无功设定要求

（3）图 10-8 为#18 风机实时无功曲线，可以看出，风机无功出力与无功设定值跟踪效果很好。

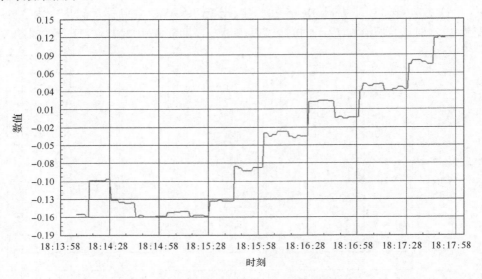

图 10-8　友谊风电场#18 风机实时无功曲线

（4）由图 10-9 可以看出，18:15:38 AVC 子站发送升 SVG 无功指令由 −14.98Mvar 逐渐升至−4.8Mvar；18:16:23 电压达到调度指令后，AVC 子站开始发送 SVG 无功置换指令由−4.98Mvar 逐渐降至−14.8Mvar。

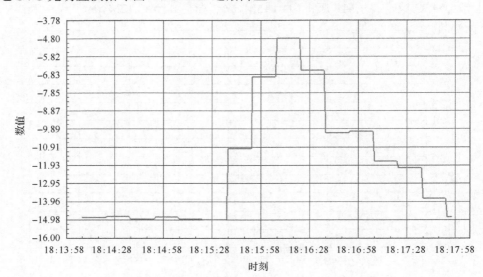

图 10-9　友谊风电场无功指令

（5）图 10-10 为 SVC 实时无功曲线，与无功设定值跟踪效果很好。

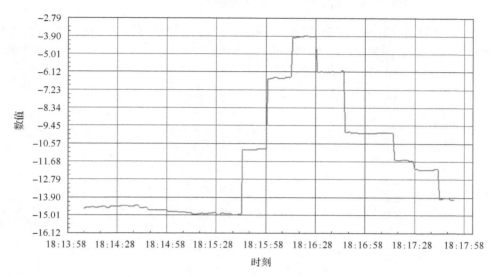

图 10-10　友谊风电场 SVC 实时无功曲线

（6）图 10-11 为 220kV 母线电压实时曲线，可以看出，18:16:00 电压升至 224.41kV 合格；在后续的置换过程中仍维持电压合格。

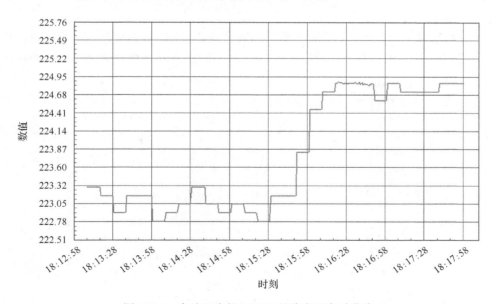

图 10-11　友谊风电场 220kV 母线电压实时曲线

2. MPC 前瞻控制效果

（1）2014 年 12 月 3 日 08:27 内，调度 AVC 主站循环码指令保持由 32239，转换成电压设定值即要求 223.9kV。此时风电场有功出力呈现持续增长趋势，如图 10-12 在 1min 内由 30.99MW 增长至 33.22MW。

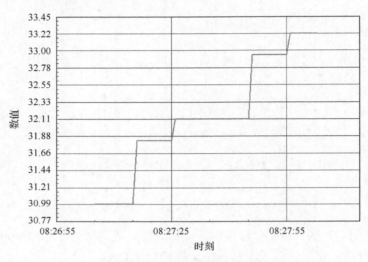

图 10-12　友谊风电场有功增长曲线

（2）2014 年 12 月 3 日 08:27 内，AVC 子站对 SVG 和部分风机下达增无功指令。图 10-13 显示出 MPC 策略要求 SVG 由−22.59Mvar 逐渐提高至−18.81Mvar。

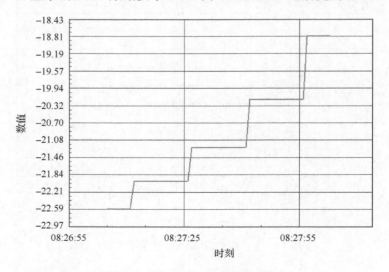

图 10-13　友谊风电场无功变化指令

(3)而图 10-14 显示出 MPC 策略要求#47 风机由−0.21Mvar 逐渐提高至−0.13Mvar。

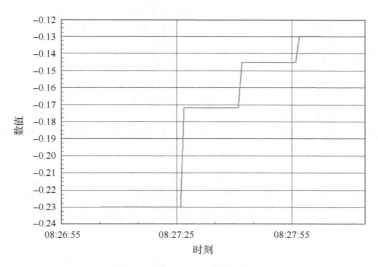

图 10-14　友谊风电场风机无功变化

(4)2014 年 12 月 3 日 08:27,AVC 子站控制 220kV 母线电压于 223.56kV 至 223.94kV 之间,始终保持在 223.9±0.5kV 考核范围之内。图 10-15 显示出 220kV#5 母线受控 CA 线电压。

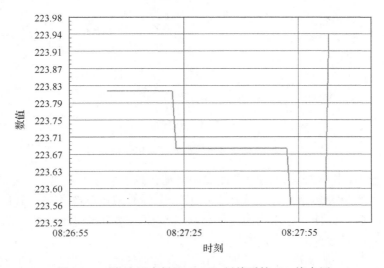

图 10-15　友谊风电场 220kV#5 母线受控 CA 线电压

(5)由(4)中 220kV 母线电压曲线可以发现,在 08:27:42 时,母线电压在 223.9

±0.3kV 范围内，在传统控制方法下处于控制死区中。并且由(1)中风场有功曲线可知此时刻瞬时有功变化速率很小，但 MPC 方法由于使用了分钟内的预测信息，判断出此后风场有功仍有增长趋势，因此在(2)中下达 SVC 控制指令时，仍采用了增发容性无功的策略。

10.4.2　系统控制效果

以张北沽源地区为例介绍系统控制效果。截至目前，沽源地区共有 24 座风电场接入系统级闭环电压控制，含 1589 台风电机组(装机容量为 2379MW)、50 台 SVC/SVG(总调节容量为±1000Mvar)。为分析控制前后效果，选择两个风电出力相似日进行对比(其中 2011 年 11 月 13 日为控制前，2012 年 10 月 18 日为控制后，本区域在这两天的风功率曲线非常类似)。典型风电场在这两天的电压对比曲线如图 10-16 所示。

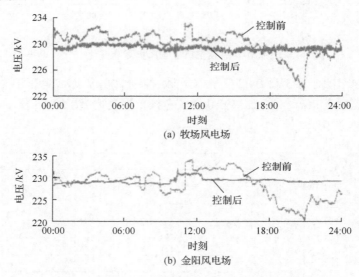

图 10-16　典型风电场控制前后电压曲线对比

可以看出，投入控制后的电压曲线明显比无控制时波动小得多，尤其在 18:00 以后，由于风电突然增加，在无控制时有一个明显的电压跌落(5~10kV)，而投入闭环控制后，即使风电出力发生了较大的变化，整个风电场的电压曲线依然可以保持平稳，有效抑制了电压波动。

选择电压标准偏差(全天各时刻电压偏离平均电压的值)和电压峰谷差(日内最高电压与最低电压差值)两个指标衡量波动性，则本区域内几个典型风电场在两个相似日的指标对比情况，如图 10-17 所示，可见控制后确实有效降低了电压波动性。

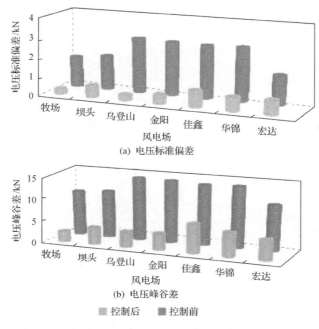

(a) 电压标准偏差

(b) 电压峰谷差

　　■ 控制后　　■ 控制前

图 10-17 典型风电场控制前后电压波动指标对比(单日)

　　为进一步证明控制有效性,选择了两个相对较长的时间段进行对比分析。由于风力的不确定性,难以找到两个连续长时间周期内风力完全相似,因此选择两个具有代表性的时间断面(均为半个月左右),其中,2012 年 10 月 15 日到 2012 年 10 月 31 日,沽源地区风力较大,该区域多座风电场 AVC 系统持续处于闭环控制状态,而 2012 年 8 月 1 日~2012 年 8 月 17 日,沽源地区处于夏季小风期,平均风力约为 2~3 级,各风电场未将 AVC 系统投入闭环运行。换句话说,投入闭环控制的时段风力条件更恶劣,间歇性更强,对电压影响也更大。但由于该时段投入了闭环控制,其电压总体控制效果比未投入控制的小风时段还要更优,这充分体现了自律协同电压控制的重要作用。长时间尺度下,典型风电场控制前后电压波动对比情况,如表 10-1 所示。

表 10-1 典型风电场控制前后电压波动指标对比(长时间尺度)

风电场	平均日峰谷差/kV		峰谷差下降比例/%	平均日标准偏差/kV		标准偏差下降比例/%
	控制前	控制后		控制前	控制后	
照阳河	4.28	3.67	14.18	0.91	0.59	34.70
坝头	4.50	4.35	3.17	1.03	0.97	5.63
华锦	5.28	4.24	19.60	1.13	0.87	22.47
乌登山	5.29	3.75	29.03	1.18	0.70	41.13
金阳	5.11	3.75	26.60	1.10	0.66	39.88
牧场	4.70	3.42	27.26	0.90	0.60	33.59

第四篇 工 程 实 践

第11章　与EMS的集成

11.1　概　　述

EMS系统与AVC系统需要交换的数据主要包括以下四类。

(1)电网模型类数据。包括设备参数、静态拓扑等电网模型信息，是进行电力系统分析的基础数据。不仅AVC系统需要，EMS系统的其他高级应用分析功能同样需要，因此这部分数据一般已经在EMS系统中具备，AVC系统可以直接使用。

(2)电网图形类数据。主要是系统潮流图、厂站单线图等信息，方便AVC系统进行调试和信息展现，符合用户的使用习惯和需求。所有的电网图形在EMS系统中都已经建立。

(3)电网实时遥测遥信数据。AVC系统要根据电网的实时运行状态作出响应，进行反馈控制。因此需要从EMS系统中获取最新的电网实时遥测遥信数据。

(4)控制执行命令。属于下行类数据，即由AVC系统送至EMS系统。AVC系统计算得到最新的控制指令后，将其发送给EMS系统，利用EMS系统的遥控、遥调通道下发到电厂或者变电站。

一般来说，AVC系统的建设往往在EMS系统之后，AVC系统的开发商和EMS系统的开发商也可能并非一家，如何在两个系统中可靠、及时的交换上述数据，是保证AVC成功实施的关键问题。目前，主要有外挂式集成和内嵌式集成两种思路。

(1)外挂式。所谓外挂式，是指AVC与EMS系统之间采用一种松耦合的集成方式，二者之间的交换停留在数据层面，AVC系统具有独立的软件平台、商用数据库、实时数据库，自行完成进程管理、任务调度、人机界面等工作。

(2)内嵌式。所谓内嵌式，是指AVC与EMS系统之间采用一种紧耦合的集成方式，AVC系统作为一个计算模块存在，与EMS系统的其他高级应用模块(在线潮流、安全分析、暂态分析)等没有本质区别，使用EMS系统的软件平台、商用数据库，利用EMS系统完成进程管理、任务调度、人机界面等一系列工作。

两种模式的优缺点对比，如表11-1所表示。

表 11-1　外挂式和内嵌式两种集成方式优缺点对比

方案	优点	缺点
外挂式	① AVC 系统与 EMS 系统之间的耦合小，只需要针对必要的数据接口进行开发，集成工作量小 ② 可采用标准化接口，如果未来更换 EMS 系统或者 AVC 系统，只要接口定义不变即可实现集成 ③ AVC 系统和 EMS 系统保持相对独立，二者之间仅限于数据交换，不会互相发生影响 ④ 未来 AVC 系统需要开发新的功能时，可以在 AVC 系统的平台上完成，无须对 EMS 系统本身进行任何修改	① 要求 EMS 系统具有良好的开放性 ② 从维护上看，AVC 系统与 EMS 系统由不同厂商开发，相当于新增了一个应用系统，用户维护工作量较大，使用的维护工具也可能不统一 ③ 从使用上看，EMS 系统与 AVC 系统的人机界面风格有差异
内嵌式	① AVC 作为一个模块嵌入到 EMS 系统中，其数据维护都放在 EMS 系统中，用户维护工作量相对较小，维护工具统一 ② 用户面对的是统一的 EMS 平台，人机界面风格保持一直，符合用户的使用习惯	① AVC 系统与 EMS 系统之间的耦合大，双方都需要较大的集成工作量 ② 如果未来更换 EMS 系统或者 AVC 系统，由于其底层平台或者上层功能的不一致，很多嵌入式工作需要重新开发 ③ AVC 系统嵌入 EMS 系统后，在 EMS 系统的体系架构内运行，二者不可避免的会互相产生影响 ④ 未来 AVC 系统需要开发新的功能时，需要在 EMS 系统侧和 AVC 系统侧都进行相应的开发工作

内嵌式和外挂式只是与 EMS 集成方式的不同，对 AVC 系统的内部功能没有本质影响。从表 11-1 的对比来看，内嵌式对用户的使用和维护更加理想，但其前提是 EMS 系统具有良好的开放性，否则将由之带来较大的集成工作量，并且未来功能扩展困难。

11.2　外挂式集成

11.2.1　基本流程

采用外挂式集成方案的数据流图如图 11-1 所示。

为了减轻用户的维护工作量，所需的电网参数可从现有的 EMS 系统中直接转换，对 EMS 系统已有的参数，不需要用户重新进行录入和建模，因此需要完成模型转换接口和图形转换接口。无论是控制环节还是分析环节都要从 EMS 系统获取实时数据，这就需要和 EMS 系统之间实现数据采集接口。而控制环节最终的控制命令需要依靠 EMS 系统的下行命令通道执行，因此需要和 EMS 系统之间实现命令执行接口。对于所有接口，都应满足标准化的需求，以保证未来更换 EMS 系统时不再增加额外的工作量。

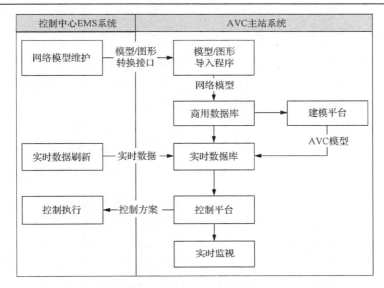

图 11-1　外挂式集成的数据流

1. 模型数据接口

主要基于 IEC61970 标准中规定的 CIM/XML 格式。首先，在 EMS 系统中，将网络拓扑和设备参数导出成中间 XML 文件，然后，由 AVC 系统导入，以供 AVC 系统的分析和控制软件直接使用。

2. 图形转换接口

遵循 SVG 图形标准，将 EMS 系统中已有的图形文件转化成 SVG 标准格式，由 AVC 系统导入，以供 AVC 系统直接使用。

3. 实时数据采集接口

基于 DL476/92 规约进行实时数据通信。采用变位传送方式，对于遥信变位或者遥测变化超出死区，EMS 系统及时将数据通过报文方式送给 AVC 系统。双方每隔一定时间（比如 3min）进行一次全数据交换。

4. 控制执行接口

AVC 系统的控制环节给出控制命令，利用命令执行接口将控制策略下发给子站系统。AVC 系统与 EMS 系统之间通过 DL476/92 规约进行数据交换，命令利用 EMS 的下行命令通道执行。执行的遥控命令包括：设定厂站侧的 AVC 装置本地运行或者是远程控制；电容器/电抗器投退。执行的遥调命令包括：厂站侧的发电机高压侧母线电压值；发电机无功出力调节；变压器分头调节等。

11.2.2　IEC61970 CIM 模型简介

在外挂式集成中，保证遵循已有国际标准非常重要，这是保证能在不同 EMS 厂商和 AVC 厂商之间实现无缝对接的关键。如上节所述，外挂式接口中最为复杂的实际上就是电网模型接口，而 IEC61970 CIM 模型正是国际上通行的相关标准。

本章设计构造了公共信息模型(common information model, CIM)即 CIM 数据结构到原有 EMS 系统实时库 NET 数据结构的转换器，实现数据交换的标准化。

1. CIM 简介

EMS-API 研究的主要目标是减少向 EMS 中增加新应用所需要的费用和时间，保护对 EMS 中正在有效工作的现有应用的投资。

CIM 是整个 EMS-API 框架的基础部分，它提供了 EMS 信息物理方面的逻辑视图。CIM 是一个抽象模型，它表示了 EMS 信息模型中典型包含的电力企业的所有主要对象，包括这些对象的公共类和属性，以及它们之间的关系。CIM 用面向对象的建模技术定义。使用统一建模语言(Unified Modeling Language，UML)表达方法，将 CIM 定义成一组包，每一个包包含一个或多个类图，用图形方式表示该包中的所有类及它们的关系；然后根据类的属性及与其他类的关系，用文字形式定义各类。CIM 通过包的定义将相关模型元件进行分组，实体可以具有越过包边界的关联，每个 EMS 应用可以使用多个包中的信息。

2. CIM 中定义的包

IEC 61970-301 定义了 CIM 基本软件包的集合，它提供了 EMS 信息物理方面的逻辑视图。标准 IEC 61970-302 部分定义了财务和能量计划(电力市场)逻辑视图。标准 IEC 61970-303 部分定义了 SCADA 逻辑视图。

CIM 使用统一建模语言(unified modeling language, UML)描述，UML 将 CIM 定义成一组包，CIM 中的每一个包包含一个或多个类图，用图形方式表示该包中的所有类及它们的关系，然后根据类的属性及与其他类的关系，用文字形式定义各类。UML 和一系列 OOP 语言，如 C++/VC++、VB、JAVA 等有紧密的映射关系，可以集成在一起。

IEC 61970-301 的主体实际上是其标准附件 A：Common Information Model for Control Center Application Program Interface(即针对 CCAPI 的 CIM)，这是使用 Rational 公司的文档自动生成工具 Rational SoDA 从 CIM 模型文件生成的文档，SoDA 从 ROSE 模型文件中产生 Word 文档，文档格式基于定制的模板，该模板按 Word 创建并加入了国际电工委员会(international electrotechnical commission, IEC) 的格式与风格。将来对 CIM 规范书的改动形成本标准的新版本，将首先加入到 Rational ROSE 模型的描述中，以保证 CIM 模型数据源的单一性。

CIM 由一组包组成。一个包是一般意义上将相关模型元件分组的方法。包的选择是为了使模型更易于设计、理解与查看。公用信息模型是由一整套包所组成的。实体可以具有越过许多包边界的关联。每一应用将使用几个包所表示的信息。

整个 CIM 分为如图 11-2 所示的几个包。

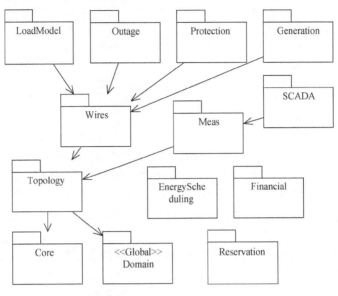

图 11-2　CIM 中的包

3. CIM 中的类及关联

CIM 的每个包中包含了多个类,用 UML 定义了类的属性以及各类之间的关联。类是对一组具有相同属性、操作、关系和语义的对象的描述。CIM 中,类是根据电力系统实际对象抽象而来的模型,每个类都有区分于其他类的名称,这个名称是根据电力系统资源的英文名称而定义的。例如:交流线路定义为 ACLineSegment,变压器定义为 PowerTransformer,厂站定义为 Substation,等等。每个类除了名称之外,还定义了类的属性,描述和识别类的具体对象的特性。这些属性基本上涵盖了 EMS几乎所有应用所用到的类对象的特性。每一属性均具有一个类型,它识别该属性是哪一种类型的属性。典型的属性类型有整型、浮点型、布尔型、字符串型及枚举型,它们被称为原始类型。然而,许多其他类型也被定义为 CIM 规范书的一部分,例如 CIM 中对开关/刀闸类(Switch)的描述如图 11-3 所示。

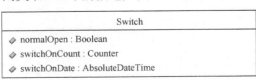

图 11-3　类的属性

属性 nornalOpen 表示正常时开关的状态，它是一个枚举类型的值。而另外两个属性 switchOnCount 和 switchOnDate 就是被 CIM 另外定义的类型。类型 Counter 和 AbsoluteDateTime 在 Domain 包中都有明确的定义，如图 11-4 所示。

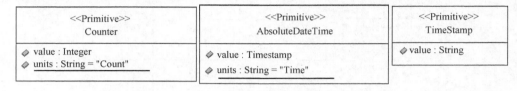

图 11-4　属性类型

CIM 除了定义了包、类和类的属性之外，还定义了包与包之间、类与类之间的关联关系。这些关系描述了各构造块之间的相互作用和相互联系。

包与包之间定义了依赖关系，带箭头的虚线表示了这种依赖关系。依赖是一种使用关系，它说明一个事物（如拓扑包 Topology）中某些事物的变化可能影响到使用它的另一事物（如电线包 Wires 和量测包 Meas），但反之未必。换句话说，电线包和量测包需要使用拓扑包。

类与类之间的关系比包之间的关系要复杂得多。CIM 中类与类之间的关系主要是泛化和关联。

泛化表示一般事物（称为超类或父类）和该事物的较为特殊的种类（称为子类或儿子）之间的关系。也就是说，它是一种继承关系。如图 11-5 所示，是 CIM 中定义的一个泛化关系。

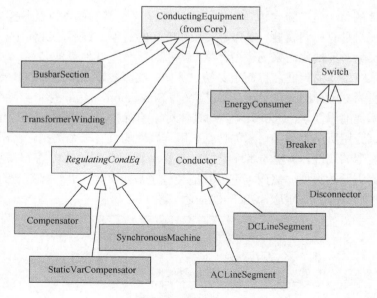

图 11-5　泛化

图 11-6 中描述了一个并不复杂的泛化关系。可以看到，其中 BusbarSection（母线段）、TransformerWinding（变压器绕组）、RegulatingCondEq（可调节设备）、Conductor（导线）、EnergyConsumer（电能量用户）和 Switch（开关/刀闸）都是 ConductingEquipment（导电设备）的子类，它们可能同时也是其他类的父类。例如 Switch（开关/刀闸）是 Breaker（开关）和 Disconnector（刀闸）的父类。

关联（association）是一种结构关系，它指明一个事物的对象与另一个事物的对象间的联系。图 11-6 包含了 CIM 中类与类之间的两种关联关系。

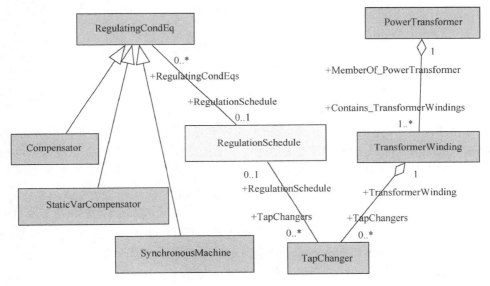

图 11-6　关联

图 11-6 中，除了泛化关系以外的关系都是关联关系。关联两端的数字描述（0..1 和 0..*）是关联的多重性。多重性表明了关联的实例中有多少个相连接的对象：0..1 表示多重性为 0 或 1，0..*表示多重性是 0 个或多个，1..*表示多重性为 1 个或多个，1 表示多重性为 1。多重性可以用整数范围（$m..n$）来表示，m 和 n 代表任意大于或等于零的整数（n 可以用*表示，*代表包括 0 在内的整数）。关联两端的文字描述（+RegulationSchedule 和+TapChangers）是关联的角色名。角色名是关联中靠近它的那段的类对另一端的类呈现的职责，或者这个类在关联中扮演的角色。

这里显示有两种关联关系。

不带菱形箭头修饰的是简单关联。例如 RegulationSchedule 和 TapChanger 之间的关联。这个关联的具体含义是：对一个 RegulationSchedule 的具体实例，它可以没有和 TapChanger 的实例关联，也可以和一个或者多个 TapChanger 的实例关联；对一个 TapChanger 而言，最多只能和一个 RegulationSchedule 的实例关联。

　　带有空心菱形箭头修饰的是简单聚合关联。它表示一个类是另一个类聚合，有整体与部分的概念。例如 PowerTransformer 和 TransformerWinding 的关联就是简单聚合。它表示：一个 PowerTransformer 的实例包含一个或多个 TransformerWinding 的实例，而一个 TransformerWinding 的实例一定是某个 PowerTransformer 的一部分。PowerTransformer 在这个关联中是"整体"，TransformerWinding 是"部分"。

　　当了解了上述包、类和关系后，就可以看懂 CIM 中描述的类图，进一步才能理解 CIM，遵从 CIM 标准建立模型。

11.2.3　CIM 模型的自动导出与解析

　　现场需要开发 CIM 导入导出模块，可以利用标准化的方法，在 EMS 系统和 AVC 主站系统之间完成数据交换的工作。一般来说，控制中心配备有专门的电网模型维护人员，他们的工作是在电网实际模型发生改变时，将这种变化及时的反映到控制中心的 EMS 系统中。AVC 系统所使用的电网计算模型需要通过 CIM 导入导出程序从 EMS 系统中获得，如果这步通过人工完成将显著增加维护人员的工作量，而且也没有办法保证及时性。为此需要提供了一种自动的机制来完成这一工作，用户在对 EMS 进行维护后，会在某台指定的维护工作站上自动更新当前的 CIM/XML 文档；而在 AVC 系统一侧，设计并开发了一个进程，周期扫描远方的维护工作站上的 XML 文档是否更新，该进程运行在 AVC 控制服务器上，一旦发现了更新的 XML 文档，就立即将文档下载到本地，并执行 CIM 导入导出程序，将最新的电网模型导入到 AVC 系统中，从而保证了 AVC 控制服务器上的电网模型与 EMS 中自动保持一致。

　　自动维护模块的运行过程可以通过图 11-7 所示的 UML 序列图来直观表示。从图中可以清楚看出，在 EMS 系统和 AVC 系统之间的电网模型转换完全是自动完成的，该过程对于维护人员来说是透明的，没有增加其任何工作量。而较短的扫描周期(5min，可设置)可以保证 AVC 系统中使用的电网模型始终和 EMS 系统中的最新电网模型保持一致。在现场长时间的运行测试表明，投入自动维护模块后，AVC 控制服务器上的状态估计可以在用户不作任何本地维护的前提下保持 90%以上的合格率。

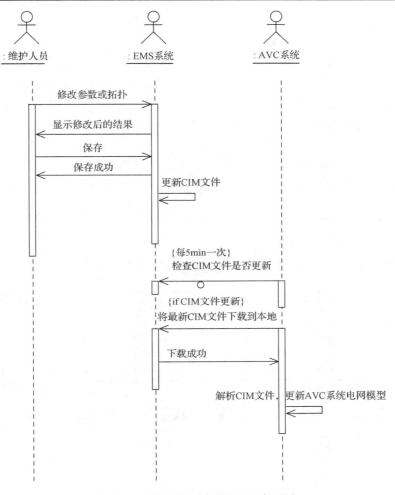

图 11-7　自动维护过程的 UML 序列图

11.3　内嵌式集成

内嵌式集成依赖于 EMS 平台自身的开放性，EMS 需要提供良好的实时库访问接口、应用间通信接口、服务调用接口、进程管理接口等基础功能。本书以目前国内应用最为广泛的智能电网调度技术支持系统(D5000 系统)为例，说明如何将 AVC 系统内嵌集成到 EMS 系统中。

国家电力调度中心于 2008 年启动了智能电网调度支持系统的研发。该系统在多个应用、功能模块之间实现横向集成，考虑了标准化和开放性进行统一设计，并分步实施过渡，保护已有资源，以便于实现信息共享，减少硬件投资，方便系统的维护；同时在多级调度中心之间实现纵向贯通，提高一体化调度的运行水平。

正是由于 D5000 系统的这些特点，部署在该平台上的各个应用都涉及不同规模、不同时限和不同性质的数据交互，AVC 系统也不例外。如图 11-8 所示，AVC 服务器部署在调度中心的安全 I 区，属于实时监控与预警应用中极其重要的组成部分之一，对各类数据进行交互的鲁棒性要求不言而喻。

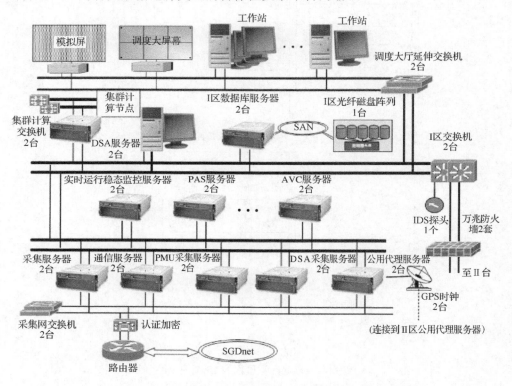

图 11-8　D5000 系统安全 I 区结构示意图

AVC 系统作为一个电网的实时闭环控制系统，需要获得电力系统的物理模型进行分析计算；需要获取电力系统实时量测，需要实时下发生成的控制指令，以实现稳定、鲁棒的闭环控制；需要进行历史数据存储，为离线数据分析提供数据支持。同时 AVC 系统有自己的控制模式，需要建立电压控制模型和参数，需要提供给调度运行人员进行监控的数据。此外，还需要相关的电压稳定计算，对于海量的数据计算还需要利用 D5000 的并行计算平台。可见 AVC 系统涉及多方面的数据交互，本节将根据 AVC 系统各功能模块的需求，对整个控制系统以及数据交互的详细设计进行阐述。

11.3.1　系统框架与数据交互

D5000 系统采用 SOA 架构，因此整个 AVC 系统的框架设计基于服务总线和消息总线，如图 11-9 所示。

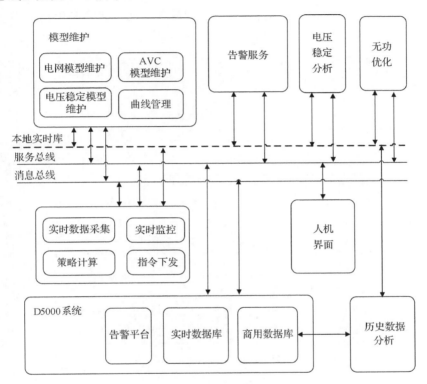

图 11-9　基于 D5000 的 AVC 系统框架

AVC 系统主要有以下功能模块。

（1）模型维护。维护各类计算所需要的各种模型，供策略计算、无功优化、电压稳定计算使用。

（2）实时监控。实时采集量测，进行策略计算，得到控制指令并下发，实现闭环控制，并所有结果通过人机界面展示。

（3）电压稳定分析。进行对控制策略进行电压稳定校核，以及有关的裕度计算和故障扫描。

（4）历史数据分析。周期将量测采集结果和生成的控制指令进行存储，为离线分析提供依据。

(5)告警服务。实时将系统运行过程中的异常情况进行存储,供离线分析使用。

这几个模块之间的数据交互通过服务总线、消息总线、本地实时库完成,如图11-10所示,整个AVC系统的数据流如图11-10所示,AVC系统从D5000系统获得各类所需数据,计算出控制指令通过D5000系统发送给直调电厂、变电站和上、下级AVC系统,同时将运行信息和告警信息传送给D5000系统和历史数据库。

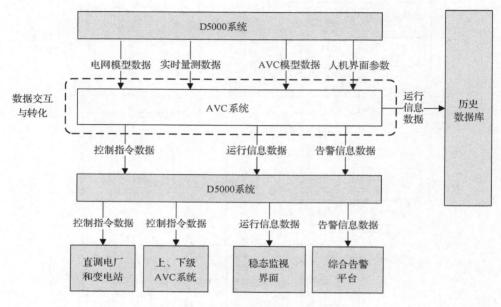

图11-10 基于D5000的AVC数据流

各模块之间所交互的数据的交互形式、数据量、交互速度需求存在较大差异。要保证整个AVC系统正常运行,需要有以下几种类型的数据进行交互:电网模型数据、AVC模型数据、实时采集数据、控制指令数据、人机界面数据、告警消息数据、历史数据和并行计算类数据,其特点如表11-2所示。

所有数据只能通过D5000系统提供的数据交互方式来完成,共有以下几种:服务总线、消息总线、商用库API、实时库API、告警平台API和文件方式,其特点如表11-3所示。在原理上,实时库API的交互方式也是通过服务总线实现的,但其格式是D5000系统规范化的数据表格式,数据结构固定,而不像一般服务总线交互时那样需要交互双方约定数据格式,因此将实时库API单独作为一种交互方式。

表 11-2　AVC 系统各类型数据交互特点

数据类型	特点描述
电网模型数据	数据源来自 D5000 系统，数据源与对应的时标由 D5000 系统负责更新 数据量取决于电网的规模，交互频率很低，要求交互速度较快
AVC 模型数据	数据源来自 AVC 建模界面；数据量适中，交互频率很低；交互速度要求不高
实时量测数据	数据源来自 D5000 系统，要求秒级实时刷新；交互数据量适中，交互频率为约 30s 一次；交互要求较快速的完成，稳定性要求极高
控制指令数据	数据源来自 AVC 计算程序，数据量较小；交互频率适中，一般为每 5～15min 一次；交互要求极为快速完成，稳定性要求极高，不能阻塞
人机界面数据	AVC 系统与操作人员之间的交互，结果类的数据要求实时秒级刷新参数配置类数据交互频率很低，要求较快速的完成，稳定性要求高
告警消息数据	由 AVC 系统的多个模块产生，不同级别的告警，向告警平台发送，数据量与交互频率不确定，要求实时刷新
历史数据	来自 AVC 系统，存进历史数据商用数据库；存储时周期为 1min，频率较高，数据量较大，要求快速完成；读取时数据量极大，交互频率较低，交互速度不限
并行计算数据	供计算节点进行并行计算使用，交互频率为分钟级，一般为 5～15min；数据量较大，要求较快完成交互；稳定性要求高 计算节点只能被动接收，且无法直接访问 D5000 平台；计算结果分散在各个计算节点，需要进一步整合

表 11-3　D5000 系统的数据交互方式及其特点

数据交互方式	特点描述
消息总线	广播式，适用于数据量小，频率不高，速度很快的交互；需要约定格式
服务总线	适用于数据量稍大，频率较低，速度较慢的交互类型；需要约定格式
实时库 API	适用于数据量较大，频率较低，单次交互速度较快，结构相对固定的数据交互类型
商用库 API	适用于数据量极大，时限较短，结构相对固定的数据交互类型
文件方式	适用于数据量较大，实时性要求较低，规范化格式的交互类型
告警平台 API	用于告警消息类型的数据，可实现实时刷新

　　不同类型的数据交互，应当根据该类型数据交互的特点进行分析，从 D5000 系统提供的交互方式中选择最为恰当的方式；以保证 AVC 系统运行的稳定性和鲁棒性。

11.3.2　详细设计分析

1. 数据流与系统实现

　　整个 AVC 系统的功能，是由其各大功能模块之间进行数据交互，并在时序上配合起来实现的，AVC 系统的详细设计，也就是对 AVC 系统各个功能模块之间，以及 AVC 系统与 D5000 系统之间的数据流进行详细设计，包括交互方式以及交互在时间上的配合。

如图 11-11 所示，AVC 系统各个功能模块之间的数据交互用例图描述了 AVC 系统的数据流，给出了整个 AVC 系统正常运行过程中数据流和各模块之间的配合的简单示意。模型维护提供了基础模型数据，在此基础上实时监控、无功优化和电压稳定分析模块进行计算以控制，期间输出控制指令、稳态数据、告警信息给 D5000 系统，在电压稳定分析中计算量较大的周期扫描部分，还调用了 D5000 系统的并行计算平台完成。

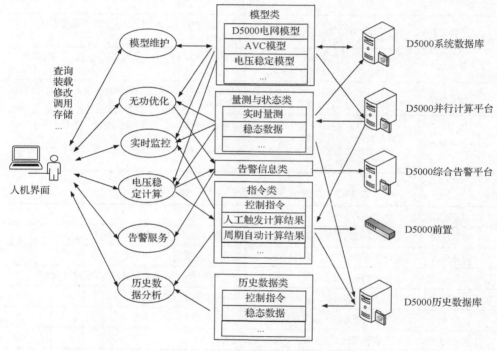

图 11-11　AVC 各模块间的数据流

如图 11-12～图 11-15 所示，以序列图的方式详细阐述模型维护、实时监控、无功优化、告警服务、历史数据分析，电压稳定计算和 D5000 系统之间的交互与配合。

如图 11-12 给出的模型维护 UML 示意图，电网模型维护是周期进行的，AVC 系统发出申请，从 D5000 系统获得详细数据，分析校验后导入；AVC 模型维护由操作人员触发的，通过操作人员的维护，保存在 D5000 系统中，必要时进行校验导入，作用于实时运行的 AVC 闭环控制；电压稳定模型也是由操作人员触发，由 D5000 系统保存。

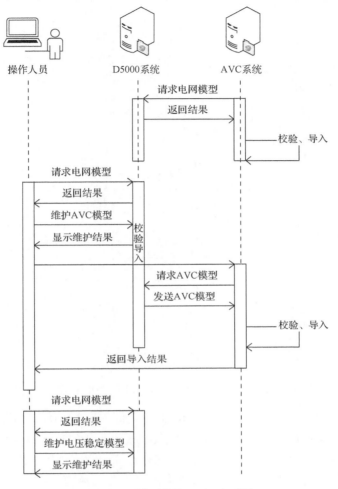

图 11-12 模型维护 UML 序列图

实时监控、无功优化和告警服务这几个模块和 D5000 系统之间的交互配合，如图 11-13 所示。实时监控是 AVC 系统最为核心的控制模块，每个监控周期内，首先向 D5000 系统请求实时量测数据，和无功优化模块进行配合，参考无功优化的结果计算控制策略，然后将计算得到的控制指令发送给 D5000 系统，通过前置和调度数据通信网络下发给电厂、变电站或上、下级 AVC 控制。期间可能会产生数量不定的告警信息，发送给告警服务进行存储，汇总后发送给告警平台。

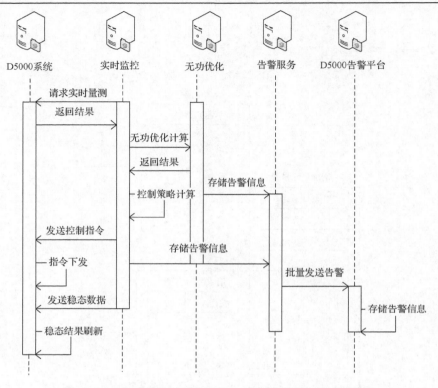

图 11-13 实时监控、无功优化、告警服务的 UML 序列图

历史数据分析与 AVC 系统、D5000 系统之间的交互配合，如图 11-14 所示。历史数据分析模块周期地存储 AVC 系统其他模块生成的稳态数据(包括所有量测值，控制指令，各类约束值等等)，然后保存在 D5000 的历史数据库中；当操作人用需要进行历史数据分析时，从人机界面数据有关筛选条件(日期、时间段、地区、设备类型等等)，历史数据分析模块批量的从 D5000 历史数据库中导出，返回给人机界面，向操作人员以曲线、表格等形式进行展示。

电压稳定计算模块与 AVC 系统、D5000 系统以及 D5000 的并行计算平台之间的交互配合，如图 11-15。电压稳定计算分为两个部分：第一部分是由操作人员触发的计算(例如 PV 曲线计算、ATC 计算)，这部分计算由 AVC 系统进行，然后将计算结果保存在 D5000 的实时库中，通过人机界面返回给操作人员；第二部分是周期触发的分析计算(例如 N-1 故障扫描)，由于计算量庞大和计算时间所限，因此调用 D5000 系统的并行计算平台进行计算，电网模型数据采用 D5000 系统统一的电网模型数据，电压稳定计算模型(主要是故障集)已经由操作人员通过模型维护模块保存在 D5000 实时数据库中。电压稳定模型有的可以从 D5000 系统中导入(例如故障集、联络断面)，有的只能重新建立(例如传输路径，即哪些负荷增长、哪些发电机响应、增长比例等信息)。

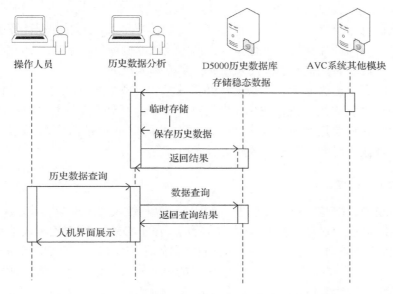

图 11-14　历史数据分析的 UML 序列图

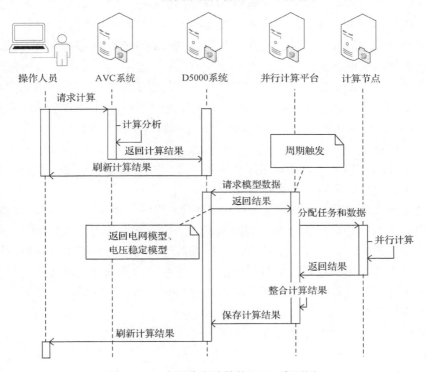

图 11-15　电压稳定计算的 UML 序列图

当计算周期到来时，并行计算平台统一从 D5000 系统获得各类模型数据(而不是向各个应用索取从而提高效率)，将数据发送给各个计算节点，同时分配计算任务，然后每个计算节点进行并行计算，得到计算结果，之后并行计算平台回收各个计算节点的计算结果并进行整合，返回给 D5000 系统，保存在 D5000 实时数据库中，之后刷新人机界面的展示结果，供操作人员分析。

对于电压稳定的 N-1 故障扫描，并行计算的任务分配机制为：每个计算节点分配相同数据量的故障数量进行分析计算，每个计算节点在计算之前必须知道一共有多少个计算节点参与本次计算，以及自己是其中的第几个计算节点，然后从故障集中选取相对应的若干个故障进行分析计算。

2. 电网模型数据

电网模型数据是 AVC 系统进行分析、计算和控制的基础数据，AVC 系统内部几乎所有功能模块都是在其基础上进行的。由于 D5000 系统还集成了状态估计应用，该应用负责对电力系统进行实时的状态估计，并将其计算结果返回给 D5000 系统保存。基于 SOA 的理念，AVC 所需的电网模型数据和状态估计结果可以直接向状态估计应用索取。

实际运行过程中，电网模型数据的变化频率很低，仅当电网规模扩大时发生变化。电网模型的数据量和电力系统规模有关，一般数据量较大。

综合考虑电网模型数据的特点，以及 D5000 系统提供的各种交互方式，采用 D5000 系统的实时库 API 方式进行数据交互。另一方面，在 AVC 系统内部电网模型数据的复用率和调用频率极高，但交互又不能过于频繁，因此在本地内存中开辟一块空间作为"本地实时库"，AVC 系统作为一个整体向 D5000 系统索取电网模型数据，转化为 AVC 系统可直接使用的模型后，存放在本地实时库中，供各个功能模块使用。

如图 11-16 所示，本地实时库相当于一个缓冲的容器，适用于复用率和调用频率很高、变化频率较低的数据类型。

交互方式确定之后，还需要进行数据转化，以便于 AVC 系统内部各模块能直接使用。D5000 系统提供规范化的数据格式：每一种设备为一张数据表，包括厂站表、发电机表、母线表、负荷表、开关表等等；每一张表的每一行对应该类设备的一个实体，每一列对应该类设备的一项属性。为降低交互时间带来的影响，首先将所有相关的数据先通过实时库 API 接口导入一块临时的内存空间中，解析后存入本地实时库。

解析数据的过程主要分为 3 个步骤。

1)形成拓扑模型

首先，根据 D5000 系统数据表中提供的数据，形成树形结构的厂站拓扑模型。

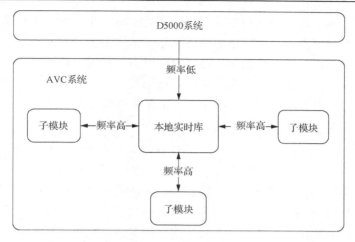

图 11-16　本地实时库的示意图

D5000 系统提供的数据是冗余的，部分数据对本区域的 AVC 系统控制计算是无效的，例如有的设备是悬空的，有的设备或厂站不在当前调度中心分析范围内等，AVC 都应将其排除。厂站拓扑模型的简单示意，如图 11-17 所示，纳入计算分析范围的是以"电力公司"为根节点的树形区域而区域 4 及其下属厂站 4 和厂站 5、设备 7 都是需要排除在分析范围之外的对象；此外，厂站 3 带上了排除标志，因此也属于排除对象。最终可形成一棵树形结构的厂站拓扑结构，对各类设备和节点重新编号。

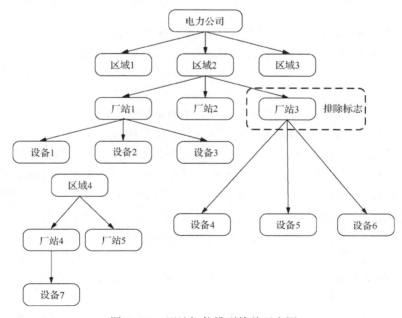

图 11-17　厂站拓扑模型简单示意图

然后，根据交流线段表和交流线段端点表，建立交流线路拓扑模型，找到每条交流线路两端节点在上一步形成的树形拓扑结构中节点并连接；对于交流线路两端节点都无法在厂站拓扑模型中找到对应节点进行的交流线路，将其视为悬空的线路予以排除；对于只有一端能在厂站拓扑模型中找到节点进行连接的，在这一端进行连接，并在线路的另一端添加等值发电机或等值负荷。

2）计算设备参数

对于发电机、负荷设备，直接采用 D5000 系统提供的参数；对于等值负荷，其容量和限值都设为一个工程上可接受的典型值；对于交流线路，根据其电压等级和有名值参数，计算其电阻、电抗和充电电纳的标幺值；对于变压器的每一个绕组，根据绕组的电压等级和有名值计算其标幺值，对于已经归算到高压侧的绕组参数，找到该绕组所在变压器的高压侧电压等级，计算归算之前的有名值，再根据该绕组本身电压等级计算其标幺值。

3）量测映射

AVC 系统基于 D5000 系统提供的数据上通过量测映射，再进行状态估计、潮流计算、OPF 计算，以确保后续 AVC 控制核心计算能正常进行。量测值并不是实际的 SCADA 量测，而是 D5000 系统给出的状态估计结果。对于实际的发电机、负荷、绕组、交流线路量测直接采用 D5000 系统给出的状态估计结果，对于等值机和等值负荷，找到对应被等值的设备（例如线路），将被等值的那一侧的状态估计结果作为量测进行映射。

经过 D5000 系统实时库 API 的数据交互，以及之后的数据解析，可以得到一个完整的电网模型数据，将其存放在本地实时库中，供 AVC 系统中其他模块随时调用。

3. AVC 模型数据

AVC 模型数据是 AVC 控制计算所必需的基础数据之一，总体上包括曲线管理、电厂建模、变电站建模、协调控制建模等几个部分。

曲线管理的建模范围包括：电压曲线、特高压曲线、关口功率因数曲线、发电机功率圆图。通过建立多套曲线并进行管理，在不同时期、不同运行方式下采用不同的曲线进行电压控制，以适应因季节、节假日和特高压运行方式的不同使得电压控制约束产生响应的变化；电厂控制模型和变电站控制模型描述了电压控制中所涉及的设备，并指定有关参数，主要包括区域建模、中枢母线建模、控制母线建模、发电机建模、容抗器建模等；协调控制模型主要描述本区域 AVC 系统与上、下级 AVC 系统进行协调电压控制所需要的模型，如区域建模、关口设备建模、协调控制母线建模等。

AVC 建模是由操作人员发起，根据电网模型数据进行，直接影响整个闭环的电压控制，对操作的安全性要求很高。从上面的描述可以看出，AVC 模型的建立是分为多个部分、多个步骤进行的，并不是建立之后直接生效，而是所有模型都建立之后，再通过模型校验，确认无误之后再投入实际的闭环控制系统中使用。因此每次 AVC 模型数据的交互过程可明显地分为两个阶段：操作人员维护阶段、校验导入阶段。

在操作人员维护阶段，对于交互频率、交互速度都没有特别的要求，一般而言，在 5~10s 之内完成即可，为保证 AVC 模型全局唯一，维护之后的模型数据保存在 D5000 系统的商用数据库和实时库中。另一方面，在校验导入阶段，数据格式相对固定，仅仅进行一次交互，但对速度要求较高，应尽快完成以免影响闭环运行的控制系统，一般在 0.5s 内完成即可，基于服务总线的交互方式可满足要求。

和电网模型数据类似，AVC 模型数据在 AVC 系统内部的复用率和调用频率也很高，但实际运行过程中，进行 AVC 模型维护并完成校验导入这样的操作次数很少，AVC 模型数据的变化频率很低。因此也采用前文中本地实时库缓冲容器，从 D5000 系统中取出、校验后导入本地实时库供其他模块快速、频繁的调用。

综上所述，根据 AVC 模型数据的特点和 D5000 系统的各种交互方式特点，选择 D5000 系统商用库 API 作为模型维护时的交互方式，使用服务总线进行 AVC 模型的校验和导入，以本地实时库为容器，供 AVC 各个模块快速频繁的调用，可以稳定、鲁棒地实现 AVC 模型数据的所有交互。

4. 实时量测数据

实时量测数据包括控制母线、中枢母线、协调控制母线、协调优化母线的电压实测值，控制发电机、主变、关口的有功和无功实测值，上、下级 AVC 发送的协调变量实测值，以及电厂 AVC 投退状态、增减磁闭锁状态等遥信值等。这些数据是电压控制核心计算和指令下发的重要依据，要求实时刷新和较快的交互速度。在数据刷新频率方面，目前网省调的 AVC 系统数据采集周期为 30s，即每 30s 进行一次实时数据交互。

这些数据可以向 D5000 系统的 SCADA 应用索取，但和电网模型数据一样，直接通过服务总线向其他应用申请数据服务较为复杂，AVC 系统所需的实时量测数据，SCADA 应用已经存放在 D5000 系统中公用的实时数据库中，有规范化的数据格式，可供其他应用调用，因此选择 D5000 系统的实时库 API 方式进行数据交互，在交互频率和交互速度上都能满足要求。

同样地，在 AVC 系统内部，无功优化、控制策略计算、指令下发等模块都要用到实时量测数据，复用率和调用频率也很高，采用前文中提及的本地实时库这一缓冲容器来解决。

所有的实时量测数据分散在 D5000 系统中的母线表、发电机表、遥测表和遥信表等数据表中，而在本地实时库中，AVC 模型数据是有序的，因此填写量测数据时需要对原始数据进行索引处理。同时为了尽可能减少与 D5000 系统进行交互的次数，首先将所有分散在各个数据表中的量测数据全部读入内存，以哈希表的数据结构存放，以遥测点名为索引，提高检索效率。然后遍历本地实时库中所有 AVC 相关设备，根据设备对应的遥测点名，在哈希表中检索对应的量测值，填入本地实时库，最终完成实际量测数据的交互。这种交互方式可以满足 AVC 系统对实时量测数据的要求。

5. 控制指令数据

控制指令数据指的是 AVC 系统实时监控模块周期给出的控制指令（例如电厂控制母线的电压设定值），以及与上、下级控制中心的 AVC 系统进行通信的数据（例如省地协调电压控制中的关口无功设定）。AVC 系统一个闭环控制系统，其安全性、稳定性、鲁棒性要求极高，尤其是作为下行数据的控制指令，其效果直接作用于电网，其数据交互是整个 AVC 系统中对稳定性要求最高的环节。

二级控制周期一般为 5min，周期到来时多条控制指令生成，并连续地进行交互（尽可能保证控制指令同时被执行）。控制指令的数据量取决于参与控制的设备，相对于电网模型数据和实时量测数据而言，控制指令数据的数据量非常小，但要求交互速度极快，稳定性高，不能被阻塞。从数据要求来看，选择 D5000 系统的消息总线作为控制指令交互（主要是下发）方式最为合适，一般采用广播式的交互方式。

在下发控制指令之前，需要事先完成每一个控制设备的通道、测点配置。这些配置的结果存放在 D5000 系统的实时数据库中，在模型维护过程中导入到 AVC 本地的实时库容器中；实时控制中，当生成控制指令时，从本地实时库中读取通道信息和测点信息，生成消息总线的数据包（包含测点信息与控制设定值），通过消息总线发送给 D5000 的前置系统，由其通过调度数据通讯网络与实际的控制设备（例如电厂 AVC 子站系统）进行交互，从而尽可能减少与 D5000 实时数据库的交互，降低指令下发流程的复杂度，减少风险。

另一方面，关于控制指令是否被控制设备接收到，AVC 系统并未获得有关信息。为了保证闭环控制的稳定性，设立了一套校验机制：每一个受控设备所在的厂站级控制对象（例如电厂的 AVC 子站系统）实时上送一个称为远方/本地信号的遥信，正常情况下该遥信值为 1（对应的模式为远方控制，即接收主站闭环控制指令）；当通信异常或是其他原因导致收不到电压控制指令，那么在该状态连续经历了 3 个控制周期后，该控制对象自动将遥信值置为 0（对应的模式为本地控制，不接收主站控制指令），控制中心的 AVC 系统在获取实时量测数据时检测该遥信值为 0 时，给出告警，通知操作人员进行检查。该控制逻辑如图 11-18 所示。

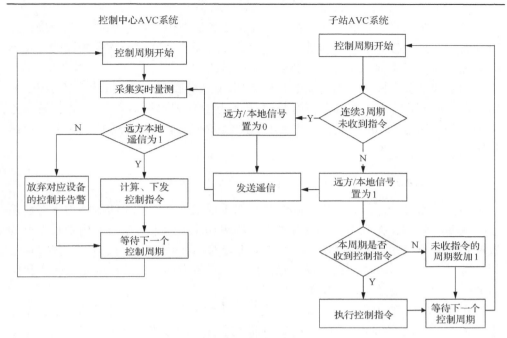

图 11-18　远方/本地信号与控制逻辑

6. 人机界面数据

人机界面数据主要有 4 类：控制参数、表格类展示数据、曲线类展示数据、图形类数据，这些数据主要通过 D5000 系统提供的图形界面进行展示，其数据存放在 D5000 的实时数据库中，在人机界面设计时进行相关的关联操作。

控制参数在人机界面修改后保存在 D5000 实时数据库中，经确认后导入到 AVC 系统的本地实时库容器内，作用于闭环控制系统；表格类展示数据只需要实时修改 D5000 实时数据库中对应的内容即可；曲线类数据需要单独建立一个数据表，定义其中的某一列为特定曲线的数据源进行关联，对该列的数据进行刷新即可完成对曲线图形的刷新；图形类数据是要将图形对应的数据源（例如饼图、柱状图的对应的数值）与图形进行关联，数据源也存放在 D5000 实时数据库中，对数据源进行刷新即可完成对图形数据的刷新。

人机界面数据对交互的要求不高，但基本都用 D5000 实时数据库作为数据源，因此用 D5000 实时库 API 的交互方式是最适合的。

7. 告警消息数据

多个模块都会生成告警消息（例如实时监控中的策略计算和指令下发、无功优化等等），而且其数据量也是不确定的，和实际运行控制中状况有关。另一方面，告警信息还分为多个等级，不同严重程度的告警其影响大小也不同，对于操作人员而言，如果直接查询所有告警信息，将难以在第一时间对最需要关注的严重告警做出反应。告警信息的实时性要求一般是秒级。

由于涉及多个模块，为避免频繁与 D5000 系统通讯，用前文提及的 AVC 系统本地实时库作为缓冲容器，进行临时存储（包含告警等级的数据），由告警服务主模块进行整合，然后通过告警平台的 API 接口，批量地向 D5000 的告警平台进行数据交互，供操作人员查看。

8. 历史数据

历史数据是给运行人员进行离线分析的重要依据，所涉及的数据为所有控制设备的实时量测、控制指令以及各类电压约束和无功约束等信息。历史数据有读取和存储两类操作。存储操作是周期自动进行的（周期一般为 1min），仅仅包括本周期数据，数据量较小；读入操作是由操作人员触发的，所读取的是操作人员所关心的时间段内的数据，数据量一般较大。

在 D5000 系统中，历史数据存放在另一块称为"历史数据库"的商用数据库中，因此历史数据的交互方式只能采用商用库 API 的方式，这种方式可进行速度较快、结构相对固定的大量数据交互，因此可满足历史数据的交互需求。

9. 并行计算数据

对于计算量较大，耗时很长的分析计算，需要调用 D5000 系统的并行计算平台进行，必须同 D5000 系统以及并行计算平台进行相关数据的交互。目前，AVC系统需要并行计算的功能模块为电压稳定计算中的 N–1 故障扫描功能。所需要的数据为电网模型数据、实时量测和故障集数据，另一方面，计算结果需要从各个计算节点进行回收后整合，写入 D5000 的实时数据库，才能向操作人员展示，以便于分析。

并行计算节点的数量十分庞大，同时让所有计算节点直接访问 D5000 系统来获取数据的交互方式，会给系统带来很大压力，降低稳定性，是非常不合理的，因此设计如下模式：设立并行计算的服务器，实现同 D5000 系统的交互，该服务器完成数据交互后，以既定的格式将数据以文件的方式分发给各个计算节点，各个计算节点从文件中导入数据进行计算，详细数据流如图 11-19 所示。使用并行计算平台的应用不只有 AVC，因此数据交互的文件格式应当标准化、规范化。此处采用的文件格式是 CIM/E 格式，E 格式在近年来全国多处网省调都得到极为广泛的应用。

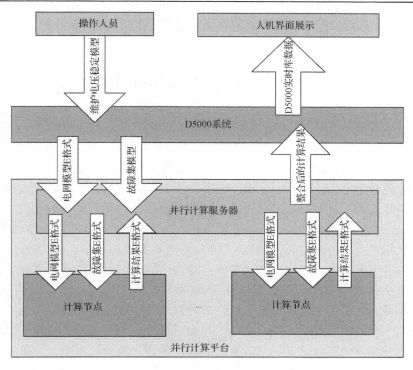

图 11-19　并行计算数据交互示意图

第 12 章 AVC 相关标准化研究

12.1 概 述

电压控制系统已经得到各大电力公司的重视并取得广泛应用，AVC 将面对的是由不同的 EMS 厂商提供的基础性平台，一对一的专用接口方案将大大增加双方厂商的开发成本，有必要为二者之间的数据交换设计一种标准化的接口方案。另一方面，如同 AGC 系统一样，AVC 系统从功能上应该作为 EMS 的一个组件存在，但是由于各大电力公司的 EMS 系统已经相对成熟并应用多年，而 AVC 系统却刚刚开始实用化的研究，这势必牵涉到如何将 AVC 系统与现有 EMS 系统集成的难题。这都要求对 AVC 系统进行标准化方面的研究。

随着国内调度自动化领域的主要厂商对于 IEC61970 标准的理解日益加深，支持 IEC61970 标准已经成为新一代 EMS 平台的重要特征。在这种情况下，作为方兴未艾的 AVC 系统，只有基于 IEC61970 标准来进行设计和开发，才能够适应电力系统应用软件的发展趋势，从而得到更好的应用。在 IEC61970 的系列标准中，CIM 规定了 EMS-API 的语义部分，是整个 EMS-API 框架的重要基础。组件接口规范规定了组件(或应用程序)之间交换信息时应采用的各种标准接口。IEC 61970 标准的目的，是通过制定组件接口标准来鼓励开发可重用的软件组件，并促进它们在电力信息系统集成中发挥作用。CIS 作为一种接口规范，主要是为 EMS 与其他软件之间提供一个平台，而能否实现真正的无缝集成，最关键的是在公共信息模型中能否对双方所交互的信息加以准确的描述。

在目前已经公布的 CIM 版本里的 Wires 包中，对于电压控制进行了初步的简单建模，如图 12-1 所示，其基本思想是引入了电压控制区域(VoltageControlZone)的概念。对于每个电压控制区域给出一个调节计划(RegulationSchedule)，通过对该区域的唯一中枢母线(BusbarSection)的控制，完成电压调节的工作。利用这个模型，只能完成最简单的下发控制计划的目标，无法满足一个实时控制系统所要求的标准化的数据交换和系统设计。因此，在现在的 CIM 版本中，电压控制部分只作为一个示意性的模型存在，必须要进行适当的扩展。

在与 EMS 的集成部分，本书已经介绍了如何利用 CIM 从现有 EMS 中获取设备参数和静态拓扑，从而实现了 AVC 系统的免维护。但是这部分工作的主要目的，是获取电压控制所需的必要信息，并没有解决电压控制本身的标准化问题。本章的主要工作就是分析各种电压控制方案之间的共性，提出抽象后的电压控制模型，并将其合理扩展到现有的公共信息模型中。

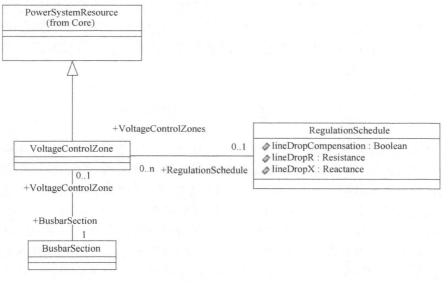

图 12-1　现有 CIM 中的电压控制模型

12.2　扩　展　原　则

任何一个标准的提出和实施，都有一个螺旋式上升发展的过程。IEC61970 作为一套规模庞大且技术复杂的系列标准，尚处于研究和完善阶段，其中公共信息模型尤其需要进行应用性的扩展，并在长期的应用实践中得到验证并不断发展（吴文传等，2005；孙宏斌等，2005；王志南等，2005；王彬等，2011）。

为了保证 IEC61970 标准的鲁棒性，CIM 扩展的基本原则是"尽可能少地修改标准"。为了实现这一原则，必须做到以下几点：

（1）对于新应用，要进行分析和研究，从较高层次上抽取共性的数据与模型，只有这样，才能保证扩展后模型的广泛适用性。

（2）准确理解现有的公共信息模型，需要分析新应用中哪些部分可以在现有的 CIM 中实现，要充分利用标准中已有的模型和信息，避免不必要的修改。

（3）在新应用的模型与现有 CIM 结合时，应该充分利用面向对象设计中的继承和组合等特性，使得现有 CIM 中的模型和信息得到最大程度的复用。

一个实用化的电压控制模型首先必须是一个完备的模型，能够描述完成电压控制所需的基本信息，包括：①控制目标是什么？②控制手段是什么？③如何采集控制系统所需的观测信息？④如何下发控制系统得到的控制指令？

一个实用化的电压控制模型，面对的不是某个独特的电压控制系统或电压控制模式，而是所有可能的控制系统和模式的共性部分，因此它同时也必须是一个足够灵活的模型，能够处理可能存在于不同控制系统和控制模式之间的差异之处：①控制目标上的多样性。②控制手段上的多样性。③控制模式上的多样性。

12.3 对现有 AVC 系统的分析

将 AVC 系统模型扩展到现有公共信息模型中，必须能够保证可以适应现有的各种 AVC 系统的使用需求，为实现这个目标，需要分析已有的 AVC 系统的特点，抽取最核心的数据模型。本书前文已经讨论了国内外已经得到应用的 AVC 系统，可以划分成两种主要的控制模式：两层电压控制模式和三层电压控制模式。在 CIM 中扩展 AVC 模型，其目的不再是单独为某种电压控制模式服务，而必须能够涵盖现有的甚至未来可能出现的各种模式。这就要求扩展的模型必须有一定的灵活性和可扩展性，能够支持未来可能出现的新情况，这样才能起到标准化的作用。实现这样的设计必须解决如下难点：

(1)如何描述层次结构。三层电压控制模式和两层电压控制模式最大的差别在于其层次关系上的不同。如果直接来描述这种层次结构，难以同时适应现有的两种模式，而且不具有良好的可扩展性，难以适应未来可能出现的新控制模式。

(2)控制目标的多样性。根据控制模式和控制层次的不同，在电压控制过程中一般有以下多种控制目标：①系统网损；②中枢母线电压偏差；③联络线潮流偏差；④发电机无功出力偏差。

同样，随着控制模式的发展，可能出现新的控制目标。比如在省级电网中将地调的电压控制协调起来，可能要将一些重要关口的功率因数作为控制目标。

(3)控制手段的多样性。在现有的模式下，控制都是由最底层的子站环节实现，根据所控制的设备和策略的不同，一般控制命令包括：①设定电厂发电机无功；②设定电厂高压侧母线电压；③调整变电站变压器分头档位；④投切变电站电容电抗器。

而随着将来技术的发展，还可能增加包括柔性交流输电系统(flexible AC transmission systems，FACTS)装置等在内的多种控制手段。这势必要求建模时更加灵活。如何解决这些难点，设计具有良好适应性和可扩展性的 AVC 模型，并将其有效的嵌入到现有的 CIM 中，是本书在本节的主要工作。

12.4　层次结构描述

面向对象设计(object oriented programming，OOP)的一个基本思想是封装可能出现变化的对象，因此要解决层次结构在描述上的困难，就要想办法把层次结构封装起来。首先，对电压控制的行为进行抽象，电压控制的过程就是通过控制设备的调节来使得控制目标得到满足，无论是对于三层电压控制模式还是两层电压控制模式，三级电压控制器和二级电压控制器的不同，主要集中在算法实现。CIM 中并不去描述采用何种控制算法来得到控制量，更关心的是如何将控制目标和控制设备正确的关联和组织在一起，因此可以抽象出电压控制器的概念，用来描述所有和电压控制相关的行为。如果将一个电压控制器看成一个黑匣子，那么它主要包括两部分：控制目标和完成控制所采用的控制设备，如图 12-2 所示。

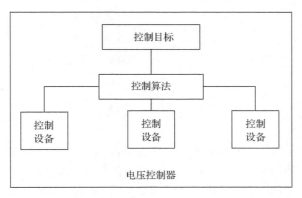

图 12-2　电压控制器示意图

图 12-2 只描述了单个电压控制器的特性，而电压控制中的层次模型，主要体现在上下级之间的协调和依赖，高一级的控制策略都是通过修改低一级控制器的控制目标来执行，对于高一级的电压控制器，完成其控制目标所采用的控制设备其实就是下一级电压控制器，比如对于二级电压控制来说，其控制目标是中枢母线电压偏差最小，而其控制设备就是一级电压控制器。在这个意义上，电压控制器应该作为一种特殊的控制设备出现，所以在类关系的设计上，电压控制器从电压控制设备中派生得到。因此，本书提出如图 12-3 所示的递归组合模型。

在这种设计方案中，电压控制器(VoltageController)由电压控制目标(VoltageControlTarget)和电压控制设备(VoltageControlDevice)组成。每个电压控制器可能包括 1 到多个控制目标，因为对于一个控制器(尤其是控制层次较高的控制器)，其目标函数往往表现为多个控制目标的加权和。而具体的一级电压控制器

（Primary VoltageController）、二级电压控制器（Secondary VoltageController）、三级电压控制器（Tertiary VoltageController）都可以从 VoltageController 中派生得到。这种递归组合模型封装了分级电压控制的层次结构，不仅可以满足描述现有的两层或三层电压控制模式，甚至可以推广到任意层次的控制模式。

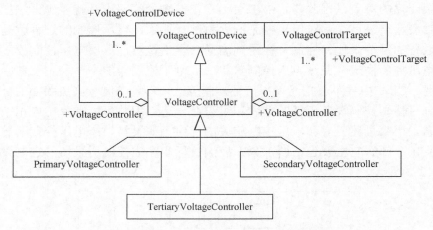

图 12-3　　基于层次结构的电压控制器设计方案

12.5　　与现有 CIM 结合

上一节给出的递归组合模型可以有效地描述分级电压控制的层次结构，本节的主要工作是研究如何将该模型合理的嵌入到现有 CIM 中，一方面可以尽可能多的利用现有 CIM 中的信息；另一方面可以满足控制目标和控制手段多样性的需求。

上一节所提出的控制设备类和控制目标类，并不完全对应于实际存在的物理设备，它们更类似于一种虚拟的容器，目的是将和控制相关的信息集成在一起。对于控制设备类，有两个重要的特性。

（1）控制设备要和某个实际的电力系统设备相关联，比如某台发电机或者某个可投切电容。

（2）控制设备应当包含和控制相关的信息，比如采用遥调方式来控制一台发电机的无功出力或者通过遥控方式来投切一个电容，那么必须知道该遥调或者遥控的相关信息。

同样，对于控制目标类，也有类似的两个特性。

（1）控制目标可能和某个实际的电力系统设备相关联，比如某个中枢母线的电压值或者某条联络线的潮流值。

（2）控制目标应当可以添加默认的控制计划，对于分级电压控制，这点尤为重要。当上 PVC 出现问题，无法正常下发控制策略时，下一级电压控制器可以根据本身控制目标的默认控制计划进行动作，从而保证系统的鲁棒性。

在现有的公共信息模型中，包含了控制和调节信息的类都从 RegulatingCondEq 中派生得到，RegulatingCondEq 在 CIM 中的描述如图 12-4 所示。

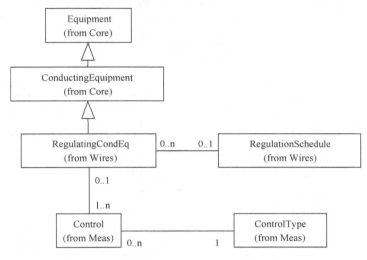

图 12-4　RegulatingCondEq 在 CIM 中的描述

每个 RegulatingCondEq 和一个控制类 Control 相关联，在 CIM 中，Control 类包括了和控制相关的所有描述，从 Control 类出发，可以找到控制类型（遥控/遥调）以及和控制值相关的量测信息（遥控遥调点号等）；RegulatingCondEq 的另一个重要关联，是可以找到一个设定的调节计划 RegulatingSchedule。因此，本书把 RegulatingCondEq 作为现有公共信息模型和上一节提出的递归组合模型的结合点，得到如图 12-5 所示的设计方案。

电压控制设备类（VoltageControlDevice）类从 RegulatingCondEq 中派生，从而继承了其有关控制信息 Control 的描述；而电压控制目标类（VoltageControlTarget）同样从 RegulatingCondEq 中派生，可以利用相关的 RegulatingSchedule 来描述默认控制计划。

在 CIM 中，所有电力系统的设备元件都从 Equipment 中派生得到，因此本书建立了电压控制设备类（VoltageControlDevice）和电压控制目标类（VoltageControlTarget）与 Equipment 类之间的关联，这样的关联可以被 Equipment 类所有的子类所继承，任何从 Equiptment 派生的电力系统设备将来都可以由此和电压控制相关联，从而解决了控制目标和控制设备多样化的难点。

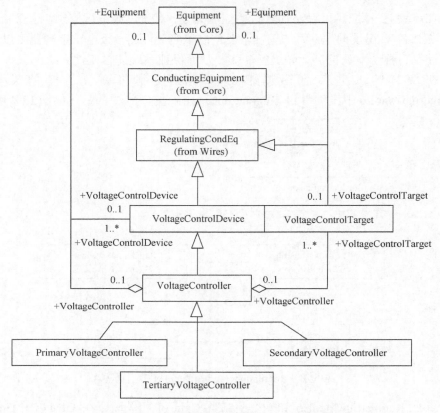

图 12-5　电压控制的层次模型与 CIM 的结合

　　在 CIM 中,对于电压控制区域类(VoltageControlZone)的说明里提到了其应该包含多个厂站,但是在模型中并没有建立相应的关联,这将影响分区控制的建模。因此本书对现有 CIM 所做的另一项修改,就是建立电压控制区域和厂站之间的关联,如图 12-6 所示。

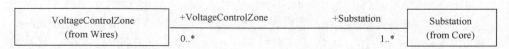

图 12-6　VoltageControlZone 与 Substation 之间的关联

　　由于电压控制器及其相关类都是从 Equipment 中派生得到,而在 CIM 中 Equipment 可以通过关联关系找到所属的厂站 Substation,在图 12-6 所示的区域与厂站的关联建立以后,就可以从电压控制器出发,找到其所属的电压控制区域,从而分区域的描述有关电压控制的行为。

12.6　多控制中心之间的标准化信息交互

为实现多级控制中心无功电压协调优化控制，各控制中心需要通过广域网络进行信息交互，并且交互过程需要各级控制中心的 EMS、AVC 系统等多个应用共同参与完成，此时以信息集成共享为目标的标准化数据交互方案具有天然优势。基于 IEC61970 标准，本节提出了多级控制中心无功电压协调优化控制的标准化信息交互模型(王彬等，2011)，包括基于 CIM 的信息模型扩展和基于组件接口规范的标准化交互接口设计，该模型具有如下特点：①符合 IEC 61970 标准，为多级控制中心无功电压协调优化控制信息交互提供了标准化途径；②实现了信息集成共享，组件接口规范接口的实时性可保证信息流能够及时、有效、准确地在各控制中心间传输，为控制中心间的实时闭环协调控制提供了通信保障；③维护流程自动化，避免了重复性建模工作。

12.6.1　交互信息分析

1. 控制模式和控制过程

多级控制中心无功电压协调优化控制的目标，是对分散在各控制中心 AVC 系统进行集中协调，实现各级电网间无功电压资源的合理利用和互相支持。在双向互动协调优化控制模式下，整个控制过程分为选择协调关口、提出协调约束、产生并执行协调策略等几个环节：①选择协调关口：协调关口是协调控制的基本单元，是一个虚拟的广义关口，该关口可能包括不止一个物理设备，当上、下级电网间存在电磁环网时，协调关口包含了该环网内的所有关口无功设备；②生成协调约束：各级 AVC 系统生成自身电网的调节能力和运行需求并以协调约束的形式上送给位于上级控制中心的协调器；③产生和执行协调策略：整个协调分为两个层面上的协调：在优化层面，通过协调优化，保证上、下级电网优化目标的一致性；在控制层面，通过协调控制，来追随优化层的协调优化计算结果。

2. 协调控制信息模型

作为多级控制中心协同控制的数据载体，协调控制信息模型的定义过程同时也是对信息交互内容进行归纳，总结并将其对应到某类对象的特定属性或关联上的过程。为此，本书新定义了 5 类对象，每一类对象都承担特定的信息数据，并且各对象之间存在层次关系，如表 12-1 所示。

表 12-1　协调控制信息模型定义

对象类型	对象含义	静态参数	运行状态	协调状态	协调策略
协调控制区域	参与协调控制的控制中心	区域类型 协调类型	—	运行状态 投入状态	—
协调无功关口	协调关口中的无功设备组	所属协调区域关联	关口有功 关口无功	上级生成无功需求约束 下级生成无功能力约束	送给下级的协调无功约束
协调无功设备	协调关口中的无功设备	所属协调区域关联	设备有功 设备无功 所属协调关口	下级生成所属关口关联	—
协调控制母线	协调关口中的母线设备	所属协调区域关联	母线电压	上级生成电压能力约束 下级生成电压需求约束	送给上级的协调控制电压约束
协调优化母线	承担优化目标的母线设备	所属协调区域关联	母线电压	—	送给下级的协调优化电压约束

　　根据信息类型、交互周期以及交互方向，可以将信息分为静态参数，运行状态信息，协调状态，协调策略等。需要特殊指出的是：协调控制信息模型虽然在上级控制中心建立，但协调无功设备和协调无功关口之间的关联关系由下级电网运行状态决定，即存在由下级控制中心发起的关口重构过程(王彬等, 2014)。

12.6.2　信息模型定义

1. 对 CIM 的扩展

　　在 CIM 基础上扩展出新类，如表 12-2 所示其中每个新类均对应于协调控制信息模型的一类对象。各新类的含义以及其属性/关联的定义如下标所示(董越等, 2002; 刘崇茹等, 2003; 邵立冬等, 2003; 刘崇茹等, 2004)。

表 12-2　扩展类及其属性的描述

类/含义	属性/关联	类型	描述
CoVoltageControlZone 协调控制区域	zoneType	ZoneType	区域类型
	ctrlType	ZoneCoType	协调类型
	runType	Boolean	运行类型
	workType	Boolean	工作状态
	memberOfArea	关联	控制区域

续表

类/含义	属性/关联	类型	描述
CoVoltageControlGate 协调无功关口	activeValue	ActivePower	关口有功
	reactiveValue	ReactivePower	关口无功
	requestLmt	关联	无功需求
	abilityLmt	关联	无功能力
	strategyLmt	关联	协调策略
	MemberOfZone	关联	协调区域
CoVoltageControlQDev 协调无功设备	activeValue	ActivePower	设备有功
	reactiveValue	ReactivePower	设备无功
	MemberOfZone	关联	协调区域
	MemberOfGate	关联	协调关口
CoVoltageControlBus 协调控制母线	voltageValue	Voltage	电压实测
	requestLmt	关联	电压需求
	abilityLmt	关联	电压能力
	strategyLmt	关联	协调策略
	MemberOfZone	关联	协调区域
CoVoltageOptimizedBus 协调优化母线	voltageValue	Voltage	电压实测
	strategyLmt	关联	协调策略
	MemberOfZone	关联	协调区域

新扩展的类具有如图 12-7 所示的层次结构。

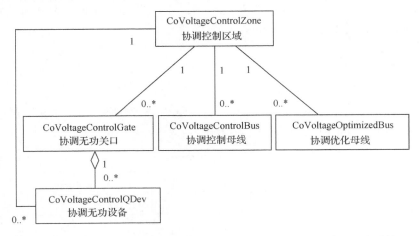

图 12-7　扩展后多级控制中心无功电压协调优化控制信息模型层次结构

在 Domain 包中增加 3 个枚举类，如图 12-8 所示。其中，CoZoneAreaType（协

调区域类型）描述了该区域的区域类型，共有 5 个属性值，分别对应于我国的 5 级调度体制。CoZoneCtrlType（协调区域控制类型）描述了该区域的协调类型，共有 2 个属性值，即协调上级、协调下级。CoLmtType（协调约束类型）描述了该协调约束的约束类型，共有 3 个属性值，分别对应调节能力约束、运行需求约束、协调策略约束。

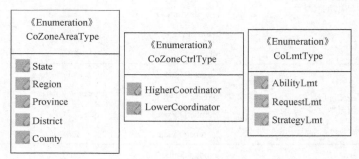

图 12-8 新增枚举类

协调约束是多级控制中心无功电压协调优化控制信息交互的核心内容，该对象可用区间来表示。为描述协调约束，新增加 CoLimit 协调约束类，如图 12-9 所示。

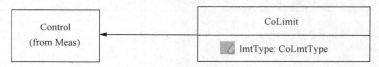

图 12-9 协调约束 CoLimit 的定义

协调约束类继承于 Meas 包的 Control 类，以复用上、下限、时刻等属性。该对象的协调约束类型使用字段 lmtType 来描述。

2. 与原有 CIM 的关系

1) 子控制区域类（SubControlArea）

每个协调控制区域均代表了某一个控制中心，因此具有与子控制区域类（SubControlArea）的关联，如图 12-10 所示。

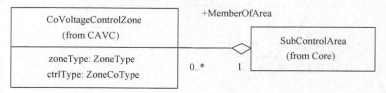

图 12-10 与 SubcontrolArea 的关联

2) 调节设备类（RegulatingCondEq）

多级控制中心无功电压协调优化控制的工作原理是通过对协调关口的无功及协调母线的电压进行调节来实现其协调目标，协调无功关口、协调控制母线、协调优化母线均相当于多级控制中心无功电压协调优化控制的调节设备，因此这 3 个新类均继承于调节设备类（RegulatingCondEq），如图 12-11 所示。

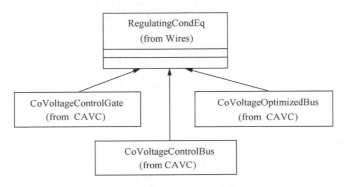

图 12-11　与 RegulatingCondEq 的关联

除在概念上具有继承含义以外，为这 3 个新类增加继承关系的另外重要原因是 RegulatingCondEq 具有到一个调节计划类（RegulatingSchedule）的关联，复用该关联，可为各协调设备增加相应的调节计划，作为通信失败（或者计算失败）的备用，这对于一个实时在线控制系统而言十分重要，可极大地提高其运行鲁棒性。

3) 导电类设备（ConductingEquipment）

协调无功设备类描述了协调边界上的无功设备，该对象是一个虚拟对象，每个对象均对应于一个上、下级电网边界上的实际物理设备。该物理设备可能为主变绕组或线路。因此，该对象具有一个到导电类设备（ConductingEquipment）的关联，如图 12-12 所示。

图 12-12　与 ConductingEquipment 的关联

相应地，该对象的运行状态类属性值（设备有功、设备无功）均来自于对应的物理导电类设备的 SCADA 实时有功、无功量测。

4) 物理母线类（Busbarsection）

与协调无功设备对象类似，协调控制母线以及协调优化母线均为虚拟对象，每个对象对应于上下级电网关口上的某一条物理母线。因此，这两个类具有到物理母线类（Busbarsection）的关联关系，如图 12-13 所示。

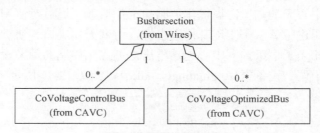

图 12-13　与 Busbarsection 的关联

类似地，该虚拟对象的运行状态类属性值（母线电压）来自于对应的物理母线的 SCADA 实时电压量测值。

12.6.3　信息交互流程

为实现标准化的信息交互，基于上节内容，本节设计了基于 CIS 接口的标准化信息交互接口。信息交互框架如图 12-14 所示。

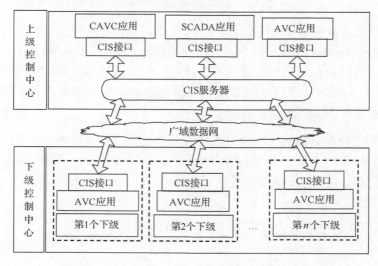

图 12-14　基于 CIS 接口的上下两级信息交互框架

整个交互围绕位于上级控制中心的 CIS 服务器进行，其中下级控制中心通过广域数据通信网访问 CIS 服务器，从而实现与上级控制中心的信息互动。

为实现对 CIM 公共数据的访问，基于数据访问设施（data access facility，DAF）规范，IEC 61970 标准定义了通用数据访问（generic data access，GDA）接口。基于 DAF 以及 GDA 提供的部分接口完成多级控制中心无功电压协调优化控制信息交互，应用的接口描述如表 12-3 所示。

表 12-3　使用到的 CIS 接口说明

模块	接口	含义
DAFQuery	ResourceQueryService	数据获取服务接口
DAFUpdate	ResourceUpdateService	数据更新服务接口
GDAEvents	RegisterService	服务注册接口
	Callback	回调函数
DAFEvents	ResourceEventSource	更新通知服务接口

1. 正常情况下的信息交互流程

在双向互动协调优化控制架构下,各级 AVC 系统与协调器间进行分钟级的信息双向流动,比如 AVC 系统提供协调约束的周期为 1min,协调器提供协调控制策略的周期为 5min,过程如图 12-15 所示。

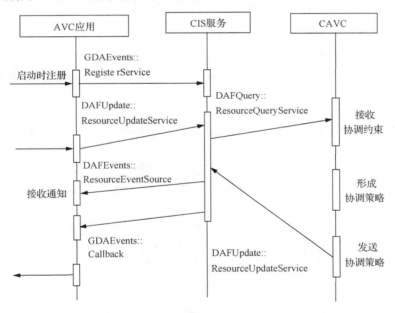

图 12-15　正常情况下的信息交互流程

2. 模型维护后的信息交互流程

模型维护后的信息流,从协调器流向上级 AVC 系统以及涉及的下级 AVC 系统。信息交互一般由人工操作触发(手动更新电网模型或者维护协调控制信息模型),过程如图 12-16 所示。

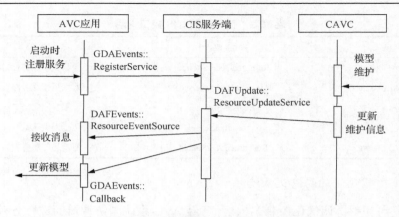

图 12-16　模型维护后的信息交互流程

3. 关口重构后的信息交互流程

前文分析指出，协调控制信息模型中的协调无功关口对象为虚拟设备，存在重构关口的可能。关口重构下的信息交互流程由下级 AVC 系统触发，信息流从下级流向上级 AVC 系统以及协调器。信息交互为非周期性自动触发，如图 12-17 所示。

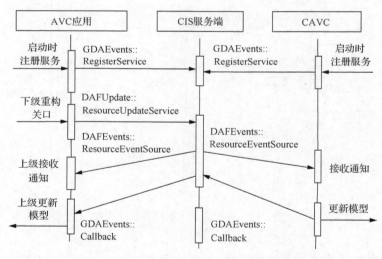

图 12-17　关口重构后的信息交互流程

第13章　大规模电力系统的应用实例

13.1　华北电网 AVC

在现有调度体制和调度范围的条件下,华北电网 AVC 系统和各省级电网 AVC 系统(以河北、山西作为示意性说明)分别有各自的控制责任范围,并在各自的调度中心实施,但是两者控制的物理对象却是同一个电网,是一个密不可分的整体,为了达到全局无功优化,两级 AVC 需要协调。而这一角色必然要由上层的华北电网的 AVC 系统来承担。

华北电网 AVC 模式如图 13-1 所示,各省调 AVC 系统主要面向各省的直控电网;而华北电网 AVC 系统包含了两项主要工作:一是对网调直控的区域电网的无功电压实施自动闭环控制,这在华北网调内完成;二是实施对省网 AVC 系统的协调,涉及华北网调与多个省调间的分解协调控制(孙宏斌等,2003;孙宏斌等,2004;李钦,2006;张伯明等,2006;吴文传等,2007;郭庆来等,2008;Sun et al,2013)。

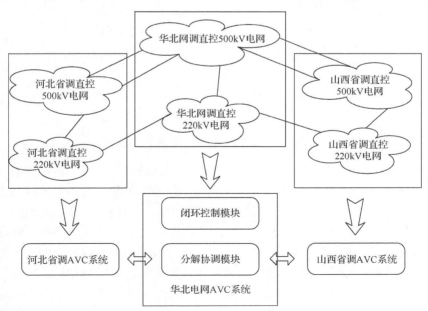

图 13-1　区域电网控制模式示意图

对于华北网调直控电网,在基于软分区的三层电压控制模式(李钦,2006;吴文传等, 2007)基础上，结合区域电网控制对象的特点，新开发了 500kV 变电站电压控制以及电厂和 500kV 变电站间的协调电压控制功能。

　　网调与省调之间的协调控制模式，首先选择一些特征量作为上下级电压控制的协调变量，通过华北网调 AVC 的全局优化计算，实时给出下级电网中协调变量的最优设定值，该设定值通过调度数据网下发到省调，在省调 AVC 决策中，除了满足本级电网的控制目标外，还需要实时追随华北网调 AVC 给出的协调变量的最优设定值。

13.1.1　整体架构

　　华北 AVC 系统的整体架构如图 13-2 所示。

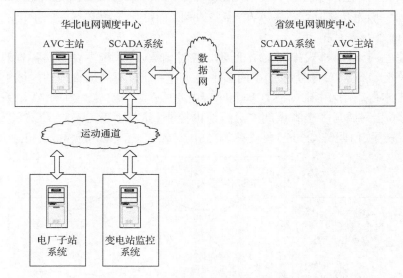

图 13-2　华北 AVC 系统的整体架构

　　华北电网 AVC 系统由运行在华北网调的主站系统和运行在电厂侧的子站系统以及相应的变电站监控系统组成，主站与子站通过华北电网现有的远动通道通信，主站侧定时给出电厂侧高压母线电压的设定值，由电厂子站系统追随；对于 500kV 变电站，不建设专门的子站系统，而是在主站 AVC 系统中直接计算得到对变压器分接头和无功补偿设备的调节策略，通过 SCADA 系统现有的遥控遥调通道直接下发到变电站监控系统执行，在变电站设置操作把手或按钮，可分别设置全站或单个设备的远方/当地控制功能，并将信号送到网调主站，作为主站是否对该站或该设备下发控制命令的依据之一；同时，华北 AVC 系统通过现有的调度数据网，将协调控制命令下发给直属的各省调、市调、地调 AVC 系统。

在华北网调内部，AVC 主站系统与华北电网 CC2000-EMS 系统实现了标准化集成。其中，电网模型通过符合 IEC61970 标准的 CIM/XML 文件进行交互，实时数据通过 DL476-92 规约进行通信，同时通过自动维护进程保证模型和数据的及时更新。基于这种模式，在不进行额外维护的情况下，AVC 控制服务器的状态估计合格率可以保持在 90%以上。

　　AVC 主站软件基于 Qt 开发库，采用 C/S 架构，可实现跨操作系统平台运行。图 13-3 给出了本书建设的主要功能模块及相互关系。系统包括了商用数据库（Oracle9i）和自行开发的实时数据库，前者用于保存静态数据和历史数据，可靠性高，后者侧重于实时数据，基于共享内存实现，访问速度快；用户通过 AVC 建模平台进行控制系统建模，模型保存在商用数据库中，经校验后导入到实时数据库，在此基础上进行在线计算和控制；系统的核心功能是 AVC 和在线电压稳定预警两大模块，内部包含了如图所示的若干子功能，相关数据可以通过三维可视化模块进行展现；所有的控制日志和历史运行记录都保存在商用数据库中，并可以通过控制分析平台进行查询和分析；此外系统还包括了与 EMS 系统的接口模块以及基础的算法支撑模块，并与省调 AVC 系统实现协调。

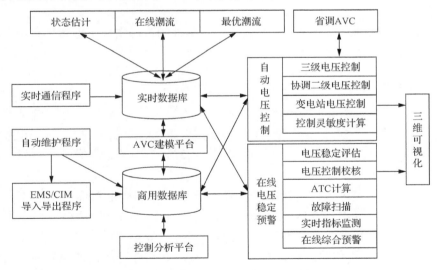

图 13-3　华北 AVC 系统功能体系

13.1.2　主要功能

1. AVC

　　在基于软分区的 TVC 模式基础上，本书新研发了对 500kV 变电站的闭环控制以及电厂与变电站间的协调控制功能，其核心在于如何实现离散变量(变电站侧的电容、电抗、OLTC 等)与连续变量(电厂侧的发电机以及变电站侧的调相机)之间的协调。

如果在电压优化控制模型中直接考虑离散控制变量,将面临在线求解混合整数规划问题,算法的收敛性和可靠性将无法保证,难以满足闭环控制的需要。为此,在协调控制中考虑以下实用原则:

(1)电容电抗器作为基础的无功补偿,优先进行投切。

(2)发电机和调相机无功出力作为动态电压支撑和连续调节变量,主要在离散设备不具备控制能力的情况下进行。

离散设备不具备控制能力有以下几种情况:

(1)没有控制手段。包括两种可能:①所有控制设备都已经完成投切,比如所有电容都已经投入,但仍需要额外的无功支撑。②受到动作次数或者时间间隔限制,控制设备此时无法继续投切。

(2)控制手段仍然具备,但是在当前状态下不具备动作条件。这主要由电容电抗器的离散性质决定,其容量一般来说是一个相对较大的数值,一旦投切对电网无功注入的影响是一个阶越量,可能导致出现投切后母线电压或者功率因数超出期望范围,因此无法进行投切。

基于上述原则,本书通过实时修改约束条件的方法实现了连续变量和离散变量的协调控制,并在现场得到了较好应用。

2. 在线静态电压稳定预警

在线静态电压稳定预警模块(下简称预警模块)采用"实时在线""连续跟踪"、"自动运行"和"递归计算"的思想(郭庆来等,2002; 2005; 2009),时刻跟踪电网运行状态的变化,针对静态电压稳定问题,自动进行相应的预警分析计算,无须人工干预和驱动。

预警模块在实时数据基础上,计算以下静态电压稳定指标:①潮流方程雅克比矩阵最小奇异值;②区域负荷裕度;③重要断面的可用传输容量;④预想故障集(包含 N–1/N–m 故障)下的系统负荷裕度;⑤预想故障集(包含 N–1/N–m 故障)下的断面可用传输容量。对于所有指标,都允许用户设置相应的门槛值,如果当前计算得到的指标小于门槛值,则会根据其严重程度自动进行报警。在计算中预警模块采用了动态连续潮流算法(张明晔等,2013),利用多平衡节点概念将网损平衡方程扩展到了潮流方程中,可以保证计算得到的负荷裕度与平衡机的选取无关。

本书实现了预警与电压控制的协调,主要体现在以下几点:①基于统一的电网模型和实时数据;②共享相同的底层算法支持;③安全预警模块运行在最高层,如果当前电网电压稳定裕度过低,在报警同时,闭锁 AVC 模块;④AVC 模块给出的控制策略在下发之前首先要用预警模块进行安全校核，预警模块模拟控制策略的实施，并计算控制执行后电网的负荷裕度，如果裕度小于门槛值，则进行报警，必要时闭锁本次控制。

3. 与省调的协调控制

网省电网间无功电压协调控制的目标是实现 500kV 电网与 220kV 电网之间无功电压的分层分区平衡。但两者分别管辖的电网范围并不是完全按照电压等级划分的，造成如下局面：网调建模和监视的电网模型覆盖了所有的 500kV 网架，但是其中有部分 500kV 厂站(比如河北南网的部分厂站)不属于网调的直调厂站，不能直接从网调侧控制。

对于省调，其监视和控制的 500kV 厂站只是整个 500kV 网架的一部分，尽管从省调出发，可以直接下发控制策略，但是省调无法确定这些 500kV 母线的最优控制目标，因为省调侧往往没有整个 500kV 电网的详细模型与数据，无法从全局出发计算得到合理的电压分布和无功流动。

本书采用网省交界处的 500kV 枢纽变电站的母线电压和 500kV 省际联络线关口无功(功率因数)作为协调变量，在网调侧，通过 TVC 计算得到整个 500kV 网架的无功电压最优分布，并将协调变量的最优设定值下发给省调侧；省调侧将本省范围内的 500kV 网架和 220kV 网架一起纳入计算范围，统一进行优化，将网调下发的最优设定值作为约束条件考虑，从而保证给出的 220kV 无功电压最优分布与网调所期望的 500kV 无功电压最优分布相匹配。具体技术可参见本书第 8 章。

13.1.3　应用情况

该项目于 2006 年 2 月立项，2006 年 5 月开始主站和子站建设。第一期试点工程选择了大唐托克托电厂、国华盘山电厂、大唐盘山电厂 3 个发电厂和安定、霸州两个 500kV 变电站。2007 年 2 月 9 日正式投入闭环运行。截至 2007 年 7 月 25 日，已经接入 500kV 电厂 10 个，共 35 台机组，容量为 16600MW，约占网调直调机组容量的 53.6%；已经接入 500kV 变电站 11 个，2007 年内计划共接入 500kV 变电站 14 个，包括 93 组电容器(4592Mvar)，62 组电抗器(3270Mvar)，1 台调相机(-80～160Mvar)。

华北电网 AVC 系统服务器的基本配置为：Alpha DS25 服务器，1GHz CPU，4G 内存。以 2007 年 7 月 25 日实时断面为例，AVC 系统的主要性能指标如表 13-1 所示。

表 13-1　华北 AVC 系统主要技术指标

功能模块	指标	性能	
TVC(OPF,含网省协调计算)	计算规模	622 节点,994 支路	
	计算周期	按负荷变化规律变周期启动,计算间隔从 15min 到 1h 不等	
	计算速度	<0.05s	
	收敛率	>90%	
SVC	计算规模	8 个控制区域	
	计算周期	5min	
	计算速度	<1s	
	收敛率	100%	
电厂子站	调节精度	<1.0kV	
	调节到位时间	<1min	
静态电压稳定预警	计算规模	622 节点,994 支路,10 个待扫描区域,故障集包括 755 个故障	
	计算周期	3min	
	计算速度	最小奇异值	<0.01s
		PV 曲线	<0.1s
		区域负荷裕度扫描	<1s
		AVC 控制策略校核	<2s
		故障扫描	<40s

　　图 13-4 以某接入 500kV 的电厂为例,给出了两个相似负荷日(都从中午 12:00 到次日中午 12:00)投入 AVC 和未投入 AVC 情况下的电厂高压侧母线电压控制情况,从图中可以看出,投入 AVC 系统后,其电压波动明显减小,在负荷变化的情况下,能够将母线电压保持在一定的水平。从电压的全天趋势来看,投入 AVC 系统后,电压曲线也更为合理,满足逆调压的要求。

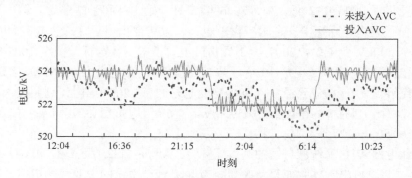

图 13-4　某电厂高压侧母线电压控制情况对比

　　春节期间一般是全年负荷最轻的时段,也是华北电网电压控制难度最大的时段。2007 年春节期间,华北 AVC 系统一直保持闭环运行,圆满完成了春节期间的调压任务。本书选取春节期间负荷最轻的 2 月 19 日（大年初二）作为典型日，说明电压控制效果。图 13-5 显示了安定站 500kV 母线和 220kV 母线全天的电压控制情况，从图中可以看出全天电压都满足运行上下限的要求。

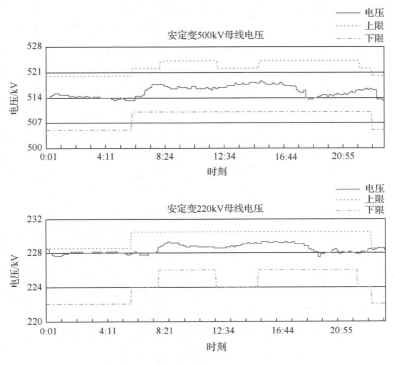

图 13-5　变电站母线电压控制情况

系统投入闭环试运行后，进行了严格的网损实验，估计全年可为华北电网节电 2000 万 kW·h，按 0.5 元/(kW·h) 的售电价格，华北直调电网全年在网损一项上的增收节支可达 1000 万元，华北电网原有的电压控制水平一直较高，这一效益是在一个较好的基础上进一步得到的，因而是非常可观的。

13.2　南方电网网省地一体化协调电压控制系统

从 2006 年起，南网总调和广东、广西、贵州省调就已经开始了 AVC 系统的建设，AVC 系统的投入，对保证电网的安全优质经济运行发挥了重要作用。随着各网省地电网 AVC 系统的逐步建成，不同省级电网之间、省级电网与南网总调之间、省级电网与下级地区电网之间的无功电压控制协同问题日益突出，因此，研发适用于南方电网的网省地一体化协调电压控制系统势在必行。根据调度分工，南网总调主要负责调度控制西电东送的 500kV 主网架，各省调主要负责调度控制本省内的 500kV/220kV 电网，分层分区的调度管理模式使得互联一体的南方电网在无功电压运行和控制过程中面临着诸多问题，表现在三个方面。

(1)各级控制中心间的相互影响问题。目前，各级 AVC 系统主要面向本控制中心所管辖的内部电网，由于相互缺少对端电网的具体信息，同时也无法预知相邻区域电网未来的控制策略，很容易在边界上产生控制过调或冲突，导致联络通道上无功电压发生振荡，或者与主干电网不合理的无功交换。

(2)交直流电网的电压协调控制问题。由于南方电网交直流并列运行输电，通过换流站内交流侧电容电抗器的快速控制实现直流系统无功电压控制。交直流间无功电压相互影响，交流侧不合理的无功电压运行方式有可能引起电容电抗器的频繁投切。

(3)南方电网各级控制中心所使用的 EMS 的供应商各不相同，比如南网总调采用的是 OPEN3000-EMS 系统，广西省调采用的是 PCS9000 系统，玉林地采用的是 OPEN-5000 系统。由于 AVC 系统架设于 EMS 基础之上，AVC 系统在建设过程中需要考虑与各种 EMS 的兼容问题。

南方电网的上述无功电压运行控制特点，对传统 AVC 系统提出了新的技术挑战。

(1)研究适用于南方电网的网省地一体化层次型电压控制模式。

在各级控制中心已有 AVC 系统的基础上，研发总调与各省调、省调与下属各地调的 AVC 协同功能。在概念上，将地理上广域分布的各级 AVC 系统看成是分散独立的控制系统，通过各控制系统之间的信息交互来弥补局部信息的不足，使原来进行孤立决策的各级 AVC 系统"互动"起来，保证各级 AVC 系统在分布控制下的协同一致，实现全局电网的优化控制。

(2)研究适用于南方电网的直流近区电网交直流协调电压控制方法。

由于直流系统的运行方式的是经过严格计算、校核而确定的，不适宜在线自动变更，因此，南网总调 AVC 系统的主要控制目标是对交流系统的无功电压调节，在其策略计算过程考虑对直流部分的影响，协调交、直流系统的无功电压运行方式，防止由于交流侧的控制动作引起直流系统电容电抗器的自动投切。

(3)研发嵌入式 AVC 系统开发模式。

如果针对每一个应用现场和每一种 EMS，重新开发一套新的 AVC 系统，这种开发模式存在着大量重复性工作，系统建设周期和开发成本均不能满足现场要求同时不能保证新系统的稳定性和可靠性。因此，需要对 AVC 系统的各部分功能进行梳理，将其中关键的控制模式和核心计算功能固化下来；将严重依赖于外部环境实现的接口功能分类，并分别开发适用于不同 EMS 的接口程序，最终形成嵌入式 AVC "软件芯片"。

基于 AVC 的已有成果，研发了适用于南方电网的网省地一体化协调电压控制系统。本书重点介绍其系统构造，特有的技术功能，数据交互方式及交互内容。

13.2.1　系统结构

本书研发的网省地一体化协调电压控制系统结构如图 13-6 所示。

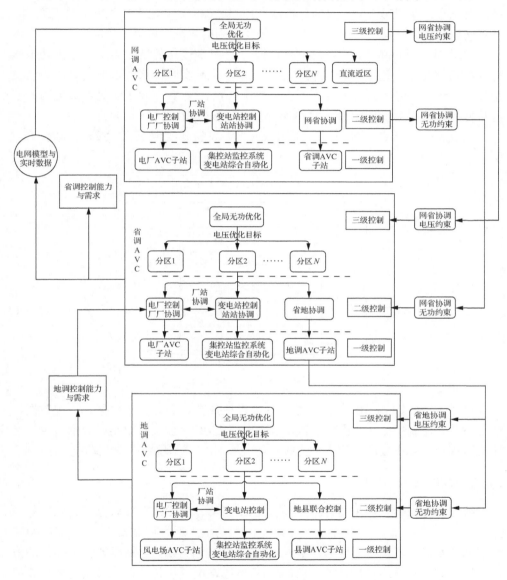

图 13-6　一体化电压控制结构

主要技术要点描述如下。

（1）控制中心内的协调：采用了基于"软分区"的 TVC 模式，将电网在线划分成彼此耦合松散的控制"软区域"，TVC 针对全网通过小时级周期的无功优化计算，给出每个分区内中枢母线电压优化设定值；SVC 针对每个控制区域进行分钟级的控制决策，使得中枢母线电压追踪其设定值；位于各厂站端的子站系统响应主站下发的调节指令，实现秒级的一级闭环控制。控制过程中，考虑多厂站间的协调控制。针对南网总调，还需要考虑针对直流近区电网的交直流协调电压控制。

(2)控制中心间的协调：根据调度分析，选择调度边界量作为上下级无功电压控制的协调变量，通过上级控制中心的无功优化，实时计算各协调变量的最优设定值，并通过调度数据网下发到下级控制中心，下级 AVC 除了满足本级电网的控制目标外，还需要实时追踪上级协调变量最优设定值。

(3)嵌入式 AVC 系统开发。采用嵌入式开发模式实现 AVC 系统，如图 13-7 所示。

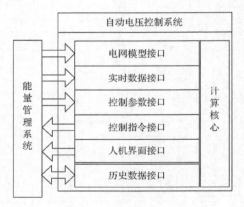

图 13-7　嵌入式 AVC 开发

将 AVC 系统与 EMS 的交互数据分为模型数据、实时状态数据、历史数据、配置参数、控制指令、人机交互数据等，根据 EMS 平台支持情况，分别通过标准化文件接口、API 接口、双方约定接口等几种方式来实现数据交互功能。

13.2.2　南网 AVC 功能

经过多年发展，AVC 的传统功能(比如 TVC、SVC、在线软分区、电压稳定分析等)已经相对成熟。为了满足南方电网无功电压运行控制要求，在上述 AVC 传统功能基础上，研发了适用于南方电网的 AVC 新方法，包括网省地一体化的协调电压控制、考虑网省协调约束的 500kV 变电站电压优化控制、直流近区交直流协调电压控制。

1. 网省地一体化的协调电压控制

根据网省地一体化层次型电压控制模式，部署于南方电网各级控制中心的

AVC 系统采用相同的电压优化控制方法，并实现总调与各省调、省调与下属各地调 AVC 的双向协同（郭庆来等，2002；郭庆来等，2005；孙宏斌等，2007；孙宏斌等，2007；郭庆来等，2009；王彬等，2014），如图 13-8 所示。

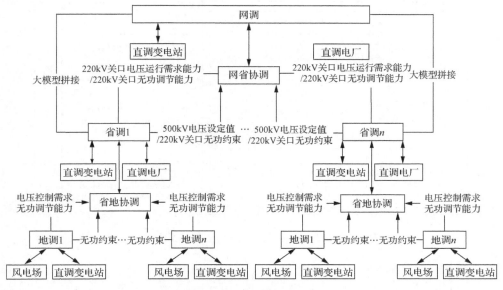

图 13-8　多级控制中心协调示意图

1) 网省协调电压控制

根据现有的网省调度权限边界划分，确定网省协调关口，通过网省实时交互双向协调约束信息，实现网省在线的"双向互动"。

图 13-9、图 13-10 分别描述了考虑网省协调的网调 AVC 和省调 AVC 功能。

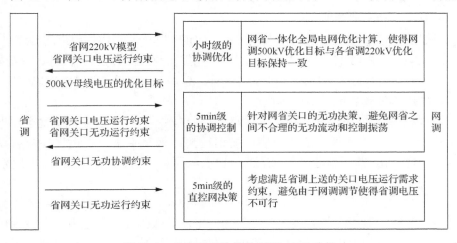

图 13-9　考虑网省协调的网调 AVC 功能

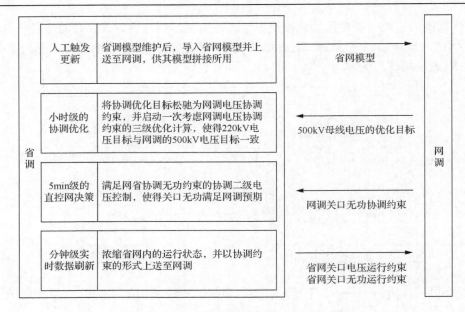

图 13-10 考虑网省协调的省调 AVC 功能

特别指出的是：

(1) 由于网省之间存在跨 500kV/220kV 的电磁环网，电磁环网内的各关口无功电压紧密耦合，需要将同一电磁环网内的协调关口组成关口组（类似于有功控制的联络线断面），以协调关口组为单位进行网省间无功协调。

(2) 由于南网总调通过大模型拼接得到南网全部 500/220kV 电网模型，因此，网调结合省调上送的关口电压运行约束，考虑网省全局电网的调节能力，进行网省一体化全局电网优化计算。

2) 省地协调电压控制

类似于网省协调，以"互动"作为核心，实现了基于双向协调约束的省地协调。

图 13-11、图 13-12 分别描述了考虑网省协调的网调 AVC 和省调 AVC 功能。

(1) 由于地区 110kV 电网一般为辐射网，基本不存在跨 220kV/110kV 的电磁环网，省地协调以省地关口为单位进行。

(2) 由于省调并不能得到地调 110kV 详细电网模型，无法实现省地全局电网的优化计算，并且地调一般为电容电抗器等离散调节手段，不适于参与省调的220kV 无功优化。省调侧进行考虑地调关口电压约束的 220kV 网络无功电压优化。

2. 考虑网省协调约束的变电站优化控制

由于各级控制中心的协调关口一般为跨电压等级的变电站主变，主变中压侧电压对下级电网的电压水平有较大影响，同时中压无功主要由下级电网的运行方

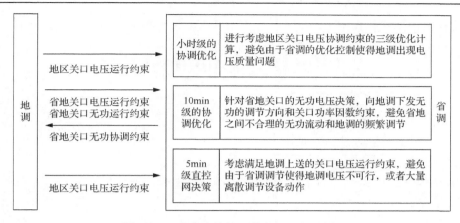

图 13-11　考虑省地协调的省调 AVC 功能

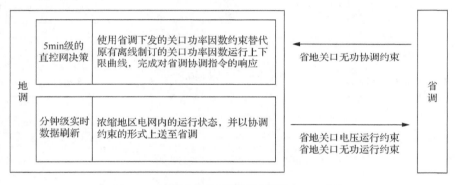

图 13-12　考虑省地协调后的地调 AVC 功能

式决定。传统的变电站控制自动控制主要采用 VQC 装置，基于九区图及其扩展方法，一般只能考虑站内主变某侧电压和无功的合格，不能兼顾多个电压等级，也不能考虑与电网的协调优化控制，更不能兼容与其他控制中心的协调。为此，本书研发了基于专家规则的面向多目标多协调约束的变电站优化控制方法，并应用于南方电网。本节重点介绍南网总调 AVC 的 500kV 变电站优化控制方法。

1）控制目标

500kV 变电站优化控制的目标有三个。

（1）电压合格。保证母线电压满足上下限约束，按照 220kV 母线、500kV 母线、35kV 母线的优先级，依次保证母线电压合格，同时考虑满足省调上送的 220kV 关口电压协调约束。

（2）无功合理。避免出现主变高压侧关口无功倒送的情况，同时通过与省调关口的无功协调，保证考虑主变中、低压侧的无功状态合理。

（3）电压优化。在满足前两个目标的基础之上，考虑 500kV 母线电压追踪三级优化给出的优化设定值，加入优化调节死区，避免电容电抗器的频繁调节。

2) 控制逻辑

采用图 13-13 的规则化变电站控制框图。

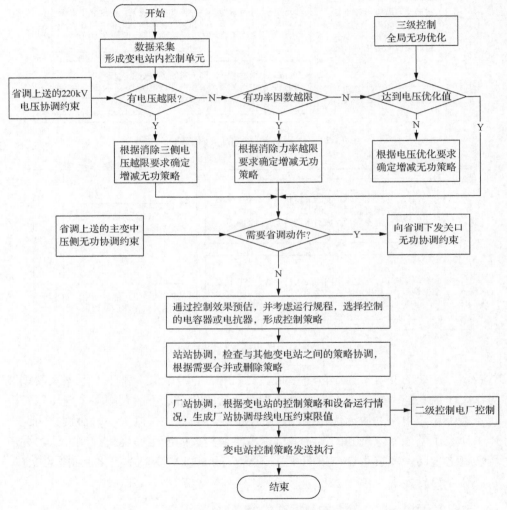

图 13-13　变电站优化控制框图

主要技术要点如下。

(1)根据当前主变三侧的无功电压运行状况，确定相应的无功调节策略(考虑省调上送的关口电压协调约束)。

(2)确定可用的动作设备优先级，并选择优先级最高的设备对象完成控制策略的执行(当需要省调动作时，生成向省调下发关口无功协调约束)。

(3)控制过程中，考虑紧密耦合变电站之间、变电站和电厂的协调。

3. 直流近区电压控制

总调 AVC 系统对于直流部分的协调，主要考虑在进行交流侧无功电压调节的过程中，保证对直流部分的影响限制在一定范围之内，防止由于交流侧的无功电压控制引起交流滤波器的自动投切，不出现控制的振荡。

根据换流站内交流滤波器的补偿控制模式的不同，将直流侧的协调约束分为两大类。

(1)当补偿控制模式为电压目标时,将交流滤波器给定的电压运行范围约束作为交直流电压协调约束。

(2)当补偿控制模式为无功目标时,将交流滤波器给定的交直流系统无功运行范围约束作为交直流电压协调约束。

交流侧 AVC 系统具备如下功能。

(1)交直流约束协调功能：当直流系统无功电压运行正常时，交流侧 AVC 系统进行计及直流侧协调约束的协调控制决策，保证不能因为交流侧 AVC 的控制而使得直流侧出现电压或无功不合理的现象。

(2)交直流目标协调功能：当直流系统的运行状态不满足协调约束，而其本身能力已经用尽时，交流侧 AVC 系统进行计及直流侧协调目标的协调控制决策，由交流侧 AVC 通过控制来响应并满足直流侧的运行需求。

13.2.3　网省地数据交互流程

各级 AVC 与各级 EMS 之间的数据交互方式如图 13-14 所示。

(1)各级 AVC 通过 EMS 现有的数据转发通信接口完成数据交互，AVC 系统之间不需要专门的数据接口。

(2)AVC 系统与 EMS 之间通过灵活高效的嵌入式的 API 数据接口完成数据交互，满足分钟级的实时数据交互需求。

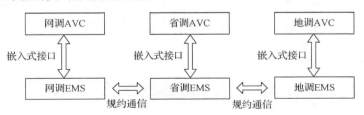

图 13-14　各级控制中心数据交互图

在数据交互时间上，考虑到各级 AVC 系统的控制周期基本都是分钟级，为了给各级控制留出动作的时间,正常情况下,下级 AVC 上传信息的通信周期为 1min，上级 AVC 下发信息的最短通信周期为 5min。

表 13-2 给出了网省双方的数据交互内容。

表 13-2　网省交互数据内容

数据内容	发送方	周期/min
省调 AVC 可用状态	省调	1
省调 AVC 远方状态	省调	1
500 站 220kV 母线电压可行上限	省调	1
500 站 220kV 母线电压可行下限	省调	1
500kV 主变中压侧无功可调上限	省调	1
500kV 主变中压侧无功可调下限	省调	1
协调控制指令刷新时刻	网调	5
500kV 主变中压侧无功设定上限	网调	5
500kV 主变中压侧无功设定下限	网调	5
协调优化指令刷新时刻	网调	60
500kV 母线电压实测值	网调	60
500kV 母线电压优化值	网调	60

表 13-3 给出了省地双方的数据交互内容。

表 13-3　省地交互数据内容

数据内容	发送方	周期/min
地调 AVC 可用状态	地调	1
地调 AVC 远方状态	地调	1
关口可增加无功的能力	地调	1
关口可降低无功的能力	地调	1
220kV 母线可行上限	地调	1
220kV 母线可行下限	地调	1
协调控制指令刷新时刻	省调	5
关口无功设定值上限	省调	5
关口无功设定值下限	省调	5
关口无功优先级	省调	5

13.2.4　应用情况

2012 年 6 月，南网总调正式开始建设南方电网网省地一体化协调电压控制系统。一期试点包括南网总调、广西省调、玉林地调三个控制中心 AVC。

表 13-4 为各级控制中心 AVC 系统服务器参数、参与试点厂站。

表 13-4　AVC 系统信息

控制中心	服务器信息	EMS 型号
南网总调	操作系统：UNIX CPU：16*1.6 GHz 内存：32GB	OPEN-3000
广西省调	操作系统：UNIX CPU：4*2.4 GHz 内存：32GB	PCS-9000
玉林地调	操作系统：LINUX CPU：2*2.4GHz 内存：16GB	OPEN-3000
贵港地调	操作系统：LINUX CPU：2*2.66GHz 内存：8GB	OPEN-5000

表 13-5～表 13-7 分别给出了总调/省调/地调 AVC 系统的计算规模及性能。

表 13-5　总调 AVC 系统计算规模及性能

参数	描述
计算规模	1092 个厂站，2562 条线路 4055 条拓扑母线，其中 394 条 500kV 拓扑母线 6 个电压控制软分区，1 个参与协调的省调 30 个网省协调关口主变，协调关口组的个数：10 参与控制建模的变电站个数：6，电厂个数：5
计算性能	OPF 定点启动，最短时间间隔 15min 单次 OPF 计算用时<2s，日平均收敛率>95% CSVC 计算周期：5min(可配置)，单次计算时间：<1s，收敛率：100% 网省协调决策周期：5min。单次计算时间：<1s

表 13-6　省调 AVC 系统计算规模及性能

参数	描述
计算规模	208 个厂站，464 条线路，487 条母线 4 个电压控制软分区，2 个参与协调的地调 31 个省地协调关口主变 参与控制建模的变电站个数：5，电厂个数：4
计算性能	OPF 定点启动，最短时间间隔 15min 单次 OPF 计算用时<1s，日平均收敛率>98% CSVC 计算周期：5min(可配置)，单次计算时间：<1s，收敛率：100% 省地协调决策周期：5min。单次计算时间：<1s

表 13-7　地调 AVC 系统计算规模及性能

参数	描述
计算规模	31 个厂站，100 条线路，121 条拓扑母线 8 个变电站参与控制，24 组电容电抗器
计算性能	OPF 定点启动，最短时间间隔 15min 单次 OPF 计算用时＜1s，日平均收敛率＞90% 变电站控制计算周期：5min。单次计算时间：＜1s

2013 年 9 月 8 日，南方电网网省地一体化协调电压控制系统投入闭环试运行。前期的仿真算例和实际的闭环运行测试结果均证明了本系统的可行有效。

13.2.5　小结

本书研发了应用于南方电网的网省地一体化协调电压控制系统，该系统的主要特点如下。

(1)在控制范围上，建设了总调/省调/地调的三级 AVC 系统，覆盖了南方电网全部 500kV 电网，实现了对 500kV/220kV/110kV 的一体化优化控制。

(2)在控制方法上，总调/省调/地调的各级 AVC 系统均采用适合南方电网运行特点的基于"在线软分区"TVC 模式。

(3)在系统实现上，采用了基于能量管理平台的嵌入式 AVC 开发模式，实现了对多种南方电网各级调度中心的主流 EMS 平台接入。

(4)在系统功能上，在实现了传统 AVC 功能的基础上，针对南网特点，研发了考虑网省协调的 500kV 变电站电压控制、直流近区电网交直流协调电压控制等新功能。

13.3　安全与经济协调的 AVC 系统在 PJM 电网的应用

13.3.1　PJM 电网介绍及其电压控制现状

PJM 电网是北美洲最大的区域电网，负责美国东北部 13 个州以及首都华盛顿特区的输电管理，装机容量 164000MW，峰值负荷 145000MW，年营业额 343 亿美元，其管理区域如图 13-15 所示。

由于电力市场的存在，北美电网有着与国内电网不同的运行特点和管理模式，其运行部门要同时负责管理电力传输和电力市场交易的进行，区域间的电力交易受到主要联络断面输电能力的制约，电网运行需为电力交易预留足够的裕度。为保证运行的可靠性，在多年的电力市场运行过程中，北美电网积累了一系列与电压控制和无功管理相关的运行规则和监视指标。

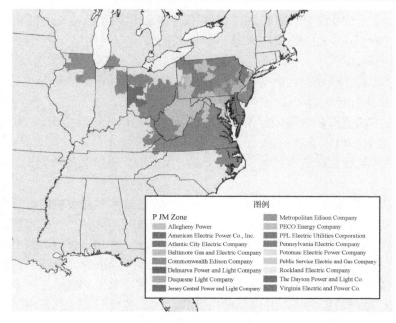

图 13-15　PJM 电网管理区域

1. 预想故障前

(1) 最严重的电压越下限量。

(2) 最严重的电压越上限量。

(3) 典型断面的电压稳定裕度。

(4) 最严重的潮流越限量。

(5) 最严重的热约束越限量。

2. 预想故障后

(1) 最严重的电压越下限量。

(2) 最严重的电压越上限量。

(3) 最严重的电压跌落量。

(4) 最严重的潮流越限量。

(5) 最严重的热约束越限量。

在电网运行过程中，需保证这些指标在安全范围之内。

目前，北美电网的无功电压控制技术还停留在按事先给定的控制计划进行人工控制的阶段。在现行的无功电压管理模式下，电网中各区域根据自身运行经验确定本区域的电压计划，而对于没有电压计划的区域，控制中心则按默认值对其进行控制。随着电网规模的不断扩大，电网运行对安全性要求不断提高，这种缺乏系统级协调的管理模式，已经不能满足电网运行对安全性和经济性的需求，人工控制方式的效果越来越不能令人满意，电网的电压控制和无功管理也变得越来越困难。

(1)根据运行经验确定的电压计划，无法反应电网的实时变化的运行情况，按照这种方式进行控制容易带来安全隐患。

(2)人工调整需要电网运行人员时刻监视电网的电压无功情况，工作强度大，且容易造成大的电压波动。

(3)各区域独立确定本区域的电压计划，控制缺乏系统级的协调，造成电网运行不经济。

由于人工控制方式的种种不足，亟须引入 AVC 技术对北美电网进行电压控制和无功管理。但上述北美电网的市场机制和管理模式的要求，AVC 系统的设计和实施过程中，必须考虑一系列与电压控制和无功管理相关的运行规则和监视指标，使得 AVC 控制后电网在这些方面的安全性有所提升，或至少保持在与控制前相同的水平，以确保控制结果安全、经济、可靠。这就要求无功电压控制中考虑多种预想故障后电网的安全性，并降低输电拥塞。因此需要无功优化在满足电网静态安全性要求的前提下，寻求电网有功网损的最小化。而已有的 AVC 系统通常只考虑电网在故障前的安全性，并没有将故障后复杂的安全性约束纳入到控制需求之内，也就使得应用于北美电网的 AVC 系统需要采用与欧洲和中国不同的模式。因此，虽然 AVC 在欧洲和中国已经取得了较广泛的应用，并得到了较好的控制效果，但其应用性研究在北美仍然处于刚刚起步的状态。

自 2008 年开始，作者所在研究团队承担了美国东北部 PJM 互联电网 AVC 系统的研究课题。课题对该电网未来实施 AVC 的方案进行了深入研究，采用本书提出的基于合作博弈理论的无功电压优化求解方法，开发了适用于该电网的 AVC 系统，在同时考虑电网预想故障前状态和预想故障后状态的安全性的基础上，对电网运行的经济性进行优化。在线测试结果表明，该系统用于在线控制，可提高电网在安全性和经济性两方面的效益(Guo et al., 2010; Tong et al., 2011; 张明晔等，2013; Guo et al., 2013)。

13.3.2　AVC 系统设计

1. 架构设计

为适应在 PJM 电网控制中心的实时在线运行要求，PJM 对在线 AVC 系统提出如下设计需求：

(1)定期自动从电网控制中心 EMS 系统获取电网运行的潮流断面。

(2)针对获取的各个运行断面，完成核心控制计算，给出优化潮流解及优化电压计划，供电压控制使用；同时给出其他相关结果数据，供效益分析使用。

（3）自动监视和调度系统中各模块的运行，保证计算顺序正常、进程安全运行。

（4）自动记录相关运行信息，特别是运行异常时的告警信息。

满足上述需求的 AVC 系统架构设计，如图 13-16 所示。

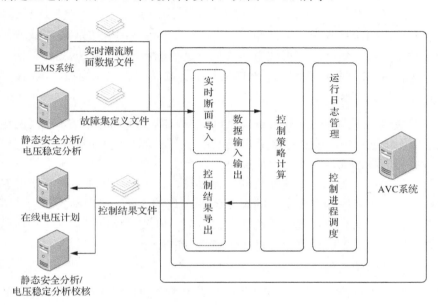

图 13-16　PJM AVC 系统架构

AVC 系统部署在电网控制中心，与 EMS 系统、静态安全分析/电压稳定分析系统、在线电压计划系统均有数据交互。首先从 EMS 系统获得实时潮流断面数据文件，同时从静态安全分析/电压稳定分析系统获得预想故障集定义列表，供 AVC计算使用。AVC 控制计算结束后，一方面，要将得到的母线电压优化设定值输出给在线电压计划系统，作为电压计划，另一方面，要将优化潮流断面信息输出给静态安全分析/电压稳定分析系统，进行控制结果的校核，以对控制结果的效用进行评估。AVC 系统本身包含数据输入输出、控制策略计算、运行日志管理、控制进程调度等 4 个主要模块，协同完成控制策略的计算，保障 AVC 系统在电网控制中心的连续安全运行。

2. 模块功能

AVC 系统架构中各主要模块功能如下。

1）数据输入输出模块

（1）实时断面导入。PJM 电网 EMS 系统定时生成 AVC 计算所需的潮流断面信息文件，由 AVC 系统数据输入输出模块自动获取并导入，供控制计算使用。这些文件包括：PSS/E v26 格式输出的潮流数据文件；用于静态安全分析的限值设置文件，包括所有需监视母线电压；静态安全分析所考虑的故障集设置文件，包含超过 5500 个复杂的预想故障。

(2)控制结果导出。针对每个已导入的实时潮流断面，优化控制计算结束后，数据导入导出模块将各类结果文件输出，输出文件包括：PSS/E v26 格式输出的优化潮流数据文件；包含所有母线电压优化设定值的电压计划数据文件；信息统计文件，包含 AVC 优化前后潮流断面的网损、无功备用、电压均值、电压越限等。

2) 控制策略计算模块

该模块通过无功优化计算，给出 AVC 的控制策略。根据 PJM 电网的运行需求，无功优化过程中，需要考虑超过 5500 个预想故障后电网的静态安全性，保证优化后电网的静态安全性水平有所提高，或至少不变差，在此基础上寻求电网运行经济性的改善。为了达到这一目的，控制策略计算模块采用本书提出的基于合作博弈理论求解考虑静态安全性的 M-ROPF 模型的方法，对电网的无功电压控制策略进行计算，给出各母线电压的优化设定值，以及电容电抗器等无功电压相关量的设置需求。具体的计算流程将在 13.3.2 节进行介绍。

3) 运行日志管理模块

当没有人工启停干预时，AVC 系统将在 PJM 电网控制中心 24 小时不间断运行。因此，AVC 系统需要自动记录运行日志，以方便查看运行状态，并在运行出现异常时进行报警。运行日志管理模块负责在 AVC 系统运行期间记录和管理运行日志。这些日志分主要为两类：一类是系统进程运行的概览信息，另一类是各计算进程运行状态和中间结果的详细信息。其中前者被实时反馈给用户知晓，后者被后台存储，供运行出现异常时分析调试使用。

4) 控制进程调度模块

控制进程调度模块负责 AVC 系统从实时断面导入到控制结果导出这整个控制流程中所有进程的调度，并及时发现、应对进程运行出现的异常和错误，以保证 AVC 系统稳定可靠运行。

另外，为了进一步确保 AVC 系统不会出现异常以致退出运行，控制进程调度模块包含一个独立的守护进程，实时监视整个系统各进程的运行情况，并负责对异常进程进行重启。

3. 运行流程

PJM 电网 EMS 系统一般每小时生成一个基于在线状态估计的潮流断面供 AVC 系统取用，在线静态安全分析/电压稳定分析系统的同时，给出对应于该断面的故障集设置文件。AVC 系统自动检测 EMS 系统是否给出了新的潮流断面文件，若是，则启动新一轮的控制计算。控制计算流程开始，AVC 系统从输入文件导入断面信息，驱动控制策略计算，通过合作博弈求解多目标无功电压优化模型，得到控制策略，然后将控制策略结果导出。在整个过程中若出现数据导入导出失败或控制计算失败，包含详细错误信息的日志将被记录下来。控制计算得到的电压计划结果将通过在线电压调度系统下发到各个电厂，同时优化潮流断面结果将被导入到静态安全分析/电压稳定分析校核系统，以校核优化结果在电网网损、电网无功备用、PrC 和 PoC 状态的母线电压越限量、关键联络断面的电压稳定裕度、热约束违限量等方面的指标。所有输入数据和校核结果都会被自动保存，以供后续分析校验使用。

　　一个控制计算流程结束后，AVC 系统继续周期地监视新的潮流断面，准备开始下一次的控制计算，该运行流程如图 13-17 所示。

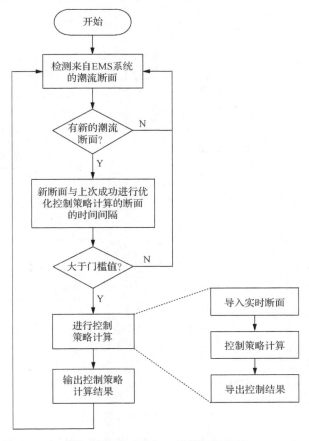

图 13-17　PJM AVC 系统运行流程

4. 在线控制策略计算

AVC 进入到控制策略计算环节，该环节的核心为基于合作博弈理论求解考虑静态安全性的 M-ROPF 模型，从而得到无功优化控制策略。在线控制策略计算过程中，需要基于历史信息对严重故障进行筛选，因此每一次控制策略计算不仅要给出本次控制计算的结果，还需要为以后的计算提供当前控制断面完整的静态安全分析结果和严重故障信息。在线控制策略计算的内容可以分为两个分支，一个分支进行优化控制计算，另一个分支进行静态安全分析计算，计算流程如图 13-18 所示。

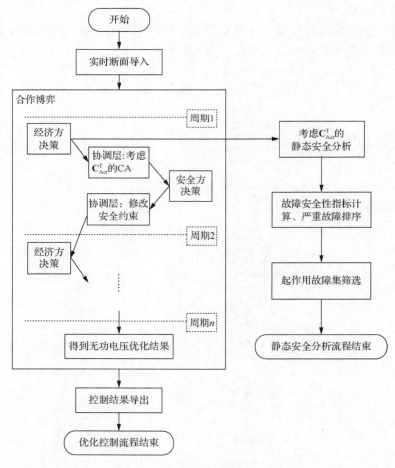

图 13-18　控制策略计算流程

优化控制计算流程从实时断面导入开始，得到当前控制断面的初始潮流解后，经济方和安全方开始进行博弈，轮流给出博弈决策，直至博弈得到均衡解。其中经济方求解时,根据有功和无功之间的弱耦合特性,采用一种交叉逼近算法对 OPF 模型进行求解,该方法通过对有功和无功子问题的交叉迭代,最终得到 OPF 模型的解,即经济方决策。安全方求解过程中,进行静态安全分析时只考虑当前控制断面的起作用故障集 $\mathbf{C}_{\text{Act}}^{\text{T}}$。得到博弈均衡解后,从中提取控制所需的无功电压优化结果,并将优化潮流数据、优化电压设定值等控制结果的相关数据信息导出,优化控制流程结束。

博弈过程中,静态安全分析是在经济方博弈结果,即 OPF 优化解的基础上进行的,因此严重故障筛选需要识别的是在 OPF 优化潮流基础上会出现最严重电压越限量的预想故障。静态安全分析流程从合作博弈中经济方给出第一个周期的经济决策后开始,在此决策基础上,针对当前控制断面的预想故障集进行静态安全分析。继而计算各故障的安全性指标,对故障按严重程度进行排序,进而对下一个控制断面的起作用故障集进行筛选。至此,静态安全分析流程结束。

优化控制流程和静态安全分析流程相对独立,当控制中心分配给 AVC 系统的计算资源足够丰富时,两流程可并行进行;而当计算资源不够丰富时,可在优化控制流程结束后的空闲时段启动静态安全分析流程,既不影响优化控制流程的计算速度,在在线控制所要的时间内给出控制策略,又可合理利用资源,在控制计算的空闲时段为后续控制断面提供严重故障信息。

13.3.3　控制效果评估

在设计开发完成后,该 AVC 系统被安装在 PJM 电网的控制中心,并从 2010 年 1 月至 2010 年 9 月进行了为期九个月的连续在线测试。在 AVC 系统运行的同时,第三方校核软件对其每一次控制计算的优化潮流结果进行静态安全性和电压稳定性的校核,对比分析控制前的潮流断面与控制后的优化潮流结果在有功网损、无功备用、故障前后的母线电压越限量、电压稳定裕度、热约束违限量等方面的指标,从而统计 AVC 给电网带来的效益。以 2010 年 6 月~9 月这 4 个月的运行和校核结果为例,对 AVC 的控制效果进行评估。

1. 电压水平评估

1) 平均电压

总体来说,AVC 控制后系统平均电压将比控制前有所升高。分别计算各月的所有断面在控制计算前和控制计算后的母线电压标幺值的平均值和电压标幺值均方差的平均值,结果如表 13-8 和图 13-19、图 13-20 所示。由结果可知,控制计算后母线电压平均值比控制前大约提高 0.0037p.u.,母线电压均方差的平均值比控制前大约减小 0.0006p.u.,说明控制计算得到了更高和更平坦的电压分布。由于较高的电压水平和较平坦的电压分布可减少无功损耗,使电网无功储备量增加,

AVC 控制得到的优质电压分布可提高电网的稳定水平。

表 13-8　控制计算前后系统平均电压对比

月份	平均电压/p.u.		电压均方差平均值/p.u.	
	控制计算前	控制计算后	控制计算前	控制计算后
6 月	1.0152	1.0193	0.0264	0.0258
7 月	1.0153	1.0188	0.0262	0.0256
8 月	1.0155	1.0192	0.0259	0.0253
9 月	1.0179	1.0211	0.0256	0.0251

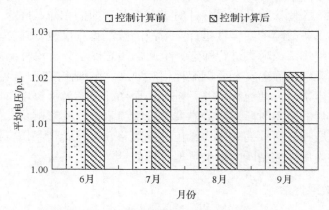

图 13-19　控制计算前后系统平均电压对比

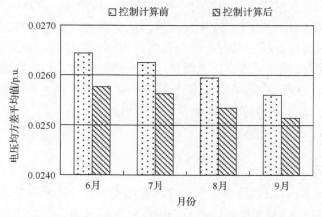

图 13-20　控制计算前后系统电压均方差平均值对比

　　分别统计 PJM 电网的 4 个典型电压等级电压在所有断面下的平均值，AVC 控制计算前后结果对比，如图 13-21 所示，由结果可见，AVC 控制使得在各电压等级电压平均都有所提高。

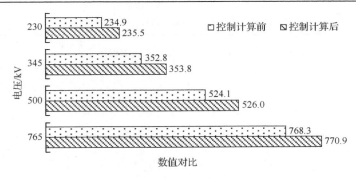

图 13-21　控制计算前后系统平均电压对比

2）电压曲线

AVC 控制不仅需要使得单一控制断面电压水平提高，电压分布更平坦，在不同的控制断面之间，还需要保证同一节点电压不出现大的波动。以一个名为"Bus1-500kV"的典型节点为例，其 AVC 控制计算前和控制计算后的电压曲线如图 13-22 所示。从电压曲线可以看出，在 4 个月中，该节点 AVC 控制后的电压水平总体高于控制前，且控制后电压波动明显小于控制之前，AVC 控制使得节点电压运行曲线更平坦。

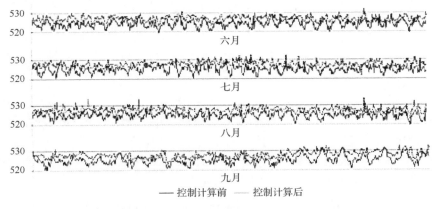

图 13-22　6～9 月间母线"Bus1-500kV"电压曲线

2. 经济性评估

分别统计各月所有断面在 AVC 控制前后的系统网损的平均值，统计时只考虑 PJM 电网的内网部分。控制前后的网损对比如表 13-9 和图 13-23 所示。由结果可知，AVC 控制后，各断面网损平均降低 25.1MW，平均降损率在 1.19%左右。这意味着每年节省电能超过 2.2 亿 kW·h，按电价 0.08 美元/(kW·h)计算，可以带来超过 1700 万美元的经济效益。

表 13-9　控制计算前后系统平均网损对比

月份	控制计算前/MW	控制计算后/MW	降损量/MW	降损率/%
6 月	2027.7	2001.2	26.5	1.29
7 月	2208.5	2182.6	25.9	1.14
8 月	2056.1	2030.9	25.2	1.20
9 月	1857.0	1835.5	21.6	1.12

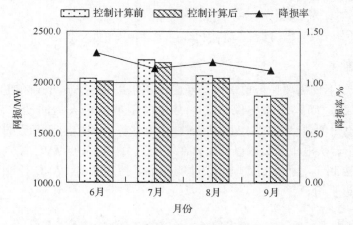

图 13-23　控制计算前后系统平均网损对比

3. 安全性评估

1）发电机无功备用

统计各月所有断面在 AVC 控制前后的电网发电机无功备用的平均值，统计时只考虑 PJM 电网的内网部分，统计结果如表 13-10 和图 13-24 所示。由结果可见，AVC 控制后各断面发电机无功备用平均增加 1.08% 左右，AVC 控制得到的更加充裕的无功备用将提高电网应对潜在风险的能力。

表 13-10　控制计算前后系统平均无功备用对比

月份	控制计算前/Mvar	控制计算后/Mvar	无功备用提升量/Mvar	无功备用提升率/%
6 月	38288.3	38740.4	452.1	1.18
7 月	41107.3	41503.8	396.5	0.97
8 月	39957.6	40386.5	428.9	1.08
9 月	36685.6	36999.7	314.1	0.84

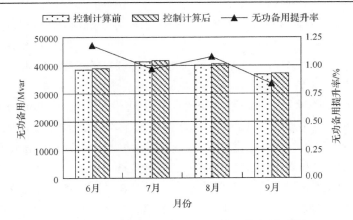

图 13-24　控制计算前后系统平均无功备用对比

2) 静态安全性

统计各月所有断面在 AVC 控制前后的 PrC 状态母线电压越限数目，以评估 AVC 控制给电网静态安全性带来的改善，结果如表 13-11 和图 13-25 所示。由结果可知，4 个月各断面 PrC 状态的母线电压越限数目在控制计算后平均减少 9.3 个。AVC 控制后的 PrC 状态电压越限改善率，即 PrC 状态母线电压越限数目有所减少的断面占所有断面的百分比，为 99.3%。

表 13-11　控制计算前后 PrC 状态母线电压越限数目平均值对比

月份	控制计算前	控制计算后	越限减少数目	电压越限改善率/%
6 月	12.6	4.2	8.4	99.71
7 月	14.7	4.9	9.8	99.63
8 月	15.9	6.1	9.8	98.66
9 月	18.2	5.0	13.2	99.56

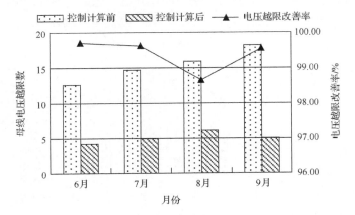

图 13-25　控制计算前后 PrC 状态母线电压越限数目平均值对比

　　进一步，根据 CA 的结果，统计 4 个月各断面在 5500 余个 PoC 状态的母线电压越限指标的平均值。考虑三类越限指标：母线电压越上限母线电压越下限以及母线电压在故障后的跌落。分别统计各类越线的越限数目和越限量，结果如表 13-12 所示。总体来说，AVC 控制使得电网静态安全性明显提高。在越限数方面，AVC 控制使得三类越限的越限数平均值在各个月都有所减少，PoC 状态电压越上限数目平均每个断面减少 262.1 个，越下限数目平均减少 10.4 个，电压跌落越限数目平均减少 2.3 个。在越限量方面，AVC 控制使得电网母线电压水平普遍提高，因此控制后断面的 PoC 状态最严重越上限母线电压往往高于控制前，但也由于同样的原因，PoC 状态最严重越下限的母线电压，在 AVC 控制后也总是高于 AVC 控制前，即控制后最严重的越下限量小于控制之前。同时，对多数断面来说，AVC 控制后的 PoC 状态最严重电压跌落量也小于控制前。

表 13-12　　AVC 控制计算对 PoC 状态各类母线电压越限指标的影响

母线电压越限指标	控制计算前	控制计算后
母线电压越上限个数平均值	934.2	672.1
母线电压越下限个数平均值	30.6	20.2
母线电压跌落越限个数平均值	24.3	22.0
最严重越上限的母线电压平均值/p.u.	1.1934	1.1975
最严重越下限的母线电压平均值/p.u.	0.8187	0.8208
最大严重压跌落越限的跌落量平均值/p.u.	0.1449	0.1421

3) 电压稳定性

　　为评估 AVC 控制在电压稳定性方面对电网的影响，计算电网内五个关键联络断面的电压稳定裕度。在所统计的 4 个月中，控制前后各联络断面的电压稳定裕度的总平均值如图 13-26 所示。对各联络断面，其电压稳定裕度平均值在 AVC 控制后均有所提升。AVC 控制提高了电网的稳定性，降低了关键联络断面的输电拥塞。

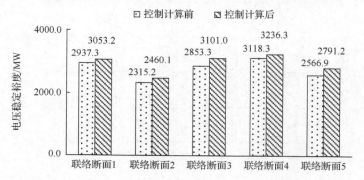

图 13-26　控制计算前后五个联络断面的电压稳定裕度对比

　　各联络断面的电压稳定裕度在 AVC 控制计算后比控制计算前增长比率的月平均值统计结果，如表 13-13 所示。以联络断面 5 为例，分析控制计算使其电压稳定裕度有较大幅度提升的原因。联络断面 5 所含线路分布在区域 16 和区域 46，其所含线路位置及在控制计算前后的相关信息，如图 13-27 所示。联络断面 5 在控制计算后电压稳定裕度的提升主要有以下几方面原因。

表 13-13　控制计算后联络断面各月电压稳定裕度平均增长比率

联络断面/%	6 月	7 月	8 月	9 月
联络断面 1	5.9	5.2	8.5	10.7
联络断面 2	9.0	8.2	9.4	13.4
联络断面 3	12.2	12.5	14.8	15.8
联络断面 4	6.3	7.1	8.4	8.9
联络断面 5	16.0	14.4	14.8	19.1

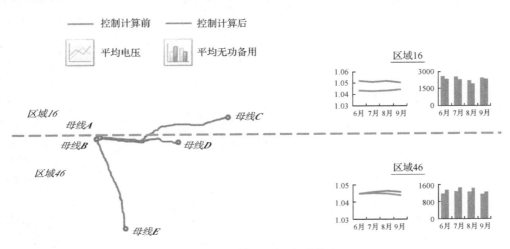

图 13-27　联络断面 5 相关信息

　　(1) 更合理的无功分布。控制计算后，区域 46 的电压水平提高，同时无功备用减少，这说明该区域的无功出力满足了本身对无功的需求，从而减少了区域间的无功功率传输，使得系统的无功分布更加合理。

　　(2) 更高的电压水平。控制计算后，区域 16 和区域 46 的平均电压都有所升高，特别是在联络断面 5 的功率接收端，其电压升高更加明显。

　　(3) 更平坦的电压分布。控制计算后，区域 16 和区域 46 的电压均方差都有所减小，意味着区域内电压分布更加平坦。

　　以上几方面原因使得系统应对负荷增长的能力增强，电压稳定性提高，因此

AVC 控制计算后关键联络断面的负荷裕度都有所提升。

以上评估结果表明，AVC 系统应用于 PJM 电网，可显著改善该电网的无功电压水平，同时提高其运行的安全性和经济性。

（1）实施 AVC 控制后，PJM 电网的系统网损平均降低 1.19%左右，这意味着每年节省超过 2.2 亿千瓦时的电能，带来 1,700 万美元的经济效益。

（2）实施 AVC 控制后，全网发电机无功备用平均增加 1.0%以上，提升了电网应对潜在风险的能力。

（3）实施 AVC 控制后，母线电压越限数目和越限量在 PrC 和 PoC 状态均显著减少/减小，提高了电网的静态安全性水平。

（4）实施 AVC 控制后，各关键联络断面的电压稳定裕度总体上均有所提升。在北美电网运行管理体系下，由于关键联络断面的电压稳定裕度得到提高，降低了其输电拥塞，带来的购电成本下降具有巨大的经济效益。

附　　录

附录 A　IEEE39 节点系统数据

A.1　系统单线图

使用 IEEE 39 节点系统模拟输电网电力系统进行仿真研究，该系统单线图如图 A-1 所示。系统内各设备参数基于文献（Pai, 1989）。

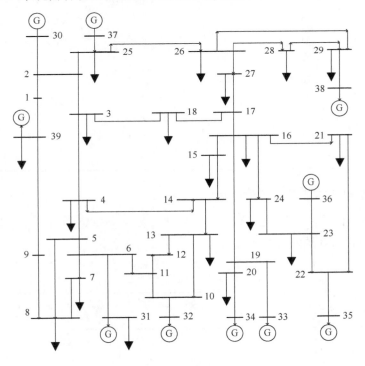

图 A-1　IEEE 39 节点系统结构图

A.2　运　行　约　束

A.2.1　正常运行状态的运行约束

各节点电压幅值取相同运行约束，如表 A-1 所示。

表 A-1　节点电压运行约束

节点电压幅值上限约束/p.u.	节点电压幅值下限约束/p.u.
1.05	0.95

各发电机运行约束，如表 A-2 所示。

表 A-2　发电机运行约束

发电机编号	所在节点编号	有功上限/MW	有功下限/MW	无功上限/Mvar	无功下限/Mvar
1	30	350	0	300	−300
2	31	1145.55	0	800	−800
3	32	750	0	400	−400
4	33	732	0	300	−300
5	34	608	0	400	−400
6	35	750	0	400	−400
7	36	660	0	300	−300
8	37	640	0	300	−300
9	38	930	0	300	−300
10	39	1100	0	300	−300

A.2.2　预想故障设置及故障后约束

共设置 34 个单支路开断的预想故障，各故障开断支路的信息及故障后系统运行约束，如表 A-3 所示。

表 A-3　预想故障设置

故障编号	故障支路	首端节点	末端节点	故障后电压上限/p.u.	故障后电压下限/p.u.	故障后负荷裕度下限/MW
1	1	1	2	1.05	0.95	850
2	3	2	3	1.05	0.95	700
3	4	2	25	1.05	0.95	850
4	5	3	4	1.05	0.95	700
5	6	3	18	1.05	0.95	850
6	7	4	5	1.05	0.95	800
7	8	4	14	1.05	0.95	850
8	9	5	6	1.05	0.95	750
9	10	5	8	1.05	0.95	850

续表

故障编号	故障支路	首端节点	末端节点	故障后电压上限/p.u.	故障后电压下限/p.u.	故障后负荷裕度下限/MW
10	11	6	7	1.05	0.95	850
11	12	6	11	1.05	0.95	800
12	13	7	8	1.05	0.95	850
13	14	8	9	1.05	0.95	700
14	16	10	11	1.05	0.95	850
15	17	10	13	1.05	0.95	870
16	18	13	14	1.05	0.95	700
17	19	14	15	1.05	0.95	750
18	20	15	16	1.05	0.95	580
19	21	16	17	1.05	0.95	850
20	23	16	21	1.05	0.95	850
21	24	16	24	1.05	0.95	850
22	25	17	18	1.05	0.95	850
23	26	17	27	1.05	0.95	850
24	27	21	22	1.05	0.95	800
25	28	22	23	1.05	0.95	850
26	29	23	24	1.05	0.95	850
27	30	25	26	1.05	0.95	850
28	31	26	27	1.05	0.95	850
29	32	26	28	1.05	0.95	850
30	33	26	29	1.05	0.95	850
31	34	28	29	1.05	0.95	850
32	35	12	11	1.05	0.95	650
33	36	12	13	1.05	0.95	650
34	46	19	20	1.05	0.95	850

A.3　基　态　潮　流

系统基态潮流结果，如表 A-4 所示。

表 A-4　基态潮流结果

节点编号	节点电压		发电机输出功率		负荷功率	
	幅值/p.u.	相角/(°)	有功/MW	无功/Mvar	有功/MW	无功/Mvar
1	1.0355	−18.82	—	—	0.0	0.0
2	1.0305	−18.54	—	—	0.0	0.0
3	1.0224	−21.40	—	—	322.0	2.4
4	1.0111	−20.28	—	—	500.0	184.0
5	1.0201	−17.33	—	—	0.0	0.0
6	1.0247	−16.33	—	—	0.0	0.0
7	1.0118	−18.59	—	—	233.8	84.0
8	1.0097	−19.15	—	—	522.0	176.6
9	1.0278	−19.06	—	—	0.0	0.0
10	1.0371	−16.01	—	—	0.0	0.0
11	1.0318	−16.14	—	—	0.0	0.0
12	1.0185	−16.58	—	—	8.5	88.0
13	1.0310	−16.89	—	—	0.0	0.0
14	1.0210	−19.06	—	—	0.0	0.0
15	1.0131	−21.74	—	—	320.0	153.0
16	1.0244	−21.30	—	—	329.4	32.3
17	1.0249	−22.10	—	—	0.0	0.0
18	1.0226	−22.27	—	—	158.0	30.0
19	1.0354	−18.22	—	—	0.0	0.0
20	0.9731	−19.65	—	—	680.0	103.0
21	1.0229	−19.06	—	—	274.0	115.0
22	1.0392	−14.74	—	—	0.0	0.0
23	1.0327	−15.61	—	—	247.5	84.6
24	1.0295	−21.34	—	—	308.6	−92.2
25	1.0315	−18.49	—	—	224.0	47.2
26	1.0372	−22.05	—	—	139.0	17.0
27	1.0259	−23.26	—	—	281.0	75.5
28	1.0376	−21.46	—	—	206.0	27.6
29	1.0371	−19.59	—	—	283.5	26.9
30	1.0000	−14.93	350.0	−18.4	0.0	0.0
31	1.0400	0.00	1129.3	507.7	9.2	4.6
32	1.0200	−10.67	460.0	280.4	0.0	0.0
33	0.9800	−14.22	470.0	78.6	0.0	0.0
34	0.9900	−14.21	510.0	139.3	0.0	0.0
35	1.0400	−8.91	750.0	228.4	0.0	0.0
36	1.0400	−10.09	380.0	39.3	0.0	0.0
37	1.0100	−12.74	440.0	26.7	0.0	0.0
38	1.0100	−14.41	590.0	−15.2	0.0	0.0
39	1.0200	−18.94	1100.0	53.4	1104.0	250.0

附录 B 电厂侧电压控制

B.1 概 述

电厂侧无功电压优化控制子站是 AVC 系统的前置部分，安装于电厂控制室，通过与电厂分散控制系统(distributed control system，DCS)互动，控制各机组的无功出力，达到实时调节电厂高压侧母线电压的目的。

系统一般由上位机和下位机两部分构成。一般来说，每个母线对应一台上位机，该母线上挂接的每台发电机各对应一台相应的下位机。上位机通过 RTU 通道与控制中心侧的主站通信，向主站系统上传所需的实时信息，接受主站端的控制指令，并与多个下位机间实现闭环运行，优化分配各机组实时输出的无功；或根据预置的高压侧母线的电压曲线，完成厂站端无功电压的优化控制。下位机接受上位机下传的控制指令，通过调节发电机励磁电流，实现发电机的无功电压优化控制。

B.2 主站与电厂子站的协调策略

主站下发给电厂子站的控制目标可以选择高压侧母线电压 V_H 电压，也可以选择发电机无功出力 Q_g。在实际工程中，更多采用高压侧母线电压作为主站和子站之间的控制协调变量，主要出于以下考虑：

(1)主站和子站之间界面分割清晰。主站只给出对高压侧母线电压的期望，而具体如何调节发电机无功由子站系统负责。由于子站系统属于本地控制，可以从电厂内部采集大量的信号，从而保证对无功调节的合理性、可靠性与安全性；这样，主站和子站之间的界面从 V_H 处分开，主站更关心电网的经济与安全，而电厂内部的控制协调与安全校核由子站系统负责，二者各司其职，目的明确，责任划分清晰。

(2)高压侧母线电压的变化相对较为平缓，更有规律可循，而无功变化相比之下则更为频繁。因此电厂侧用户可以方便地预先定制电厂高压侧母线电压的设定值曲线，保证即使主站和子站之间的通道出现问题，子站仍能够根据预置曲线独立完成本地控制，从而提高控制的可靠性。

(3)电厂子站系统将高压侧母线电压控制在设定值，相当于缩短了控制节点与被控节点之间的电气距离，对电网安全更有好处。

　　子站系统根据当前高压母线电压与目标值之间的偏差量，换算得到本厂需要的总的无功调节量，在考虑本地各种安全约束的前提下，将全厂总无功调节量分解到各台发电机，并通过改变发电机 AVR 的给定值最终调节各台发电机的输出无功。

　　具体计算方法如下。

　　1）高压侧母线无功目标值

　　设当前高压侧母线电压为 V^i，母线上所有机组送入系统的总无功为 Q^i。要求调节的高压侧母线电压目标值为 V^j，需向系统送出的总无功为 Q^j。系统电抗用 X 表示，则机组送入系统的总无功调节目标值为

$$Q^j = V^j \cdot \left(\frac{V^j - V^i}{X} + \frac{Q^i}{V^i} \right) \tag{B-1}$$

　　因此，根据 V^i、Q^i、V^j 和 X，即可确定送入系统的总无功调节目标值 Q^j。式中系统电抗 X 为待定值。

　　2）系统电抗确定

　　根据如下方法计算

$$\left(Q^{k+} / V^{k+} - Q^{k-} / V^{k-} \right) \cdot X = V^{k+} - V^{k-} \tag{B-2}$$

式中，Q^{k-}、V^{k-}、Q^{k+}、V^{k+} 分别为所有机组第 k 次无功调整前后输入系统的总无功和高压侧母线电压。

　　3）无功在机组间的分配

　　按式（B-2）计算的总无功调节目标值，扣除不可调机组的无功出力，加上机组主变消耗无功及厂用电消耗无功后，将该目标值在所有可调无功出力的机组间进行优化分配。

　　根据当前运行点各发电机无功的上下限，以每台机的理想无功运行点为目标，将总目标值与总理想无功的偏差值在各台机组中进行分配，实际中可以考虑平均、比例、等功率因数等不同原则。

$$Q_{\text{g,target}} = \frac{Q_{\text{g,max\_d}} + Q_{\text{g,min\_d}}}{2} + \left(Q_{\text{t,total}} - \sum \left(Q_{\text{g,max\_d}} + Q_{\text{g,min\_d}} \right) / 2 \right) \frac{\left(Q_{\text{g,max\_d}} - Q_{\text{g,min\_d}} \right) / 2}{\sum \left(Q_{\text{g,max\_d}} - Q_{\text{g,min\_d}} \right) / 2}$$

$$\tag{B-3}$$

4)机组升压变消耗无功的计算

按机端电流、主变阻抗，采用如下方法计算：

$$Q_\mathrm{T} = 3 \cdot I^2 \cdot X_\mathrm{T} \tag{B-4}$$

5)厂用电消耗的无功可按发电机正常运行时的无功设置一个固定值

B.3　接　口　设　计

B.3.1　子站与主站接口方式

1. 主站下发指令

主站以遥调方式下发母线电压指令，在子站侧转化为 4~20mA 模拟信号。此模拟信号接入 A/D 转换单元，通过 A/D 转换单元的串口(RS485)输出数字信号给上位机，上位机经过解析，得到主站下发的母线电压指令。

2. 子站上传信号

子站可将各机组的 AVC 运行状态信号以遥信方式上传至主站。所有遥信量均由下位机输出，接入电厂原有测控单元。因遥信量较多，一般只选取其中的一部分上传。每台下位机可输出的遥信量包括：

(1)自检正常信号。

(2)投入返回信号。

(3)通信正常信号。

(4)闭环运行信号。

(5)增闭锁信号。

(6)减闭锁信号。

B.3.2　子站上位机与下位机接口方式

上位机与下位机接口采用 Profibus 通信链路，通过串行口以 485 信号传送信号。一般为全双工通信方式。

在主、备上位机之间，采用无扰切换，并联接收数据；上位机与下位机距离较远(至少 500m)，传输媒质采用光缆；同一屏内的下位机，采用铜质电缆；不同屏之间的下位机，采用光纤连接。

B.3.3　子站实时数据采集方式

子站可以不单独重新部署采样模块，通过电厂现有控制系统，以截取通信报文的方式采集实时数据。采集的模拟数据包括：

(1) 各电压等级母线电压。

(2) 各机组有功出力。

(3) 各机组无功出力。

(4) 各机组定子电压。

(5) 各机组定子电流。

B.3.4　子站与 DCS 接口方式

1. 子站输出信号到 DCS

子站通过下位机输出控制信号和状态信号到 DCS，主要包括两种。

1) 控制信号

子站将各机组控制信号送至 DCS，并通过 DCS 转发至励磁调节器(AVR)，控制信号由下位机输出，信号包括增磁信号和减磁信号。

2) 状态信号

子站可将各机组的 AVC 运行状态信号送至 DCS，供运行人员监视。所有信号均由下位机输出，各下位机可输出的状态信号包括：自检正常信号、投入返回信号、通信正常信号、闭环运行信号、增闭锁信号、减闭锁信号、电源正常信号、总异常信号。

2. DCS 输出信号到子站

DCS 输出至子站的信号类型为无源空节点，接入子站下位机。其目的有两个：第一，将 AV 手动/自动状态转发给 AVC，供 AVC 使用；第二，将运行人员对 AVC 的操作命令(投入、切除)发给 AVC，以改变 AVC 运行模式。DCS 需输出的信号包括：AVR 自动信号、AVC 投入信号、AVC 切除信号。

B.4　功　能　体　系

B.4.1　主要功能

1) 机组无功自动协调分配

可按照等功率因数、等无功裕度、等视在功率多种不同的分配原则，合理协调各机组的无功出力，实现优化调节。

2) 多重自动切换，有效提高系统可靠性

(1) 双主机自动切换。中控单元为双机冗余配置(可根据需要组态成单机或双机系统），主机和备机同时工作，可实现数据同步和自动切换，当主机或备机任一端出现故障或退出时，不影响系统正常运行。

（2）中控单元—执行终端双通道自动切换。可布置为环形双通道，同时工作，其中任一节点均可通过不同通道访问，实现自由切换。

（3）远动系统双通道。可使用并行双通道与远动系统通信，其中任一通道故障均不影响数据采集。

（4）双母线自动切换。同时监视两条母线，其中任一母线检修或故障，可自动切换到监控另一条母线。由于主站指令为母线电压调整量，监控任一母线均能保持同方向调节，有效防止切换后误调节。

（5）远方/本地自动切换。在主站故障或通信中断时，可自动切换到本地控制模式。可设置切换速度，防止因主站指令与本地预置曲线相差过大而导致母线电压大幅度调节。

3）多电压等级监控

可同时监控多个电压等级的不同母线，也可分别监控分裂运行的同电压等级母线，并实现协调控制。

4）多种控制目标

可根据需要，设置以高压侧母线电压、全厂总无功出力、指定机组无功出力作为控制目标。

5）过调保护

当调节继电器接点黏死或子站系统故障时，均可自动断开调节回路，避免造成机组低励或过激磁。

6）数据耦合校验

机组量测数据之间进行耦合校验，以互相验证数据可靠性（比如，根据定子电压、有功功率和无功功率量测值计算出定子电流，再与定子电流量测值比较，若超出设定的允许范围，则耦合校验失败。

B.4.2　安全约束条件

设置了多重约束条件，当发生下列情况时，系统自动闭锁整段母线或母线下某一台机组的调控，并发告警信号通知主站和电厂运行。

（1）励磁系统故障，当机组励磁系统故障情况下，可闭锁该机组调控。

（2）远动系统通信超时：当与远动系统通信故障时，若母线数据采集失败，可闭锁该段母线下所有机组调控；若机组数据采集失败，则闭锁该机组调控。

（3）主站通信超时（远方控制模式下）：当主站通信故障时，可自动切换为本地控制，也可闭锁母线下所有机组调控。

(4)母线电压、机组有功出力、机组无功出力、机组定子电压、机组定子电流等量测数据波动超出设定值时，可闭锁母线下所有机组调控。

(5)机组数据耦合校验结果超出设定值时闭锁该机组调控。

(6)母线电压、机组有功出力、机组无功出力、机组定子电压、机组定子电流等量测数据超出有效范围时，自动转为监控另一母线，若量测数据仍然超出有效范围，则闭锁该母线下所有机组调控；单个机组量测数据超出有效范围后闭锁该机组调控。

(7)调节无效果：调节信号输出后(1~10次可设置)，若机组数据在设定时间内未变化，则闭锁该机组调控。

(8)母线电压、机组有功出力、机组无功出力、机组定子电压、机组定子电流等量测数据超出限制范围时，自动限制单方向调节(越下限时闭锁减磁，越上限时闭锁增磁)。其中母线电压或机组无功出力超出限制范围后，系统还可自动将母线电压或机组无功调整到限制范围之内。

(9)主站指令超范围：若主站指令超出设定的限制范围，则自动将指令修正到限制范围之内。

B.5　主站与子站通信方案

主站系统和电厂侧子站系统通过现有通道进行通信，为了保证控制的可靠性和健壮性，对于主站系统和子站系统之间的通信有如下的设计目标。

(1)充分利用 EMS 系统现有的功能，降低开发成本，主站系统和子站系统通过现有的遥控遥调命令通道进行通信，不架设新的通信通道。

(2)如果通道出现故障，或者主站系统非正常退出，子站系统能够自动切换到本地控制状态。这就要求子站系统必须能够判断当前的遥调值是否是最新的控制命令。

(3)如果主站系统计算不正常，能够将子站系统自动切换到本地运行状态。

最简单直观的通信方案是主站系统直接将计算得到的电厂侧高压母线电压设定值作为一个遥调命令下发，但是这种方案有如下的问题。

(1)子站系统是从电厂 RTU 相应的遥调点上采集电厂侧高压母线的电压设定值。主站系统下发遥调命令后，厂站 RTU 相应的遥调点上将一直保持该遥调数值，直到下一次命令到达。这样一旦通道出现故障，厂站 RTU 的遥调点上的遥调命令将一直保持故障前的数值，而子站系统就无从判断，此刻从该遥调点上采集的设定值是否是最新的命令，从而也无法获知与主站系统的通信是否已经中断。

(2)在实际的控制系统实现中，可能存在这样的情况：子站系统进行控制时，所采集的母线电压值和厂站 RTU 发送给调度中心 EMS 系统的母线电压值不是采自同一量测器件，数值上会有误差。这意味着对于同一个母线电压，主站系统和子站系统的观测数值不同，在一些极端的情况下，这可能导致错误的控制。比如对于电厂的高压侧母线电压，主站系统的采集量为 230.0kV，子站系统的采集量为 229.0kV，主站系统经过 SVC 计算，需要将该母线电压下调 0.5kV，此时下发给子站系统的控制命令是 229.5kV，但是子站系统接到此控制命令，同自己的采集量对比后，实际进行的控制操作是将该母线电压上调 0.5kV，刚好与预期目标相反。

为了解决上述第二个问题，在主站系统和子站系统通信时，可以采用增量的方式实现，即下发的控制命令不是设定值，而是设定值的修改量，这样可以屏蔽主站系统和子站系统在量测采集上的误差。而为了保证子站系统可以判断是否与主站系统失去联系，必须提供一种机制，可以表征子站系统采集的当前命令是否是最新命令。

为了防止对电网造成过大的扰动，在实际的电压控制过程中，对于每步的控制量都有一定的限制。利用这一特点，要求每步的控制增量不超过 1.0kV，并在此基础上，设计了主站系统与子站系统的基于增量编码模式的通信规约。

(1) 下发的遥调量通过编码的方式实现，而不是简单的母线电压设定值。

(2) 主站系统下发的遥调量由三位整数组成。

(3) 其中百位表示调节增减方向，2 表示上调，1 表示下调，其他数据认为是通信错误。

(4) 十位是一个计数器，从 1～5 循环，主站系统每次下发命令时保证该位与上次命令不同，子站系统每次保存上次命令值，如果发现新的遥调值的十位与上次不同，认为收到新的命令；如果十位数不在 1～5 范围内，认为命令非法。

(5) 如果一定时间内没有收到新的命令，认为主站系统退出，子站系统自动切换到本地运行。

(6) 个位数表示调节增量，如"7"表示增量为 0.7kV，结合百位的调节增减方向，最终决定如何修改目标电压设定值。

(7) 小数点之后的数据子站端自动四舍五入。

举例：比如子站收到遥调量为 216，表示目标电压设定值需要上调 0.6kV，而收到 135，表示目标电压需要下调 0.5kV。

另一种可选的技术方案是基于调度数据网，AVC 主站系统和电厂子站系统直接利用 104 规约进行通信，由于电厂和变电站之间建立了直接的通信关联，可以保证信息的及时性和准确性，并能够对数据中断进行有效的判断。

附录 C　变电站协调优化控制

C.1　概　　述

传统的变电站自动电压控制方式主要采用变电站电压控制装置(voltage quality control，VQC)，大多数系统基于九区图及其扩展方法，一般只能考虑站内主变某一侧电压和无功的合格，不能兼顾多个电压等级，同时也不能实现电网级的全局协调优化控制。

本书将变电站电压控制纳入三层电压控制体系。其中，在 TVC 的全局优化中，将变电站内的无功设备作为调节手段，统一进行全局 OPF 计算，得到全网电压控制目标。在此基础上，通过 SVC 中的变电站控制模块，在保证变电站内电压合格的基础上，以三级控制给出的优化电压为目标，实现变电站侧的优化控制。

变电站二级优化控制，采用了基于专家规则的面向多目标的变电站优化控制方法，实现了对变电站的电压合格控制和无功优化控制。同时，二级控制中还考虑了电容电抗器投切与发电机之间的协调，通过变电站控制和电厂控制之间的协调，及时投切电容电抗器，将发电机无功保持在上调、下调均有较大裕度的中间位置，从而保证应对紧急情况的动态无功储备，提高大电网的动态安全性。

C.2　考虑变电站控制资源的协调全局优化

在进行 TVC 时，其目标是利用当前电网内的可用无功资源，在满足各种可行安全约束的前提下，尽可能降低网损。在无功资源中，变电站的电容电抗器同样应当考虑在内，才能实现与发电机的协调控制。由于电容电抗器属于离散调节变量，如果直接进入优化模型中，算法的收敛性将受到影响，难以直接用于闭环自动控制。事实上，在 TVC 层面，更关心的是一种无功电压的最优分布，并不需要给出容抗器的直接控制动作策略(其控制动作策略可由下级电压控制给出)，因此需要关注的是：如果将变电站的无功调节容量与电厂发电机的无功调节容量放在一起综合协调，在一定约束条件下，电网能够达到怎样一种优化状态？这种优化状态可作为后续二级控制的目标。

为此，在 TVC 中，在电容电抗器所挂接的母线增加一台虚拟调相机，其无功出力记为 Q_c，如图 C-1 所示。

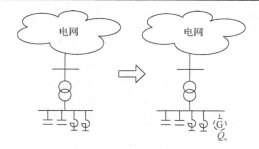

图 C-1　考虑离散设备的全局优化

Q_c 表示在基态电容电抗器投切的基础之上叠加的无功变化量,初始状态为 0。其上限 $\bar{Q}_c$ 表示该母线可增加的无功容量,从数值上等于目前所有未投入的电容容量与已投入的电抗容量之和;其下限 $\underline{Q}_c$ 表示该母线可以减少的无功容量,从数值上等于目前所有已投入的电容容量与未投入的电抗容量之和。在进行 OPF 计算时,将 Q_c 作为发电机出力,扩展到 Q_g 中,TVC 数学模型如下所示。

$$\min \ f = P_{\text{Loss}} = \sum_{(i,j) \in NL} (P_{ij} + P_{ji}) \tag{C-1}$$

满足如下约束:

$$Q'(x) = \begin{cases} P_{gi} - P_{di} - V_i \sum_{j \in I} V_j (G_{ij} \cos \theta_{ij} + B_{ij} \sin \theta_{ij}) = 0 \\ Q_{gi} - Q_{di} - V_i \sum_{j \in I} V_j (G_{ij} \sin \theta_{ij} - B_{ij} \cos \theta_{ij}) = 0 \\ i = 1, \cdots, NB \qquad \theta_s = 0 \end{cases} \tag{C-2}$$

$$Q''(x) = \begin{cases} \underline{Q}_{gi} \leqslant Q_{gi} \leqslant \bar{Q}_{gi} & i = 1, \cdots, NQG \\ \underline{V}_i \leqslant V_i \leqslant \bar{V}_i & i = 1, \cdots, NB \end{cases} \tag{C-3}$$

式中,$Q'(x)$ 为潮流方程;$\bar{V}_i$、$\underline{V}_i$ 为母线电压的上下限;$\bar{Q}_{gi}$、$\underline{Q}_{gi}$ 为无功电源出力上下限,对于变电站等值的虚拟发电机,其上下限为 $\bar{Q}_{ci}$ 和 $\underline{Q}_{ci}$。

TVC 的输出为对电厂高压侧母线电压的最优设定值 V_g^{ref} 和对变电站高压(或中压)侧母线电压的最优设定值 V_c^{ref}。而 V_c^{ref} 即为变电站控制的优化目标。

C.3　变电站直控模式

直控模式是指网/省调 AVC 主站直接向变电站下发电容器/电抗器的遥控指令

或变压器分接头档位的遥调指令。在这种方式下，变电站端不需要子站或装置，AVC 主站直接向变电站综合自动化系统发送控制指令，由综合自动化系统完成相应的遥控遥调操作。

需要每个变电站增加上送主站的遥信信息如表 C-1 所示。

表 C-1　变电站上送主站的遥信信息表

序号	信号类型	说明
1	全站 AVC 的远方、就地信号(遥信)	全站是否投入 AVC 闭环控制 0-就地控制，1-远方 AVC 闭环控制
2	每个电容器/电抗器的闭锁信号	1-闭锁，0-非闭锁
3	闭锁原因	—

主站下送的遥控遥调信息如表 C-2 所示。

表 C-2　主站下送的遥控遥调信息表

信号类型	说明
每个电容器、电抗器的遥控信号	对应到电容器开关，0-控分，1-控合，需要严格保证电容器和对应开关遥控点的一致性

C.4　控 制 策 略

C.4.1　控制目标

1. 母线电压合格

首要目标是保证母线电压合格，例如对于常规 500kV 变电站，母线电压合格率的优先级是：220kV 母线、500kV 母线、35kV 母线(或 66kV 母线)。

母线电压不合格是指电压当前量测值超过给定的当前电压上限或下限。在充分利用所有控制手段的前提下，为了保证高优先级的母线电压合格，允许低优先级的母线电压不合格。

2. 无功流动合理

在所有母线电压合格的基础上，系统保证 500kV 主变关口的无功合理性，常见的判据为主变高压(500kV)关口不能出现无功倒送的情况。

3. 电压优化

在前两项条件都能满足的前提下进行电压优化，对于省级电网，电压优化的目标是 220kV(中压侧)母线电压，其电压优化值的来源为：当全局电压优化计算收敛时，变电站 220kV 电压采用全局三级优化计算得到的电压曲线进行控制；如果全局三级优化计算不收敛，则采用默认的运行设定曲线控制。

C.4.2　控制逻辑

系统上述优化目标的控制的逻辑如图 C-2 所示。

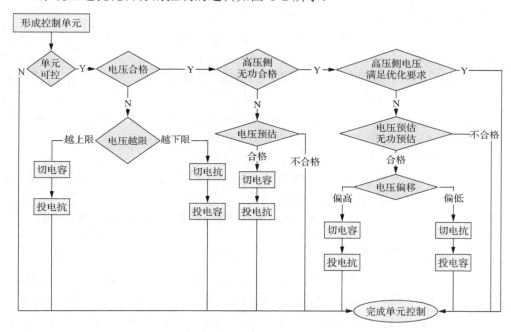

图 C-2　变电站控制策略逻辑流程图

图 C-2 中给出了实现上述 3 个控制目标的控制逻辑，具体说明如下。

1. 形成控制单元

根据电网当前的运行方式，形成控制单元。控制单元的构成原则如下。

（1）以变电站为单位进行检查，并列运行的主变组成同一个控制单元；一个控制单元可以包含多台主变（并列运行）或一台主变（非并列运行）。

（2）主变并列运行指主变的高压、中压侧母线均并列运行。

（3）对控制单元内的受控无功设备和主变分头，生成控制策略时综合考虑。

（4）主变分头是否参与调节应可选择。

2. 判断控制单元是否可控

如下情况发生时，单元不可控：

（1）控制单元三侧停运，即三侧开关断开，主变不带电。

(2)控制单元主变高压侧开关断开。

(3)控制单元主变高压侧无有效的主变无功量测，包括无量测或者量测不合理。

(4)控制单元主变高压侧有 500kV 母线，但是无有效的母线电压量测，包括无量测或者量测不合理。

(5)控制单元中压侧无有效的主变或母线量测，包括无量测或者量测不合理。

(6)控制单元内有电容器的遥测遥信状态不对应。

(7)控制单元内电容器电抗器无功量测与相连接的主变低压侧无功量测方向或数值不一致。

(8)控制单元内有关键的开关无遥信。关键开关是指可能影响控制单元拓扑的开关或者影响控制设备状态的开关，例如母联开关、主变开关或电容器开关。

(9)控制电压高压侧电压低于安全值，如 500kV 电压低于 505kV；控制单元中压侧电压低于安全值，如 220kV 电压低于 210kV。

(10)控制单元内母线或变压器量测数据不刷新。

(11)无功设备投切后，所连接的低压母线量测不变化。

(12)接收到外部其他系统的闭锁信号。

上述任意情况发生时，AVC 系统闭锁该控制单元的自动控制功能并报警。

3. 控制母线电压合格

当高压侧、中压侧或低压侧母线电压越限，通过投切无功设备来消除越限。

(1)如果电压越上限，则先切除运行的电容器，如仍旧越限，则投入电抗器。

(2)如果电压越下限，则先切除运行的电抗器，如仍旧越限，则投入电容器。

按照母线电压的优先级，依次检查各个母线是否合格，并且在控制前进行电压预估，避免出现为了消除优先级低的母线越限而导致优先级高的母线越限。

4. 控制高压关口无功合格

在电压合格的情况下，考虑控制单元主变高压侧无功是否合格。如果高压侧无功倒送：切除电容器，或者继续投入电抗器进行校正。

例如考虑到对 500kV 电网，有时由于所在的区域中低压电网(220kV 侧)的无功设备缺乏，因此需要依靠 500kV 变电站的无功支撑。因此对于无功倒送的判据可以设置，例如以无功<−30Mvar 作为无功倒送的判据，这样可以允许一定的倒送。

在优化无功关口的控制逻辑中，在确定控制设备前，需要对控制结果进行电压预估，即无功优化的控制不能导致单元中任意一侧母线电压的越限。

5. 保证电压满足优化要求

在电压合格和无功合格的情况下，考虑中压侧 220kV 母线的电压优化策略。中压侧的优化电压设定值由全局无功优化计算给出，如果全局无功优化计算不可用(计算失败)，可采用人工给定的优化曲线值。

由于影响高压侧母线电压的控制手段主要为电容器与电抗器，控制策略包括：

(1)当中压侧母线电压比优化设定值偏高，切除电容器或投入电抗器进行调节。

(2)当中压侧母线电压比优化设定值偏低，切除电抗器或投入电容器进行调节。

中压侧母线电压偏离优化设定值是指当前电压量测值相对优化设定值的偏差超过了电压优化死区，这个死区是一个可以调整的控制参数，增加死区可避免电压波动导致的调节过于频繁。

必须注意，需要进行母线电压预估和单元内无功分布的预估，不能因为电压优化控制导致控制单元中任意一侧母线电压的越限，也不能导致高压侧无功倒送。

6. 控制设备的选择

在 AVC 控制策略形成后，需要选择控制单元中的具体设备对象完成控制策略的执行。如果某个策略找不到对应的具体控制设备，系统会尝试下一个控制策略。

在选择控制设备时，有些控制设备对象需要根据情况进行闭锁，排除在可选择的设备之外，而对于多个允许控制的设备，则需要根据要求进行选择。选择条件，根据如下优先顺序选择设备。

(1)是否连接在越限的低压母线上。

(2)考虑电容器串联补偿电抗大小，投入按照"大小大小"的顺序，切除按照"小大小大"的顺序。

(3)电容、电抗器接入到不同低压母线运行的均衡性。

(4)设备今日是否有控制失败记录，优先选择无失败记录的控制。

(5)电容、电抗器投切的次数，需要保证不同设备的动作次数做到按月均衡。

(6)无功设备控制后对电压的影响效果，优先选择效果最为显著的。

C.5 功 能 设 计

C.5.1 变电站控制建模

变电站控制建模提供如下功能。

(1)提供界面，允许用户对于每条变电站的控制母线，建立电压上限、电压下限曲线以及默认的人工的设定值曲线，当三级优化不可用时，可以按照默认的人工设定曲线进行控制。

(2)母线电压曲线可以按照 1～4 季度，周一～周日以及各种节假日分别建立。

(3)在对某条控制母线的电压设定值曲线进行建模时，允许用户从其他已经建模完毕的母线或者模式下载入设定值曲线，做修改后保存为当前母线当前模式下的设定值曲线，从而减少用户的工作量。

(4)提供界面，允许用户导入历史上某天控制母线实际的设定值曲线，修改后存为当前建模的设定曲线。

(5)母线电压的上下限值最初从 EMS 导入，但是允许用户在 AVC 的建模工具中修改，最终采用的数据以用户修改的为准。

(6)提供界面，将所有可以参与控制的变电站无功电压调节设备列出，供用户选择并建模。

(7)提供界面，允许用户查看、修改变电站无功电压调节设备运行状态(运行或者退出)和工作状态(远程控制或者本地控制)遥信的对应情况。

(8)提供界面，允许用户查看、修改变电站无功电压调节设备相关的遥控和遥调点号的映射情况。

(9)提供界面，允许用户指定同一设备两次动作之间的最小时间间隔。

(10)提供界面，允许用户指定调节设备每天的最大动作次数。

(11)提供界面，允许用户设置各类控制参数，如系统运行周期，系统采集数据周期，命令执行前等待时间。

(12)可以选择设备关联的保护信号，实现自动闭锁。

(13)可以指定电容器投切顺序参数，如电容器串联补偿的电抗百分比参数等。

(14)可采用和修改所有调相机和 SVC 的无功上下限等参数。

C.5.2　变电站闭环控制

1. 控制模型生成

(1)根据电网中断路器、隔离开关等设备的状态及各电气元件的连接关系，自动将电网形成控制单元。

(2)能够自动计算无功控制设备对母线电压影响的灵敏度。

(3)能够周期映射获取 SCADA 数据，映射周期不大于 30s。

(4)能够对 SCADA 数据进行辨识，发现错误量测、开关状态。能够通过拓扑分析识别电容器和变压器是否可用。

2. 实时信息监视

(1)能够选择厂站，实时监视电容/电抗器装置的控制类别、工作状态、保护闭锁信号、当日动作次数及最近动作时间。

(2)能够选择厂站,实时监视有载分接头装置的控制类别、当前档位、保护闭锁信号、当日动作次数及最近动作时间。

(3)能够对选定的电容/电抗器设备进行通道测试,下发控合或控分的命令。

(4)能够对选定的有载分接头设备进行通道测试,下发分头上升或下降的命令。

3. 控制策略生成

(1)提供人机界面,允许用户自定义采用的专家控制策略。

(2)能够根据变电站当前的电压和无功信息正确生成控制策略。

(3)控制策略能够保证变电站内高、中、低三侧电压不越限,保证主变功率因数合格。

(4)控制策略能考虑站内转变并列运行时分头的联调要求。

(5)在单台主变停运、低压侧母联开关并列运行时,能自动更新运行主变的控制单元范围,双母线上连接的电容(抗)器均可投切。

(6)控制策略能保证控制设备的动作次数和时间间隔满足预置的约束条件,包括电容器投退时间间隔以及分头调节的时间间隔。

(7)能对网省电网所管辖的 500kV 变电站实现逆调压,逆调压的电压限值曲线可以由用户指定。

(8)能接收 TVC 给出的高压侧母线电压优化设定目标,在控制运行的范围内,尽可能保证本站电压追随该目标值。

(9)在控制策略计算时,应能够按照电容器串联电抗的大小进行电容器的投切。

(10)投入电容器时,应按照"大小大小"的顺序投入。

(11)切除电容器时,应按照"小大小大"的顺序切除。

(12)同一变电站内的调节设备可以实现循环投切,保证同一厂站的电容/抗器的投切次数在一段时间(日、周、月)内能够均衡,同一厂站的每个电容/抗器的每个月总的投退动作次数应该基本相同。

4. 闭锁功能

1)可以对异常情形进行人工闭锁

(1)系统闭锁:选择开环计算模式,只计算不控制。

(2)区域级闭锁:能够对选定的区域设置是否参与计算和控制。

(3)厂站级闭锁:能够对选定的厂站闭锁该厂站所有设备的控制指令。

(4)设备级闭锁:仅闭锁该设备的控制指令。

2)对闭锁信息能够树形列表显示

3)能够根据设备闭锁设置,动态显示系统控制模型及每个控制单元所关联的可控制设备

4) 能够根据变电站上送的全站控制模式和设备控制模式进行自动闭锁

(1) 全站的远方控制/本地控制信号。

(2) 电容器开关的远方控制/本地控制信号。

(3) 主变分接头的远方控制/本地控制信号。

5) 有选择闭锁

当全站在"本地控制"下，自动闭锁该站所有的电容器开关和主变分头的自动控制；当全站在"远方控制"下，某个设备在"本地控制"，则闭锁该设备的自动控制。

6) 符合条件则闭锁相应设备控制

(1) 控制设备保护动作，可以处理虚拟的综合保护信号和实际的保护信号两种模式：①综合保护信号，变电站监控系统把与控制设备相关的多个保护信号综合为一个虚拟的主保护信号上送；②实际的保护信号：多个实际的保护信号直接上送到 AVC 主站，由 AVC 主站来进行综合处理。

(2) 控制命令发出超过一定的时间，控制设备不动作。

(3) 多次发出统一同一控制命令，控制设备不动作。

(4) 控制设备处于检修状态；对主变、电容器，能根据连接的刀闸状态自动判定是否处于检修状态。

(5) 对正在运行的电容器，当处于"远方控制"状态下，如果连接的开关位置发生突变，AVC 系统能够给出报警并闭锁该电容器的投切。

(6) 变电站内发生故障时，应能自动闭锁控制设备，包括：高压、中压母线故障失压时；低压母线故障时；主变故障三侧跳闸时；控制设备的控制次数超过规定的每天最大次数。

(7) 变压器档位一次控制变化大于一档。

(8) 无功设备的无功、电流量测与开关刀闸遥信状态矛盾。

(9) 调相机增磁闭锁保护动作。

(10) 调相机减磁闭锁保护动作。

(11) 调相机所在子站 AVC 没有投入。

(12) 调相机设置为本地控制。

7) 厂站内母线电压高于或低于设定的闭锁限值，应闭锁厂站内所有设备控制

5. 统计分析功能

(1) 能够以曲线形式显示控制设备动作前后的相关设备的运行状态，并能选择日期进行曲线对比显示主变有功、无功、母线电压、电容抗器的动作情况。

(2) 能够记录并查询所有系统日志、控制命令以及控制设备动作情况，能够按照不同信息类型进行检索。日志包括调相机的指令，电容器、电抗器的指令。日

志能够导出成文件。

(3)能够自动统计给定时间周期(如按月/日)电容/抗器的投入率。

(4)能自动统计给定变电站或某个区域在指定的时刻的无功裕度。

(5)能自动对逆调压的效果进行分析,提供每日指定时刻的电压无功统计情况。

(6)能给出用户要求的其他统计结果。

附录 D　海外专家书评

D.1　美国能源部高级顾问、国家工程院院士 Anjan Bose 教授

System-wide automatic voltage control(AVC) is well-known as one of the most challenging topics for modern power system. Voltage is normally controlled at each bus locally without system-wide coordinated control. This has been known to be a big problem for at least the last quarter century and has at least been a cause of all the major blackouts around the world. In recent years, due to the intermittence of wind power outputs, dramatic voltage fluctuations in the wind pool area have been the cause of cascading trips of wind turbine generators; this has been a great challenge for development of large-scale renewables.

The AVC product developed by Prof Sun and his team represents a major step forward in power system modernization in the world. Its wide applications in most electrical power control centers(EPCC) in China has put China far ahead of the rest of the world in better control of grid voltage thus lowering the probability of grid failures. This AVC product has also been implemented at PJM for the first AVC in North America. Thanks to Prof. Sun and his team's great effort for many years, the AVC has become one of the two fundamental wide-area closed-loop control systems in EPCC around the world, the other one being the automatic generation control(AGC) first implemented over 75 years ago in the USA.

To my knowledge, besides some unique implementations by individual power companies in Europe, there is no other similar commercial AVC product in the world other than Prof. Sun's. The major vendors of EPCC functions in the world, such as ABB, GE, Siemens and Alstom, have not yet successfully developed their own AVC product.

The book summarizes more than 20-years of accomplishments by Prof. Sun's team on AVC for large-scale power grids, from theory to practice. I am so happy to see this book, from which I believe academia and industry will be greatly benefited.

Anjan Bose

IEEE Fellow, Senior Advisor of the U.S.Department of Energy

Member of the National Academy of Engineering

Regents Professor in Power Engineering, Washington State University

D.2　美国国家工程院院士 Joe H. Chow 教授

I am pleased to write this letter to recognize the seminal contributions of Professor Sun Hongbin of Tsinghua University to automatic voltage control (AVC) methods and technology to large power systems. He had made significant improvements to all levels of the control hierarchy of AVC, including the integration of large-scale renewable generations and the successful AVC application in the PJM Interconnection (US). He is a true pioneer in this technology area.

The AVC application to large-scale power systems is typically separated into three levels. At the primary (lowest) voltage control level, Professor Sun contributed to the coordinated power plant and substation voltage control, including interface design and communication schemes. At the secondary voltage control level, Professor Sun developed a novel adaptive zone division methodology to achieve an optimal solution based on the concept of "Var control space." Then the coordinated secondary voltage control (CSVC) is used to update the setpoints of the power plant voltage controllers. At the tertiary (highest) level, Professor Sun developed the optimal power flow (OPF) technique to provide a centrally optimal tertiary voltage control (TVC) dispatch.

In addition, with high penetration of renewables such as wind turbines and solar PV farms, voltage concerns can often lead to the curtailment of such renewable energy. The proposed AVC scheme would greatly enhance the reliability of operation.

Most recently, he has written a text on the AVC of power systems, which provided a comprehensive exposition of his results and contributions on coordinated three-level AVC of large power systems. I highly recommend this text for graduate course adoption.

The body of contributions to AVC by Professor Sun is extremely impressive. He is truly deserving of major recognition.

Joe H. Chow

IEEE Fellow, Member of the National Academy of Engineering

Professor, Electrical, Computer, and Systems Engineering, Campus Director,

Rensselaer Polytechnic Institute

NSF/DOE CURENT ERC

D.3 美国国家工程院院士 Yilu Liu 教授

Prof. Hongbin Sun is a world-leading expert in the area of system-wide automatic voltage control. The applications of Prof. Sun's AVC throughout the electrical power control centers in China and at PJM interconnection is a landmark achievement in smart grid area in the world.

To reduce the large voltage fluctuation and the risk of cascading to wind turbines, Prof. Sun also successfully implemented the first AVC system supporting large-scale wind power integration. The AVC system was first put into operation in the Northern China Power Grid and connected to a large number of wind farms with thousands of wind turbines.

Prof. Sun was the first to successfully implement the adaptive AVC system based on zone division. With his technology, the control zones can be reconfigured online and updated automatically following the variations in the grid structure. His product has been put into operation in Jiangsu Provincial Power Grid.

This manuscript is a collection of his original contributions in system-wide automatic voltage control.

Yilu Lin

Dr. Yilu Liu
IEEE Fellow, Member of the National Academy of Engineering
UT-ORNL Governor's Chair Professor, The University of Tennessee
Deputy Director of CURENT

D.4　美国国家工程院院士 Jay Giri 博士

　　To my knowledge, this is the first book focusing on system-wide closed-loop automatic voltage control for large-scale power grids.It describes more than 20-years of accomplishments by Prof. Hongbin Sun on system-wide automatic voltage control（AVC） for large-scale power grids. Several real-life implementations and field-site results are presented-not only for many Chinese power grids but also the US PJM interconnection.

　　Prof. Sun is a pioneer and international expert in the area of system-wide automatic voltage control. The original innovation and application of his AVC system in Asia and North America has transitioned from "manual" to "automatic." Today, thanks to Prof. Sun's innovative contributions, AVC has become a new fundamental closed-loop control system in the electric power control center-similar to AGC, which is the only other closed-loop control system at a control center.

　　Prof. Sun's AVC was successfully implemented in many control centers in China and the US PJM Interconnection. PJM is one of the largest ISOs in the North American power grid. A novel cooperative game-based AVC method was designed and implemented to efficiently meet the operational requirements for both pre- and post-contingency conditions. This is the first real-life closed loop AVC implementation in North America.To reduce the dramatic voltage fluctuation and the potential risk of cascading tripping of wind turbines, Prof. Sun successfully implemented the first multi-level hierarchical AVC system which supports large-scale wind power integration. This is an important milestone in China's smart grid development. Prof. Sun also successfully implemented the first-ever AVC system based on adaptive zone division. With this original innovative technology, control zones are no longer fixed but are reconfigured online and updated automatically in accordance with variations in the grid structure.

　　To my knowledge, the major global EMS control center vendors in the world— such as GE, Alstom, ABB and Siemens—have not yet successfully implemented their own close-looped AVC product.

Dr. Jay Giri

IEEE Fellow, Member of the National Academy of Engineering

Former Director, GE Grid Solutions

D.5　美国国家工程院院士、IEEE 智能电网汇刊创刊主编 Mohammad Shahidehpour 教授

This is an outstanding book on automatic voltage control and a welcome addition to the operation and control of electric power systems which provides a thorough coverage of critical issues for academic researchers and industry practitioners. Automatic voltage control is well-known as one of the most important and cutting-edge topics in smart grid area. System-wide automatic voltage control is also a world-recognized technical issue, which is signified by its strong nonlinearity and complexity. Long-term accomplishments by Prof. Hongbin Sun and his team on system-wide automatic voltage control based on innovative autonomous-synergic method, with its wide applications in Asia and USA, is a milestone breakthrough in the global smart grid development. The book reflects the authors' many years of experience with research and education on the evolution of state-of-the-art technologies which are applied to electric power control centers throughout the world. The authors cover several timely subjects which link traditional largescale control methodologies to leading power system operation technologies in modern control centers.

Mohammad Shahidehpour

IEEE Fellow, AAAS Fellow, NAI Fellow

Member of the National Academy of Engineering

Distinguished Professor of Electrical and Computer Engineering,

Bodine Chair Professor and Director,

Robert W. Galvin Center for Electricity Innovation, Illinois Institute of Technology

D.6 IEEE 电力与能源协会主席 Saifur Rahman 教授

This book is probably the first comprehensive book on large-scale power grid voltage control. This is an excellent reference that documents fundamentals and theory behind electrical power control center functions highlighting the system-wide voltage control. Due to Prof. Hongbin Sun's original work and wide applications of his system-wide automatic voltage control system in Asia and North America, voltage control in electrical power system control center has transitioned from manual to automatic, and from offline to online. This can help with smart grid technology development globally.

Saifur Rahman

President of IEEE Power & Energy Society, IEEE Fellow

Joseph R. Loring Professor & Director，Virginia Tech

D.7　IEEE 电力与能源协会前任主席 Miroslav Begovic 教授

It gives me a great pleasure to strongly endorse the new book on automatic voltage control, authored by three of my colleagues and friends from Tsinghua University, Profs. Hongbin Sun, Qinglai Guo, and Boming Zhang.

System-wide coordination of automatic voltage control (AVC) is well-known as one of the most important and challenging topics in modern electrical power system. The team of authors led by Professor Sun is well known for its work on voltage control in energy management systems, and has produced some unique contributions in this area: a wide area voltage control with adaptive zones and global optimization, first proposed by Sun in 1996; to my knowledge, the first AVC with coordination among multiple electrical power control centers in the world was implemented in North China Power Grid in 2007; a hierarchical voltage control system custom designed to address the large voltage fluctuations which occur when large wind plants are subject to intense perturbations; To my knowledge, it is the first AVC implementation to support large-scale renewables integration in the world.

To satisfy the pre-and post-contingency system operational requirements, Prof. Sun's team has also developed and implemented a large-scale power grid cooperative-game-theory-based voltage control method. It is the first such automatic voltage control implementation in North America.

As a combination of materials, the book represents a primer for practicing engineers on automatic voltage control, and an eclectic assortment of theory and application case studies. Its uniqueness is in its close connection between advanced new theories and their practical implementations, a rare and precious find in the literature of this kind. I commend our colleagues for demonstrating the highly effective path between ideas and their implementations using the modern theories and the best performance that current technologies can offer. The result is an impressive collection of journeys in creation of the contemporary smart grid.

Miroslav M. Begovic

Miroslav Begovic

IEEE Power & Energy Society Past President, IEEE Fellow

Carolyn S. & Tommie E. Lohman '59 Professor and Head, Texas A&M University

Director, Division of Electrical and Computer Engineering, Texas A&M

Engineering Experiment Station

D.8　IEEE 电力系统汇刊主编 Nikos Hatziargyriou 教授

This book provides in-depth treatment of automatic voltage control. This is an area of continuous interest in the power system community attracting a great deal of research and providing high technological advancements. The book, authored by leading experts in the field, manages to cover in a comprehensive way a wide spectrum of basic knowledge and basic technologies to advanced voltage control coordination issues and practical applications. Prof. Sun is a pioneer and world-leading expert in the area of system-wide automatic voltage control. Due to his original innovation and wide applications of his AVC system in China and USA, system-wide reactive power and voltage management has been widely shifted from off-line scheduling to on-line optimized close-looped mode, and AVC has become a new fundamental control system in Energy Power Control Centers. The AVC, developed by Prof. Sun's group in Tsinghua University, was successfully implemented in the EPCC of PJM Interconnection of USA, the largest synchronized transmission system in North America to meet both pre- and post-contingency operational requirements. This is the first real-life AVC implementation in North America. Among other practical installations, Prof. Sun and his team has also successfully implemented the first hierarchical AVC system supporting large-scale wind power integration. Their AVC system has been put into operation for the first time in Northern China Power Grid and connected to 24 wind farms with over 1,500 WTGs, which is recognized as an important milestone of China's smart grid development. Through this book the authors share their deep knowledge and valuable experience from their pioneering applications providing an essential resource for anyone involved in the analysis, design and operation of Automatic Voltage Control Systems, whether in industry or academia. An absolutely "must read" book.

Nikos Hatziargyriou

IEEE Fellow

Professor at the National Technical University of Athens (NTUA) Greece

Chairman of the Board and CEO of the Hellenic Distribution Network Operator

Editor in Chief, IEEE Transactions on Power Systems

D.9　IEEE 可持续能源汇刊主编 Bikash Pal 教授

I am very pleased to see this book being published for the active researchers in power system automatic voltage control. Fast automatic voltage control has always played a significant role in power system stability.

This book on Automatic Voltage Control (AVC) authored by Prof Hongbin Sun, Qinglai Guo and Boming Zhang covers various aspects of voltage control in the context of 21st century power network. Depending on the response requirement it is necessary to have co-ordination in time scale also-so secondary and tertiary voltage concept control discussed in details in the book have been very effective. It also offers an interesting optimization perspective from optimal power flow framework. The constraints of system voltage security on Volt/VAR optimization have been discussed from sensitivity perspective. The advantage of sensitivity based approach is the ease of understanding for implementation-in that sense the success of the AVC tools developed and implemented by the authors in many utilities in the world have been very timely and met the requirement of the industry.

The authors are world leading experts in this topic. The team under the technical leadership of Prof Hongbin Sun have worked for about 20 years. They have engaged with industry for long to learn the requirements and challenges in the field for practical implementation and that have worked in various EMS and control centers in China and other countries. Their solutions also have enabled increasing the hosting capacity of wind power to large grid in China. The research, development and deployment in the topic led by Prof Hongbin Sun have made very measurable academic and industrial impact. With all those experience and knowledge contained in this, it is going to be a very unique book.

In this respect, the concept, design and demonstration of voltage control and the experience from the utilities–all explained in this book is definitely going to be very useful for the professional engineers and researchers and university academic. Very unhesitatingly I appreciate and endorse Prof Hongbin Sun and his co-authors' endeavor to disseminate their knowledge to the wider world.

Bikash Pal

IEEE Fellow, Professor of Power Systems at Imperial College London

Editor in Chief, IEEE Transactions on Sustainable Energy

D.10　IEEE 智能电网汇刊主编 Jianhui Wang 博士

This book will be one of the fundamental references on power system operations. The authors have contributed more than 20 years of experience in both academic research and practical implementation of system-wide automatic voltage control (AVC) for large-scale power grids worldwide. The lead author, Prof. Hongbin Sun is a world-renowned expert in this field and has provided original innovation and contributions in developing and deploying a variety of advanced AVC systems in Asia and North America. The authors' outstanding achievements and practical value of their work are evidenced in almost all the electric power control centers in China and at the PJM Interconnection in the U.S. which represents a big step forward in smart grid development in the world. At PJM, a novel cooperative game-based AVC method was proposed and implemented efficiently to meet the operational requirements for both pre-and post-contingency operation conditions for the entire PJM system, which is the first real-life AVC implementation in North America. In China, Prof. Sun and his team successfully implemented the first AVC system based on an adaptive zone division method. With this innovative technology, the control zones are no longer fixed but are reconfigured online and updated automatically in accordance with variations in grid topology. The product has been put into operation for the first time in Jiangsu Provincial Power Grid in 2002. In conclusion, this is an excellent summary of the authors' state-of-the-art research in AVC and every power system operator and interested researcher should have a copy.

Jianhui Wang
Editor in Chief, IEEE Transactions on Smart Grid
Section Manager of Advanced Grid Modeling at Argonne National Laboratory

参 考 文 献

董保民, 王运通, 郭桂霞. 2008. 合作博弈论: 解与成本分摊[M]. 北京: 中国市场出版社.

董越, 孙宏斌, 吴文传, 等. 2002. EMS 中公共信息模型导入/导出技术[J]. 电力系统自动化, 26(3): 10-14.

范磊, 陈珩. 2000. 二次电压控制研究(一)[J]. 电力系统自动化, 24(11): 18-21.

郭琦, 赵晋泉, 张伯明. 2006. 一种线路极限传输容量的在线计算方法[J]. 中国电机工程学报, 26(5): 1-5.

郭庆来, 电力系统分级无功电压闭环控制的研究[D]. 清华大学, 2005.

郭庆来, 孙宏斌, 张伯明, 等. 2004. 江苏电网 AVC 主站系统的研究和实现[J]. 电力系统自动化, 28(22): 83-87.

郭庆来, 孙宏斌, 张伯明, 等. 2005. 协调二级电压控制的研究[J]. 电力系统自动化, 29(23): 19-24.

郭庆来, 孙宏斌, 张伯明, 等. 2008. 自动电压控制中连续变量与离散变量的协调方法(二). 厂站协调控制[J]. 电力
系统自动化, 32(9): 65-68.

郭庆来, 孙宏斌, 张伯明, 等. 2005. 基于无功源控制空间聚类分析的无功电压分区[J]. 电力系统自动化, 29(10):
36-40.

郭庆来, 孙宏斌, 张伯明, 等. 2004. 江苏电网 AVC 主站系统的研究和实现[J]. 电力系统自动化, 28(22): 83-87.

郭庆来, 孙宏斌, 张伯明, 等. 2009. 特高压电网协调电压控制研究[J]. 中国电机工程学报, (22): 30-34.

郭庆来, 孙宏斌, 张伯明, 等. 2005. 协调二级电压控制的研究[J]. 电力系统自动化, 29(23): 19-24.

郭庆来, 孙宏斌, 张伯明, 等. 2004. 基于分级结构的省网 AVC 系统的研究与应用[C]//2004 全国电力系统自动化学
术交流研讨大会.

郭庆来, 孙宏斌, 张伯明, 等. 2006. 自动电压控制系统的公共信息模型扩展[J]. 电力系统自动化, 30(21): 11-15.

郭庆来, 王蓓, 宁文元, 等. 2008. 华北电网自动电压控制与静态电压稳定预警系统应用[J]. 电力系统自动化,
32(5): 95-98.

郭庆来, 王彬, 孙宏斌, 等. 2015. 支撑大规模风电集中接入的自律协同电压控制技术[J]. 电力系统自动化, (1):
88-93.

郭庆来, 吴越, 张伯明, 等. 2002. 地区电网无功优化实时控制系统的研究和开发. 电力系统自动化. 26(13): 66-69.

郭庆来, 张伯明, 孙宏斌, 等. 2008. 电网无功电压控制模式的演化分析[J]. 清华大学学报(自然科学版), 48(1):
16-19.

胡金双, 吴文传, 张伯明, 等. 2005. 基于分级分区的地区电网无功电压闭环控制系统[J]. 电力系统保护与控制,
33(1): 50-56.

蒋维勇, 吴文传, 张伯明, 等. 2007. 在线安全预警系统中的网络模型重建[J]. 电力系统自动化, 31(21): 5-9.

李端超, 陈实, 吴迪, 等. 2004. 安徽电网自动电压控制(AVC)系统设计及实现[J]. 电力系统自动化, 28(8): 20-22.

李钦, 孙宏斌, 赵晋泉, 等. 2006. 静态电压稳定分析模块在江苏电网的在线应用[J]. 电网技术, 30(6), 77-81.

李钦. 2006. 静态电压稳定预警和自动电压控制若干关键技术的研究[D]. 北京: 清华大学.

李尹, 张伯明, 孙宏斌, 等. 2007. 基于非线性内点法的安全约束最优潮流(一): 理论分析[J]. 电力系统自动化,
31(19): 7-13.

李尹, 张伯明, 孙宏斌, 等. 2007. 基于非线性内点法的安全约束最优潮流(二): 算法实现[J]. 电力系统自动化,
31(20): 6-11.

刘崇茹, 孙宏斌, 张伯明, 等. 2003. 基于 CIM XML 电网模型的互操作研究[J]. 电力系统自动化, 27(14): 45-48.

刘崇茹, 孙宏斌, 张伯明, 等. 2004. 公共信息模型拆分与合并应用研究[J]. 电力系统自动化, 28(12): 51-55+59.

刘文博. 2007. 在线静态电压稳定预警与预防控制系统研究[D]. 清华大学.

刘文博, 张伯明, 吴文传, 等. 2008. 在线静态电压稳定预警与预防控制系统[J]. 电网技术, 32(17): 6-11.

罗伯特.吉本斯. 1999. 博弈论基础[M]. 北京: 中国社会科学出版社.

潘哲龙, 张伯明, 孙宏斌, 等. 2001. 分布计算的遗传算法在无功优化中的应用[J]. 电力系统自动化, 25(12), 37-41.

邵立冬, 吴文传, 张伯明. 2003. 基于 CIM 的 EMS/DMS 图形支持平台的设计和实现[J]. 电力系统自动化, 27(20): 11-15.

孙宏斌, 郭庆来, 张伯明, 等. 2006. 面向网省级电网的自动电压控制模式[J]. 电网技术, (S2): 13-18.

孙宏斌, 郭庆来, 张伯明. 2007. 大电网自动电压控制技术的研究与发展[J]. 电力科学与技术学报, 22(1): 7-12.

孙宏斌, 郭烨, 张伯明. 2008. 含环状配电网的输配全局潮流分布式计算[J]. 电力系统自动化, 32(13): 11-15.

孙宏斌, 胡江溢, 刘映尚, 等. 2004. 调度控制中心功能的发展——电网实时安全预警系统[J]. 电力系统自动化, 28(15): 1-6.

孙宏斌, 李鹏, 李矛, 等. 2007. 中国南方电网在线分布式建模系统研究与设计[J]. 电力系统自动化, 31(10): 82-86.

孙宏斌, 吴文传, 张伯明, 等. 2005. 61970 标准的扩展在调度中心集成化中的应用[J]. 电网技术, 29(16): 21-25.

孙宏斌, 吴文传, 张伯明, 等. 2004. 调度控制中心的集成化: IEC61970 标准的扩展与应用经验[C]. 全国电力系统自动化学术交流研讨大会, 桂林.

孙宏斌, 张伯明, 郭庆来, 等. 2003. 基于软分区的全局电压优化控制系统设计[J]. 电力系统自动化, 27(8): 16-20.

孙宏斌, 张伯明, 相年德. 1998. 发输配全局潮流计算: 第一部分 数学模型和基本算法[J]. 电网技术, 22(12): 39-42.

孙宏斌, 张伯明, 相年德. 1999. 发输配全局潮流计算: 第二部分 收敛性, 实用算法和算例[J]. 电网技术, 23(1): 50-54.

孙宏斌, 张伯明. 1999. 准稳态灵敏度的分析方法[J]. 中国电机工程学报, 19(4): 9-13.

王彬, 郭庆来, 李海峰, 等. 2014. 含风电接入的省地双向互动协调无功电压控制[J]. 电力系统自动化, 24: 48-55.

王彬, 郭庆来, 孙宏斌, 等. 2011. 基于 IEC61970 标准的多级控制中心无功电压协调控制问题信息交互模型[J]. 电网技术, 35(3): 205-210.

王彬, 郭庆来, 孙宏斌, 等. 2010. 基于能量管理系统平台的嵌入式软件系统[J]. 电力系统自动化, 34(9): 99-102.

王彬, 郭庆来, 孙宏斌, 等. 2010. 双向互动的省地协调电压控制[J]. 电力系统自动化, 29(10): 36-40.

王彬, 郭庆来, 孙宏斌, 等. 2011. 双向互动省地协调电压控制系统中的协调约束生成技术[J]. 电力系统自动化, 35(13): 66-71.

王彬, 郭庆来, 周华锋, 等. 2014. 南方电网网省地三级自动电压协调控制系统研究及应用[J]. 电力系统自动化, 13: 208-215.

王铁强, 成海彦, 周纪录, 等. 2008. 基于分层分区协调控制的河北南网 AVC 系统设计与实现[J]. 电网技术, 32(S2): 157-160.

王耀瑜, 张伯明, 孙宏斌, 等. 1998. 一种基于专家知识的电力系统电压/无功分级分布式优化控制分区方法[J]. 中国电机工程学报, (3): 221-224.

王志南, 吴文传, 张伯明, 等. 2005. 基于 IEC 61970 的 CIS 服务与 SVG 的研究和实践[J]. 电力系统自动化, 29(22): 60-63.

王智涛, 胡伟, 夏德明, 等. 2005. 东北 500kV 电网 HAVC 系统工程设计与实现[J]. 电力系统自动化, 29(17): 85-88.

吴文传, 孙宏斌, 张伯明, 等. 2005. 基于 IEC 61970 标准的 EMS/DTS 一体化系统的设计与开发[J]. 电力系统自动化, 29(4): 53-57.

吴文传, 张伯明, 孙宏斌, 等. 2007. 在线安全预警和决策支持系统的软件构架与实现[J]. 电力系统自动化, 31(12): 23-29.

谢邦昌, 朱世武. 2001. 数据采掘入门及应用[M]. 北京: 中国统计出版社.

熊虎岗, 程浩忠, 孔涛. 2007. 基于免疫-中心点聚类算法的无功电压控制分区[J]. 电力系统自动化, 31(2): 22-26.

徐峰达, 郭庆来, 孙宏斌, 等. 2014. 多风场连锁脱网过程分析与仿真研究[J]. 电网技术, 38(6): 1425-1431.

徐峰达, 郭庆来, 孙宏斌, 等. 2015. 基于模型预测控制理论的风电场自动电压控制[J]. 电力系统自动化, (7): 59-67.

严正, 相年德, 王世缨, 等. 1990. "最优潮流有功无功交叉逼近法" [C]. 全国高校电自专专业第六届学术年会. 长沙: B56-B62.

杨秀媛, 董征, 唐宝, 等. 2006. 基于模糊聚类分析的无功电压控制分区[J]. 中国电机工程学报, 26(22): 6-10.

杨滢, 孙宏斌, 张伯明, 等. 2006. 集成于 EMS 中的参数估计软件的开发与应用[J]. 电网技术, 30(4): 43-49.

于秀林, 任雪松. 1999. 多元统计分析[M]. 北京: 中国统计出版社.

张伯明, 陈寿孙. 1996. 高等电力网络分析[M]. 北京: 清华大学出版社.

张伯明, 吴素农, 蔡斌, 等. 2006. 电网控制中心安全预警和决策支持系统设计[J]. 电力系统自动化. 30(6): 1-5.

张伯明. 2003. 现代能量控制中心概念的扩展与前景展望[J]. 电力系统自动化. 27(15): 1-6.

张明晔, 郭庆来, 孙宏斌, 等. 2012. 基于合作博弈的多目标无功电压优化模型及其解法[J]. 电力系统自动化, 36(18): 116-121+133.

张明晔, 郭庆来, 孙宏斌, 等. 2012. 一种考虑静态安全性的多目标无功电压优化模型[C]//中国高等学校电力系统及其自动化专业第 28 届学术年会. 大连.

张明晔, 郭庆来, 孙宏斌, 等. 2013. 应用于北美电网的自动电压控制系统设计与实现[J]. 电网技术, 37(2): 349-355.

赵晋泉, 江晓东, 李华, 等. 2005. 一种基于连续线性规划的静态稳定预防控制方法[J]. 电力系统自动化, 29(14): 17-22.

赵晋泉, 江晓东, 张伯明. 2005. 一种用于电力系统静态稳定性分析的故障筛选与排序方法[J]. 电网技术, 29(20): 62-67.

赵晋泉, 刘傅成, 邓勇, 等. 2010. 基于映射分区的无功电压控制分区算法研究[J]. 电力系统自动化, 34(7): 36-40.

赵晋泉, 张伯明. 2005. 连续潮流及其在电力系统静态稳定分析中的应用[J]. 电力系统自动化, 29(11): 91-97.

周双喜, 朱凌志, 郭锡玖, 等. 2003. 电力系统电压稳定性及其控制[M]. 北京: 中国电力出版社.

Arcidiacono V, Corsi S, Natale A, et al. 1990. New Developments in the Applications of ENEL Transmission System Automatic Voltage and Reactive Control[C]//CIGRE. Paris.

Blanchon G. 1972. A new aspect of studies of reactive energy and voltage of the networks[J]. Proceeding of Power Systems Computation Conference(PSCC).

Burchett R C, Happ H H, Vierath D R. 1984. Quadratically Convergent Optimal Power Flow[J]. Power Apparatus & Systems IEEE Transactions on, PAS-103(11): 3267-3275.

Carpentier J. 1962. Contribution to the economic dispatch problem[J]. Bull.sac.france Elect, 3(4):836-845.

Chankong V, Haimes Y Y. 1983. Multi-objective Decision Making Theory and Methodology[M]. New York: North Holland.

Civanlar S, Grainger J J, Yin H. 1988. Distribution Feeder Reconfiguration for Loss Reduction[J]. IEEE Transactions on Power Delivery, 3(3): 1217-1223.

Conejo A, Aguilar M J. 1998. Secondary voltage control: Nonlinear selection of pilot buses, design of an optimal control law, and simulation results[C]//Generation, Transmission and Distribution, IEE Proceedings-IET, 145(1): 77-81.

Conejo A, Aguilar M J. 2002. Secondary voltage control: nonlinear selection of pilot buses, design of an optimal control law, and simulation results[J]. IEE Proceedings-Generation, Transmission and Distribution, 145(1): 77-81.

Conejo A, Aguilar M. 1996. A nonlinear approach to the selection of pilot buses for secondary voltage control[J]. International Conference on Power System Control & Management, 49 (10): 191-195.

Conejo A, De la Fuente J I, Goransson S. 1994. Comparison of alternative algorithms to select pilot buses for secondary voltage control in electric power networks[C]//Electrotechnical Conference, 1994. Proceedings., 7th Mediterranean. IEEE: 940-943.

Corsi S, De Villiers F, Vajeth R. 2010. Secondary voltage regulation applied to the South Africa transmission grid[C]. 2010 IEEE Power and Energy Society General Meeting: 1-8.

Corsi S, Marannino P, Losignor N, et al. 1995. Coordination between the reactive power scheduling function and the hierarchical voltage control of the EHV ENEL system[J]. IEEE Transactions on Power Systems, 10 (2): 686-694.

Corsi S, Pozzi M, Sabelli C, et al. 2004a. The coordinated automatic voltage control of the Italian transmission grid-Part I: Reasons of the choice and overview of the consolidated hierarchical system[J]. IEEE Transactions on Power Systems, 19 (4): 1723-1732.

Corsi S, Pozzi M, Sforna M, et al. 2004b. The coordinated automatic voltage control of the Italian transmission grid-Part II: Control apparatuses and field performance of the consolidated hierarchical system[J]. IEEE Transactions on Power Systems, 19 (4): 1733-1741.

Denzel D, Edwin KW, Graf F R, et al. 1988. Optimal Power Flow and Its Real-time Application at the RWE energy control center[C]. CIGRE Paris: 19-39.

Dommel H W, Tinney W F. 1968. Optimal Power Flow Solutions[J]. IEEE Transactions on Power Apparatus & Systems, PAS-87 (10):1866-1876.

Graf F R. 1993. Real time application of an optimal power flow algorithm for reactive power allocation of the RWE energy control center[C]//International Practices in Reactive Power Control, IEE Colloquium on.

Guha S, Rastogi R, Shim K. 1990. A robust clustering algorithm for categorical attributes[C]//Proceedings of the 15th International Conference on Data Engineering, ICDE-99: 512-521.

Guo Q, Sun H, Liu Y, et al. 2012. "Distributed Automatic Voltage Control framework for large-scale wind integration in China" in Power and Energy Society General Meeting[C]. 2012 IEEE, San Diego: 1-5.

Guo Q, Sun H, Tong J, et al. 2010. Study of system-wide automatic voltage control on PJM system. 2010 PES General Meeting[C]. Minneapolis.

Guo Q, Sun H, Wang B, et al. 2015. Hierarchical automatic voltage control for integration of large-scale wind power: design and im-plementation[J]. Electric Power Systems Research, 120: 234-241.

Guo Q, Sun H, Zhang B, et al. 2013. Optimal Voltage Control of PJM Smart Transmission Grid: Study, Implementation, and Evaluation[J]. IEEE Transactions on Smart Grid, 4 (3): 1665-1674.

Guo Q, Sun H, Zhang M, et al. 2010. Study of system-wide Automatic Voltage Control on PJM system[J]. IEEE PES General Meeting, 1-6.

Han J, Kamber M. 2001. 数据挖掘概念与技术. 范明, 孟小峰, 等译. 北京: 机械工业出版社.

IEC. 1999. Energy Management System Application Program Interface (EMS-API) Part I: CCAPI Guidelines Preliminary Draft, IEC 61970.

IEC. 1999. Energy Management System Application Program Interface (EMS-API) Part 301: Common Information Model (CIM) Base Draft Reversion 5. IEC61970.

Ilic M D, Liu X, Leung G, et al.1995. Improved secondary and new tertiary voltage control. IEEE Transactions on Power Systems, 10 (4): 1851-1862.

Ilic M D. 1988. Secondary Voltage Control Using Pilot Information. IEEE Transactions on Power Systems, 3(2): 660-668.

Ilic M, Liu S. 2012. Hierarchical Power Systems Control: its Value in a Changing Industry[M]. Berlin: Springer Science & Business Media.

Ilić M, Liu X, Eidson B, et al. 1997. A structure-based modeling and control of electric power systems[J]. Automatica, 33(4): 515-531.

Karypis G, Han E H, Kumar V. 1999. Hierarchical clustering using dynamic modeling[J]. Computer, 32(8): 68-75.

Lagonotte P, Sabonnadiere J C, Leost J Y, et al. 1989. Structural analysis of the electrical system: application to secondary voltage control in France. IEEE Transactions on Power Systems, 4(2): 479-486.

Lefebvre H, Fragnier D, Boussion J Y, et al. 2000. Secondary coordinated voltage control system: feedback of EDF[C]//2000 IEEE Power Engineering Society Summer Meeting, 290-295 vol. 291.

Liu Y, Guo Q, Sun H. 2012. Network model based coordinated automatic voltage control strategy for wind farm[J]. Innovative Smart Grid Technologies-Asia IEEE: 1-5.

Pai M A. 1989. Energy Function Analysis for Power System Stability[M]. Boston: Kluwer Academic Publishers.

Paul J P, Corroyer C, Jeannel P, et al. 1990. Improvements in the organization of secondary voltage control in France[J]. CIGRE Session Paris.

Paul J P, Leost J Y, Tesseron J M. 1987. Survey of the Secondary Voltage Control in France: Present Realization and Investigations. IEEE Transactions on Power Systems, 2(2): 505-512.

Paul J P, Leost J Y. 2014. Improvements of the secondary voltage control in France[C]//Power Systems & Power Plant Control: Proceedings of the IFAC Symposium, Beijing. Amsterdam: Elsevier: 83.

Piret J P, Antoine J P, Stubbe M, N. et al. 1992. The Study of a Centralized Voltage Control Method Applicable to the Belgian System[C]//CIGRE. Paris.

Popovic D S, Levi V A, Gorecan Z A. 1997. Co-ordination of emergency secondary-voltage control and load shedding to prevent voltage instability[J]. IEE Proceedings: Generation, Transmission and Distribution, 144(3): 293-300.

Popovic D S. 2002. Real-time coordination of secondary voltage control and power system stabilizer[J]. International Journal of Electrical Power and Energy System, 24(5): 405-413.

Sancha J L, Fernandez J L, Cortes A, et al. 1996. Secondary voltage control: analysis, solutions and simulation results for the Spanish transmission system[J]. IEEE Transactions on Power Systems, 11(2): 630-638.

Stankovic A, Ilic M, Maratukulam D. 1991. Recent results in secondary voltage control of power systems[J]. IEEE Transactions on Power Systems, 6(2): 94-101.

Sun D I, Ashley B, Brewer B, et al. 1984. Optimal Power Flow By Newton Approach[J]. IEEE Transactions on Power Apparatus & Systems, 103(10): 2864-2880.

Sun H B, Zhang B M. 2002. A Systematic Analytical Method for Quasi-Steady-State Sensitivity. Electric Power System Research, 63(2): 141-147.

Sun H, Guo Q, Zhang B, et al. 2013. An Adaptive Zone-Division-Based Automatic Voltage Control System With Applications in China[J]. IEEE Transactions on Power Systems, 28(2): 1816-1828.

Sun H, Guo Q, Zhang B, et al. 2009. Development and applications of system-wide automatic voltage control system in China[C]//2009 IEEE Power & Energy Society General Meeting: 1-5.

Taranto G, Martins N, Martins A C B, et al. 2000. Benefits of applying secondary voltage control schemes to the Brazilian system. Power Engineering Society Summer Meeting, 2(2): 937-942.

Tong J, Souder D W, Pilong C, et al. 2012. Voltage control practices and tools used for system voltage control of PJM[C]//IEEE PES General Meeting: 1-5.

Tong J, Souder D W, Pilong C, et al. 2011. Voltage control practices and tools used for system voltage control of PJM[C]//2011 PES General Meeting, Detroit.

Vu H, Pruvot P, Launay C, et al. 1996. An improved voltage control on large-scale power system[J]. IEEE Transactions on Power Systems, 11 (3): 1295-1303.

Wang B, Guo Q, Sun H, et al. 2010. Bidirectional Interaction based coordinated voltage control system for hierarchical electrical power control centers[C]//The IASTED International Conference on Power and Energy Systems (AsiaPES 2010), Phuket.

Wang L, Singh C. 2007. PSO-based multi-criteria optimum design of a grid-connected hybrid power system with multiple renewable sources of energy[C]//Proceedings of the 2007 IEEE Swarm Intelligence Symposium (SIS 2007), Honolulu: 250-257.

Wang X, Sun H, Zhang B, et al. 2012. Real-time Local Voltage Stability Monitoring Based on PMU and Recursive Least Square Method with Variable Forgetting Factors[M].

Yan Z, Xiang N D, Zhang B M, et al. 1996. A hybrid decoupled approach to optimal power flow[J]. IEEE Transactions on Power Systems, 11 (2): 947-954.

Yusof S B, Rogers G J, Alden R T H. 1993. Slow coherency based network partitioning including load buses[J]. IEEE Transactions on Power Systems, 8 (3): 1375-1382.

Zhang M, Guo Q, Sun H, et al. 2012. A sensitivity based simplified model for security constrained optimal power flow[C]//2012 IEEE Power & Energy Society Innovative Smart Grid Technologies Asia (ISGT Asia), Tianjin.

Zhao J, Zhang B. 2005. A robust continuation power flow approach[C]//The International Conference on Electrical Engineering 2005, Kunming.